INSTITUT COLONIAL DE MARSEILLE

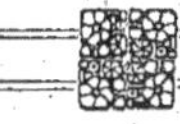

CONGRÈS

DES

DOCKS ET SILOS A CÉRÉALES

DE

L'AFRIQUE DU NORD

Marseille : 27-30 Septembre 1928

COMPTE RENDU ET RAPPORTS

MARSEILLE
INSTITUT COLONIAL
Parc Amable-Chanot

1929

CONGRÈS

DES

DOCKS ET SILOS A CÉRÉALES

DE

L'AFRIQUE DU NORD

Marseille : 27-30 Septembre 1928

COMPTE RENDU ET RAPPORTS

INSTITUT COLONIAL DE MARSEILLE

CONGRÈS DES CÉRÉALES

Organisé à l'occasion de l'Exposition Coloniale Nationale
de Marseille 1922
par l'Institut Colonial et la Fédération de la Minoterie
et de la Semoulerie de Marseille
(27-30 Septembre 1922)

1 Vol. in-8 jésus 254 pages

INSTITUT COLONIAL DE MARSEILLE

CONGRÈS

DES

DOCKS ET SILOS A CÉRÉALES

DE

L'AFRIQUE DU NORD

Marseille : 27-30 Septembre 1928

COMPTE RENDU ET RAPPORTS

MARSEILLE
INSTITUT COLONIAL
Parc Amable-Chanot

1929

DOCKS SILOS COOPÉRATIFS DE BURDEAU
(Département d'Alger)

DOCKS SILOS COOPERATIFS DE RELIZANE
(Département d'Oran)

INTRODUCTION

Ce nouveau Congrès de l'Institut Colonial de Marseille a continué
ceux qu'il avait déjà tenus précédemment pour étudier les moyens d'améliorer et d'augmenter la production des céréales de l'Afrique du Nord et
les transactions auxquelles elles donnent lieu (1).

Ces premiers Congrès avaient montré que, parallèlement aux mesures
à prendre pour assurer des rendements de plus en plus réguliers et de
plus en plus élevés à la culture des céréales, principalement par le meilleur travail du sol et la sélection des semences, sélection à laquelle les
laboratoires de l'Institut Colonial ont prêté leur concours, il était nécessaire d'instituer toute une série de dispositions permettant à l'industrie
métropolitaine de pouvoir se procurer sans mélanges les meilleurs blés
ainsi produits et, partant, les payer à leur juste prix.

Il était résulté, en effet, des enquêtes auxquelles nous avions procé-
dées, que l'une des principales raisons pour lesquelles les minotiers métropolitains recevaient rarement tels qu'ils étaient produits les beaux blés
de nos colons et les meilleurs blés indigènes, c'est que leurs producteurs
devaient, d'une manière générale, s'en dessaisir, le plus souvent avant la
récolte ou dans tous les cas dès le battage.

Cette nécessité provenait de ce que les agriculteurs de l'Afrique du
Nord ne disposent, en général, sur leurs fermes, d'aucun moyen de conserver ces blés.

Les banques ont bien créé peu à peu de nombreux magasins pour conserver les céréales qu'elles warrantent, mais les organisations de crédit agricole peuvent seules facilement faire les opérations de prêt avant récolte
souvent nécessaires. Elles ne peuvent, cependant, d'une manière pratique, qu'à la condition de disposer non de simples magasins dans lesquels
les céréales des colons resteraient séparées, ce qui serait infiniment trop
coûteux en raison du taux élevé des prêts, mais de silos proprement dits
permettant les mélanges et l'entreposage des quantités considérables de
grains pour une superficie de bâtiments limitée.

La création de ces silos était donc une œuvre qui s'imposait, mais ce
n'était pas seulement à ce simple point de vue du magasinage et du
warrantage.

Les silos ne peuvent fonctionner qu'à la condition que les produits
qu'ils sont destinés à recevoir puissent être mélangés en lots homogènes et
importants. Cette nécessité présente le très grand avantage d'inciter la

---

(1) Exposition des blés en 1910 — Congrès des blés de l'Exposition Coloniale de 1922.

culture à s'en tenir à des types reconnus les meilleurs et a pour conséquence de donner comme base aux transactions commerciales le classement ainsi créé, ce qui permet les ventes presque sur simples spécifica-
tions comme l'ont obtenu les Américains par leurs standards et rend possible les transports en vrac.

L'œuvre de la Coopération agricole qui a pris dans notre Afrique du
Nord un si magnifique développement, s'est adonnée, depuis quelques
années, à cette tâche dont le premier exemple de réalisation est dû à un
des hommes qui sont le prototype de l'énergie créatrice en quelque sorte
collective de la mise en valeur de l'Afrique du Nord : M Furgier, à qui
l'on doit pour la plus grande part la colonisation d'une des parties les
plus intéressantes de l'Algérie, le Sersou.

Le Gouvernement Général de l'Algérie, qui suit avec une attention
si remarquable tout ce qui peut soutenir et féconder les initiatives de ses
agriculteurs, a prêté le concours le plus entier à la multiplication des
silos corporatifs dont le premier exemple avait été créé en 1921 à Burdeau
sur l'indication de M. Furgier.

Dix-huit silos sont actuellement construits en Algérie ou en cours de
construction et offriront aux colons à la saison prochaine une capacité
totale d'un million de quintaux, ce qui représente la quantité annuelle
moyenne importée d'Algérie à Marseille.

C'est dire l'importance de l'œuvre déjà réalisée non seulement au
point de vue africain, mais même pour notre place.

Pendant ce temps, et en particulier depuis le Congrès des Blés que
nous avons convoqué à l'occasion de l'Exposition Coloniale de 1922, le
commerce faisait un effort pour établir des formules de contrats destinées
à introduire dans les exportations de blé de l'Afrique du Nord une régularité qui avait fait défaut jusque là.

Notre Institut n'a pas cessé de suivre avec la plus grande attention
cette évolution profonde des transactions des céréales africaines, comme il
l'a fait précédemment pour l'étude de la standardisation américaine et
canadienne.

Devant l'importance prise par le mouvement de la création des silos
et les demandes de conseils qui lui étaient adressées au sujet du mode de
fonctionnement de ces organismes, il lui est apparu que le moment était
venu de provoquer une nouvelle entrevue des agriculteurs de l'Afrique du
Nord avec le commerce et l'industrie de notre place pour préciser les nombreuses questions auxquelles donnaient lieu la création des silos et principalement les méthodes de classification des céréales en vue de leur mélange dans les silos.

Le problème que nous proposions au Congrès avait, au premier abord,
un caractère bien spécial, mais il concernait la principale source de
richesse de l'Afrique du Nord et son examen correspondant bien au caractère d'intérêt général qui convenait.

La manière dont il a été répondu à notre appel et l'intérêt avec lequel
les travaux de notre Congrès ont été suivis par tous ceux qui y ont participé montrent bien que nous nous trouvions en face d'une de ces questions
qui touchent aux points essentiels de l'organisation de la mise en valeur
des terres de l'Afrique du Nord et de leurs relations avec les marchés
métropolitains.

Nous devons toute notre reconnaissance à M. Bordes, Gouverneur Général de l'Algérie; à M. Steeg, Résident Général de France au Maroc, et M. Saint, Résident Général de France à Tunis, pour l'intérêt qu'ils ont bien voulu prendre à nos travaux en nous déléguant ceux de leurs collaborateurs qui étaient les mieux désignés pour y prendre part. M. Bordes venant lui-même présider à leur clôture, tandis que MM. Steeg et Saint voulaient bien nous témoigner tous leurs regrets de ne pouvoir répondre à notre invitation par suite d'engagements ultérieurs.

C'est ainsi que le Congrès a eu l'exceptionnelle bonne fortune de pouvoir profiter de la présence simultanée des savants qui, depuis de longues années, se consacrent à l'étude et à la sélection des céréales et à l'amélioration de leurs cultures en Algérie, Tunisie, Maroc : MM. Bœuf, Ducellier, Vivet et Miège.

Leur concours a été d'autant plus précieux que le Congrès réunissait les colons éminents qui, non seulement se dévouent à la cause de la coopération, mais encore ont créé des méthodes si perfectionnées, grâce auxquelles la culture des céréales arrive d'année en année à mieux triompher des difficultés exceptionnelles auxquelles elle se heurte en Afrique du Nord.

Nous ne saurions trop remercier ces hommes éminents qui, autour de M. Vagnon, Président de la Chambre d'Agriculture d'Alger, Président de la Section Colon aux Délégations Financières d'Algérie et M. Gounot, Président de la Chambre d'Agriculture de Tunis, ont bien voulu nous apporter le concours de leur haute autorité comme les dirigeants des principaux silos en fonctionnement. M. Fugier, de Burdeau, M. Sauterey, de Relizane et M. Gagne de Béja et les praticiens si remarquables comme MM. Cailloux et Fabre, de Souk-el-Khemis en Tunisie, dont les résultats obtenus grâce à la mise en valeur de toutes les ressources de l'expérimentation scientifique agricole et du travail mécanique excitent l'admiration générale et dont l'œuvre est probablement parmi les plus émouvantes, le mot est celui qui me paraît le mieux convenir, de toute la colonisation française.

Ces grands colons, dont nous sommes heureux d'avoir pu réunir les noms dans la liste des membres de notre Congrès, ont pu, au cours de ces journées dont le souvenir restera l'un des plus précieux de l'histoire de notre Institut, non seulement examiner les multiples aspects de la question pour l'étude de laquelle ils s'étaient réunis, mais encore s'entretenir du résultat de leurs expériences personnelles sur les méthodes à suivre pour obtenir de la culture des céréales les meilleurs résultats, en satisfaisant aux conditions différentes des régions dans lesquelles ils sont placés.

En certains points, on peut considérer le problème comme résolu ou, tout au moins, car le progrès ne doit jamais s'arrêter, que les résultats obtenus sont tels que, s'ils s'étaient généralisés, on aurait triomphé des incertitudes terribles qui rendent si aléatoire dans ces régions la culture des céréales et l'on obtiendrait régulièrement des rendements qui mettraient sûrement l'Algérie, la Tunisie et le Maroc au rang des pays les plus fortunés du monde.

Lorsque l'on constate, par exemple, que M. Cailloux et ses amis de la région de Souk-el-Khemis obtiennent depuis des années des rendements dépassant 25 quintaux à l'hectare et qu'ils ont complètement triomphé de la sécheresse du sol et n'ont plus qu'à se préoccuper des intempéries atmosphériques, l'idée première est de se demander pourquoi leurs méthodes ne pourraient être appliquées partout ailleurs.

On répond à cela que l'on se trouve devant des colons exceptionnels, ce qui est un compliment mérité, bénéficiant de conditions exceptionnelles de terrains et de climats, ce qui est moins certain, et que leurs procédés mettant en œuvre tant de capitaux aboutiraient à la ruine dans des régions où le siroco et la gelée sont susceptibles presque en même temps d'anéantir le fruit des efforts les plus acharnés, le mieux étant, dans ce cas, de limiter les frais pour limiter les risques.

Voilà bien les deux extrêmes et les longues causeries qu'ont pu leur consacrer entre les séances du Congrès les principaux acteurs de cette grande bataille du blé, tout autant drame qu'épopée, auront précisé bien des points et complété utilement les discussions sur les moyens de constituer les lots homogènes désirés par l'industrie et la manière de les classer.

*
* *

M. Adrien Artaud, Président de l'Institut Colonial et de la Foire de Marseille, en inaugurant les travaux, a prononcé un important discours dans lequel il a indiqué que le Congrès n'avait nullement pour but d'examiner le moyen de supprimer l'intervention du commerce dont il a rappelé l'intervention nécessaire, mais bien d'étudier les moyens d'adopter les initiatives si fécondes des colons de l'Algérie, de la Tunisie et du Maroc aux nécessités de l'industrie et de la consommation.

Ceci a été confirmé par la correspondance que nous avons échangée à l'issue du Congrès, notamment avec le Syndicat Commercial d'Oran, et que nous reproduirons aux annexes de ce compte rendu.

Les séances ont été tenues sous la présidence de M. Adrien Artaud, assisté de M. Prat, Président de la Fédération Intersyndicale de la Minoterie et de la Semoulerie à Marseille; de Chomel, Président du Syndicat des Minotiers de Marseille; Racine, Président du Syndicat Général des Fapricants de Semoules de France et de MM. Vagnon, Président de la Chambre d'Agriculture d'Alger; Gounot, Président de la Chambre d'Agriculture de la Tunisie.

Au cours de ces travaux, les savants techniciens représentant les Services Agricoles de l'Algérie, de la Tunisie et du Maroc, notamment MM. Boyer-Banse, Vivet, Ducellier, Bœuf et Miège ont donné les indications les plus utiles sur les progrès faits par la culture et la sélection, tandis que les hommes éminents qui ont été les investigateurs des silos coopératifs et en particulier M. Furgier, Président des Docks Silos Coopératifs de Burdeau; M. Santercy, Délégué de la Société des Docks de Casablanca; Président des Docks de Relizane; M. J. de Taillac, Gagne, Vice-Président des Silos de Béja, ont exposé le résultat de leur féconde initiative.

Les échantillons de blé réunis à l'occasion de la Foire de Marseille et provenant des docks et silos de l'Afrique du Nord ont incité l'admiration générale des minotiers de la place qui ont indiqué qu'il y avait le plus grand intérêt à ce que les échantillons de chaque récolte soient ainsi connus d'une manière permanente.

L'examen des échantillons parvenus des diverses régions de l'Algérie et de la Tunisie a motivé, de la part des représentants du Commerce Marseillais, les appréciations les plus intéressantes.

Les blés de la région de Souk-el-Khemis en Tunisie et de la Vallée du Chéliff, de la région de Relizane, du Sersou, de la région de Mascara en Algérie ont plus particulièrement retenu l'attention. Ceux de Bourbaki ont été remarqués d'une façon toute spéciale pour leur finesse.

Au sujet des blés durs présentés par les docks de Relizane et ceux du Sersou, une discussion plus serrée s'est engagée et a permis de préciser les desiderata des semouliers de la Métropole qui tendent à orienter la culture dans l'Afrique du Nord vers la production des blés durs clairs, ambrés, à cassure vitreuse et translucide de préférence aux variétés de couleur foncée (sombre selon l'expression des semouliers).

Le Congrès a estimé que la conclusion de ses travaux devait porter sur les méthodes de classification des blés qu'il y a lieu de prévoir pour l'utilisation des silos. Cette classification étant la base sur laquelle repose tout le système elle a fait l'objet de deux réunions, l'une relative aux blés tendres, l'autre relative aux blés durs.

*
* *

Il a été décidé par le Congrès que, pour permettre au Commerce et à l'Industrie de la Métropole de suivre les progrès réalisés par les silos, des échantillons de blé seraient adressés d'une manière régulière par les Silos à l'Institut Colonial qui les communiquerait aux groupements intéressés.

Le Congrès a examiné le rôle joué par les banques en Afrique du Nord, au point de vue de la création des entrepôts à céréales, ce qui a donné lieu en particulier à une communication très importante du Crédit Foncier d'Algérie et de Tunisie. Les conditions techniques de construction et d'outillage des silos ont enfin été étudiées avec le concours des principaux architectes, entrepreneurs et constructeurs qui ont contribué à l'édification des silos et magasins à céréales de l'Afrique du Nord.

Après le vote des vœux, M. Prat, Président de la Fédération Intersyndicale de la Minoterie et de la Semoulerie à Marseille a tenu à souligner la satisfaction de l'industrie de la minoterie de Marseille à constater les magnifiques résultats obtenus au point de vue de l'amélioration de la production des céréales en Algérie, en Tunisie et au Maroc, grâce aux efforts combinés des énergiques colons qui se sont adonnés à cette tâche si importante et des savants techniciens qui ne cessent de leur prêter leur concours au point de vue de la sélection des semences et de l'amélioration des conditions de culture.

Les journées du 27 et 28 se sont terminées de la manière la plus utile par la visite des silos à céréales que viennent d'édifier dans le port de Marseille la Compagnie des Docks et Entrepôts de Marseille où ils ont été reçus par MM. Vincent, sous-directeur, en l'absence de M. Alexis, directeur et par M. Wolf, secrétaire-général et de la Société Générale de Transbordements Maritimes dont M. A. Blanchet, administrateur-délégué et S. Soulagnes, directeur, leur ont fait visiter les installations.

Ces silos, très importants, outillés de la manière la plus moderne, ont fourni la meilleure illustration pratique aux questions qui ont été examinées par le Congrès au point de vue de la construction et de l'outillage des silos et leur mode de fonctionnement a présenté un intérêt tout particulier pour les congressistes en ce qu'ils constituent dès maintenant les organismes qui permettront les importations en vrac des céréales de l'Afrique du Nord qui doivent être la conséquence toute naturelle de l'édification des silos en Algérie, en Tunisie et au Maroc.

Les travaux du Congrès se sont terminés le 29 au matin, en présence des membres des Chambres de Commerce françaises de la Méditerranée, devant M. Bordes, Gouverneur Général de l'Algérie, qui, après des exposés faits par M. le Président Adrien Artaud, M. de Chomel, Président du Syndicat de la Minoterie, M. Vagnon, Président de la Chambre d'Agriculture d'Alger, Président de la Section des Colons des Délégations Financières de l'Algérie, et M. Hernandez, Président de la Chambre de Commerce d'Oran, a félicité très vivement l'Institut Colonial de Marseille de son initiative et montré toute l'importance qu'avait pour l'Afrique du Nord le perfectionnement des méthodes de culture et de commerce des céréales.

Les congressistes ont pris part ensuite à la séance de clôture de la Conférence Méditerranéenne et à la visite qui a eu lieu dans la journée de dimanche des Etablissements Portuaires de la Chambre de Commerce à Marseille et dans l'Etang de Berre, ainsi qu'aux réceptions et aux banquets organisés à cette occasion par la Chambre de Commerce.

*
* *

Les éminents représentants de l'agriculture algérienne, tunisienne et marocaine qui ont pris part au Congrès des Docks et Silos à Céréales de l'Afrique du Nord, ont bien voulu nous dire qu'il marquerait une date dans l'évolution de la production de ces régions en ayant permis à ces dirigeants de se rendre compte des conditions exactes auxquelles ils ont à satisfaire pour assurer le meilleur fonctionnement des institutions qu'ils créent dans le but d'assurer aux producteurs le plein profit de leurs efforts.

Ils nous ont demandé en même temps, dans des termes qui nous ont rempli de confusion, de continuer à leur prêter notre concours non seulement à cet égard, mais encore pour leur documentation générale.

Nous aurions donc tout lieu d'éprouver la plus entière satisfaction d'avoir provoqué ces réunions qui nous ont permis d'entrer de plus en plus en rapports avec eux si elles n'avaient été endeuillées par le décès subit dû à une affection du cœur d'un des délégués de la Chambre d'Agriculture du Maroc et de la Société en formation des Docks Coopératifs de Casablanca, M. Catherine.

Malgré de graves avertissements, ce colon énergique, qui avait été un des ingénieurs les plus distingués du Protectorat, avait tenu à prendre part à notre Congrès en compagnie de son collègue M. J. de Taillac pour en retirer des enseignements qu'il jugeait utiles pour le fonctionnement de ces silos à la constitution desquels il s'était consacré et dont les colons marocains comme les colons algériens et tunisiens ont reconnu la nécessité.

Son nom s'inscrira sur ces dalles de marbre qui, innombrables sous les lauriers roses et les eucalyptus, de Gabès à Mogador, rappellent le prix de ces terres d'Afrique pour notre terre de France et conservent le nom de ceux, colons et soldats, qui les ont unis, en les sanctifiant de leur sacrifice.

Emile BAILLAUD,
Secrétaire Général de l'Institut Colonial de Marseille.

Participants au Congrès

DÉLÉGUÉS OFFICIELS

MM.

BOYER-BANSE, Chef du Service du Crédit et de la Coopération Agricole du Gouvernement Général de l'Algérie, 26, boulevard Carnot, Alger.

DUCELLIER, Professeur à l'Institut Agricole d'Algérie, Maison Carrée, Alger.

VIVET, Inspecteur du Service Agricole Général et de l'Expérimentation Agricole de l'Algérie, 7, boulevard Baudin, Alger.

BŒUF, Chef du Service Botanique de la Tunisie, Ariana, près Tunis.

D'ORGEVAL, Chef du Service de Propagande et de Tourisme de la Tunisie, Direction du Commerce, Tunis.

MIÈGE Chef du Service de l'Expérimentation Agricole, 67, avenue de Témara, Rabat.

BENIER, Délégué de la Direction de l'Agriculture du Maroc.

ALGÉRIE

MM.

L. VAGNON, Président aux Délégations Financières (Colons), Président de la Chambre d'Agriculture d'Alger.

A. BAUBIER, Vice-Président de la Confédération Générale des Agriculteurs de l'Algérie.

Chambre d'Agriculture du Département d'Alger, Préfecture d'Alger

Union des Syndicats Agricoles d'Alger, 2, rue Portalis, Alger.

FURGIER, Maire de Burdeau, Président de la Société Civile des Docks et Silos Coopératifs du Sersou.

SAUTEREY, Président de la Section des Céréales de la Fédération des Syndicats Agricoles de l'Oranie, Président des Docks-Silos Coopératifs de la Région de Relizane.

Armand DIBON, Directeur des Docks-Silos Coopératifs de la Région de Relizane.

Chambre d'Agriculture d'Oran.

Chambre d'Agriculture de Constantine.

Union Agricole de l'Est, 5, rue du Capitaine-Genova, Bône.

Fédération des Associations Agricoles de la Région de Guelma.

Caisses Centrales de Mutuelles Agricoles de l'Afrique du Nord, Alger, représentées par M. Chauliac.

Paul CASSOUTE, Administrateur Délégué de la Société des Oasis du Nord-Africain, 67, cours Couffé, Marseille.

Société des Docks-Silos Coopératifs de la Région de Tiaret, M. Léon LANGLOIS, Président.

Société des Docks et Silos de Tlemcen et de Beni-Saf, Tlemcen.

Magasins Généraux de Constantine, avenue de Batna. Constantine.

Docks et Silos à Céréales des Attafs-Carnot, représentés par M. Rouquet. Maison-Carrée, Alger.

Associations Agricoles de Mascara, rue de Dalmatie, Mascara.

Banque de l'Algérie, 117, boulevard Saint-Germain, Paris.

PHILIPPAR, Vice-Président du Crédit Foncier d'Algérie-Tunisie-Maroc, rue Cambon, 43, Paris.

SANNARD, Directeur du Crédit Foncier d'Algérie-Tunisie-Maroc, 22, La Cannebière, Marseille

Compagnie Algérienne, 50, rue d'Anjou, Paris.

STOTZ, Ingénieur Agricole (Confédération des Agriculteurs d'Algérie), Chessy (Rhône).

RIPERT, Ingénieur Architecte, 19, rue de Constantine, Alger.

Comptoirs Français de l'Azote, 17, rue Berthezène, Alger, représentés par M. Georges MARIS, Ingénieur Agricole, Chef du Bureau des Renseignements Agricoles.

TUNISIE

MM.

GOUNOT, Président de la Chambre d'Agriculture de Tunis. Rapporteur Général du Grand Conseil, 4, rue des Belges, Tunis.

C. PONÇON, Vice-Président de la Chambre d'Agriculture de Tunis. Délégué au Grand Conseil, 40, avenue de Carthage, Tunis.

Charles FABRE, Délégué au Grand Conseil de Tunisie, Membre de la Chambre d'Agriculture, Souk-el-Khemis (Tunisie).

CAILLOUX, Président de la Coopérative de Motoculture de Tunisie, Souk-el-Khemis (Tunisie).

N. GAGNE, Vice-Président des Silos Coopératifs de Béja (Tunisie).

A. MARTIN, Vice-Président du Syndicat Coopératif Agricole de la Tunisie. 12, rue Flatters, Tunis.

DE VAUMAS, Vice-Président Honoraire de la Chambre d'Agriculture de Tunis, château de Campigny. Pont-Audemer (Eure).

Maurice GROS, Directeur Général de la Société Agricole et Immobilière Franco-Africaine (Enfida), 77, rue Paradis, Marseille.

J. VENTRE, Président de la Chambre de Commerce de Tunis.

KELLER, Vice-Président de la Chambre de Commerce de Tunis.

PICO, Président de l'Association de la Meunerie de la Tunisie.

Coopérative Centrale des Agriculteurs de la Tunisie, 9, rue de Grèce. Tunis.

Chambre de Commerce Française de Bizerte.

Compagnie Fermière des Chemins de Fer Tunisiens. Tunis.

Jean HERSENT, Président de la Compagnie des Ports de Bizerte et de Fédalah. 60. rue de Londres. Paris, représentée par M. Albert FORT.

M. LERUSTE, Administrateur-Délégué de la Société des Magasins Généraux et Entrepôt réel de Tunis. Tunis, 43. rue Cambon. Paris.

Fernand PISANI. Secrétaire du Conseil d'Administration des Courtiers en Céréales et Dérivés. 46. avenue Jules-Ferry. Tunis.

B. REYMOND, Ingénieur Civil, 24. rue d'Italie. Tunis.

Etablissements Le Doux, Tunis.

BRIZIO. Grand Moulin de Tunis. Tunis.

DUTRUEL, El Aroussa (Tunisie).

MAROC

MM.

Société des Docks et Silos Coopératifs du Sud du Maroc-Casablanca ;
Délégués : MM. Louis CATHERINE, Ingénieur Conseil et Jean DE TAILLAC,
Administrateur-Délégué ; Bourse du Commerce, Casablanca.

Chambre de Commerce et d'Industrie de Casablanca.

Compagnie des Ports de Bizerte et de Fédalah, 60, rue de Londres, Paris.

Société des Ports Marocains de Méhédya-Kenitra et Rabat-Salé, 25, rue
de Courcelles, Paris.

M. GENDRE, Administrateur Délégué de la Société Chérifienne des Magasins Généraux, 43, rue Cambon, Paris.

E. CHAPON, Domaine des Ouled-Salah, Casablanca, 14, boulevard des
Alpes, Grenoble.

NACIVET, Directeur de l'Office du Protectorat de la République Française
au Maroc, 21, rue des Pyramides, Paris.

FRANCE

MM.

Adrien ARTAUD, Président de l'Institut Colonial et de la Foire de Marseille, Président Honoraire de la Chambre de Commerce.

Georges BRENIER, Vice-Président de la Chambre de Commerce de Marseille, 6, rue Colbert, Marseille.

Maurice HUBERT, Vice-Président de la Chambre de Commerce, 114, rue
de la République, Marseille.

Philippe RIEU, Membre Secrétaire de la Chambre de Commerce, Chemin
du Littoral, Marseille.

F. RÉGIS, Président de la Société pour la Défense du Commerce, 29, la
Cannebière, Marseille.

Société Générale de Transports Maritimes à Vapeur, 70, rue de la République, Marseille.

Compagnie de Navigation Paquet, 4, place Sadi-Carnot, Marseille, représentée par M. Hubert GIRAUD, Président, Président Honoraire de la
Chambre de Commerce de Marseille.

Compagnie de Navigation Mixte, 1, la Cannebière, Marseile.

Compagnie Générale Transatlantique, 10, quai de la Tourette, représentée
par M. LAFFONT, Agent Général.

Compagnie des Chemins de Fer de Paris à Lyon et à la Méditerranée,
88, rue Saint-Lazare, Paris, représentée par M. GAVET, Inspecteur
Principal de l'Exploitation.

Caisse Nationale de Crédit Agricole, 5, rue Casimir-Périer, Paris, représentée par M. FLEURY-COQUARD, Ingénieur Agronome, Inspecteur
Général Adjoint.

Chambre d'Agriculture des Bouches-du-Rhône, représentée par M. ES-
TRANGIN, Secrétaire Général de l'Union des Syndicats Agricoles des
Alpes et de Provence, 34, rue Roux-de-Brignolles, Marseille.

Claude BRUN, Président de la Société d'Horticulture et de Botanique des
Bouches-du-Rhône, 12, quai du Canal, Marseille.

PRAT, Président de la Fédération Intersyndicale de la Minoterie et de
la Semoulerie, 2, rue Grignan, Marseille.

DE CHOMEL, Président du Syndicat des Minotiers de Marseille et de la
Région, 3, rue Lafayette, Marseille.

Racine, Président du Syndicat Général des Fabricants de Semoules de France, 55, cours Pierre-Puget, Marseille.

Charles Tassy, Vice-Président du Syndicat des Minotiers Industriels de Marseille et de la Région, Membre du Bureau de la Société pour la Défense du Commerce, 48, rue Saint-Bazile, Marseille.

Paul Racine, Ingénieur des Arts et Manufactures, 55, cours Pierre-Puget, Marseille.

Antonin Brusson, Gérant des Etablissements Brusson Jeune, Fabricants de Pâtes Alimentaires, Minoterie, Semoulerie, Villemur (Haute-Garonne).

Syndicat des Importateurs de Céréales, représenté par M. Marc Illner, Secrétaire Général, 10, chemin de l'Eperon, Marseille.

Syndicat des Courtiers en Céréales et Dérivés de Marseille, 29, la Cannebière, Marseille, représenté par M. Gimal, Président.

Vincent, Sous-Directeur, et Wolf, Secrétaire Général de la Compagnie des Docks et Entrepôts, place de la Joliette, Marseille.

A. Blanchet, Administrateur Délégué et S. Soulagnes, Directeur de la Société Générale de Transbordements Maritimes, 33, rue République, Marseille.

Syndicat des Magasins Généraux de France, représenté par M. Casati.

A. Giulj, Président des Peseurs-Jurés de Marseille, 16, quai de la Tourette, Marseille.

J. Valéry, Directeur de la Banque Privée, 7, la Cannebière, Marseille.

J. Kahn, Administrateur-Délégué de la Société Générale de Surveillance, 28, rue Montgrand, Marseille.

Etablissements Fourré et Rhodes, 9, rue Fortuny, Paris, représentés par M. Marius Cailjol, Entrepreneur de Travaux Publics, 30, boulevard de Louvain, Marseille.

Société Anonyme Schneider, Jacquet et Cie, représentée par M. Bazin, Ingénieur, Strasbourg-Kœnigshoffen (Bas-Rhin).

S. Geleff et Cie, 38, rue de Châteaudun, Paris, représentés par M. S. Geleff, Ingénieur-Directeur, Entreprise de béton armé.

Silos Coopératifs à Céréales
de l'Afrique du Nord

Département d'Alger :

	Date de création	Capacité de logement (quintaux)
Brazza	1921	12.000
Burdeau	1921	100.000
Hardy	1923	12.000
Attafs Carnot	1925	32.000
Aïn-Bessem	1926	17.000
Letourneux	1926	17.000

Département d'Oran :

	Date de création	Capacité de logement (quintaux)	
Malifs	1922	30.000	
Thiersville	1924	50.000	
Tizi	1924	20.000	
Relizane	1925	200.000	
Sidi-bel-Abbès	1924	100.000	en création
Inkermann	1924	11.000	»
Saïda	1924	80.000	»
Tlemcen	1924	50.000	»
Beni-Saf	1927	40.000	»
Tiaret	1927	100.000	»

Département de Constantine :

	Date de création	Capacité de logement (quintaux)	
Souk-Ahras	1923	26.000	
Constantine	1924	100.000	

Tunisie :

		Capacité de logement (quintaux)	
Béja		50.000	

Maroc :

		Capacité de logement (quintaux)	
Casablanca		100.000	en création

Horaire du Congrès

tenu dans les salles du Conseil d'Administration de l'Institut Colonial

JEUDI 23 SEPTEMBRE 1929

De 10 h. 30 à midi : Exposé de l'œuvre réalisée et en voie de réalisation.

A midi 30 : Banquet offert par l'Institut Colonial aux Congressistes.

De 15 à 17 heures : Méthodes de classification des céréales en vue de leur passage par les silos.

De 17 à 19 heures : Visite des silos de la Compagnie des Docks et Entrepôts de Marseille.

VENDREDI 28 SEPTEMBRE

De 9 heures à midi 30 : Relations des Docks et Silos avec les marchés d'exportation.

De 15 à 17 heures : Mode de création des Docks et Silos. — Construction et Outillage des Silos.

De 17 à 19 heures : Visite des Silos de la Société Générale de Transbordements maritimes.

SAMEDI 29 SEPTEMBRE

De 9 à 11 heures : Visite de la Foire de Marseille.

De 11 heures à midi : Réception de M. Bordes, Gouverneur Général d'Algérie, au Palais Algérien de l'Institut Colonial.

A 14 h. 30 : Séance solennelle de clôture de la Conférence Méditerranéenne dans la salle des fêtes de la Chambre de Commerce, sous la présidence d'honneur de M. Bordes, Gouverneur Général de l'Algérie.

A 20 heures : Banquet offert par la Chambre de Commerce.

DIMANCHE 30 SEPTEMBRE

Visite organisée par la Chambre de Commerce du Port de Marseille et des Etablissements Portuaires de l'Etang de Berre.

Vœux du Congrès

PREMIER VŒU

Le Congrès, après discussion sur la classification des blés tendres, émet le vœu :

Que le classement soit établi par région de production et par nature et en distinguant, s'il y a lieu, les variétés.

Ce classement serait lui-même divisé en plusieurs catégories basées sur le poids spécifique et il serait fait état, s'il y avait lieu, dans chacune de ces catégories, des impuretés, de la siccité et des grains cassés.

Les blés inférieurs à 76 kilogs ne seraient pas mélangés avec des blés d'un poids spécifique supérieur, mais seraient vendus tels quels et séparément.

Les blés mouchetés et charbonnés seront également vendus tels quels, ainsi que ceux qui contiendraient des grains de mélilot et fenugrec.

DEUXIÈME VŒU

Le Congrès, après discussion sur la classification des blés durs, émet le vœu :

Que le classement soit établi par région de production et par nature et en distinguant, s'il y a lieu, les variétés.

Que les blés durs soient classés suivant leur densité, mais en faisant entrer en ligne de compte leur nuance et en les classant en deux catégories :

a) Blés clairs;

b) Blés sombres

Chacune de ces catégories sera divisée en sous-catégories en tenant compte de la teneur de blés attendris contenus dans les grains (ou mitadinés). C'est ainsi que trois catégories pourront être instituées; l'une comportant des blés ne contenant que de 0 à 3 % de grains attendris ou mitadinés, une deuxième de 3 à 7 % et une troisième dont la teneur dépasserait 7 %.

Les blés mouchetés et charbonnés seront vendus tels quels et séparément ainsi que ceux qui contiendraient des grains de melilot et fenugrec.

L'industrie émet le vœu que la culture s'adonne de plus en plus à la production des blés clairs jaunes ambrés à cassure vitreuse et d'aspect translucide.

COMPTE-RENDU

DES

SÉANCES DU CONGRÈS

PREMIÈRE SEANCE

Président : M. Adrien ARTAUD

Président de l'Institut Colonial,
Président honoraire de Chambre de Commerce de Marseille

Historique de la Création des Silos
en Algérie, Tunisie, Maroc

---

*Les séances du Congrès se sont tenues au siège social de l'Institut
Colonial, Parc Amable Chanot. En inaugurant ses travaux, M. le Président
A. Artaud a prononcé le discours suivant :*

DISCOURS DE M. Adrien ARTAUD

Messieurs,

Je suis heureux de vous souhaiter la bienvenue dans cet Institut
Colonial où nous nous sommes donné pour mission depuis vingt-deux
années de rendre permanents les effets des Expositions Coloniales en mettant toujours plus en rapports les Métropolitains et les Coloniaux.

Je sais bien que l'Afrique du Nord n'est pas dénommée colonie, mais
pour nous, à Marseille, le domaine colonial est le domaine d'outre-mer.
Il commence à l'Algérie et il s'y épanouit dans toute sa beauté. Au
surplus, nous aurions une bien fâcheuse notion des intérêts du Port de
Marseille si le commerce africain qui nous alimente si largement n'était
pas au premier rang de nos préoccupations. Aussi avons-nous accueilli,
avec le plus vif intérêt, la suggestion de réunir ici, à l'occasion de la
Foire de Marseille, un Congrès des Docks et Silos à Céréales de l'Afrique
du Nord.

La Foire de Marseille veut être, et elle est tous les jours davantage,
vous vous en rendrez compte à votre première visite, un rendez-vous
colonial et méditerranéen autant que régional ; elle doit être la Bourse
fréquentée par tous les intéressés métropolitains dans le commerce colonial et tous les intéressés coloniaux dans le commerce métropolitain et
à ce titre le splendide effort que vous faites pour rendre à l'Afrique du
Nord le renom de grenier d'abondance qu'elle avait au temps des Romains
l'intéresse vivement.

La complexité de la production moderne exige de votre part des soins nombreux concernant la qualité, le mode de conservation, le mode de vente, le mode de transport et sur tous ces sujets vous prenez contact avec les utilisateurs métropolitains de votre produit, c'est parfait.

Ce congrès, organisé par notre Institut, sur le désir qui nous en a été exprimé par les groupements agricoles de l'Afrique du Nord et par nos collègues de l'industrie si importante pour Marseille de la Minoterie et de la Semoulerie, a pour but de vous permettre d'examiner en commun ces questions dans le but de tirer le meilleur parti d'une des institutions les plus remarquables de la Coopération Agricole en Algérie, en Tunisie et au Maroc, celle des Silos à céréales.

Je n'aurais, moi, profane, qu'à donner la parole aux uns et aux autres, si cependant, dans cette courte allocution préliminaire, il n'était peut-être pas sans utilité qu'un vieux commerçant comme moi, dans le pays du négoce, fasse enendre un petit plaidoyer en faveur du commerce, en faveur des intermédiaires, ces pelés, ces galeux d'où l'on dit souvent que vient tout le mal.

J'ai lu vos rapports avec attention et j'en admire le caractère pratique et le soin des détails, mais j'y ai vu percer ce sentiment si normal, si naturel du producteur agricole qui voit dans le commerce un partageur importun dont il peut se passer et dont le bénéfice sera fait en réduction de celui qui revient intégralement au producteur.

Je sais bien que ce n'est pas au commerce qu'on fait ce reproche : on l'appelle *spéculation*, on l'appelle *mercante*, et sous ces vocables on est moins gêné pour l'envoyer promener.

Il est normal que je vous présente mon petit plaidoyer, il ne sera pas long, quelques minutes seulement :

Les Américains distinguent dans leur littérature économique le producteur du distributeur ou répartiteur.

Le producteur, c'est l'agriculteur.

Le distributeur, c'est le commerçant.

Croyez-vous que le second n'a pas, en thèse générale et quand le commerce n'est pas inférieur à sa mission, un rôle tout aussi important que le premier ? Somme toute c'est votre cause que je plaide, lorsque je plaide la cause du commerce, car le jour où, ayant produit votre froment, votre orge, vous les mettez en silos et vous tâchez de les vendre dans les meilleures conditions, vous préparez ou vous effectuez la *distribution*, vous devenez commerçant.

La récolte des grains prend un mois et leur consommation en demande douze. Il est bien rare que la production d'un pays ne se spécialise pas au point de vue des qualités, tandis que les types de consommation sont formés de plusieurs.

Pour répartir les qualités et aussi la consommation par douzième, il faut une intervention spéciale, la vôtre ou une autre, mais une intervention.

C'est le rôle du commerce et c'est sa raison d'être.

Vous ne pouvez pas ouvrir un manuel de Sciences Naturelles sans y trouver : « Ce produit a la spécialité de.... »

Il en est de même des hommes qui ont chacun leurs qualités spéciales, leurs spécialités et dont le bon accord, la bonne harmonie font la prospérité générale.

Lorsqu'il y a un bénéfice à recueillir il est évident que chacun voudrait l'avoir tout entier pour soi, mais vous constatez dans un de vos rapports que l'année dernière qu'il n'y a eu aucun intérêt à conserver la marchandise qui a baissé, il y a donc eu perte à la conserver et si la pluralité des intéressés à une affaire peut être considérée comme fâcheuse lorsqu'il y a des bénéfices à répartir, elle a tout de même son prix lorsqu'il s'agit de pertes à absorber.

Bien loin de moi la pensée de vous dire qu'il n'est pas légitime pour le producteur de s'assurer tous les bénéfices de son activité, même lorsque cette activité cesse de s'exercer dans la production et qu'il effectue la distribution. La seule chose sur laquelle je me permets d'insister, c'est la nécessité de l'intervention du commerce, que ce commerce soit exercé par le producteur lui-même ou qu'il fasse l'objet d'une intervention tierce.

Au début, le producteur peut tout faire, mais plus il réussit dans son exploitation, plus les quantités qu'il fait sont importantes, plus la nécessité de la spécialisation apparaît. Permettez à ma vieille expérience de vous citer un exemple vécu à l'appui de cette loi :

Mon métier à moi est de faire les vins, article algérien essentiel, mais aussi article métropolitain de premier ordre. On a longtemps, dans la Métropole, caressé l'idée de la vente directe du producteur au consommateur. On a goûté de cette tarte à la crème et on en a apprécié toute l'amertume.

Le consommateur mérite qu'on fasse tout pour lui car, par ces temps de cherté, il est extrêmement éprouvé, mais il ne fait rien pour faciliter ceux qui travaillent pour lui. Plus on s'approche du consommateur, plus le travail ingrat est moins rémunérateur ; ses exigences de crédit, de vente dans des locaux très rapprochés de son domicile, de qualités, etc., croissent constamment. Dans les répartitions entre commerçants, de gros et de demi-gros, on gagne plus ou moins d'une façon moyenne et régulière, sauf sautes de cours. Avec le consommateur, le bénéfice est presque impossible pour celui qui n'est pas détaillant et qui n'a pas l'oreille du consommateur qu'il faut plus flatter et séduire que bien servir.

La propriété vinicole française s'est vite rendu compte qu'elle mettait le pied dans un buisson épineux et la vente directe est allée rejoindre les autres rêves non réalisés. Le viticulteur préfère aujourd'hui de beaucoup avoir affaire au commerce qui lui prend sa marchandise, quand il lui plaît de la lui vendre, au prix dont acheteur et vendeur se mettent d'accord, avec paiement à la livraison et même anticipé. Il ne faut pas s'étonner outre mesure de la nécessité de ces expériences. Nous sommes victimes en France de phrases toutes faites : « Les affaires c'est l'argent des autres ». « Le bénéfice de l'un est fait de la perte de l'autre », qui pour le Français, né malin, vitupèrent le commerce.

En outre, « les affaires c'est l'argent des autres », mais comment ? Dans les affaires en société anonyme bien conduites les économies de la masse des actionnaires ne fructifient-elles pas grâce à l'activité des dirigeants ? On a dit avec raison que c'était des économies de cuisinières qu'était fait le capital actions et obligations des grandes Compagnies de Chemin de fer.

Le crédit n'est-il pas administré par les Banques avec les fonds des déposants, avec les fonds de ceux à qui les banques donnent la commodité de ne pas garder leur argent chez eux sans aucune aliénation et avec la faculté de l'avoir par le chèque à tout instant ?

Il n'est pas vrai que le bénéfice de l'un soit fait de la perte de l'autre. Le lendemain d'une affaire, le vendeur ou l'acheteur peuvent se repentir, mais, mis dans la situation dans laquelle ils étaient la veille, et naturellement en l'absence de tous renseignements sur ce qui se passera le lendemain, ils feraient l'opération qu'ils avaient faite la veille. Celui qui vend, vend parce qu'il croit le moment choisi, soit pour réaliser son bénéfice, soit pour éviter une plus grosse perte ; celui qui achète, achète parce qu'il a besoin de marchandises ou parce qu'il croit le moment venu de l'acquérir ; tous deux font à ce moment une bonne affaire, le vendeur parce qu'il voulait vendre et qu'il vend, l'acheteur parce qu'il voulait acheter et qu'il achète.

Il est bon que cette traduction en bon sens commercial de boutades spirituelles se fasse de temps en temps pour rappeler la réalité des faits dans une circonstance comme celle-ci où s'aboutent acheteurs et vendeurs faisant preuve les uns et les autres de la plus grande volonté et de la compréhension des intérêts généraux qui est le gage de la réussite et de la prospérité.

C'était inutile pour vous, Messieurs, qui êtes parfaitement au courant des vérités économiques, mais ce n'est pas inutile pour ceux qui seraient susceptibles de s'effrayer de ces assises où se rencontrent producteurs agricoles et utilisateurs industriels.

Ils doivent bannir toute crainte et augurer le plus heureux avenir des conversations que nous allons poursuivre et qui auront pour but de toujours faire plus et meilleur dans l'intérêt souverain du pays de la France unie à la plus grande France.

(Applaudissements).

M. Emile BAILLAUD, secrétaire-général de l'Institut Colonial, procède à l'appel des congressistes en indiquent pour chacun quelle est la part importante qu'ils ont prise dans l'œuvre du développement de la culture des céréales en Afrique du Nord ou de l'amélioration de leurs conditions d'exportation, il rappelle les interventions de l'Institut Colonial de Marseille à cet égard et notamment les travaux de laboratoire et les Congrès qu'il a précédemment organisés à ce sujet il résume enfin les raisons qui ont provoqué la tenue de ce nouveau Congrès et qui sont rappelées dans l'introduction de ce compte-rendu.

M. le Président ARTAUD prie ensuite successivement MM. Boyer-Banse, chef du Service du Crédit et de la Coopération Agricole du Gouvernement Général de l'Algérie, Gounol, président de la Chambre d'Agriculture de Tunis, et de Taillac, délégué de la Société des Docks et Silos Coopératifs du Sud du Maroc, de vouloir bien exposer dans ses grandes lignes l'œuvre de création des silos à céréales en Afrique du Nord.

COMMUNICATION DE M. BOYER-BANSE

*Chef du Service du Crédit et de la Coopération Agricole
du Gouvernement Général de l'Algérie*

MESSIEURS,

L'emmagasinage des grains dans des silos coopératifs n'est qu'une solution neuve apportée au vieux, très vieux problème de la conservation des grains d'une année à l'autre pour les mettre, d'une manière continue, à la disposition des consommateurs. C'est un problème qui, on peut le dire, est vieux comme le monde, puisque nous le voyons déjà posé par la Bible. Vous connaissez tous, en effet, cette histoire antique d'un jeune berger subtil qui devint au pays d'Egypte quelque chose comme Président du Conseil des Ministres de l'époque parce qu'il avait réussi à faire à bon escient des opérations d'endockage.

L'emmagasinage des grains peut se pratiquer de trois manières : chez le producteur, — ou chez l'acheteur qui peut être un commerçant ou minotier, — ou encore chez un tiers dépositaire.

Les deux premières solutions, l'emmagasinage chez le producteur et chez l'acheteur, sont les solutions les plus courantes dans les vieux pays ; ce sont les solutions traditionnelles, celles qui sont presque exclusivement employées en France.

En France, pays de petite culture, les producteurs, très nombreux, ont tous plus ou moins des greniers, souvent petits, mais ces milliers de petits greniers permettent d'emmagasiner de très grosses quantités de grains.

Les commerçants ont, eux aussi, possédé de tout temps des magasins de réserve. Les meuniers d'autrefois avaient déjà des greniers ; les minotiers actuels ont des docks dans lesquels ils mettent de fortes quantités de céréales.

A côté de ces deux premières manières de conserver le grain des récoltes pour le répartir pendant douze mois au service des consommateurs, il y a la troisième solution qui appellera tout particulièrement notre attention, solution qui consiste à entreposer le grain chez des tiers dépositaires. C'est la solution moderne de la question, c'est celle qui a fait fortune, notamment dans les pays neufs, les grands pays de production de céréales, tels que les Etats-Unis et le Canada ; c'est la solution vers laquelle l'Afrique du Nord, et spécialement l'Algérie, tendent à orienter de plus en plus.

Quand on y regarde de près, on s'aperçoit que cette dernière solution comporte plusieurs modalités. Le tiers dépositaire peut être un magasin général, c'est-à-dire un organisme commercial qui reçoit de tout venant les grains qui lui sont confiés ; il crée des warrants sur le grain entreposé, puis tient le grain à la disposition des ayants-droit qui se présentent. Deuxième formule : il y a le dock de banque, magasin créé spécialement par une banque dans le but de faciliter les opérations de crédit gagées sur grains. Il y a enfin la troisième modalité, celle qui nous intéresse aujourd'hui, la modalité des docks coopératifs, qui consiste à conserver les grains dans des docks créés par les producteurs et gérés par eux.

Je ne veux pas m'étendre davantage sur ces généralités : arrivons tout de suite à l'Algérie.

Chez nous, en Algérie, la caractéristique de la situation c'est que le logement manque, d'une façon presque absolue, chez le producteur. Nous n'avons pas l'équivalent des ressources de logement qui existent en France dans ces milliers de petits greniers que l'on trouve chez les producteurs. Ce n'est pas à la construction de silos ou greniers individuels que le producteur algérien met son argent ; il a bien d'autres dépenses plus urgentes à envisager. En règle générale, le producteur est tout à fait incapable de conserver chez lui ses récoltes, surtout lorsqu'elles sont importantes.

Les minotiers, eux, disposent de plus de facilités de logement que les agriculteurs ; beaucoup d'entre eux ont de très beaux silos qui sont tout de même insuffisants par rapport aux quantités produites.

Depuis longtemps on a ressenti en Algérie l'insuffisance de l'organisation du logement des grains par les producteurs et les minotiers, et une première tentative pour y remédier a été faite dès avant la guerre par les banques.

Deux banques se sont plus spécialement orientées dans cette voie en Algérie : ce sont la Compagnie Algérienne et le Crédit Foncier d'Algérie. Je saisis cette occasion de rendre hommage à l'esprit d'initiative de ces banques qui, dans les circonstances les plus diverses, ont rendu tant de services à l'agriculture algérienne.

En matière de crédit et de coopération agricole nous nous trouvons en relations constantes avec les banques, et le plus souvent nous ne faisons que reprendre l'effort qu'elles ont fait, avec la seule ambition de faire mieux encore. De même, en matière de docks à céréales, nous ne faisons que reprendre la formule créée par les banques en la perfectionnant comme vous le verrez.

Les banques ont créé des magasins surtout dans les départements d'Oran et de Constantine. Ces magasins ont réalisé dans la question du logement des grains deux progrès très importants : d'une part, ils permettent de conserver le grain d'une façon parfaite pendant plusieurs années ; d'autre part, ils permettent d'effectuer le warrantage des grains, c'est-à-dire d'emprunter en donnant du grain en gage, avantage précieux tant pour le commerce que pour les producteurs.

Ces deux progrès réalisés par les docks des banques sont considérables ; cependant, quand on considère le fonctionnement de ces docks on est obligé de reconnaître qu'au point de vue des producteurs ils présentent deux faiblesses.

La première est que ces docks ne réussissent que difficilement à entrer en relations suffisamment intimes avec le colon.

Les agriculteurs, dans les docks des banques, ne se sont jamais sentis complètement chez eux et c'est un fait que ces docks ont toujours été utilisés beaucoup plus largement par le commerce que par les producteurs. Les producteurs n'en ont fait qu'assez peu usage.

Deuxième faiblesse des docks de banques : dans ces docks les grains déposés conservent leur individualité et ne sont soumis à aucun triage ni classement. Chaque déposant, en effet, loue un silo, met du grain dans ce silo et le grain reste là tel qu'il a été déposé. On trouve ainsi dans les docks des banques du grain de toutes qualités constituant autant de lots différents qu'il y a de déposants : aucun mélange n'est effectué, aucun classements n'est opéré, aucune standardisation ne peut être envisagée. C'est là une faiblesse considérable. Comme vous allez le voir, les docks coopératifs ont réalisé un progrès sérieux sur ce point.

L'origine des docks coopératifs en Algérie n'est pas ancienne. Il n'en a été question que depuis la guerre. Le mouvement qui a abouti aux réalisations actuelles date exactement de 1918.

En 1918, il y a eu en Algérie une très grosse récolte, la plus grosse récolte enregistrée depuis la conquête. De ce fait, les difficultés de conservation des grains ont été particulièrement grandes et tout le monde a pu les toucher du doigt. On a vu à ce moment-là dans toutes les gares d'expédition des piles de sacs amoncelés, formant de tas considérables qui n'étaient même pas bâchés parce qu'on manquait de bâches. Ces sacs ont attendu là indéfiniment ; faute de moyens de transport suffisants, ils n'ont pas pu être écoulés dans le courant des mois d'août, septembre, ni même octobre ; les pluies sont arrivées et dans la région de Tiaret on a enregistré des pertes regrettables.

On s'est dit : Cet état de choses ne peut pas durer, il faut créer des magasins de conservation plus grands, plus importants que ceux qui existent. Et comme l'idée de coopération était déjà dans l'air, on a conçu l'idée de créer des docks coopératifs.

Le Sersou avait fait en 1918 une récolte très abondante ; on y avait particulièrement souffert du manque d'abris pour le grain. Les esprits s'y trouvaient par suite préparés à l'idée nouvelle. Un colon du Sersou, M. Furgier, entreprit une campagne de persuasion. Malgré les circonstances favorables, il lui fallut un certain temps pour convaincre un groupe suffisant de colons.

La Société des docks coopératifs du Sersou, la première du genre, s'est constituée en 1921 seulement, après trois années de propagande et d'efforts continus. D'accord avec le Gouvernement général, qui avait promis une avance et une subvention, on mit sur pied l'affaire et le dock de Burdeau, premier en date des docks coopératifs algériens, fut prêt à fonctionner pour la campagne de 1924. Comme vous le voyez, ce n'est pas de l'histoire bien ancienne, puisque les débuts du premier dock algérien ne remontent qu'à quatre ans.

Permettez-moi maintenant de placer sous vos yeux le bilan actuel de nos docks :

Nous avons en 1928, en Algérie, vingt docks construits ou en construction ; je laisse de côté les projets qui n'ont pas encore reçu de commencement d'exécution, m'en tenant seulement aux docks réalisés ou en cours de réalisation. Ces vingt docks ont une contenance totale de 947.000 quintaux.

Voici la répartition géographique de ces docks :

Département d'Alger

Burdeau	100.000	Aïn Bessem	20.000
Hardy	18.000	Bouïra	20.000
Victor Hugo	22.000	Atlafs-Carnot	35.000
Vialar	20.000	Ténès	50.000
Letourneux	20.000		
Brazza	12.000		307.000

Département d'Oran

Relizane	200.000
Tiaret	100.000
Tizi	15.000
Thiersville	35.000
Maâlifs	35.000
Sidi-Bel-Abbès	50.000
Tlemcen	50.000
Beni-Saf	30.000
	515.000

Département de Constantine

Constantine	100.000
Souk-Ahras	25.000
	125.000

RÉCAPITULATION

Alger, 10 docks	307.000
Oran, 8 docks	515.000
Constantine, 2 docks	125.000
	947.000

Ces docks ont coûté à construire environ 20 à 25 millions ; ils représentent actuellement une valeur sensiblement plus élevée car les premiers docks ont été construits à meilleur marché que les plus récents. Leur valeur totale de construction aux prix actuels est d'environ 30 millions, soit approximativement 30 francs par quintal de logement.

A côté des docks réalisés ou en voie de l'être, il y a de nombreux projets à l'étude sur divers points : à Temouchent, Inkermann, Sétif, Philippeville ; le mouvement en faveur des docks est donc loin d'être terminé. Chaque année voit éclore des projets nouveaux ; l'effort commencé se poursuit sans relâche.

D'ores et déjà une œuvre considérable est réalisée. Il convient de se demander ce que vaut cette œuvre, comment il faut l'apprécier, et quels services on peut en attendre.

Notons tout d'abord que dans les docks coopératifs on retrouve tous les avantages qui étaient déjà obtenus dans les docks de banques, avantages en raison desquels j'ai rendu hommage aux banques qui les ont créés.

Dans les docks coopératifs, comme dans les docks des banques, le grain est parfaitement logé ; il peut se conserver d'une année à l'autre sans aucune difficulté. C'est un premier point.

Deuxième point, auquel les colons attachent une importance toute particulière : on peut pratiquer dans les docks coopératifs comme dans les docks des banques le warrantage sur une grande échelle.

Le warrantage permet au colon, sa récolte une fois endockée, d'attendre le moment qui lui paraît le meilleur pour sa vente. Dans les docks de Burdeau on va faire, en 1928, des warrants pour plus de 10 millions de francs.

Sur ces deux premiers points, les docks coopératifs ne paraissent pas présenter, à première vue, de supériorité marquée sur les docks des banques. Ils en ont une cependant, sur laquelle il vaut la peine d'appeler votre attention. C'est qu'ils réussissent beaucoup mieux que les docks des banques à déterminer les colons à leur confier leurs récoltes. Dans le dock coopératif, le colon se sent chez lui et ce sentiment le pousse à y déposer des grains qu'il n'aurait pas songé à déposer ailleurs.

Notons d'ailleurs que même dans les docks coopératifs ce n'est pas sans peine qu'on décide les colons à déposer. Le colon n'endocke pas la totalité de ses récoltes, tant s'en faut ; il n'en dépose qu'une partie, souvent une partie minime et un des soucis constants des administrateurs de docks coopératifs consiste à obtenir du grain en quantité suffisante pour utiliser convenablement les locaux.

Ce fait s'explique aisément dès qu'on réfléchit que l'endockage n'est nullement une opération obligatoire pour le céréaliste, comme la vinification l'est pour le vigneron. C'est une opération purement facultative à laquelle on ne procède que si on pense y avoir avantage. Or, les faits démontrent que l'avantage obtenu n'est pas constant et peut parfois être nul ou même se transformer en perte.

L'année dernière, par exemple, la plupart des déposants n'ont pas eu à se louer d'avoir endocké, car à partir de l'époque de la récolte et pendant plusieurs mois, il y a eu baisse presque constante des prix, de telle sorte que l'opération s'est traduite pour les déposants par un déficit. Qu'en résulte-t-il dans l'esprit des colons qui ont fait cette opération pour la première fois l'année dernière ? Une hésitation bien naturelle à recommencer.

Voici un exemple typique de cet état d'esprit : le dock de Relizane a commencé à fonctionner l'année dernière et, pour ses débuts, a endocké 110.000 quintaux. Cette année il n'arrivera pas à ce chiffre quoique la récolte soit meilleure. Mais l'expérience de l'année dernière a rendu les colons prudents.

Gardons-nous, d'ailleurs, de tirer de ce cas isolé des conclusions pessimistes. Soulignons plutôt l'état d'esprit très réconfortant des colons de Burdeau, dont l'expérience a déjà cinq ans de date. Comme ceux de Relizane, les colons de Burdeau ont perdu, en 1927, sur leurs grains endockés. Ils n'en persistent pas moins cette année à mettre leurs grains dans les silos. L'année dernière ils avaient endocké 85.000 quintaux ; ils endockeront autant cette année avec une récolte moindre. Ils savent bien, pour l'avoir déjà constaté, que le dock ne leur fera pas gagner de l'argent tous les ans sans exception. Mais il leur suffit qu'il leur en fasse gagner deux années sur trois ou même une année sur deux. Ils se rendent compte que le dock est pour eux un précieux instrument de travail et de défense de leurs intérêts. Et s'ils n'y mettent pas toute leur récolte ils en mettent au moins une bonne partie.

Ainsi raisonnent les gens de Burdeau après cinq ans d'expérience, et il est à remarquer que leur état d'esprit tend à se propager dans toute la région. Tous les centres du Sersou voisins de Burdeau veulent avoir leur dock et en 1930 le réseau de docks de cette seule région comprendra cinq docks : Burdeau, Victor-Hugo, Hardy, Vialar, Bourbaki. Nous voyons ainsi l'initiative des colons de Burdeau approuvée et suivie par ceux même qui en sont les témoins sur place. Il y a là un signe de succès qui ne peut pas tromper.

La marche des événements, dans le domaine des docks coopératifs, reproduit ainsi exactement celle qu'on a constatée depuis trente ans dans le domaine des caves coopératives. Là aussi, au début, on a été prudent et le mouvement a été lent à se propager. Mais on put bientôt constater qu'il se développait surtout au voisinage immédiat des premières caves créées, et par la contagion de l'exemple. C'était le signe non trompeur que l'opération était bonne. La carte des caves coopératives algériennes est, à cet égard, très significative : nos premières caves ont été créées dans la région de Cherchell ; il n'y a plus actuellement dans cette région un seul centre qui n'ait sa cave coopérative.

En matière de docks, un mouvement identique se dessine. Les colons qui ont pu juger à l'œuvre les docks coopératifs en sont les plus chauds partisans et c'est après expérience faite qu'ils en créent chaque année de nouveaux. On ne peut souhaiter mieux.

Retenons donc à l'actif des docks coopératifs ce premier mérite. Ils ont, beaucoup plus largement que les docks de banque, réussi à déterminer les agriculteurs à endocker et warranter une partie de leurs récoltes. A ce premier mérite ils en joignent un second dont l'importance ne pourra vous échapper ; pour la première fois ils ont permis d'emmagasiner des grains préalablement triés et classés.

Il ne peut être question de classer les grains déposés dans les magasins généraux ou dans les docks de banques. Le classement suppose, en effet, le mélange. Mais on ne peut mélanger des grains appartenant à des propriétaires différents que s'ils se connaissent et acceptent ce mélange. Or, les déposants d'un dock commercial ne se connaissent pas et ne peuvent pas se connaître ; chacun conserve donc la propriété individuelle de ses apports et le grain reste ainsi individualisé en autant de lots différents qu'il y a de déposants.

Dans le dock coopératif, au contraire, les déposants ne sont pas des clients occasionnels et intermittents. Ce sont des coopérateurs constitués en groupement durable. Tous se connaissent. On a des règlements, des statuts, un conseil d'administration, on discute, on débat les intérêts communs en famille. C'est cela qui a rendu possible dans les docks coopératifs le mélange des grains. Mais faire le mélange des grains, cela ne pouvait consister à mélanger le mauvais grain avec le bon, le grain lourd avec celui de faible densité. Le classement préalable au mélange s'imposait et c'est ce qui a été fait dès le premier jour à Burdeau et dans tous les autres docks créés depuis. Partout, le grain est présenté à la vente après classement préalable par qualités.

Sur quelles bases ce classement est-il fait ?

Il fallait trouver une base simple, pratique, indiscutable. On a été ainsi conduit à adopter d'une façon générale le principe du classement des grains par leur poids spécifique.

Il y a quelques années, si on avait parlé à cent colons du poids spécifique du blé on en aurait trouvé quatre-vingt-dix qui auraient ignoré ce que cela signifiait. Il n'en est plus ainsi ; toute une éducation a déjà été faite et l'on se rend très bien compte aujourd'hui dans les milieux agricoles de l'importance de cette question du poids spécifique des grains.

Les docks coopératifs ont donc réalisé le classement des grains. La conséquence de ce classement c'est que les grains mis en dock ont été d'emblée valorisés ; les grains présentés à la vente classés font prime

auprès du commerce. Cette constatation ouvre des perspectives très intéressantes sur les formes supérieures d'organisation pour la vente qu'on
peut songer à réaliser. Nous touchons ici à une question qui a été une
des préoccupations essentielles des organisateurs de ce congrès.

Si j'ai bien compris leur pensée, ils ont entendu nous poser la question suivante : « Avec vos docks coopératifs, n'allez-vous pas instituer
de nouvelles modalités de vente ? La vente collective des grosses quantités
centralisées dans les docks ne va-t-elle pas se substituer à l'ancien système
des ventes individuelles multiples et par petits lots. Des facilités nouvelles
ne vont-elles pas être ainsi données aux acheteurs » ? C'est cette question
surtout qui intéresse, c'est bien naturel, les milieux commerçants marseillais avec qui nous avons le plaisir de nous rencontrer à ce congrès.

Ma conviction personnelle, comme celle de la plupart des dirigeants
de docks coopératifs, est que la vente collective des grains en docks s'im-
posera dans l'avenir. Mais nous devons reconnaître qu'à ce point de vue
notre affaire n'est pas encore au point.

Il faut bien voir les difficultés que nous avons rencontrées à l'origine
des docks, difficultés d'ordre principalement psychologique. Nous sommes
partis d'un état d'anarchie de la production dans lequel le producteur,
isolé pour la production, l'était également pour la vente. Dans cet état
de choses, chacun se débrouillait pour vendre sa récolte dans les meilleures conditions possibles sans s'occuper du voisin, et il ne venait à l'idée
de personne qu'on pût procéder autrement.

Avec les docks, un état d'esprit tout à fait nouveau s'est fait jour
dans les régions où l'institution nouvelle fonctionne depuis un temps
suffisant. Dans ces régions, le dock conduit les producteurs à se concerter,
à causer entre eux de leurs affaires communes. Ils apprennent ainsi à se
rendre compte que l'intérêt des uns est celui des autres et qu'une étroite
solidarité les relie tous. Mais il y a encore loin de cet état d'esprit
nouveau à la conception de la vente collective.

Si l'on avait présenté l'œuvre des docks coopératifs aux colons en
leur disant : « Vous allez mettre votre grain en dock, le dock s'en empa-
rera, le vendra au mieux et vous remettra le prix de la vente..... » la
propagande aurait immédiatement sombré, car on se serait heurté à la
méfiance des colons qui se seraient dit : « Quelles garanties aurai-je d'une
vente meilleure que par moi-même ? Ne suis-je pas le meilleur juge de
mes intérêts ? »

Si l'on avait voulu dès le début imposer la vente collective aux coopérateurs, on aurait sans aucun doute couru à un échec. Aussi ne l'a-t-on
pas fait. On s'est rendu compte qu'il fallait, de toute nécessité, ménager
l'état d'esprit des producteurs ; c'est pourquoi, dans tous les statuts des
docks algériens créés jusqu'à ce jour, on trouve uniformément une clause
fondamentale en matière de vente, clause qui pose en principe le droit
pour chaque déposant de rester seul maître de la vente de son grain.

Ce trait caractéristique de nos statuts établit un véritable contraste
entre l'organisation algérienne et certaines organisations étrangères de
docks coopératifs, notamment celle du Canada. L'organisation coopérative
canadienne peut être considérée comme un modèle ; sa puissance est
énorme ; elle englobe près des deux tiers de la production de grains du
pays. Des réseaux complets de docks régionaux sont groupés en de vastes
confédérations dites « pools », qui centralisent tous les grains endockés

et les offrent à la vente par quantités massives sur le marché européen.

A la base de cette organisation il faut bien voir qu'il y a un principe exactement inverse de celui admis en Algérie. Dans les docks canadiens, le producteur sociétaire est expressément tenu d'apporter son grain au dock et c'est le dock qui se charge de la vente.

Cela résulte très clairement des statuts-types reproduits par l'opuscule que l'Institut Colonial a eu l'heureuse idée de faire traduire et imprimer ; je vous y renvoie.

Aux termes des statuts canadiens, les droits conférés à la coopérative sur la récolte des sociétaires sont des droits absolus. Le producteur apporte obligatoirement son grain puis il laisse faire le « pool ». Il touche le prix que celui-ci lui fixe d'après les résultats d'ensemble obtenus.

Comment le Canada a-t-il pu réaliser une formule si éloignée de la nôtre ? C'est, semble-t-il, parce qu'il s'est trouvé dans des conditions spéciales très différentes des nôtres. On a éprouvé, au Canada, la nécessité absolue pour les producteurs de se tenir les coudes et d'exporter par grosses masses ; on a senti qu'il y avait là pour la collectivité agricole un intérêt majeur.

Cette formule a réussi. On ne peut qu'en féliciter les Canadiens.

En Algérie, nous n'en sommes pas là ; tout au contraire nous en sommes au principe inverse : le principe de la liberté. Qu'en résulte-t-il ? C'est que les masses relativement importantes de grains entreposées dans les docks coopératifs ne peuvent pas, en général, être vendues par les Conseils d'administration de ces docks. Nous avons en ce moment, quatre à cinq cents mille quintaux entreposés dans quatorze ou quinze docks. Il serait évidemment intéressant que les minotiers algériens ou marseillais puissent s'adresser aux présidents de ces docks en leur disant : « Que demandez-vous pour vos grains... Nous pouvons faire tel prix... » On ne peut, malheureusement envisager de telles tractations car les présidents n'ont pas les pouvoirs nécessaires pour vendre.

Les acheteurs de grain en dock doivent donc, en principe, s'adresser aux producteurs eux-mêmes, comme s'il s'agissait de grain non endocké. Or, ces producteurs, propriétaires du grain déposé dans les docks, sont au nombre de plusieurs centaines. La nécessité de traiter avec eux au lieu de traiter avec le dock est une évidente complication.

Il y a là un stade encore imparfait de notre formule coopérative. Peut-on envisager mieux dans l'avenir ? Oui, sans doute, et il est dans l'intention de M. Furgier, président du dock de Burdeau, de vous expliquer comment il conçoit le perfectionnement de l'état de choses actuel en vue d'arriver à mettre les grains collectivement en vente par grosses quantités.

Je crois, pour ma part, que nos docks coopératifs ne donneront un plein rendement que lorsque nous serons entrés largement dans cette voie. L'avenir est dans ce sens.

Auparavant une tâche plus urgente s'impose à nous, celle de résoudre au mieux une question préalable d'une importance capitale, la question du classement méthodique et rationnel des grains. Sur ce point, vous pouvez, Messieurs les représentants du commerce marseillais et de la minoterie marseillaise, vous pouvez, dis-je, efficacement nous aider, car en cette matière les colons ne peuvent que s'incliner devant votre compétence plus grande que la leur.

Comment classer les grains à leur entrée en dock ? Nous avons déjà vu que le principe le plus généralement admis était le principe du classement d'après le poids spécifique. Mais sous cette uniformité de principe il y a des modalités diverses. Le règlement de Burdeau n'est pas identiquement le même à cet égard que le règlement de Relizane.

Les principes de classement admis par les différents règlements, les dirigeants des docks ne les ont pas établis seuls. Ils ont consulté préalablement les représentants du commerce algérien. A Relizane, par exemple, le règlement a été établi après consultation de représentants qualifiés de la minoterie locale.

Mais sur ce point le commerce métropolitain aussi peut avoir .son mot à dire ; nous serions très heureux que les minotiers et commerçants ici présents veuillent bien nous dire ce qu'ils pensent de notre classement ; ils nous aideraient ainsi à porter à un point plus avancé une institution qui ne demande qu'à se perfectionner.

Nous faisons appel à la collaboration du commerce comme nous avons fait appel à celle des banques. Il ne faut pas voir dans la coopération, comme on l'a fait quelquefois, une machine de guerre dirigée contre qui que ce soit. Le but de la coopération, but qu'elle réalise déjà et qu'elle réalisera de plus en plus est d'améliorer la condition du producteur agricole, en valorisant les produits du sol, de manière à rendre la profession agricole plus rémunératrice et plus attrayante. Nous arriverons par là, si notre but est atteint, à intensifier la production. N'est-ce pas, indiscutablement, l'intérêt de tous : des commerçants, des banquiers, des industriels, comme des agriculteurs eux-mêmes ?

On l'a compris en Algérie et je suis heureux d'avoir à signaler que dans l'œuvre de création des docks coopératifs algériens, les minotiers et les banquiers ont été à nos côtés. Le dock coopératif de Burdeau a été créé avec l'appui des minotiers d'Alger ; les banquiers ne lui ont jamais ménagé leur appui pour le warrantage des grains endockés. Un banquier algérien m'a dit un jour : « En matière de coopération agricole, nous ne pouvons vous demander qu'une chose, c'est de faire œuvre utile pour la production. Lorsque vous y réussirez, nous ne vous considérerons jamais comme des concurrents. Car, en accroissant la production agricole, vous créez un supplément de richesses sur lequel des transactions ne peuvent manquer de se faire ; à ce moment, c'est le commerce et la banque qui profiteront de votre effort ».

On ne saurait mieux dire. Je fais donc appel avec confiance à la collaration de l'agriculture, du commerce et des banques pour perfectionner l'institution encore nouvelle des docks coopératifs. Cette collaboration a d'ailleurs été voulu par l'Institut Colonial lorsqu'il a eu l'heureuse pensée de nous convoquer ici. Nous devons lui en être reconnaissants.

(Applaudissements).

M. LE PRÉSIDENT. — Nous ne saurions trop vous remercier, M. Boyer-Banse, de l'exposé si remarquable que vous venez de nous faire et qui simplifie singulièrement la tâche du Congrès en nous ayant montré comment se développe, sous la direction dévouée de fonctionnaires éminents tels que vous, la création des silos dont nous avons à étudier les modalités de fonctionnement et les relations avec les marchés d'exportation.

Nous serions très reconnaissants à M. Gounot, président de la Chambre d'Agriculture de Tunis, s'il voulait bien nous exposer de même ce qui aura été fait ou est envisagé en Tunisie.

COMMUNICATION DE M. GOUNOT
Président de la Chambre d'Agriculture de Tunis

MESSIEURS,

Lorsque je suis arrivé ce matin de Marseille, j'ignorais totalement qu'on me demanderait de prendre la parole à la séance d'ouverture.

J'étais venu comme président de la Chambre d'Agriculture de Tunis, comme producteur de céréales, pour écouter et non pour faire une communication ; toutefois je ne puis me dérober, mais je serai infiniment plus bref que ne l'a été M. Boyer-Banse, ayant peu de renseignements à vous donner.

J'insisterai tout particulièrement sur l'importance que prend la production tunisienne car, lorsqu'on discute de la vente des produits, il est important de savoir si ces produits sont en petite, moyenne ou grande quantité.

En Tunisie, on peut dire que le commerce des blés est né depuis le Protectorat. Les vieux livres que nous possédons sur la Régence — et la Chambre de Commerce de Marseille est riche en documents de cette période — signalent bien que l'on exportait du blé mais en quantités infimes. La sortie se faisait d'une façon très irrégulière et, en réalité, les gens mettaient une bonne partie de leur grain dans des silos creusés dans le sol parce qu'il ne pouvaient pas amener facilement leur grain à l'étranger, ni en introduire dans les années de disette.

Il ne faut pas blâmer ceux qui avaient ainsi des silos sous terre. Ils étaient très prévoyants, mais ils n'avaient pas la technique moderne. Leurs silos avaient le défaut de mal conserver le grain qui y était facilement abîmé par les charançons ou la pluie ; c'est le manque de ressources, de ports, de routes, de chemins de fer qui les contraignait à ces mesures.

Je dirai même davantage : le Gouvernement acceptait souvent de recevoir des impôts en nature ; il avait lui-même des magasins et, lui aussi, emmagasinait des grains dans un but de prévoyance.

Aujourd'hui, la production s'est accrue et, même dans les années médiocres, il est rare que la Tunisie n'exporte pas, quitte à faire venir en hiver soit du blé, soit des farines, soit des semoules qui lui sont souvent fournis par Marseille.

Ce commerce tunisien de blés, de semoules ou de farines, était caractérisé par le fait, qu'avant la guerre, il y a une vingtaine d'années à peine, la Tunisie recevait, en moyenne, autant de produits qu'elle en exportait. C'est vous dire que la production était encore très réduite ; et le fait sur lequel je vais surtout insister c'est le développement de cette production.

M. Berthault, professeur à l'Institut Agricole d'Alger, a publié une brochure fort intéressante sur la production du blé en Afrique du Nord (1).

____

(1) Voir annexes.

Il y montre le concours que l'Afrique du Nord peut apporter au ravitaillement de la Métropole. En ce qui concerne l'Algérie, il signale un fait curieux, c'est que les surfaces cultivées en blé, tendraient à diminuer.

En ce qui concerne la Tunisie, cette brochure qui est à certains points de vue très remarquable, contient très certainement des erreurs tout au moins d'impression. En effet, le professeur Berthault indique des emblavures beaucoup moins fortes que celles qui existent en réalité.

En tous cas, les emblavures, en Tunisie, sont croissantes, Si nous prenons un chiffre, la moyenne des dix dernières années a été de 600.000 hectares approximativement ; pour 1926 elles ont atteint près de 750.000 hectares. En réalité, les accroissements sont assez difficiles à mesurer parce que les indigènes, sèment plus ou moins suivant l'abondance des pluies. Mais on suit mieux la progression chez les colons ; depuis la guerre chaque année ils ont ensemencé davantage ; l'accroissement, depuis 1919, est de l'ordre de 60 %. Cet accroissement des emblavures résulte surtout de la politique de défrichement qui a été adoptée.

Dans ces dernières années, le Gouvernement a fait des efforts pour mettre en culture des terres qui lui appartenaient et qu'il a loties avec obligation de les mettre en valeur.

Il est arrivé à un double résultat : d'une part, en vendant des terres à nos compatriotes, il a développé la colonisation française ; d'autre part, en vendant aux indigènes il les fait accéder à la propriété, alors à plus de 10.0000 hectares par an les surfaces gagnées par les défrichements au cours des dernières années. Vous voyez que cela représente des surfaces importantes.

Un autre motif de l'accroissement de la production, c'est l'amélioration des méthodes culturales.

M. Berthault donne une description précise des méthodes culturales employées par les colons tunisiens, qui utilisent de puissantes charrues, des semences pédigrées et des quantités croissantes d'engrais chimiques. Mais tout ceci : tracteurs, labours profonds, semences sélectionnées et engrais, aurait été insuffisant, si on ne l'avait combiné avec les méthodes culturales dites dry-farming, qui consistent à labourer les terres six mois ou un an à l'avance, et à les maintenir absolument propres par des façons superficielles.

Le résultat est une régularité dans les récoltes qui surprend ceux-là mêmes qui ont le plus préconisé le dry-farming.

Je citerai une phrase que j'ai lue émanant de M. Gautier, professeur à la Faculté d'Alger : « Depuis le dry-farming les mauvaises années ont « disparu ; aucune récolte annuelle, dans aucun pays du monde, n'est « plus régulièrement assurée... »

Mettez qu'il y ait un peu d'exagération dans cette phrase ; toutefois, il est certain que la régularité est grande ; elle paraît énorme quand on compare les résultats actuels avec ce qui se passait autrefois. Là où on était satisfait de récolter 10 quintaux à l'hectare, en bonne année, pour tomber à 3 ou 4 en période sèche, on obtient maintenant des moissons variant entre 15 et 18 ou même 20 quintaux, parfois davantage encore.

Cette régularité n'existe que dans les cultures faites suivant les méthodes perfectionnées du dry-farming, qui sont tout particulièrement pratiquées par les colons et qui gagnent progressivement toute la Tunisie.

L'exportation tunisienne reste encore assez variable, mais elle se stabilise.

En 1918-19, la Tunisie a exporté 800.000 quintaux et 900.000 quintaux en 1923-24. Pour donner un ordre de grandeur nous pourrons admettre que la production de blé s'accroît de 100 à 200 mille quintaux par an, et ne tardera pas à laisser disponible, pour l'exportation, un chiffre moyen de 1 million de quintaux, non compris les sorties d'orge et d'avoine.

On conçoit que dans des conditions pareilles, si on veut conserver des grains, la question du crédit bancaire prenne de l'importance ; on ne peut pas s'étonner que le commerce hésite à se charger de quantités aussi considérables ; et il ne peut conserver le grain que s'il a les moyens de le loger et de le warranter. Il est certain qu'aucune banque ne voudrait prêter sur du blé conservé en terre, ce qui, comme je vous l'ai indiqué tout à l'heure, constituait autrefois le summum de prévoyance.

Au point de vue des silos, nous sommes nettement en retard sur l'Algérie. Nous ne nous en excusons qu'à moitié ; l'Algérie va fêter son centenaire et ce n'est que l'année suivante que nous pourrons fêter le cinquantenaire de la Tunisie.

Ces excuses faites, disons que nous possédons un seul silo coopératif, celui de Béja, qui peut loger 40.000 quintaux de blé.

Toutefois les banques ont recherché le warrantage des grains et M. Gendre, qui représente ici le Crédit Foncier d'Algérie et de Tunisie, déclarait que ses disponibilités de logements s'élèvent à 148.000 quintaux. C'est appréciable ; mais ceci ne représente encore que de simples magasins bien conditionnés, bien entretenus ; ce ne sont pas les docks tels qu'ils existent en Algérie. La Banque de Tunisie est la seule qui ait construit un silo moderne ; elle l'a édifié à Bizerte et il a une capacité provisoire de 18.000 quintaux ; ce silo a été construit par M. Reymond, ingénieur, présent dans cette salle.

A côté de cela, nous n'avons plus que des initiatives privées, quelques particuliers qui ont construit des magasins plus ou moins importants pour leur usage personnel, mais là, il n'y a aucune société qui intervient. C'est ainsi qu'à Souk El Khemis, les principaux colons ont des silos à grains pouvant loger 60.000 quintaux ; c'est une exception ; on ne retrouve pas l'équivalent dans le reste de la Tunisie. Il est manifeste que c'est insuffisant. Des projets nombreux sont en cours et il est certain qu'ils seront influencés par ce qui se dira dans ce Congrès. Si l'on vient à constater que les silos doivent favoriser les affaires avec le commerce, si l'on s'aperçoit que les banques peuvent leur apporter un concours, il est probable que les colons uniront leurs efforts à ceux des établissements de crédit pour développer ces institutions.

Les chiffres que je vous ai donnés tout à l'heure, et en particulier celui d'un million de quintaux comme étant probablement le chiffre de nos exportations des années prochaines, méritent quelques développements.

D'après les renseignements donnés par la Chambre de Commerce de Marseille, cette ville, qui constitue notre grand débouché, qui est véritablement le point par lequel l'Afrique du Nord a toujours communiqué avec la France, reçoit une moyenne de 4 à 5 millions de quintaux de blé par an. Les importations étaient sensiblement plus élevées avant la guerre ; elles ont baissé après la guerre, mais elles tendent à se relever aujourd'hui.

Si la totalité du blé exporté par la Tunisie débarquait à Marseille, on pourrait dire que ce grand port trouve dans la Régence de quoi suffire au quart ou au cinquième de ses besoins.

En résumé, les exportations tendent à se régulariser ; c'est une situation nouvelle qui peut avoir une influence considérable parce que, lorsque nous n'avions que de petites quantités à exporter, ou de façon irrégulière, certaines opérations immobilières, comme la construction de grands magasins étaient difficiles à rémunérer.

Aujourd'hui, au contraire, ces opérations deviennent tout à fait normales ; elles sont normales en Tunisie quelques années après l'être devenues en Algérie. Comme on peut dire que l'essor du commerce constitue un des meilleurs éléments d'appréciation du développement de la civilisation d'un pays, nous souhaitons que nos colons, avec le concours de l'Etat tunisien, puissent arriver à donner une orientation nouvelle et une impulsion toujours plus grande au commerce que la Tunisie fait avec la Métropole. Notre vœu le plus cher est de devenir de plus en plus des fils qui alimentent leur mère, la France. *(Applaudissements)*.

M. le Président. — Je me fais, M. le Président, l'interprète de l'Assemblée pour vous dire combien les renseignements que vous avez bien voulu nous donner nous ont intéressés et nous confirment dans l'admiration que nous avons pour les magnifiques résultats obtenus par la colonisation tunisienne.

Je prierai M. de Taillac ou M. Catherine, délégués de la Société des Docks et Silos Coopératifs du Sud du Maroc, de nous indiquer ce qui est fait ou à l'étude au Maroc.

COMMUNICATION DE M. DE TAILLAC

délégué de la Société des Docks et Silos Coopératifs
du Sud du Maroc

Messieurs,

Vous me demandez de vous exposer l'œuvre déjà réalisée au Maroc ; je vous dirai tout simplement que nous n'avons encore rien fait.

Nous commençons à peine à nous organiser, et c'est une grande chance pour nous d'avoir pu venir puiser à ce Congrès des enseignements précieux.

En ce moment, nous construisons, à Casablanca, des docks-silos coopératifs qui seront les premiers édifiés au Maroc.

Notre Société des Docks Silos Coopératifs du Sud du Maroc s'est constituée le 10 juillet dernier, c'est vous dire si c'est récent. Nous pensons, toutefois, avoir terminé les constructions pour la campagne prochaine.

Les raisons qui ont poussé les colons à construire des docks silos au Maroc sont exactement les mêmes qu'ont indiqué les représentants algériens ; nous avons profité de leur expérience et de leurs conseils en cette matière. Ces raisons, M. Boyer-Banse, vient de vous les exposer avec la plus grande clarté.

Au Maroc, les colons n'avaient pas à leur disposition, comme en Algérie, des docks de banques pour pouvoir emmagasiner leurs grains. Seule la Société des « Magasins Généraux de Casablanca » possède une organisation pour recevoir et warranter les grains en sac.

A Casablanca, notre première idée avait été de construire nos docks sur le port même ; c'eût été désirable à tous égards, mais l'Administration fit connaître à notre Coopérative en formation, qu'aucun emplacement au Port ne pouvait nous être affecté avant la fin de 1929 ; c'était nous reporter en 1931, pour la construction de nos docks dont le besoin immédiat se faisait sentir, et c'est ainsi que nous avons été conduits à les construire sur un terrain du lotissement industriel de la ville de Casablanca, à proximité de la gare de triage.

Nous construisons une première tranche de silos d'une contenance de 10.000 tonnes, en prévoyant la construction de nouveaux silos au port, dès que le môle du commerce sera terminé.

De plus, notre Coopérative étant la première de ce genre créée au Maroc, nous avons craint, au début, des difficultés financières sérieuses si nous demandions à nos coopérateurs un trop gros effort car, si dans son principe le mouvement coopératif rencontre des partisans nombreux au Maroc, il s'est heurté aussi, souvent, il faut bien le dire, à une certaine hésitation chez les colons, souvent trop individualistes.

Nos docks vont nous revenir à 3 millions, par conséquent, à 30 francs le quintal logé, alors que sur le port ils nous auraient coûté au moins 6 millions.

Un Congresiste. — Certainement à cause du terrain ?

M. de Taillac. — A cause des fondations. Cependant, le problème de la dépense n'était pas insoluble, mais, je le répète, il nous fallait des docks silos que nous ne pouvions pas attendre deux ou trois ans.

Je tiens à vous donner une idée des possibilités de la production du Maroc en blé, en vous indiquant que cette année 220.000 hectares environ, ont été ensemencées en blés tendres, tant par les européens que par les indigènes, et 860.000 hectares environ en blé dur.

Alors que la qualité « blé colon » d'Algérie est connue et appréciée, le « blé colon » du Maroc, n'existe pas encore sur le marché.

C'est un des buts principaux de notre Coopérative de Casablanca, de classer les blés des colons et de les faire connaître pour les vendre à leur valeur réelle.

C'est justement au cours de ces journées que nous comptons nous renseigner pour apprendre et savoir comment nous devons nous y prendre pour créer le type « Blé Colon du Maroc ». C'est donc vous dire tout l'intérêt que présente pour nous ce Congrès. (Applaudissements).

M. le Président Artaud adresse au nom du Congrès à MM. Boyer-Banse, Gounot et de Taillac tous ses remerciements et ses félicitations pour leur remarquable exposé qui montre de la manière la plus lumineuse l'importance prise par la création des silos à céréales de l'Afrique du Nord et qui précise l'intérêt de l'étude à laquelle va procéder le Congrès.

M. Emile Baillaud indique ensuite dans quel ordre devront se poursuivre ces travaux et quelles sont les diverses réunions auxquelles les congressistes sont conviés à participer.

Banquet offert aux Congressistes
par l'Institut Colonial

le 27 Septembre 1928

*A l'issue de la première séance un déjeuner a été offert par l'Institut
Colonial aux congressistes, déjeuner auquel avaient été conviées les principales personnalités de l'armement, du commerce et de l'agriculture de
Marseille. M. le Président Artaud a prononcé le toast dont nous reproduisons les termes, auquel M. Vagnon, président de la Chambre d'Agriculture d'Alger et de la délégation des Colons aux Délégations Financières
de l'Algérie a répondu par les aimables paroles que nous reproduisons
également.*

DISCOURS DE M. Adrien ARTAUD
Président de l'Institut Colonial et de la Foire de Marseille

Messieurs,

Le désir de ne pas retarder vos travaux m'a empêché ce matin de
vous dire, comme je l'aurais voulu, toute la reconnaissance que l'Institut
Colonial vous doit pour la manière dont vous avez bien voulu répondre
à son appel et tout le plaisir qu'il éprouve à avoir pu réunir une assemblée composée d'hommes qui dirigent la mise en valeur du sol de
l'Afrique du Nord, tant dans ces associations dont nous étudions aujour-
d'hui une des réalisations les plus remarquables que dans les laboratoires et les champs d'expériences où les savants techniciens que nous
saluons avec respect ici recherchent et découvrent les moyens d'assurer
au labeur acharné de nos colons des résultats de plus en plus sûrs et
de plus en plus importants.

Je ne dois pas oublier qu'en même temps que Président de l'Institut
Colonial je suis Président de la Foire de Marseille. Cette bienvenue que
je vous souhaite et ces félicitations que je vous adresse, je vous les exprime
donc à la fois au nom de cet organisme dont vous voulez bien suivre les
travaux et au nom des dirigeants de cette grande manifestation annuelle
au cours de laquelle Marseille désire tenir d'une manière de plus en
plus complète les assises de la vie économique méditéranéenne.

Notre Chambre de Commerce a tenu à marquer ce caractère de la
Foire de Marseille en convoquant en une Conférence Méditerranéenne les
Assemblées consulaires de l'Afrique du Nord et en pensant qu'elle donnerait ainsi la meilleure des conclusions aux visites qu'elle leur a rendues
ces années dernières sur l'heureuse inspiration de M. le Président Rastoin.

Le Comité de la Foire ne saurait lui en avoir trop de reconnaissance.

L'Institut Colonial a pensé qu'il lui appartenait de seconder cette féconde initiative en conviant de son côté les représentants des assemblées agricoles.

Le sujet qu'il a proposé à vos travaux est un de ceux qui paraissent bien pouvoir le mieux correspondre au but même de la Foire en vous amenant à examiner avec les représentants d'une des principales industries de Marseille, les meilleurs moyens de leur offrir d'une manière de plus en plus rationnelle vos magnifiques céréales.

Notre vœu le plus cher est que la conclusion de ces études que vous avez inaugurées ce matin soit que, comme vous avez commencé à le faire cette année, vous nous apportiez chaque année à la Foire de Marseille, qui a la bonne fortune de se tenir au moment où vous venez de terminer la grande œuvre de la moisson, les échantillons de vos blés, de vos orges, de toutes vos céréales et que vous veniez vous-mêmes les offrir non seulement aux meuniers de Marseille mais encore à ceux de toutes ces régions de France et d'Europe dont Marseille doit être le port.

Nous pouvons penser qu'ainsi nous apportons notre part à l'œuvre splendide que vous édifiez en doublant la terre de France.

Cette œuvre, Messieurs, nulle part on ne la connaît et on ne l'apprécie à sa juste valeur plus que dans cette cité laborieuse dont toute l'histoire millénaire et toute l'activité quotidienne sont liées au rayonnement de notre pays dans ces terres méditerranéennes si profondément vivifiées par l'âme française.

Mais aussi, justement parce que cette émouvante histoire se continue dans ces relations quotidiennes, nulle part on n'en connaît mieux toutes les difficultés en même temps que toute la grandeur.

Dans les travaux de notre Congrès, en hommes profondément réalisateurs que vous êtes, vous ne voudrez vous arrêter qu'à l'examen des difficultés techniques qui conditionnent vos initiatives, mais les graves problèmes qui dominent notre œuvre coloniale toute entière restent à la base de vos préoccupations, bien que nous ne puissions ni ne veuillions les aborder au cours de ces réunions.

Je ne crois pas me tromper en disant que les principales difficultés que vous rencontrez proviennent de ce que tandis que l'Afrique du Nord tend vers une identification de plus en plus complète avec la Métropole, c'est tous les problèmes de la colonisation qu'ont à résoudre ceux qui s'attachent à sa mise en valeur.

De ces problèmes, bien que je pense que vous serez d'accord avec moi pour estimer que le plus important est celui de la politique indigène, je ne retiendrai que celui des relations économiques avec la Métropole.

Ici, Messieurs, ne voulant pas abuser plus longtemps de votre attention, je me bornerai à exprimer cette opinion à la défense de laquelle je puis bien dire que j'ai consacré cinquante ans d'efforts, que le principe faux de la subordination économique des colonies à la Métropole doit être définitivement abandonné et que le véritable intérêt de la Métropole réside dans la prospérité de ses établissements d'outre-mer.

C'est sur le souhait que cette prospérité soit de plus en plus grande et sur l'expression de toute la reconnaissance que nous vous avons pour vos magnifiques efforts pour l'assurer que je veux terminer en portant la santé de tous ceux qui vous sont chers.

RÉPONSE DE M. VAGNON

Président de la Chambre d'Agriculture d'Alger,
Président de la Section « Colons » des Délégations Financières d'Algérie

Messieurs,

Je suis très heureux de saisir cette occasion de pouvoir être l'interprète de tous mes collègues africains, c'est-à-dire Tunisiens, Algériens, Marocains, pour vous dire combien nous avons été touchés de votre appel, et surtout combien nous sommes sensibles à l'accueil que vous nous réservez aujourd'hui.

Notre présence, nombreuse ici autour de vous, Monsieur le Président, vous montre mieux que mes paroles l'empressement avec lequel nous y répondons. Cette satisfaction est d'autant plus grande pour moi, que j'ai eu déjà le très grand plaisir, en 1922, de faire la connaissance de l'Exposition Coloniale de Marseille, et surtout, de cette section des céréales que vous avez eu la très heureuse idée d'instituer au cours de cette manifestation.

Ce matin, Monsieur le Président, en nous adressant vos paroles de bienvenue, vous avez eu une phrase qui a retenu plus particulièrement mon attention, et qui m'a frappé. Vous avez parlé de l'émoi qui s'était emparé de certains commerçants en apprenant la convocation de ce Congrès des Silos à Céréales.

Je crois que, comme vous avez pu le constater, Messieurs, il n'y avait pas matière à émoi, car déjà au premier contact que nous avons pris ce matin, par l'exposé remarquable qui a été fait par nos trois représentants de l'Algérie, de la Tunisie et du Maroc, vous avez vu qu'il n'y avait lieu à aucune appréhension.

Nous sommes, nous les Africains, animés du désir de nous rapprocher de vous tous. Ce qui nous paralyse, nous les agriculteurs, c'est qu'à l'encontre du commerce, nous sommes très distants les uns des autres, nous sommes toujours trop éloignés, nous ne pouvons pas nous concerter, et, par conséquent, nous perfectionner pour mieux répondre aux besoins que vous avez, vous commerce, et que vous attendez de notre production pour en assurer la distribution.

C'est pour cela que chaque fois qu'une manifestation du genre de celle que vous avez bien voulu organiser ici se présente, nous nous efforcerons de plus en plus d'y répondre de notre mieux, certains que nous sommes d'en tirer aussi un bénéfice. Si donc, vous avez ainsi vous-même une plus intime connaissance de nos moyens de production, des matières que nous pourrons mettre à votre disposition, du moins nous-mêmes nous apprendrons à mieux vous présenter nos marchandises pour les besoins de la consommation et de l'industrie.

Je le répète, nous sommes ici tout simplement inspirés et animés par un principe essentiel, pouvoir mieux produire et répondre plus exactement aux besoins du Commerce et de l'Industrie.

Messieurs, je ne voudrais pas anticiper sur les travaux qui vont se dérouler ces jours-ci. Je vous demande simplement de vouloir bien lever vos verres en l'honneur et à la prospérité de l'Institut Colonial de Marseille, et plus particulièrement de son éminent Président, M. A. Artaud, en n'oubliant pas d'y joindre, dans un hommage très affectueux, son dévoué Secrétaire Général, M. Baillaud. *(Applaudissements).*

DEUXIÈME SÉANCE

27 Septembre 1928 (trois heures de l'après-midi)

Président : M. L. PRAT

Président de la Fédération Intersyndicale de la Minoterie
et de la Semoulerie de Marseille.

Classification des Blés dans les Silos

M. LE PRÉSIDENT. — Messieurs, la séance est ouverte. Je vais, si vous le voulez bien, donner successivement la parole aux représentants des docks et silos qui sont présents pour leur demander de nous indiquer le mode de fonctionnement de leurs silos afin de compléter les indications générale qui nous ont été données ce matin d'une manière si remarquable par MM. Boyer-Banse, Gounot et de Taillac.

Je vais donner à la parole à M. Furgier qui a été l'instigateur des premiers silos construits en Algérie, ceux du Sersou à Burdeau (Alger).

M. FURGIER. Messieurs, après ce qui a été expliqué ce matin d'une façon si claire par M. Boyer-Banse, je crois que les renseignements que je vais vous donner, à part quelques détails, ne présenteront pas le même intérêt. Cependant, puisque M. le Président me le demande, je vais reprendre les questions exposées ce matin par M. Boyer-Banse.

M. BAILLAUD. — Nous avons pensé qu'il serait bon de nous occuper ce soir des questions de classification et demain matin des moyens que vous avez envisagés pour vendre les blés dont vous disposez en silos.

Nous allons donc examiner tout de suite ce que vous faites pour mettre vos blés dans les silos et demain matin pour les en sortir. *(Très bien !)*.

M. FURGIER. — Oui, c'est cela, demain nous les sortirons. *(Sourires)*. Je vais donc amorcer la question dans le sens que vous venez d'exposer.

Les statuts de notre Société ont été reproduits dans la brochure qui nous a été distribuée par l'Institut Colonial. Vous les y trouverez donc [1].

Ainsi que je l'ai indiqué dans le rapport sur les « Magasins à blé coopératifs de l'Afrique du Nord », que j'ai présenté à la Semaine du Blé de Paris, en 1923, le céréaliculteur nord-africain, ne possède généralement pas d'abris ni de magasins lui permettant de loger sa récolte, soit avant soit après le battage.

---

[1] Voir plus loin : Rapports et Documents, p. 130.

Ainsi, pour ne pas risquer de la perdre, et s'assurer les ressources financières qui lui sont nécessaires, doit-il procéder aux battages aussitôt la moisson, et livrer son grain au commerce au fur et à mesure.

Une quantité considérable de céréales se trouve ainsi jetée à la fois sur le marché, au risque de n'y point trouver d'acheteurs, ce qui met le plus souvent le producteur dans l'impossibilité de défendre ses intérêts comme il convient.

D'autre part, certains blés « Colon » algériens, de qualité saine, loyale et marchande au départ de la propriété, arrivent parfois quai Marseille, absolument méconnaissables, ayant été, au cours de manipulations effectuées dans les entrepôts de passage, mélangés à des grains ou matières étrangères, ou encore à des blés terreux ou avariés ; d'où une dépréciation et un discrédit injustifiés de nos produits algériens.

Ce sont ces considérations qui, dans leur ensemble, ont présidé à la création des Docks Coopératifs à céréales de Burdeau, et guidé les fondateurs dans leur organisation.

Ces docks sont les premiers de grand modèle (125.000 hectolitres), fonctionnant mécaniquement, qui aient été édifiés en Afrique du Nord.

Ils sont construits en sidéro-ciment.

Comme les élévateurs américains, ils sont divisés en deux parties : l'une, destinée au logement des grains, comporte cent silos juxtaposés en quatre lignes parallèles de vingt-cinq silos chacune ; chaque silo a 2 m. 50 de côté et 25 mètres de haut, et contient par conséquent 1.250 hectolitres.

L'autre, est spécialement aménagée pour les opérations de réception et de manutention et l'installation de la machinerie nécessaire.

La machinerie, actionnée par un moteur à gaz pauvre de 50 C.V., permet de recevoir, nettoyer et classer 4.000 hectolitres en dix heures, et donne ainsi satisfaction à tous les besoins des sociétaires ; elle a été installée par la Maison Schneider et Jacquet, de Strasbourg (1).

Les grains sont apportés au dock par le producteur, soit en sacs, soit en vrac ; après agréage, ils sont pesés, versés dans le boisseau de réception ; élevés au trieur séparateur où ils sont uniformément nettoyés ; à la sortie du trieur, une bascule automatique enregistre le poids de la marchandise nette ; le poids spécifique qui sert de base au classement est déterminé au moyen d'une trémie conique et les déchets mis à la disposition du livreur.

Ces grains sont alors élevés au transporteur supérieur et versés dans le silo destiné à recevoir des blés du même poids spécifique ; ils sont logés en vrac, par qualités.

Les silos se vident par leur base, sur un transporteur qui ramène le grain au boisseau d'ensachage, où il est mis en sac et taré. La voie ferrée et la chaussée établies au-dessous, permettent de charger les wagons ou les camions en réduisant la main-d'œuvre au strict minimum.

Ainsi le rôle de la sacherie se trouve extrêmement réduit. La sacherie pourra même être complètement supprimée, lorsque le transport des grains s'effectuera en vrac, de la propriété au dock, au moyen de chariots spécialement aménagés, ainsi que le prévoit la coopérative du Sersou ;

---

(1) Société Anonyme Schneider, Jacquet et Cⁱᵉ, Strasbourg-Kœnigshoffen.

le transport en vrac par chemin de fer reste à envisager : ce sera l'œuvre de demain.

La Société constituée est une Société civile à capital et personnel variables, soumise aux règles imposées aux coopératives agricoles en Algérie par la loi du 26 février 1919 ; la disposition générale des statuts ne présente aucune particularité si ce n'est aux articles suivants :

ART. 26. — Tout sociétaire, quelque soit son apport de récolte, *et même s'il n'apporte rien*, est tenu de payer à la société une redevance annuelle, proportionnelle aux quantités de grain qu'il a le droit de loger.

ART. 31. — Les grains seront emmagasinés collectivement, nettoyés, classés par variété et qualités.....

ART. 33. — Le Conseil d'Administration procédera périodiquement, aux dates et aux conditions fixées par le règlement intérieur, à la vente des grains des sociétaires qui en auront fait la demande.

ART. 34. — Le sociétaire déposant, que ces grains soient déposés collectivement ou individuellement, aura toujours le droit d'en effectuer la vente lui-même.

.....Il pourra substituer ses acquéreurs dans ses droits et obligations, relativement au logement de ses grains.

ART. 37. — Le Conseil d'Administration pourra autoriser le warrantage des grains, par les sociétaires au profit des Caisses de Crédit Agricole Mutuel, et par les acquéreurs de ces grains au profit de tous prêteurs.

Un règlement intérieur conditionne tout ce qui concerne : réception, classement, vente, warrants, redevance, magasinage, etc. (Exemplaire communiqué (1).

Le capital nécessaire............................		1.700.000
A été constitué comme suit :		
Versé par les sociétaires (4 fr. par Hl. de logement réservé)	500.000	
Avance de la Colonie à 2 %, remboursable en quinze annuités	700.000	
Subvention du Gouvernement Général de l'Algérie	500.000	
	1.700.000	1.700.000

Depuis l'origine (quatre exercices) l'exploitation des docks coopératifs de Burdeau a donné les meilleurs résultats ; elle est assurée par un personnel réduit : (un directeur, un comptable, un mécanicien, deux manœuvres), les ventes se sont régulièrement échelonnées sur plusieurs mois et un fond de réserve appréciable, a été constitué en vue des modifications et améliorations à envisager.

En 1927-28, il a été logé 90.000 quintaux de blé, sur lesquels le Crédit Agricole Mutuel a prêté sur warrant toutes les sommes nécessaires.

La comptabilité financière y est tenue conformément aux prescriptions du Code de Commerce.

La comptabilité « Matières » y est également tenue méticuleusement. Elle permet de reconnaître à tout moment les quantités et qualités de

---

(1) Voir page 139

grains contenues dans chaque silo, de même que celles déposées au compte de chaque sociétaire, avec mention des opérations de warrantage ou de transfert. Ainsi qu'on le voit nos docks, ainsi organisés et administrés, offrent au commerce et à la minoterie des garanties réelles pour baser leurs transactions.

En résumé, leur organisation présente les avantages suivants :

Possibilité de loger la récolte de chaque sociétaire au fur et à mesure des battages, afin d'en assurer la conservation et d'éviter toute perte pouvant résulter des intempéries.

Faculté de warrantage immédiat des grains, ce qui permet au producteur d'obtenir des Caisses de Crédit Agricole Mutuel les sommes qui lui sont nécessaires à l'époque voulue, sans être astreint de vendre au moment où toute la récolte d'une même région se trouve à la fois sur le marché, alors qu'il ne se présente pas suffisamment d'acheteurs.

Vente à l'époque jugée la plus favorable, autant que possible par mensualités égales, afin d'éviter toute spéculation et de profiter de tous les prix pratiqués au cours de l'année.

Régularisation de l'expédition de la récolte qui est assurée par les soins du dock et échelonnés sur plusieurs mois, ce qui évite l'encombrement des gares d'évacuation.

Réduction de l'usage de la sacherie au strict minimum, les grains étant logés en vrac.

Nettoyage et classement des grains par catégories, selon leur poids spécifique, ce qui en augmente la valeur marchande, et permet de présenter à la vente des quantités importantes de blés d'un même type, bien déterminé, ce qui facilite les transactions.

Au cours de ces quatre dernières années, ces avantages ont été largement appréciées par le Colon, ainsi d'ailleurs que la Minoterie algérienne, qui a toujours pu connaître, sur simple demande, les quantités et qualités de blé contenues dans nos docks, où, les ayant acquis, elle peut les laisser en dépôt, à son compte, et se les faire expédier au fur et à mesure de ses besoins.

Depuis l'expérience de Burdeau, d'autres docks coopératifs à céréales à élevateurs, ont été édifiés en Algérie (vingt docks d'une contenance totale de 950.000 quintaux) et en Tunisie.

Bientôt, par conséquent, le producteur de blé nord-africain disposera, presque partout, de docks à céréales modernes d'une valeur économique considérable.

Cependant, nous nous rendons bien compte, que si ces docks permettent dès aujourd'hui une meilleure conservation du blé, s'ils permettent de le valoriser par le nettoyage et le classement, de le vendre à un prix plus rémunérateur et de procurer au céréaliculteur les fonds de roulement qui lui sont nécessaires à l'époque voulue, leur organisation actuelle ne lui permet pas encore d'en tirer le maximum de rendement auquel il a le droit de prétendre.

Ce n'est, croyons-nous, qu'en multipliant les docks coopératifs dans toutes les régions céréalifères de la Colonie, en les groupant dans une puissante coopérative de vente collective, qui coordonnerait leurs efforts, assurerait une classification méthodique et uniforme des grains, par région, et en effectuerait la vente, qu'on parviendra à solutionner définitivement la question, au mieux des intérêts de chacun.

Je dois ajouter en outre aux explications données ce matin par M. Boyer-Banse que, lorsque nous désirons, ou plus exactement, lorsque le colon désire vendre son grain ce n'est pas toujours chez lui qu'il faut s'adresser.

Tous les jeudis, jour de marché chez nous, l'Administration des Docks fait connaître au colon les cours pratiqués soit à Oran, soit à Alger et là, étant sur place, il lui est loisible de donner des ordres pour la vente des quantités dont il dispose.

S'il est vendeur, il signe une autorisation de vendre à partir de tel prix. Si les docks obtiennent au moins le prix demandé, le Conseil d'Administration procède à la vente ; il s'applique à grouper d'assez grandes quanités de marchandises de la catégorie pour laquelle il a des offres (5 à 10.000 quintaux) ce qui permet d'obtenir de meilleurs prix.

Ce moyen si simple, nous met à même d'envisager la possibilité, dans un avenir prochain, d'arriver à la vente collective absolue, parce que cette procuration donnée pour vingt-quatre ou quarante-huit heures, pourra être validité pour une plus grande durée et il arrivera certainement un jour où elle sera donnée pour l'année entière ; en sorte que le Conseil d'Administration aurait ainsi el pouvoir de procéder à son gré à la vente collective par fractions échelonnées, ce qui présenterait certainement un grand intérêt pour le producteur comme pour le commerce à l'exportation.

Le commerçant auquel nos docks ont vendu des grains, a le droit de les vendre à son tour sous la garantie de la Société des docks et même de les donner en garantie à un établissement financier.

Je n'insiste pas sur ces questions de vente qui doivent faire l'objet d'une de nos prochaines séances.

Jusqu'ici nous avons cru, à l'égard des intérêts de chacun de nos associés, nous borner à établir un classement d'après le poids spécifique. Ce classement, en ce qui concerne le blé tendre, tout au moins, résout le problème à la satisfaction de tous.

A Burdeau, notre classification est établie comme suit : 1re catégorie. 78/79 ; 2e catégorie, 79/80 ; 3e catégorie, 80 et au-dessus.

Je crois qu'en raison des prix élevés atteints aujourd'hui, il serait préférable de ne différencier les catégories que de 500 grammes. On aurait ainsi : 78/78,500 ; 79/79,500. etc...

En ce qui concerne les blés durs, des échanges de vues que j'ai eus aujourd'hui, il ressort que le classement par poids spécifique ne donne pas à lui seul toute satisfaction. Pour arriver à une classification préconisée par la semoulerie. il est nécessaire de se concerter avec elle, ainsi d'ailleurs qu'avec la meunerie.

Vous pouvez voir dans le règlement que nous avons établi quel est notre système de classification.

M. LE PRÉSIDENT. — Nous vous remercions infiniment, M. Furgier. de votre si intéressante et si complète communication qui montre quelle œuvre remarquable vous avez su réaliser.

Nous avons la bonne fortune d'avoir également auprès de nous M. Sauterey, président des Docks de Relizane. Voudrait-il nous donner quelque renseignement sur leur fonctionnement ?

M. SAUTEREY. — Je m'en tiendrai. essentiellement. Messieurs. à l'article classement puisque c'est celui qui nous intéresse.

A Relizane, nos grains ont cette particularité qu'ils proviennent d'une région de plaines et de montagnes ; dans ces conditions, nous ne pouvons pas les classer uniquement par le poids spécifique. Il faut les sérier en blés de montagnes et en blés de plaines, par nature, catégorie et région de production. Naturellement, dans chaque nature et dans chaque catégorie, le poids spécifique entre en ligne de compte pour sérier les blés.

Il existe une grosse différence de poids spécifique entre nos blés et ceux de Burdeau. Burdeau donne sa première catégorie à 83 et au-dessus tandis que Relizane donne 84 et au-dessus.

Les blés durs semouliers que vous recevez à Marseille sous la dénomination de blés Saïer, ne sont point des blés Saïer mais des blés durs de la région de Montgolfier et du Tiaret. Ce ne sont point pourtant des *blés colons* récoltés dans ces régions. Ils sont travaillés avant leur expédition sur la Métropole et c'est ce qui permet à M. Saïer, négociant, de baptiser ces grains de son nom.

Les blés durs semouliers que vous recevez à Marseille, connus sous le nom de blés Saïer — c'est du moins ce qu'on m'a raconté — vous ne les aurez pas parce que cette région a été véritablement saccagée par un coup de sirocco et au lieu d'avoir des blés d'un poids spécifique qui atteint 87 kilos, ceux de 1928 atteignent à peine 75 kilos. Il y a bien quelques parties cependant où le rendement est légèrement supérieur, mais c'est l'exception : règle générale. le blé Saïer ne viendra pas à Marseille cette année.

Quant aux blés tendres, nous en avons qui atteignent 84.5 et même 85.

J'ai été effrayé quand M. de Chomel m'a dit à déjeuner que les blés d'Oranie n'ont pas de teneur en gluten ; je m'en demande la raison. Je prierai M. de Chomel de vouloir bien nous demander 300 quintaux de grains et de faire l'essai ; c'est le seul moyen de se rendre compte si nos blés de l'Oranie ont du gluten ou n'en ont pas.

M. DE CHOMEL. — Il y a du gluten.....

M. LE PRÉSIDENT. — Oui, il y a du gluten, mais il est de mauvaise qualité.

M. DE CHOMEL. — C'est ce que je voulais dire.

M. LE PRÉSIDENT. — C'est ainsi que nous avons constaté ce fait depuis quinze ans. En 1914, par exemple, au moment de la déclaration de guerre, on avait l'habitude d'acheter des Tuzelles « *Tiaret* » et des « Tuzelles » tout court.

M. SAUTEREY. — Nous parlons en ce moment de la région de Relizane. Notre classification se fait de la façon suivante : première catégorie, poids spécifique 81 et au-dessus, l'article suivant « Tuzelle » poids spécifique 78 et au-dessus. Vous voyez la différence de poids spécifique.

M. LE PRÉSIDENT. — Si vous le voulez : d'une façon générale les blés tendres d'Algérie, depuis quelques années, ont une teneur en gluten assez élevée — je vous en citerai même qui ont 38 % — mais cela donne des résultats désastreux même à l'analyse. Ainsi, lorsque vous mettez le sur un morceau de verre, au lieu de rester aggloméré, il s'étend ; la pâte fait de même au pétrissage.

M. SAUTEREY. — Voulez-vous me permettre de vous demander si tous les blés que vous recevez à Marseille sont bien des blés colons et non pas des blés indigènes ou mélangés ? Voulez-vous me dire également si les minotiers ou les marchands de céréales d'Algérie ne font pas le triage avant de servir Marseille ? *(Rires)...*

Je voudrais savoir si l'on vous envoie la bonne ou la mauvaise marchandise. Vous avez des échantillons provenant des Docks sur lesquels vous pouvez tabler. Ce ne sont pas les commerçants qui les envoient. Les minotiers ou les marchands de céréales qui sont sur place prennent la précaution de faire filer d'abord le beau blé. Il ne reste ensuite, que la qualité inférieure qu'ils vous envoient.

C'est comme cela que la marchandise algérienne a été dépréciée sur le marché de Marseille. C'est nous qui en supportons le contre-coup. C'est aux Docks à relever la qualité de la marchandise, de la moraliser.

M. LE PRÉSIDENT. — Vous avez un exemple constant. Avant guerre, à l'époque où les blés d'Algérie étaient estimés, on les payait un franc ou un franc cinquante de plus que les blés indigènes ; aujourd'hui on les paie cinq et même quelquefois sept francs de moins que les blés français.

M. FURCIER. — Depuis quatre ans que notre coopérative fonctionne et que nous procédons au classement, la minoterie algérienne nous fait des conditions plus avantageuses. Elle a reconnu que notre marchandise est de qualité supérieure et on nous en tient compte.

M. SAUTEREY. — J'ajouterai, Messieurs, que le mode de classification actuel n'a rien de définitif. Il est révisible tous les ans ; on ne peut pas, à cause des conditions climatériques qui peuvent constamment changer, donner à une catégorie tel poids spécifique, s'en tenir à quelque chose de rigide. Tous les ans, les variétés de blés peuvent changer, on ne peut pas fixer pour une catégorie tel poids et pour une autre tel autre poids spécifique.

Nous sommes venus prendre contact avec vous pour vous demander conseil ; nous n'avons pas fait ce règlement intérieur sans demander l'avis du commerce. Nous n'étions pas qualifiés pour savoir comment il fallait classer les céréales. Nous nous sommes donc adressés à des marchands de céréales d'Alger, d'Oran et de Mostaganem ; nous ne sommes que de modestes colons et, naturellement, il nous a fallu nous adresser à de plus compétents que nous.

Nous avons établi le classement de nos graines de cette façon, mais peut-être l'an prochain serons-nous obligés de le changer ; de toute façon, nous ne voulons le faire qu'en vous demandant conseil. Si nous voulons faire des affaires avec vous, c'est à vous à nous donner des directives.

Je vous donne l'assurance que nous ferons tout notre possible pour arriver à une entente. *(Applaudissements)*.

M. BAILLAUD. — Y a-t-il d'autres représentants de silos ?

M. LE PRÉSIDENT. — Y a-t-il un représentant d'une autre société de silo en fonctionnement ?

M. BAILLAUD. — Non, il n'y a personne.

Cependant, y a-t-il quelqu'un qui représente le silo de Béja en l'absence de M. Gagne qui ne doit arriver que demain ?

M. GOUNOT. — Je n'ai pas une documentation assez précise pour faire un exposé du fonctionnement des docks de Béja ; toutefois je puis

dire que l'emmagasinement et la vente ont gardé un caractère individualiste : en principe les adhérents logent séparément leurs grains et les
vendent à leur gré.

Cette formule est considérée par beaucoup des sociétaires comme une
simple étape ; mais, en raison des garanties et des facilités que présente
l'achat des blés logés dans des magasins coopératifs, on a constaté que
le commerce consent déjà à surpayer les grains provenant des silos de Béja.

M. LE PRÉSIDENT. — Je donne la parole à M. de Chomel qui va présenter quelques observations au sujet des blés tendres.

M. DE CHOMEL. — Messieurs, vous avez tous pris intérêt aux remarquables exposés faits par MM. Boyer-Banse, Gendre et de Taillac et, tantôt,
a ce que viennent de nous dire, MM. Sauterey et Furgier au sujet de la
question des silos.

Ces explications ont été complétées et la minoterie marseillaise est
heureuse de constater qu'elle peut espérer qu'à la suite de la construction
des silos et des docks en Algérie, elle pourra se procurer des qualités de
blés susceptibles de lui donner satisfaction.

Je suis très heureux, au nom de la Minoterie, de prendre date, de
même que je suis satisfait des explications fournies par M. Sauterey au
sujet des qualités de blés qui nous ont paru, assez souvent, défectueuses.

Nous espérons que les blés de l'Afrique du Nord pourront reprendre
le bon renom qu'ils avaient autrefois.

Quant à la question de classement, il est certain qu'il est difficile
d'avoir une méthode bien définie ; cela dépend des récoltes de chaque
année ; mais il semble toutefois que l'on pourrait adopter d'une façon
générale les classements, soit d'abord par poids spécifique et ensuite en
tenant compte de la siccité et de la cassure des blés. ;

Pour les blés tendres, il y aurait lieu, à mon avis, d'établir deux
classements absolument distincts. D'abord, un classement pour les « tuzelles », ensuite un classement pour les blés « colons » qui sont des blés roux.

M. FURGIER. — Au Sersou, nous n'avons que des « tuzelles »...

M. LE PRÉSIDENT. — En définitive, qu'appelez-vous « tuzelles » ?

M. FURGIER. — Ce sont des blés tendres blancs. Dans la région voisine
nous avons des blés tendres roux.

M. DE CHOMEL. — Nous nous contenterions de deux classifications,
une pour les « tuzelles » et une autre pour les blés tendres roux. Ce
serait aux silos de chaque région de nous indiquer s'ils produisent des
« tuzelles » ou des blés tendres roux.

M. FURGIER. — Nous sommes d'accord avec les directeurs des Services
agricoles de l'Algérie pour établir un classement par région et par espèce
de blé.

M. DE CHOMEL. — Nous prenons acte.

M. FURGIER. — Je considère qu'un classement par région des tuzelles
et blés tendres donnerait satisfaction.

En somme, il n'y a que ces deux qualités qui peuvent être retenues.

Afin de faciliter les transactions entre les docks coopératifs d'Algérie
et le commerce marseillais, je crois qu'il serait utile chaque année, après

la récolte, et nous sommes prêts à le faire, de déposer dans les Chambres de Commerce des échantillons types de chaque catégorie de nos blés.

M. DE CHOMEL. — L'envoi de ces échantillons aurait certainement pour résultat de moraliser le marché : je ne puis m'engager au nom de la Chambre de Commerce de Marseille mais je ne manquerai pas d'intervenir auprès d'elle au moment opportun.

M. FURGIER. — Je l'ai dit tout à l'heure : il arrive que nos blés de première qualité arrivent quai Marseille absolument méconnaissables, ayant été mélangés à des graines et matières étrangères en cours de route. Ce sera le rôle de nos Docks de rechercher le moyen de remédier à cet état de choses.

M. DE CHOMEL. — Nous pourrons vous y aider si vous envoyiez à la Chambre de Commerce, qui les communiquera au bureau d'arbitrage, les types de l'année.

M. BAILLAUD. — Je voudrais ouvrir une parenthèse. Je comprends que vous vous proposez de faire des classements au moment de la récolte ; mais comment procédez-vous à l'heure actuelle dans vos silos puisque les blés arrivent au moment de la moisson et que vous n'avez pas encore décidé le classement que vous allez adopter. Il est certain que n'est qu'au fur et à mesure que les blés arrivent que vous vous rendez compte de la qualité. Les mettez-vous dans les silos avant de procéder à la classification ?... En un mot, comment cela marche-t-il ?

M. FURGIER. — Notre règlement intérieur l'indique. Les grains apportés sont agréés par la Commission de réception ou son délégué ; les grains mouillés ou charançonnés sont rigoureusement refusés ; ceux mouchetés ou charbonnés peuvent être logés dans des silos spéciaux.

Les grains agréés sont immédiatement versés dans la benne-bascule et pesés ; ils sont nettoyés, le poids spécifique en est déterminé ; c'est le poids spécifique qui sert de base au classement ;; les grains sont ensuite acheminés mécaniquement au silo de la catégorie correspondante, sans avoir à se préoccuper si la marchandise appartient ou non au même propriétaire. C'est au service de la comptabilité à faire ressortir les droits de chacun dans chaque catégorie.

M. LE PRÉSIDENT. — Je comprends la préoccupation de M. Baillaud : toutes les années les blés n'ont pas le même poids.

M. FURGIER. — C'est entendu ; c'est pour cette raison que le classement par catégorie selon le poids spécifique donne toujours satisfaction.

M. BAILLAUD. — Au fond, vous avez toujours la même classification. Les blés sont classés en trois ou quatre catégories dont la qualité n'est pas la même. C'est donc pour nous montrer la différence de qualités que vous nous enverrez des échantillons à Marseille ?

M. FURGIER. — C'est pour vous mieux faire connaître notre marchandise en attendant la « standardisation ».

M. BAILLAUD. — C'est donc un échantillon de qualité qu'on enverra à Marseille ?

M. RACINE. — Voulez-vous me permettre ?...

M. LE PRÉSIDENT. — Si vous le voulez-bien, M. de Chomel va terminer.

M. RACINE. — Cependant, cela a une importance capitale.

M. LE PRÉSIDENT. — Il est certain que le poids c'est quelque chose ; mais la qualité c'est quelque chose aussi. Nous avons en France des blés qui pèsent beaucoup moins que ceux d'autres régions. Ainsi les blés du Puy-de-Dôme, ne rendent pas en raison de leur poids spécifique. Cela peut très bien arriver en Algérie.

M. SAUTEREY. — C'est pourquoi nous classons en blés de plaine et blés de montagne. La région de production, c'est ce qui est le plus important.

M. LE PRÉSIDENT. — Comme je le disais, la valeur du blé ne réside pas toujours dans le poids spécifique mais dans la qualité.

M. FURGIER. — Nous sommes bien d'accord : Vous allez voir tout à l'heure des échantillons provenant de plusieurs régions ; à chacune de ces régions correspond une qualité de blé déterminée ; s'il s'agit de blés tendres on pourra classer en blés blancs et en blés rouges. Pour que cette classification ne donne aucun mécompte, il sera nécessaire pendant longtemps encore, tout au moins jusqu'à une règlementation de la standardisation, de l'appuyer d'échantillons.

M. DE CHOMEL. — Nous en tenons compte et nous l'acceptons avec le plus grand intérêt.

M. BAILLAUD. — Nous demandons si, au moment de la récolte, il faut que vous modifiiez nos standards pour faire face à certaines qualités.

M. FURGIER. — Il n'y a pas de doute ; nous classons en tenant rigoureusement compte du poids spécifique.

M. LE PRÉSIDENT. — M. de Chomel, voulez-vous continuer ?...

M. DE CHOMEL. — J'avais donc parlé des rendements. J'avais également parlé de certaines classifications entre les différentes qualités de blés. Je crois inutile de parler de la propreté puisque, à leur entrée dans les silos, vous les nettoyez. Par conséquent, je crois que nous pouvons passer là-dessus.

Maintenant, il reste la siccité. En outre, nous recevons assez fréquemment des blés contenant une assez forte proportion de grains cassés que nous ne savons très exactement à quoi attribuer. En général, il arrive beaucoup plus de blés durs avec des grains cassés que des blés tendres. C'est ce qui nous paraît anormal.

Que M. Racine m'excuse d'empiéter quelque peu sur ses attributions, mais je vous expose un fait sur lequel je serais très heureux de recevoir quelques explications. Je le répète : il nous arrive assez souvent de recevoir des blés durs ayant une proportion beaucoup plus forte en grains cassés que les blés tendres.

M. SAUTEREY. — C'est normal.

M. DE CHOMEL. — Je serais très heureux de savoir pourquoi.

M. SAUTEREY. — Aussitôt que le batteur est un peu serré, le grain se casse et il se casse d'autant plus facilement que le blé est dur. C'est une chose toute naturelle, ou alors, il convient de desserrer le batteur, mais à ce moment la paille passe.

Je vous donne là l'explication toute naturelle.

M. DE CHOMEL. — Je vous en remercie.

Il y a à présent la question de la siccité. Puisque vous allez faire des classements par région, je crois que cette question de la siccité perd un peu de son importance.

M. LE PRÉSIDENT. — Cependant, le poids spécifique est fonction de la siccité.

M. SAUTEREY — Il faut classer les blés de certaines façons mais sans exagérer les catégories à l'infini ; sans cela il nous faudra un silo pour chaque catégorie.

M. FURGIER. — Au point de vue de la siccité, il est certain que dans nos régions du Chéliff et des Hauts Plateaux, qui sont des régions de grande production, lors de la moisson (juin-juillet), la chaleur est grande et l'air très sec ; nos grains sont en conséquence presque toujours emmagasinés dans un état de siccité parfait. Au point que, lorsqu'ils ont séjourné dans nos magasins durant quelques mois d'hiver, leur poids se trouve augmenté par suite d'incorporation d'une certaine quantité d'humidité au détriment du poids spécifique.

En sorte que notre classement par poids spécifique à la sortie des grains peut ne pas être le même qu'à l'entrée (voir notre règlement intérieur communiqué).

« Si les grains rendus ne sont pas de la même catégorie de classement que ceux déposés (d'après le poids spécifique) il lui sera livré par cent kilogs retirés, sans fractionnement :

« Un kilo de grains en plus, par kilo de poids spécifique à l'hectolitre constaté en moins.

« Un kilo de grains en moins, par kilo de poids spécifique à l'hectolitre constaté en plus ».

M. CAILLOUX. — Il s'agirait de savoir de quel ordre est l'augmentation de poids après une période déterminée.

M. FURGIER. — En ce qui nous concerne, nous avons constaté que cette augmentation est de l'ordre d'environ 1,5 %, en moyenne, pour les grains logés jusqu'ici dans nos docks. Cette moyenne est prise pour une durée de six mois ; dans certains cas, nous avons constaté une augmentation de 3 %.

C'est à la faveur de cette augmentation de poids que cette année, notamment, nous avons pu ajouter 125.000 francs à notre fond de réserve.

M. CAILLOUX. — Chez nous, nous avons constaté qu'il n'y avait, au contraire, aucune espèce d'échange entre le grain mis dans le silo et l'air extérieur. Il y avait conservation absolue de l'état de siccité du grain. Contrairement à ce qui se passe en Algérie, nous avons, nous, des silos qui reçoivent le grain une heure seulement après avoir été moissonné et battu. Nous avons donc des grains qui sont à une température de 40 à 42° et qui sont à 8,5 ou 9 % comme dosage d'humidité. Six mois après, lorsque nous mettons ces grains en sacs, ils ont encore 30° à 35° et le dosage d'humidité est resté absolument le même ; mais si on met ces blés en sacs, il suffit de huit à dix jours pour que ce dosage de 8 passe à 9, 10 et même quelquefois 11 %. Il m'est arrivé de voir des courtiers recevant quatre jours après la marchandise à Tunis, trouvant une augmentation de poids telle qu'ils avaient avantage à refaire le réglage des sacs.

J'ai constaté une augmentation de l'ordre de 3 % après un séjour d'une vingtaine de jours en sacs. Je crois que dans notre cas très spécial, le blé pris au silo et transporté en sacs à Marseille doit subir une augmentation de poids d'environ 3,2 %, ce qui est énorme.

Une diminution de densité correspond à cette augmentation de poids.

Cent kilos de blé dur très sec (8 % d'humidité) exposés en sac sous hangar bien aéré ont gagné 3 kilos en un mois ; la densité qui était de 82 kilos au début était descendue à 80 kg. 500.

En ne considérant que la siccité du blé, à un kilo d'augmentation du poids spécifique à l'hectolitre devrait donc correspondre une majoration du prix du blé d'environ 1,5 %.

M. Furgier. — Du moment que vous endockez vos blés une heure après avoir été moissonnés, ils ne doivent évidemment pas être encore complètement secs.

Voix diverses. — Au contraire.

M. Furgier. — Ce sont des blés encore relativement verts, lorsqu'ils sont moissonnés à point.

Un Congressiste. — Il y a là un phénomène que nous connaissons parfaitement. Au début de la moisson, quand on commence à battre, les blés ne sont pas en état de siccité parfaite. Le phénomène dure quelques jours. C'est vrai pour les blés durs et plus encore pour les blés tendres , je dois ajouter cependant que c'est beaucoup plus sensible chez ces derniers. Le matin, par exemple, nous ne pouvons pas commercer à moissonner avant neuf ou dix heures parce que la paille n'est pas sèche.

Lorsque nous battons nos blés à la batteuse, il faut que ces blés soient très chauds et que, par conséquent, le grain soit très sec.

M. le Président. — Je crois, Messieurs, que la question des blés tendres est épuisée.

M. de Chomel. — J'ai encore quelque chose à dire.

Il faudrait conclure que, d'une façon générale, nous ne serions peut-être pas partisans de faire des séries.

Une voix. — Ça compliquerait trop.

M. Furgier. — C'est cependant admis par le Syndicat de Paris.

M. Baillaud. — Voudriez-vous vous expliquer.

M. de Chomel. — Je ne crois pas qu'il soit pratique, n'est-ce pas, d'adopter le système des séries par 500 grammes.

Je crois, qu'au contraire, le premier classement qui est effectué au Sersou pour les blés d'un poids spécifique à 80 pour la première catégorie, à 79 pour la deuxième, à 78 pour la troisième serait absolument équitable. Mais il est bien certain que cela est soumis à la récolte en cours. Si à une récolte le blé n'a que 78, la première catégorie ne sera qu'à 78. Si vous n'avez pas du blé à 80, vous ne pouvez pas fixer la première catégorie à ce chiffre.

Maintenant, vous avez prévu dans votre règlement que les blés inférieurs à 76 kilos seraient conservés pour les mélanges. Je crois qu'il serait préférable de créer une quatrième catégorie pour les poids de 76 à 77 kilos : et dans cette catégorie vous pourriez également y incorporer des blés de 75 parce qu'il ne faut pas perdre de vue que, tout de même, vous avez des blés entre 75 et 77 kilos. Quant aux blés ayant un poids inférieur à 75 kilos, ils doivent toujours être vendus séparés.

Voilà, au point de vue de la question du poids spécifique, les observations que j'avais à présenter.

M. FURGIER. — J'en prends note. D'une façon générale, nous avons toujours fait nos classements en prévoyant autant de catégories qu'il était nécessaire (quatrième, cinquième et même une sixième).

M. DE CHOMEL. — Pour les blés de Relizane, la première catégorie serait d'un poids supérieur aux « tuzelles » du Sersou.

M. VENTRE. — Dans votre conception du poids spécifique descendant à 75, est-ce que la bonification sera proportionnelle ou progressive. Aux termes du contrat, elle est progressive. C'est important. Si la bonification est progressive, les colons ont intérêt à mélanger. Il faut voir où ça peut aller. Je le répète, il faut voir les conséquences que ce principe peut avoir, il convient de se rendre compte de la répercussion financière que cela peu avoir.

M. DE CHOMEL. — Justement.

M. SAUTEREY. — Sur quoi serait établi ce poids spécifique de base ?

M. DE CHOMEL. — Le poids spécifique de la « tuzelle » a toujours été inférieur au poids spécifique du blé colon. En ce qui nous concerne, nous employons fréquemment des blés tuzelle à 78 qui nous donnent un rendement identique à celui des blés colons à 79 ; nous rattrapons, en général, cette différence de poids sur les issues.

M. LE PRÉSIDENT. — Le commerce algérien et même tunisien, vendent avant la récolte des blés tendres avec des contrats sur lesquels il est indiqué : « blés colons 79 et blé tuzelle 78, à la faculté du vendeur », c'est-à-dire que si le vendeur vous livre des blés colons ils doivent peser 79 kilos, tandis que s'il nous expédie des blés tuzelle ils doivent peser 78. En général, les bonifications s'échelonnaient sur ces données.

M. DE CHOMEL. — Je vous prie de m'excuser de ne pas vous avoir donné ces renseignements. Généralement, on fait entre les « colons » et les « tuzelles » une différence de poids à la charge des « colons ».

M. SAUTEREY. — Cette différence se continue entre les blés métropolitains et les blés algériens. Je vous demande quel est le poids spécifique du blé métropolitain.

M. LE PRÉSIDENT. — Il est variable avec chaque région.

M. SAUTEREY. — Ordinairement, c'est de 76 à 78 kilos, alors que les nôtres partent de 78.

M. DE CHOMEL. — Vous avez, suivant les régions, des différences de poids qui varient jusqu'à 5 à 6 kilos.

M. LE PRÉSIDENT. — Nous l'avons constaté à différentes reprises. Les départements de l'Oise, du Nord, de la Somme et de l'Aisne ont eu l'année passée une récolte superbe abimée par les pluies. Ces blés pesaient 72 kilos. Cette année la récolte est encore très belle dans ces mêmes départements, les blés pèsent 78 kilos. C'est vous dire combien la température influe sur le poids spécifique des blés.

M. Ventre. — Je vous demande pardon ; je me suis peut-être mal exprimé. La standardisation a pour but d'avoir un prix unique qui peut être calculé d'après le poids spécifique. La question que je pose est celle-ci : si vous prenez pour le blé un poids moyen de 78 ou 79 par exemple, est-ce qu'à 75, votre bonification sera progressive ou proportionnelle ?....

Si elle est progressive, j'ai intérêt à mélanger. Je ne sais pas si vous comprenez très bien comment j'ai posé la question.

De même, je vous deande à quel point vous vous arrêterez au-dessus.

M. Sauterey. — Si l'on prend une mesure, il faut qu'elle soit apparente des deux côtés.

M. Ventre. — Comment s'appelle cette reversibilité ?... Tout est conditionnel à cela.

Nous faisons une classification ; il s'agit de savoir de quelle façon nous la limitons, tant au dessous qu'au dessus.

M. le Président. — Dans la classification, il n'est pas encore question de la bonification. Je crois que nous anticipons. La bonification viendra au moment où nous parlerons de la vente.

M. Baillaud. — Ceci peut donc pouvoir se résumer d'une façon précise. Reste à savoir comment le rédiger.

M. Vagnon. — Messieurs, je vous demanderai la permission de réfléchir avant de prendre une décision. Vous venez d'avoir une discussion générale qui, vous l'avez vu, a gagné, s'est étendue au point de passer à un deuxième problème que nous n'avons pas abordé.

Vous venez de discuter classification et différence de qualités pour les blés tendres ; nous causons avec le Commerce de Marseille ; mais avant d'arriver à Marseille, il conviendrait peut-être de se préoccuper de ce qui se passe chez nous avec le commerce local ; si je tiens à vous signaler ce fait, c'est que j'ai sous les yeux le conditionnement des céréales pour 1928, établi par la Chambre de Commerce d'Alger.

Or, la Chambre de Commerce d'Alger ne parle nullement des « tuzelle » dans la catégorie des blés tendres. Je vois deux qualités : blés tendres colons, qualité moyenne, récolte 1928, poids spécifique 79 à la trémie conique et blés tendres marchands, qualité moyenne, récolte 1928, poids spécifique 78 à 89 kilos.

Voilà toutes les bases, les seules dont le commerce algérois semble tenir compte.

Je m'excuse auprès de l'assemblée de cette petite discussion d'ordre intérieur.

C'est que ce conditionnement me fait l'effet d'avoir été établi en chambre privée à la Chambre de Commerce et sans les producteurs.

Il aurait fallu commencer par appeler là-bas les deux parties en cause et nous concerter tout d'abord, nous autres africains, afin de déterminer quels sont les besoins et les exigences des produits que nous sommes susceptibles de vous envoyer.

Je crois qu'il conviendrait tout d'abord de causer chez nous de ces questions avec le commerce local qui, en majeure partie, nous sert d'intermédiaire.

Un Congressiste. — C'est une question secondaire.

M. de Chomel. — Je ne crois pas que nous puissions prendre une décision aujourd'hui. Les Docks et Silos ont demandé à la Minoterie de Marseille de vouloir bien lui donner quelques suggestions. Nous nous sommes mis à votre disposition et nous vous les présentons.

M. Sauterey. — Nous sommes donc d'accord au point de vue de la classification par le poids spécifique.

M. de Chomel. — Je m'excuse de ne pas avoir terminé ; mais j'aurai deux petites questions à traiter : celle des blés mouchetés et celle des blés charbonnés.

Les blés mouchetés devraient être exclus des catégories ci-dessus et être vendus tels quels et séparément.

Maintenant, Messieurs, la minoterie marseillaise a eu à souffrir depuis quelques années de la présence de graines qui ont eu de très graves inconvénients. Ces graines sont les graines de Melilot et de Fenu Grec.

On est parvenu à supprimer en partie les premières par le nettoyage, mais il en reste toutefois encore un petit peu. Quant aux graines de Fenu Grec, c'est surtout le Maroc qui les fournit ; il est impossible de les enlever car elles ont la même densité, la même force que le blé et ces graines donnent à la farine une odeur absolument désagréable qui les rend inutilisables à tel point que plusieurs minotiers ont, il y a quatre ou cinq ans, été obligés de faire revenir des départements qu'ils alimentent, de très grandes quantités de farines.

D'après ce qui m'a été dit, cette graine provient de certaines régions...

M. Ventre. — Cela provient des régions fourragères.

M. de Chomel. — C'est cela. Il se trouve qu'une année l'on fait une récolte de graines fourragères et qu'après l'on ensemence du blé ; le grain qui est produit est empoisonné par le fenu grec. Je profite de l'occasion pour attirer l'attention de MM. les colons sur ce point. Je crois qu'il est de leur intérêt de leur signaler le fait.

M. le Président. — Il existe déjà un rapport de M. Florent qui a conclu au rejet des blés contenant une quantité infime de fénu grec.

M. Ventre. — Il nous a été communiqué à la Chambre de Commerce de Tunis.

M. de Chomel. — Sur le marché de Paris, les blés contenant du fénu grec sont exclus des livraisons.

M. Giral. — Si la Chambre de Commerce d'Alger ne parle pas de « Tuzelle », c'est que dans cette région on ne fait pas de « tuzelle ». A la Chambre de Commerce d'Oran, au contraire, il est question des deux « tuzelles », Tiaret et Mascara.»

M. Gounot. — N'y a-t-il pas ici un botaniste qui puisse nous préciser à quelles variétés botaniques appartiennent la « tuzelle » et le « blé tendre roux » ?

M. Furcier. — M. Ducellier va nous indiquer la différence.

M. Ducellier. — En Algérie, il existe trois sortes de blés tendres en grande culture :

Le *blé tendre colon*, composé de variétés un peu spéciales à l'Algérie, tels que le *blé de Mahon* et la *tuzelle rouge barbue* dont les grains sont blancs. Il faut ajouter à celles-ci une autre variété qu'on appelle « saissette », très peu cultivée. Dans cette sorte entre également une faible proportion de blé à grain roux nommé « *blé du Dahra* » qui ne modifie pas sensiblement en général l'aspect et la qualité du *blé tendre colon* que l'on trouve dans le commerce ? nous reparlerons tout à l'heure de cette variété faisant parfois l'objet de cultures spéciales.

M. Gounot. — La tuzelle barbue et le blé mahon ne constituent donc pas une unique variété ?

M. Ducellier. — Non, on peut les distinguer facilement à maturité ; la première variété présente un épi rougeâtre et la seconde un épi blanc.

M. le Président. — Quant à la saissette, c'est un blé à grain rouge ?

M. Ducellier. — Oui, il y a même des saissettes dont la couleur du grain tire sur le brun, mais il y a aussi des saissettes à grains blancs ; elles existent en France où elles ne constituent plus, croyons-nous, de cultures spéciales, comme la *saissette de Tarascon*, par exemple.

M. le Président. — La saissette blanche est peu connue dans le commerce ?

M. Ducellier. — Elle se trouve, en effet, en faible proportion dans les mélanges de blé tendre.

Il faut ajouter que l'on observe également dans nos mélanges de blé de Mahon, de tuzelle barbue, une autre variété peu importante, dont on ne tient guère compte aujourd'hui, c'est un blé à grain rouge rappelant celui des saissettes de Provence et d'Arles, nommé « *Bou Zeloum* » qui se rencontre parfois dans les blés durs mais le plus souvent dans les blés tendres indigènes.

J'arrive maintenant à la deuxième sorte, à la « tuzelle » dont les semences d'origine nous viennent de Provence.

M. Gounot. — On nous a dit qu'il fallait distinguer « *tuzelle* » d'une part et blé tendre roux, d'autre part.

M. Ducellier. — Cette distinction peut se faire en Algérie où la tuzelle est cultivée à peu près pure sur des surfaces importantes dépassant sans doute une centaine de milliers d'hectares.

La tuzelle que nous cultivons se rapporte au *blé Odessa* sans barbes, nommé encore *tuzelle de Tiaret*, *tuzelle de Bel-Abbès*, *tuzelle d'Aix*, *tuzelle d'Oran*, *tuzelle de Bordj-bou-Arréridj* (Constantine). Suivant les conditions climatériques, la tuzelle conserve ses qualités natives plus ou moins longtemps en Algérie); son grain est, selon sa valeur agricole, que l'on reconnaît pratiquement à son aspect, utilisé pendant plusieurs années comme semences dans la même propriété. Certaines variétés de blé se maintiennent en bon état dans la colonie. M. Vagnon pourra vous dire qu'il cultive du blé, depuis vingt-cinq ans, dans sa ferme du Chéliff où les conditions climatiques varient entre des extrêmes parfois très éloignées.

M. Vagnon. — En effet, j'ai du blé sélectionné depuis vingt-cinq ans.

Une voix. — Ce n'est pas de la « *tuzelle* ».

M. Vagnon. — Non, c'est un blé tendre à barbe.

M. Ducellier. — La variété cultivée par M. Vagnon appartient au groupe du blé de Mahon.

Quant au blé roux d'Algérie, que je vous ai déjà indiqué comme faisant parfois l'objet de cultures spéciales, il est produit en quantités peu importantes, il constitue quelques lots de grains roux, très foncés parfois, bien différents par leur couleur des lots de blé tendre colon ou de blé de Mahon à beaux grains blancs. C'est un nouveau venu ; on l'appelle blé russe ou blé de « Dahra ».

J'ai fait quelques recherches au sujet de son origine et je puis vous indiquer que ce blé n'est pas un blé de Russie. M. Flaksberger vient de me faire connaître qu'on ne le connaissait pas dans cette contrée.

M. SAUTEREY. — On l'appelle chez nous : blé de Bordeaux.

M. DUCELLIER. — Le Blé du Dahra, dont l'épi est barbu, ne doit pas être confondu avec le blé de Bordeaux qui est un blé sans barbes.

Je pense que la qualité du grain de cette variété cultivée dans le Dahra, est également très bonne. J'ai essayé ce blé en culture à Maison-Carrée, il a été difficile d'en tirer parti étant donné que la rouille l'attaque violemment.

J'ai encore à vous parler d'une autre variété de blé, la *Bladette de Besplas*, qui constitue la troisième sorte de blé tendre d'Algérie, nommée improment *tuzelle, tuzelle de Descartes* ; cette dernière est cultivée entre Bel-Abbès et Tlemcen et dans d'autres régions du département d'Oran. La *Bladette de Besplas*, introduite d'Italie et sélectionnée dans le Midi de la France a pris, en Algérie, une certaine extension depuis une vingtaine d'années. Elle constitue des lots, assez importants dans certains cas, que l'on peut reconnaître à leurs beaux grains blancs arrondis.

A mon avis, pour les blés tendres, la standardisation pourrait porter suivant les régions, sur les trois sortes dont je vous ai parlé, savoir :

1° *Blé tendre colon*, composé par les variétés principales suivantes : *blé de Mahon, tuzelle barbue* ;

2° *Tuzelle*, appelée également *tuzelle de Bel-Abbès, de Tiaret* ;

3° *Bladette de Besplas* ou *Tuzelle de Descartes* ;

Et, le cas échéant, sur le blé du Dahra, qui pourrait constituer, si la culture s'étend, une quatrième sorte de blé, dits blés à grains roux ou rouges ; les trois sortes précédentes étant à grains blancs.

M. BAILLAUD. — Là est justement le véritable problème. Vous n'avez rien prévu de botanique. La standardisation américaine n'est peut-être pas très botanique, mais elle classe, cependant, les blés d'après leurs variétés.

M. DUCELLIER. — Aux Etats-Unis, la standardisation a porté surtout sur le calibrage et la couleur du grain qui permettent de séparer et de classer dans une certaine mesure, les variétés. Vous avez, par exemple, les blés Manitoba n° 1, n° 2, etc... Si vous semez ces sortes commerciales vous n'obtenez pas une variété pure. Dans les Manitoba, il y a une quantité de satellites qu'on ne peut pas distinguer facilement par leurs grains lorsqu'ils sont mélangés ensemble dans le même lot.

En cultivant le blé Manitoba, j'ai trouvé, je crois, une quinzaine de variétés dont les grains présentaient sensiblement la même couleur et le même volume. Il y a lieu d'ajouter cependant que l'une des variétés dominait parfois de beaucoup les autres.

M. Ventre. — Les Américains ont fait là des standardisations commerciales.

M. Gounot. — Ce qui est certain c'est qu'ils sont arrivés à faire une classification uniforme.

M. le Président. — Dans le Manitoba, les variétés ne diffèrent que de très peu de chose.

M. Ducellier. — Elles se différencient beaucoup au point de vue botanique ; la variété Manitoba est un blé sans barbes, la sorte commerciale Manitoba est un mélange de blés sans barbes, ceux-ci étant dominants, et de blés avec barbes, mais à grains à peu près semblables par leur volume, leur couleur et leur qualité.

M. Furgier. — Je considère que la classification et la standardisation par région est, provisoirement, la meilleure des solutions parce que nous n'en avons pas d'autres à notre disposition ; mais dans un avenir prochain, grâce au concours des spécialistes et des botanistes avertis de l'Institut Agricole d'Algérie, de Maison-Carrée, grâce également à l'appui du Gouvernement Général et à la création de syndicats de sélection de semences je crois que nous pourrons arriver à produire une seule espèce de blé par région. Mais de cela, je ne crois pas que nous puissions tirer conséquence aujourd'hui. En attendant, nous allons travailler dans ce sens, que dans l'espoir d'arriver à d'excellents résultats.

M. le Président. — Messieurs, pour résumer la question, je crois qu'il conviendrait d'adopter la formule indiquée par M. Furgier, c'est-à-dire, de classer les blés par région et par qualité, en faisant deux qualités de blés tendres pour le moment : une qualité de blé roux et une qualité de blé « tuzelle ».

M. Furgier. — C'est d'ailleurs comme cela qu'on a toujours procédé.

M. Gounot. — Tout à l'heure, M. de Chomel a parlé de siccité, de cassure. Il n'est pas revenu sur la question cassure. Qu'est-ce que le commerce marseillais peut nous dire concernant la cassure des blés ?...

M. de Chomel. — La cassure du blé présente un déchet pour l'industrie. Le blé cassé est en grande partie extrait par les trieurs et de ce fait un déchet appréciable se produit. Nous vendons bien ce blé cassé, mais avec une différence très sensible avec le bon grain.

M. Racine. — Et la cassure est d'autant plus mauvaise qu'elle est longitudinale.

M. Ventre. — Il y a un pourcentage tout de même.

M. le Président. — Dans les contrats il est prévu un pourcentage de 2 %. Jusque là, il n'en est pas tenu compte. Si la quantité est plus forte, c'est alors à déterminer par expert.

M. de Chomel. — Evidemment, à ce moment-là, on ne peut pas admettre le 2 % toléré ; on a recours à l'expertise, car il s'agit alors d'une qualité réellement défectueuse.

M. Sauterey. — Le contrat type établi par la Chambre de Commerce d'Oran est calqué sur le contrat type de Marseille.

M. Furgier. — Lorsqu'il s'agit de blés sortant de docks coopératifs centage semble ne présenter aucun intérêt.

M. Cailloux. — Il faut cependant faire une différence entre nettoyage et triage. Mettent-ils de côté le blé cassé? Il y a tout d'abord, me semble-t-il à s'entendre parfaitement sur ce que vous appelez du blé cassé. Le blé cassé en long n'est pas du blé cassé ; lorsqu'il l'est en travers, c'est du blé cassé. Il serait bon de nous dire également comment on peut voir si un échantillon a 2 ou 2,5 % de blé cassé.

M. le Président. — Au pointage.

M. Cailloux. — Jai fait l'expérience ; les experts ont vu, dans un cas, qu'il y avait 2,5 %.

M. le Président. — À la vue ?... C'est impossible.

M. Cailloux. — Si j'avais été régi par le contrat de Marseille je n'aurais pas pu vendre mon blé.

Est-ce que vous considérez comme un grain cassé celui qui est simplement ébréché ?... Vous conviendrez que c'est assez imprécis.

M. de Chomel. — On considère comme cassé un grain qui n'est pas intact.

M. Cailloux. — Ce sont les gros morceaux qui font la grosse proportion.

M. le Président. — Messieurs, je crois que nous nous écartons quelque peu de la question. Ceci devrait faire l'objet de notre étude de demain. Nous sommes en ce moment sur les blés tendres. Si vous le voulez bien, nous remettrons cette question à demain matin.

M. Cailloux. — Pour les blés tendres, il y en a beaucoup qui se cassent en long dans le sillon.

M. le Président. — Ce blé fait de la mauvaise farine. Les grains cassés dans le sens de la fente ne se séparent pas au trieur.

M. Cailloux. — Je croyais que vous appeliez grain cassé celui qui passait au travers d'un tamis de dimension donnée.

M. Racine. — Celui qui passe au tarare.

M. le Président. — Je crois qu'il n'y a pas trente six moyens. Le plus simple c'est que lorsqu'on vous livre un blé qui contient du blé cassé, si la quantité est anormale, vous devez le faire constater et le faire expertiser.

M. Ventre. — C'est d'une exécution pratique assez facile. D'après notre contrat tunisien, je n'ai pas pu cette année vendre un seul quintal de blé tendre, parce que je me suis trouvé, au pointage avec du blé cassé.

M. Sauterey. — Voulez-vous nous donner la preuve que le blé cassé nuit à la mouture ?...

M. le Président. — Son enveloppe est cassée, cela laisse la porte ouverte, si l'on peut dire, à une infiltration d'eau et le blé est, par lui-même, altéré parce que la poussière a pénétré dans la fente. Il est facile, désormais, de comprendre que la farine produite est grise et impropre à la consommation.

M. Sauterey. — A ce compte, le blé cassé en long est plus mauvais que le blé cassé en travers ?...

M. le Président. — Le blé cassé en travers s'élimine au nettoyage tandis que le blé cassé en long ne s'élimine pas.

M. Gounot. — Les blés d'Amérique ont-ils de la casse ?

M. le Président. — Ces blés sont parfaits, je vous assure.

M. Cailloux. — Nous disions tout à l'heure que les blés cassés en long ne pouvaient pas s'éliminer au trieur. Je crois que dans le diviseur, c'est celui qui s'élimine le plus facilement.

M. de Chomel. — C'est une perte puisque la plus grosse part va dans les déchets ; en outre, la part qui peut rester nuit à la qualité de la mouture.

M. Cailloux. — Évidemment, cela va dans le déchet avec les graines maigres.

M. Bœuf. — Je voudrais vous demander, Messieurs, si la minoterie veut bien nous donner des directives au point de vue de la sélection des blés tendres.

En Tunisie, nous n'avons que peu de variétés de blés tendres mais nous en préparons d'autres. Nous voudrions savoir s'il est préférable de faire des blés blancs ou roux, petits ou gros, tendres ou vitreux. Nous sommes chargés de faire des variétés qui plaisent à l'acheteur ; c'est à l'acheteur, je crois, à nous dire ce qu'il veut. Je voudrais donc avoir des directives pour pouvoir les suivre.

Je le répète : est-ce qu'il faut préférer des grains blancs à des grains roux ou inversement. Y a-t-il une préférence à donner à l'un ou à l'autre ?

M. le Président. — C'est très difficile à déterminer.

Si vous ne considérez que la couleur, je puis vous dire que certains grains blancs peuvent faire des issues blanches qui se vendront plus cher que des issues rouge. Peut-être, obtiendrez-vous, d'autre part, avec des blés rouges des grains plus glutinés qui plairont davantage à la clientèle.

C'est du domaine de vos professeurs d'agriculture de déterminer cela.

M. Bœuf. — Il faut tout de même tenir compte des demandes. Il y a d'excellentes qualités de blés roux ; les manitobas, par exemple, sont des blés roux. Or, nous ne cultivons que des blés blancs. Si je trouve des variétés de grains roux, je veux savoir si je puis les faire prendre par les agriculteurs, sans avoir à craindre que le commerce ne vienne nous dire : « Nous recevons des blés tendres d'Algérie, c'est entendu mais nous ne voulons pas de grains rouges ».

M. le Président. — Est-ce que vous avez essayé les blés de manitoba en Tunisie ?

M. Bœuf. — Ces blés ne réussissent : ils sont saisis par la sécheresse. Nous avons des blés plus hâtifs que le blé manitoba.

Maintenant, au point de vue de la dureté du grain, les Américains ont classé leurs grains suivant le degré de celle-ci. Chez eux, ils préfèrent les blés « hard-winter » aux blés tendres, aux « soft ».

M. le Président. — Au point de vue minotier, le blé « hard-winter » donne d'excellents résultats.

M. Bœuf. — J'ai fait faire des essais de panification de nos blés par M. Arpin à Paris et en Amérique : l'appréciation en Amérique est l'inverse de celle faite à Paris cependant avec des échantillons provenant de la même récolte. C'est que les Américains ont l'habitude de traiter des blés durs pour la panification dont ils tirent un meilleur parti que pour les blés à graines tendres.

Comme je vous l'ai demandé tout à l'heure, je voudrais savoir si nous devons nous attacher à produire des blés tendres qui donnent un grain farineux se cassant facilement ou si nous devons chercher à donner la préférence aux blés du type australien, qui sont des blés très durs avec lesquels on peut même faire de la semoule, tels les blés de Florence, etc... Nous en vons apporté ici des échantillons.

M. LE PRÉSIDENT. — Au point de vue minotier, nous ne recherchons par les blés durs parce qu'ils font le pain grossier et rouge ; en général les blés durs d'Algérie...

M. BŒUF. — Sont blancs.

M. LE PRÉSIDENT. — .... Font un pain grossier ; plus le blé est fin, plus le pain est bon. Nous sommes donc amenés à rechercher les blés fins pour satisfaire les besoins de notre clientèle.

M. BŒUF. — J'ai posé la question aux minotiers tunisiens ; ils sont enchantés d'avoir ces blés pour relever les blés tendres qui sont plus faibles en gluten. Vous n'ignorez certainement pas, Messieurs, que la teneur en gluten n'est pas tout ; ce qui importe surtout, c'est la qualité du gluten ; mais, d'autre part, je crois qu'il est bien impossible de dire à quoi tient la valeur « boulangère » des blés.

M. DUCELLIER. — Si l'on examine la classification des blés travaillés en France, on s'aperçoit que les blés tendres à grain durci, sont en général moins riches en gluten de bonne qualité que les blés à cassure farineuse.

Vous savez que les blés tendres de l'Inde, dont quelques-uns présentent une cassure presque dure, sont moins recherchés que les blés colons d'Algérie, par exemple, classés immédiatement après les blés de Russie, avec les blés des Etats-Unis et de Roumanie ; les blés de l'Inde venant ensuite forment une troisième catégorie avec certains blés de France.

M. LE PRÉSIDENT. — Je crois que c'est extrêmement variable suivant les saisons, les régions, les années, etc...

Dans tous les cas, pour répondre aux questions de M. Bœuf, je dirai que quand on veut obtenir de la farine à peu près cotée, on est obligé — c'est ce que nous faisons à Marseille — de mettre dans nos moutures une infinité de qualités de blés. Sur six mille quintaux, par exemple, nous avons parfois dix qualités de blés se composant de deux ou trois qualités de manitoba, de vapeurs différents, etc...

Nous arrivons ainsi à avoir une farine à peu près uniforme en faisant des « dosages ».

M. BŒUF. — C'est, j'en conviens, la seule solution au point de vue boulanger et minotier.

M. LE PRÉSIDENT. — Il n'y a pas d'autre solution pour le moment. Messieurs, la séance est levée.

La séance est levée à 17 heures.

À l'issue de cette séance, les congressistes ont visité les silos à céréales de la Compagnie des Docks et Entrepôts de Marseille.

TROISIÈME SÉANCE

28 Septembre 1928 (neuf heures du matin)

Président : M. L. PRAT
Président de la Fédération Intersyndicale de la Minoterie
et de la Semoulerie de Marseille

Classification des Blés dans les Silos (Suite)

M. LE PRÉSIDENT. — Messieurs, la séance est ouverte.

Notre discussion a porté hier sur la classification des blés tendres. Cette discussion s'est élargie ; elle a même légèrement dévié de son but primitif et nous nous sommes séparés un peu hâtivement sans avoir précisé d'une façon formelle, à mon avis, la conclusion qui doit en découler.

Avant de passer à la classification des blés durs, je demanderai de rédiger, sous forme de vœu, si vous voulez, ou sous forme de conclusion...

M. SAUTEREY. — Sous forme de vœu plutôt.

M. LE PRÉSIDENT. — ...un libellé qui puisse donner satisfaction à tout le monde et qui soit dans la note de la discussion d'hier.

M. DE CHOMEL. — Ce vœu prévoiera le classement par région et par nature : tuzelle et blés tendres colons. Ce classement serait divisé en plusieurs catégories basées sur le poids spécifique et dans chacune de ces catégories il serait fait état, s'il y a lieu, de façon à donner toute l'élasticité voulu, de la cassure, de la siccité, des impuretés, etc...

Quant aux poids de 76 kilos et au-dessous, nous demandons qu'ils ne soient pas mélangés avec des poids supérieurs et qu'ils soient vendus tels quels, tels que les lots existent.

Je vous demanderai également de joindre à ce vœu la question des Mélilots et des Fénus grecs, en faisant remarquer, à nouveau que le fénu grec nous ne l'avons trouvé que dans les blés de Tunisie et surtout du Maroc ; les blés Oranais n'en ont pas. Je crois tout de même qu'il est bon de signaler les graves inconvénients que présente cette graine afin que l'on prenne des dispositions pour donner des blés absolument exempts de cette graine.

UN CONGRESSISTE. — La culture du fénu grec est complétement abandonnée en Algérie.

M. DE CHOMEL. — Il n'a jusqu'ici pas été trouvé de grains de fénu grec dans les blés d'Algérie. Je le constate et rends hommage également aux blés oranais qui en sont aussi dépourvus. Il me semble, cependant, qu'il fallait signaler le fait, afin d'éclairer les céréalisateurs et soient prévenus.

Il y a également la question du gluten dont nous avons déjà quelque peu parlé hier.

M. Furgier. — En ce qui concerne la siccité, je considère que si, comme nous en avons formulé le vœu, nous vous envoyons des échantillons servant de base aux transactions, il ne pourrait guère en être tenu compte pour la classification.

M. Gounot. — On n'a pas encore rédigé le vœu.

M. Sauterey. — Ce sont là de simples bases.

M. le Président. — Si vous le voulez bien nous pourrions rédiger ce vœu.

M. de Taillac. — Messieurs, je vous ferai remarquer que pour les blés du Maroc une certaine confusion peut exister. Vous ne recevez pas toujours des blés de colons, mais des mélanges dans lesquels les blés indigènes rentrent parfois pour une bonne part, ce qui fait qu'ils ne sont pas toujours d'une qualité supérieure.

En ce qui concerne la question du fénu grec, que les colons ne cultivent pas, je puis vous assurer que nos blés « colons » ne contiennent jamais cette graine.

Il ne faudrait pas que dans l'esprit du commerce marseillais tous les blés tendres du Maroc soient des blés contenant du fénu grec.

Lorsque nos silos seront construits, vous y trouverez des blés « colons » de première qualité.

M. de Chomel. — Nous sommes très heureux de votre déclaration qui sera insérée au procès-verbal. De cette façon, vous aurez toute satisfaction.

M. Bœuf. — La question est exactement la même pour la Tunisie ; il n'y a que les indigènes qui cultivent encore.....

M. de Chomel. — Si vous le permettez, on pourrait en tirer cette conclusion que tous les blés qui contiennent du fénu grec ne sont pas des colons.

M. Ventre. — Je puis vous indiquer que dans la région de Medjez il existe un colon, M. Deligne, dont la bonne foi ne peut être mise en doute qui, après avoir fait pendant longtemps du fénu grec, fait à présent une très forte campagne pour faire abandonner cette culture.

De son côté M. Gounot agit dans le même sens.

Il ne faudrait cependant pas croire que le commerce tunisien est une fraude permanente.

M. de Chomel. — Non, non.

Un Congressiste. — Dans tous les cas, cela ne se fait plus. C'est fini.

M. de Chomel. — Il faut éviter absolument de mettre du fénu grec dans les terrains qui doivent recevoir du blé.

M. le Président Prat. — Il se confirme que les véritables blés colons n'ont rien de commun avec ceux qu'on nous livre ici sous le nom de blés colons.

Ici, nous nous plaignons tous de la qualité de ces blés et nous disons :
« Si nous ne faisions de la farine qu'avec des blés de Tunisie et d'Algérie,
nous ne pourrions pas la vendre ».

D'autre part, j'ai eu hier soir un renseignement qui arrive fort à
propos et que je suis heureux de vous communiquer. Le voyageur de
notre maison était à Perpignan ces jours-ci, il m'a indiqué que l'on reçoit
dans cette ville des farines d'Algérie qui donnent toute satisfaction, ce
qui concorde parfaitement avec les renseignements que vous voulez bien
nous donner.

M. Ventre. — M. Prat ne démentira pas sur l'intérêt de la minoterie
marseillaise d'avoir des blés colons purs ; mais pour cela il ne faut
pas s'adresser à des maisons plus ou moins sérieuses.

En fait, une question que je tenais à souligner est celle-ci : lorsque
nous faisons des offres, la minoterie marseillaise se préoccupe immédiatement du prix. Lorsqu'on veut la qualité, il faut la payer.

Je poserai à la minoterie marseillaise la question suivante : étant
donné que les bonifications ne sont pas proportionnelles — elles sont
progressives — est-ce que vous n'avez pas intérêt à recevoir un lot
mélangé auquel vous appliquez des bonifications qui, en fait, dans l'exécution du contrat, nous rendent les prix impossibles ; autrement dit,
vous arrivez à imposer avec contrat Marseille une bonification de 8 francs
alors qu'elle n'est que de 5 francs.

Je ne sais pas si vous me saisissez : le commerce cherchant un bénéfice, il prend le contrat Marseille et il fait un dosage de blé ; est-ce que
cela ne vient pas de la défectuosité de vendre contrat Marseille qui fait
qu'on a intérêt à ne pas vous envoyer des blés purs. Ces blés sont
dévalorisés.

Vous parliez tout à l'heure de la standardisation des céréales. J'aurais
été colon, je vous aurais dit : « Et si vous faisiez la standardisation de
vos contrats ?... » Vous avez un contrat de Paris, de Marseille, de Dunkerque, etc... ; pourquoi n'y aurait-il pas un contrat unique pour toute
la France ?

En tant que président de la Chambre de Commerce de Tunis je suis
obligé de protester un peu ; vous m'excuserez si je plaide *pro domo*.

M. Racine. — Je vais vous répondre en deux mots. Nous avons des
contrats suivant lesquels nous achetons des blés sur dénomination. Lorsque vous vendez sur dénomination, nous avons le droit d'exiger que le
blé que vous nous envoyez ait les qualités de cette dénomination. Si vous
voulez nous livrer une marchandise, vendez-la sur échantillon ; mais du
moment que nous avons un contrat et que vous vendez aux conditions
du contrat qui a été débattu, je n'admets qu'on nous livre une marchandise qui ne répond pas à la dénomination dudit contrat ou, alors,
vendez-la sur échantillon.

M. le Président. — Cela se produit malheureusement trop souvent.

M. Ventre. — Vous avez peut-être la contre-partie.

M. Racine. — Vous parlez d'avoir un seul contrat ?

Jamais à Marseille nous n'accepterons, pour le blé dur, d'être jugé
par Paris qui ne sait pas ce que c'est. Il peut se triturer en France chaque

année près de quatre millions de quintaux de blés durs dont près de trois millions à Marseille. Vous pouvez être certains que nous n'irons donc pas nous faire juger à Paris.

L'industrie de la semoulerie est localisée à Marseille où elle a été créée en premier lieu vers 1860. J'ai l'honneur d'être le président du Syndicat des Fabricants de Semoules de France. Je suis donc bien placé pour vous répondre.

M. LE PRÉSIDENT PRAT. — Si vous le voulez bien, Messieurs, nous allons essayer de rédiger un vœu.

« Le Congrès, après discussion sur classification des blés tendres, « émet le vœu que le classement soit établi par région de production et « par nature *(tuzelle* et *blé tendre)*. Ces classements pourraient être eux- « mêmes divisés en plusieurs catégories basées sur le poids spécifique et « il serait fait état, s'il y avait lieu, dans chacune d'elles, des impuretés, « de la siccité. »

M. DIBON. — Je serai d'avis de rayer ce mot pour les blés africains.

M. DE CHOMEL. — Alors, si vous le voulez bien mettons : « ...des impu- « retés et des grains cassés ».

UN CONGRESSISTE. — Je ne sais pas si nous n'avons pas intérêt, nous agriculteurs, à maintenir le mot « siccité » parce que nous aurions une bonification.

M. DIBON. — Nous n'avons pas le moyen d'évaluer la siccité ; le colon devrait la faire établir par un expert.

M. BAILLAUD. — Pourquoi ne seriez-vous pas outillés pour faire vous-mêmes cette détermination qui est appliquée dans la standardisation étrangère.

M. X... — On discute plutôt d'une manière générale.

M. LE PRÉSIDENT. — La phrase n'est pas formelle : « ...s'il y avait lieu... » ; je me place au point de vue des producteurs l'Afrique du Nord.

M. GOUNOT. — Autrefois, les agriculteurs avaient l'habitude d'acheter en France des engrais présentés par des commis-voyageurs sans bien préciser la teneur. Ils se sont aperçus un jour qu'ils payaient très cher le fait de ne pas acheter sur analyse.

De même pour la siccité. Lorsque nous vendons des blés secs, des blés sortant de silos ou de magasins sans avoir pris l'humidité, nous recevons une prime. Quant au dosage d'humidité, comme l'indique M. Baillaud, il est tellement facile à faire qu'il est à la portée de tout le monde. Il n'est pas nécessaire d'avoir de très grandes connaissances de chimie pour l'effectuer, surtout si l'on a à sa disposition les appareils nécessaires.

C'est ce principe qu'il faudrait pousser pour l'avenir : à Tunis, les laboratoires officiels pourraient faire au besoin les analyses et cela rapporterait des sommes importantes aux agriculteurs sous forme de bonification.

M. BOYER-BANSE. — Du moment que la phrase est dubitative, on peut la laisser.

M. DE CHOMEL. — C'est pour le classement.

M. Dibon. — Nous ne pouvons pas tout de même classer par unité.

M. Boyer-Banse. — Laissez la phrase comme cela.

M. le Président. — Je crois qu'il serait bon de la laisser subsister parce qu'elle est dubitative.

Un Congressiste. — Il pourrait y avoir de grosses difficultés comme cette année, par suite de pluies, qui ont amené des variations dans la qualité des blés, particulièrement dans la région de Batna, par exemple.

M. Gounot. — Vous n'ignorez pas qu'on classe dans l'espoir de vendre.

M. le Président. — Si vous le voulez bien, nous pourrons discuter de ces questions tout à l'heure quand nous parlerons de la vente.

M. de Chomel pourrait continuer l'élaboration du vœu.

M. de Chomel. — « ...Les blés d'un poids inférieurs à 76 kilos ne « seraient pas mélangés dans les catégories pesant 78 kilos et au-dessus.

« Ils seraient vendus tels quels et séparément. »

Est-ce que vous ne croyez pas qu'il conviendrait de mettre un mot pour le fénu grec, quelque chose dans ce sens : « Nous apprenons que la culture du fénu grec en Tunisie.... »

M. Gounot. — Si vous voulez, mais c'est une chose que nous savons parfaitement à présent.

Un Congressiste. — Tout le monde a été fixé.

M. Martin. — Je demanderai la suppression de la parenthèse : (tuzelle et blés tendres colons) parce que c'est un peu trop spécialiser et parce que, d'autre part, Tunisiens, nous ne comprenons pas très bien cette dénomination. Je crois qu'il faudrait ne rien mettre du tout ; cela va nous fausser l'idée. Je pense que M. Ventre, président de la Chambre de Commerce, est d'accord avec moi sur ce point.

Chez nous, nous avons le blé tendre colon et le blé tendre indigène ; la tuzelle, c'est du blé tendre colon, quelle que soit la qualité de la tuzelle. A notre point de vue, ce mot-là ne veut pas dire grand chose.

M. Ventre. — En Algérie, vous avez des types bien établis par région et d'après ce que nous avons vu il serait bien difficile à nos spécialistes de définir ces deux qualités.

Un Congressiste. — C'est en continuelle évolution.

M. Martin. — Je vous demande de supprimer cette phrase qu'on ne comprendra pas très bien à Tunis.

M. de Taillac. — Messieurs, je vous ferai la même remarque pour le Maroc.

M. Ducellier. — Vous pourriez mettre entre parenthèses : (tuzelle d'Algérie).

M. de Chomel. — Il me semble que c'est une question importante.

M. Martin. — Pourquoi mettre cela qui se rapporte exclusivement à l'Algérie et rien à voir avec le Maroc et la Tunisie ?

M. Dibon. — Je demande que la désignation soit maintenue pour les tuzelles. En Algérie nous avons des tuzelles et des blés tendres et cela constitue deux qualités bien différentes ; si la distinction n'existe pas pour le Maroc et la Tunisie, ce n'est qu'une question de temps, ces deux pays y viendront vraisemblablement.

Un Congressiste. — D'autres qualités pourront intervenir.

M. Martin. — Permettez-moi de dire un mot. En ce moment-ci je suis tellement de votre avis que je vous demande de ne pas préciser. Puisque vous avez mis : « ...dans toutes les régions... », pourquoi voulez-vous mettre dans un vœu général : « ...par catégorie... » et, entre parenthèse nous relier à Burdeau ou à Relizane ; laissez-nous où nous sommes.

Voix diverses. — Au lieu de la parenthèse, mettez : « Dans les « régions qui récoltent à la fois des blés tendres et des tuzelles, il serait « fait une distinction, une classification spéciale de cette dernière « qualité. »

Un Congressiste. — Au sujet de la production de la tuzelle en Algérie, je puis vous indiquer que le département d'Alger ne produit presque pas de tuzelle et dans le département de Constantine elle n'y vient pas du tout.

M. le Président. — Au lieu et place de la parenthèse, nous mettons donc : « Dans les régions qui récoltent à la fois des blés tendres et des « blés tuzelles, il serait fait une distinction, un classification spéciale « de cette dernière qualité. »

M. Martin. — Voulez-vous me permettre de vous donner la phrase ?

Par exemple : « Dans la région de Relizane, de Sidi-Bel-Abbès... ou autre région que vous voudrez, tuzelle et blés tendres colons. »

M. le Président. — Ceci serait à mettre en remplacement de la parenthèse ?

M. Martin. — Je vous dis ma pensée ; je ne sais trop si je m'explique clairement.

Au lieu de la parenthèse (tuzelle et blés tendres colons) mettez une région X..., que je ne connais pas, celle que vous voudrez...

M. le Président. — Ou bien encore : dans les régions productrices de blés tuzelle.

M. Martin. — Non, précisez.

M. Sauterey. — Mettre : « Régions du Sersou et de Bel-Abbès, blés tendres et tuzelle. »

M. Miège. — Ainsi au Maroc on désigne sous le nom de « tuzelle », un blé qui n'est pas du tout de la tuzelle. C'est un blé qui n'a rien de commun avec la tuzelle.

Par conséquent l'introduction du mot « tuzelle » dans le texte prête à confusion. Il vaut donc mieux le supprimer.

M. Ponçon. — En Algérie, le commerce distingue les tuzelles des blés tendres. Je ne vois pas pourquoi nous irions aujourd'hui nous occuper de transactions, supprimer une distinction qui existe depuis cinquante ans ; pour le colon ça n'a pas une très grande importance, mais pour l'acheteur ça en a une. Je dirai même qu'il y a une discrimination de 2 à 3 francs entre la tuzelle proprement dite et le blé tendre barbu, le blé tendre colon. La tuzelle n'a pas de barbe.

M. le Président. — La tuzelle n'a pas de barbe à l'épi ; elle a la tige pleine.

M. Bœuf. — Ça dépend des variétés.

M. Cailloux. — Cette classification peut s'appliquer à une région bien spéciale, mais non à l'Afrique du Nord.

Libeller ainsi votre texte conviendrait très bien pour une région mais pourrait devenir faux pour d'autres. Et je dis plus : cela pourrait même devenir dangereux.

Un Congressiste. — Et inutile.

M. Furgier. — Je vous proposerai, Messieurs, une distinction par nature.

M. Sauterey. — Vous pourriez ajouter : « ...par nature et dénomination de blé »

M. le Président. — Messieurs, on va vous donner lecture du vœu.

M. de Chomel. — « Que le classement soit établi par région de pro« duction et par nature et en distinguant, s'il y a lieu, les variétés. » *(Très bien ! Très bien !)*

« Ce classement serait lui-même divisé en plusieurs catégories basées « sur le poids spécifique et il serait fait état, s'il y avait lieu, dans « chacune de ces catégories, des impuretés, de la siccité et des grains « cassés.

« Les blés inférieurs à 76 kilos ne seraient pas mélangés avec des « blés d'un poids spécifique supérieur, mais seraient vendus tels quels « et séparément. »

M. le Président. — Messieurs, je vous demanderai de vouloir bien voter ce vœu.

Que ceux qui sont d'avis de l'adopter veuillent bien le manifester en levant la main.

Épreuve contraire.

(Personne ne lève la main).

(Le vœu est adopté à l'unanimité).

M. Lebuste. — Messieurs, je vous demanderai de faire une observation d'ordre pratique. Ce vœu s'applique, bien entendu, au classement à l'entrée des silos. Or, j'ai pu causer avec une personne participant à ce congrès et il résulte de notre entretien qu'en tenant compte de la différence de poids spécifique, on pourrait arriver, pour Relizane par exemple, à trente-six variétés de grains pour un même silo. Ainsi, dans un seul silo vous allez avoir environ trente-six cases qui risquent de n'être remplies que pour une faible partie.

Par conséquent, vous voyez immédiatement la difficulté que cela peut présenter au point de vue pratique pour les silos.

M. Furgier. — J'observe que ce n'est pas à l'entrée des silos mais lorsque nous procédons à la vente que nous ferons ce classement.

M. Gounot. — Ce sont là de simples directives ; on les suivra dans la mesure du possible.

Dans le dock que je représente, nous avons procédé à maintes reprises à des évaluations de poids spécifiques. Nous en avons trouvé souvent qui oscillent entre 80 et 84 kilos ; 79 kilos, c'est l'exception. Quant aux autres catégories, s'il s'agit d'une région différente, ça pourra osciller entre 76 et 80 ; mais je ne crois pas qu'il y ait quarante classifications à faire. Nous arriverons donc à avoir quatre ou cinq qualités au maximum ! c'est ce que la pratique a indiqué au dock de Burdeau qui est le plus ancien, de Relizane et au nôtre qui fonctionne depuis deux ans.

M. LE PRÉSIDENT. — Je vous remercie de votre déclaration.

Messieurs, la discussion sur la classification des blés tendres est close.

*
* *

M. LE PRÉSIDENT. — La parole est à M. Racine, président du Syndicat Général des Fabricants de Semoules de France, au sujet de la classification des blés durs.

M. RACINE. — Je ne rouvrirai pas la discussion présentée par M. de Chomel au sujet des blés tendres. J'estime que le vœu élaboré doit être adopté. Je tiens cependant à dire auparavant à M. Cailloux, au sujet du mélange des blés de poids spécifiques différents, qu'il est presque toujours à l'avantage du producteur de ne pas faire de mélanges car lorsque nous achetons ainsi des blés mélangés, nous avons de la peine à ne pas faire de déchets et par suite nous avons tendance à offrir une limite inférieure.

Nos nettoyeurs commencent, en effet, par enlever le blé léger qui fait ce que nous appelons la « mondille », constituée par les grains très légers et qui se vend comme paille.

Je le répète, j'estime que cette partie du vœu est à l'intérêt du producteur, en même temps qu'elle facilite le travail de l'industriel.

En ce qui concerne les blés durs, j'ai eu l'occasion de m'entretenir de la question avec M. Furgier ; M. Furgier a tenu compte dans l'exposé qu'il a fait, des observations que j'avais présentées.

J'estime que la classification des blés durs ne peut pas se faire uniquement en se basant sur la densité. Nous avons envisagé deux points principaux : la question nuance et la question en blé tendre.

La première classification doit être faite sur la nuance ; les blés clairs ont une valeur beaucoup plus grande que les blés foncés ; ils ont un emploi différent pour la fabrication de certaines pâtes et vous avez intérêt, vous producteurs, à classer vos blés en blés clairs et sombres et à développer la culture des blés clairs.

Nous en arrivons à présent à la question dureté qui est la question principale.

Vous n'ignorez pas, Messieurs, qu'il y a à l'heure actuelle une différence de 70 francs par 100 kilos entre les farines et les semoules. L'industriel — et vous le comprenez aisément — ne peut pas acheter au même prix les blés qui servent à confectionner les semoules et ceux qui servent à la fabrication des farines.

D'un autre côté, vous savez très bien qu'il est impossible de classer d'une façon empirique les blés en blés durs pour la raison que la teneur de ces blés en tendre est très variable.

C'est chaque année que vous devez, dans vos classifications, tenir compte du degré d'attendrissement de vos blés. Vous pourriez adopter une classification qui partirait des blés durs jusqu'à 3 % de blés tendres, des blés allant de 3 à 7 % et une autre dépassant 7 %, mais cette classification doit être subordonnée aux conditions de temps qui influent sur la dureté du grain.

Le poids spécifique joue évidemment un grand rôle, mais dans l'industrie on donnera la préférence à un blé de 80 kilos entièrement dur sur un blé de 82 à 83 kilos, contenant 15 % de grains tendres pour la raison qu'il existe à l'heure actuelle entre les semoules et les farines dures — ainsi que je vous l'indiquais tout à l'heure — une différence de prix de 70 francs environ ; or, un blé de 82 à 83 kilos, contenant 15 % de grains tendres donnera à la mouture sensiblement moins de semoule qu'un blé de 80 kilos entièrement dur.

Il s'agit donc de savoir comment vous pouvez classer vos blés. Ça doit être, je crois, assez facile. Les ventes se sont faites cette année dans les conditions sus-indiquées de garantie de grains durs ou de pourcentage de tendres.

M. Sauterey. — A Relizane, ça nous donne toute satisfaction. Nous avons dans les silos des blés qui ont 3 % de mitadins.

M. Racine. — Nous entrons dans vos vues. Nous vous demandons de les classer par couleur et surtout ne faites pas de mélange de blés clairs avec des blés sombres.

Un Congressiste. — C'est très judicieux et j'en tiens compte depuis longtemps.

M. Racine. — Ces mélanges nous font livrer des semoules bigarrées qui ont l'aspec !« piquées ». Cependant, eles ne le sont pas ; elles contiennent simplement des molécules sombres qui font une sorte de piqûre. C'est ce que nous appelons des grains résineux. Nous les travaillons séparément de manière à ne pas livrer des semoules défectueuses.

M. Dibon. — Vous aurez toute satisfaction à ce point de vue, car aux docks-silos de Relizane la proportion d'impuretés et de mitadins est toujours indiquée en pourcentage à la suite de la catégorie.

M. Racine. — Si la chose se fait déjà à Relizane, elle doit pouvoir se faire également ailleurs. Je parle, bien entendu, de blés colons.

M. Sauterey. — Vous verrez à la page 12 du recueil de documentation préparé par l'Institut Colonial pour le Congrès, ce que dit notre règlement avant l'article 7 (1).

M. le Président. — Ça, c'est bien pour la région de Relizane.

M. Racine. — M. Furgier, vous avez une objection ?... Nous vous écoutons.

M. Furgier. — J'ai écouté avec attention les remarques qui viennent d'être faites par M. Racine. Nous nous efforcerons d'en tenir compte. Dans notre région, par exemple, nous avons certains blés durs sélectionnés — semouliers par excellence - dont nous allons vous présenter quelques échantillons qu'il apparaît nécessaire de classer dans une catégorie spéciale : celle ne contenant que zéro à 3 % de blés attendris.

____

(1) Voir ci-après page 138.

M. RACINE. — Je crois que si nous sommes d'accord, il est bien facile d'émettre un vœu.

En ce qui concerne la Tunisie, voyez-vous. M. Martin, une objection ?

M. MARTIN. — Je ne vois pas d'objection.

M. VENTRE. — Je retiens seulement la réserve faite par M. Racine. que tout cela est fonction des années, si l'on peut dire.

M. RACINE. — Comme je vous l'ai proposé tout à l'heure, nous ferions une classification comme suit : de 1 à 3, de 3 à 7 % et au-dessus.

M. VENTRE. — C'est entendu, mais cette classification vise surtout la question des prix et il faudra bien faire attention aux différences de prix pour catégorie au dessus de 7 %.

M. RACINE. — Ne perdez pas de vue que vous avez tout intérêt à faire cette classification vous même.

M. ROUQUET. — En voulant standardiser la marchandise, nous voulons valoriser les bonnes qualités.

Comme je le disais à M. de Chomel au cours d'une conversation, si les blés d'Algérie ne sont pas appréciés à leur juste valeur à Marseille c'est que bien souvent l'on vous fait passer l'excédent de la production formée de blés défectueux qui n'ont pas été acceptés par la minoterie algérienne. Chaque fois, Messieurs, que les minotiers algériens trouvent à acheter nos blés sur place, ils le font ; ils achètent nos blés plus cher que ce qu'ils nous rapporteraient rendus sur place à Marseille.

Croyez bien, Messieurs, que si nos blés ont ainsi la faveur des minotiers algériens, c'est que ces derniers reconnaissent la qualité de ces blés.

Je crains fort que jusqu'à présent, on vous ait soumis seulement les déchets de la production algérienne. Ça se peut très bien.

Il y a vingt ou trente ans, il s'est produit la même chose pour le vin. Depuis, l'Algérie n'a pas changé et cependant l'on se rend compte à l'heure actuelle qu'on peut trouver de très bons vins dans ce pays.

Nous sommes très heureux d'être en relations avec vous pour arriver à vous faire connaître un jour la marchandise que vous désirez ; et nous souhaitons que vous fassiez quelques expériences, quelques achats pour vous rendre compte de ce qu'est le blé colon aussi bien tendre que dur. *(Très bien ! Très bien !)*

M. LE PRÉSIDENT. — Je vous remercie infiniment de votre déclaration et nous avons le plus grand désir de faire des essais comme vous nous le proposez.

M. ROUQUET. — Ce sera toujours avec plaisir.

M. CAILLOUX. — M. Racine nous a expliqué tout à l'heure qu'un lot de blé homogène ayant une densité de 81 kilos par exemple, avait une toute autre valeur qu'un lot pesant 82 kilos et formé de blé de 78 et de 84 kilos.....

M. RACINE. — Je n'ai pas dit cela...

J'ai dit que nous donnions plus de valeur à un blé de 80 kilos dur qu'à un de 82 ou 83 kilos contenant 10/15 % de mitadins, de plus j'ajoute qu'un lot homogène de 80 kilos donne à la trituration un meilleur résultat qu'un lot de même poids composé par un mélange de blés très lourds et de blés légers, car il y a alors dans le lot des grains très nourris et d'autres fort maigres. Un tel blé est plus difficile à nettoyer, l'aspiration des appareils ayant une tendance à éliminer une partie des grains maigres et par suite légers, et le réglage du broyage étant rendu difficile du fait de la présence de grains de blés de grosseur par trop inégale.

M. CAILLOUX. — Par conséquent, le calibreur devrait servir à classer les blés ; c'est donc toujours en vue de faire attribuer le maximum de valeur à ceux qui sont les plus intéressants.

D'autre part ,vous nous avez indiqué également que divers facteurs, tels la couleur, la dureté du grain influaient sur la couleur et la qualité de la semoule ou de la pâte produite et avaient une très grande importance. Comment arriver à tenir compte de tous ces facteurs ? Cela me paraît très difficile. Il y a cependant un moyen, c'est de produire des blés pédigrés donc parfaitement homogènes dont vous connaîtrez la valeur.

Le jour où nous cultiverons uniquement des « sbaï » 292, par exemple, vous saurez très bien, puisque ces blés ont une densité de 80 kilos, quelle est la marchandise que vous recevez.

On sait très bien que c'est là un blé qui est pur parce que nous le vendons avec la garantie de 99 % de pureté ; on sait également que c'est là un blé qui a des caractéristiques de couleur, de dureté, de rendement en semoule et de qualités générales qui lui sont spéciales.

Le jour où nos agriculteurs sauront qu'en cultivant ces blés ils pourront les écouler facilement parce que vous connaîtrez tout le parti que vous pourrez tirer de ces blés susceptibles de vous donner des pâtes de toute première qualité, ils ne manqueront pas de s'y adonner pleinement ; encore faudra-t-il qu'ils y aient du bénéfice.

Il ne faudra pas qu'on leur dise : « Votre blé est beau, on va vous en donner vingt sous de plus.... » ça ne paierait pas les soins que demandent les blés pédigrés.

M. RACINE. — Il est évident que vous avez raison. Ce serait l'idéal si les groupes de colons pouvaient envoyer à l'industrie des lots de blés en disant : « Faites un essai : vous nous en communiquerez les résultats, et après cela, nous cultiverons ces blés » ; mais je crains, étant données la diversité des régions en Algérie et les modes de cultures qui y sont pratiqués, je crains, dis-je, que vous ne puissiez pas arriver à ce résultat.

M. CAILLOUX. — En Tunisie, nous sommes sur la très bonne voie. Nous vendons en très grandes quantités des blés garantis à 98-99 % de pureté botanique.

M. RACINE. — Ce serait parfait si cela pouvait se généraliser.

M. CAILLOUX. — Je crois que tout cela doit aller de pair avec les recherches du service botanique. Puisqu'il s'agit de pédigrés, que ce service nous donne les qualités voulues et vous pouvez être certains que nous saurons vous donner satisfaction.

M. RACINE. — Pour répondre à présent à la fin d'une réflexion que vous avez faite tout à l'heure exprimant le désir qu'on ne vous paie pas d'un supplément infime ces qualités de blés, je puis vous indiquer que ces Messieurs qui touchent à la partie commerciale vous diront qu'en matière de blés durs d'excellente qualité, nous ne regardons pas de les payer un prix supérieur.

Lorsque nous achetons des blés colons 81 kilos sans désignation de provenance autre que « Algérie », nous les achetons, si vous le voulez, 155 francs par exemple ; lorsque nous achetons ces blés, provenance « Thiaret », « Témouchent », nous les payons 5 francs de plus. Il en est de même lorsque nous recevons des blés provenance « *Bel Abbès* », etc., etc..., parce que ces blés ont des qualités d'homogénéité connues.

Par conséquent, si la Tunisie est à même, par son outillage et par la sélection de ses semences, de nous donner, à nous, industriels, des qualités importantes de blés de types établis, nous lui donnerons la préférence et nous paierons les prix, c'est-à-dire avec des écarts de 5 francs environ et parfois davantage.

M. CAILLOUX. — Tous les colons de Tunisie commencent à avoir des lots importants de blé de qualité pédigré. Nous comptons donc sur les promesses que nous fait M. Racine.

M. BŒUF. — Le nombre des variétés tend à diminuer beaucoup. On cultivait autrefois, en Tunisie, vingt variétés de blé dur. On en est actuellement à cinq et même pourrait-on dire à quatre, mais elles tendent à disparaître ; on n'aura bientôt que très peu de variétés mais ayant chacune des qualités tout à fait précises de couleur, et probablement de rendement de semoule. Il sera donc encore plus facile de les classer.

M. CAILLOUX. — Nous avons ici des échantillons de lots importants disponibles à la vente. Vous pourrez les examiner et constater qu'ils sont d'une homogénéité que vous n'arriverez pas à rencontrer dans beaucoup de blés algériens.

M. VIVET. — La situation se modifiera prochainement en Algérie, car plusieurs variétés de blés obtenues par sélection pédigrée y sont déjà cultivées sur une grande superficie.

Par exemple, le blé « Langlois », une des meilleures obtentions de M. Ducellier, a été cultivé cette année sur dix mille hectares environ dans les régions de Batna, Sétif et dans le Sud du département d'Oran : ce blé dur, à paille forte, craignant peu la verse, présente une particularité très intéressante pour les régions des Hauts Plateaux de l'Algérie, celle de résister aux gelées de printemps. En outre M. Ducellier est parvenu à obtenir un blé semoulier remarquable par la beauté de ses grains ambrés et translucides : le « Hebda n° 3 » qui, depuis deux ans a donné d'excellents résultats, notamment dans la région de Milana et dans celle de Teniet et Hoad, ainsi qu'à Bourbaki.

Je suis persuadé que dans quelques années vous constaterez une amélioration très nette de la qualité des blés durs d'Algérie.

Je dois encore vous indiquer que nous envisageons avec M. Furgier, la création, à côté des docks à grains, de coopératives de producteurs de semences sélectionnées et de les distribuer dans chaque région de l'Algérie en ayant soin d'adapter à chacune des régions productrices de blé, les semences des variétés qui lui conviennent tout particulièrement. Je pense que nous parviendrons ainsi à donner à la semoulerie les blés durs possédant les qualités qu'elle réclame.

M. RACINE. — Je vous remercie de ces renseignements.

D'autre part, je profite de cette occasion pour attirer l'attention des producteurs marocains sur l'intérêt qu'il y aurait à modifier les semences des blés durs marocains qui sont complètement dépréciés à Marseille.

M. DE TAILLAC. — Nous avons eu jusqu'à présent des blés durs colons venant du Maroc.

M. RACINE. — Nous avons eu l'année dernière quelques envois de couleur jaune ; je ne sais pas de quelle provenance exacte ; c'était un blé d'essence marocaine, il pesait 85 kilos à l'hectolitre.

M. DE TAILLAC. — M. Miège va vous dire où en est la question.

M. MIÈGE. — Au point de vue pratique, nous sommes en arrière de l'Algérie et de la Tunisie, cela ne fait pas de doute. Néanmoins, nous avons suivi la même marche auprès de nos colons et nous avons commencé, depuis quatre ans, à distribuer des semences pures produites dans les établissements d'expérimentation du Protectorat et qui, pour cette année, atteignent 900 quintaux. Ces établissements sont insuffisants à produire la quantité de semences qui nous est demandée.

Les blés que vous avez reçus à Marseille ne sont pas des « blés colons » car ceux-ci n'existent pas. Cependant les colons sont arrivés à reconnaître l'intérêt qu'ils auraient à faire des semences pures et les demandes dépassent en ce moment les disponibilités si bien que nous avons été amenés à multiplier les semences pédigrés ce que nous permettra, dans un avenir très prochain, de distribuer chaque année, sept à huit mille quintaux de semneces pures et d'arriver ainsi à une production très importante de blés durs et tendres homogènes.

En outre, je puis vous indiquer que notre action s'est portée non seulement chez les colons mais encore chez les indigènes.

Grâce à ces Sociétés de prévoyance indigènes, nous arriverons à distribuer à ces derniers des blés pédigrés qui sont cultivés dans des régions déterminées. Dans certaines régions nous sommes arrivés cette année à couvrir plusieurs centaines d'hectares, malheureusement notre production a été diminuée par une attaque brutale et tardive de « rouille », ainsi que par des pluies et par des « siroccos » violents.

Mais déjà, sans atteindre le degré que la Tunisie et l'Algérie ont obtenu, nous pouvons indiquer que le Maroc suit de très près et dans quelques années son commerce et sa production seront non seulement valorisés, mais grâce à la production des semences et à la construction des silos coopératifs, en voie de réalisation à Casablanca, vous pourrez avoir des blés colons standardisés et des blés indigènes qui auront une supériorité incontestable sur ceux que vous avez reçus jusqu'ci.

M. RACINE. — Nous le souhaitons de tout cœur parce qu'en ce moment les blés du Maroc sont mis à l'index ; les fabricants de pâtes ne les veulent pas parce qu'ils ont une odeur désagréable et se charançonnent facilement.

M. DUCELLIER. — Je tiens à ajouter un mot sur la sélection effectuée pour l'amélioration des céréales en Algérie.

Depuis que je m'occupe de la question (1906) je n'ai jamais admis en multiplication les blés durs à grains rouges ; les blés durs ambrés, clairs, seuls ont été multipliés et propagés. Je l'ai publié à différentes reprises et maintenant ce courant est bien établi dans l'Afrique du Nord et particulièrement en Algérie.

En tenant compte des préférences des minotiers de la colonie, l'amélioration des blés tendres algériens a porté sur les variétés à grain blanc, fin, allongé, les variétés qui contiennent le plus de gluten et actuellement nous mettons en multiplication des grains répondant à des qualités parfaitement connues. Nous avons sélectionné avant la guerre des blés tendres à grains rouges ou parfois tirant sur le brun, aussi riches en gluten que les précédents, sans pouvoir les propager ; l'aspect de ces blés est moins engageant que celui des précédents surtout en mauvaise année et nuit à la vente. Depuis cette opinion s'est modifiée en partie.

Par conséquent, il n'a pas d'à-coup dans la production des blés tendres d'Algérie. Nous fournirons pendant longtemps des blés riches en gluten de bonne qualité.

Dans ces dernières années, comme vous le savez, on a beaucoup étudié le blé dans un grand nombre de pays et l'on a fait un peu partout des essais parfois très étendus de variétés nouvelles ; il pourrait y avoir, par conséquent, en ce qui concerne la valeur boulangère des blés, des à-coups importants car la teneur en gluten est très variable pour chaque variété, toutes conditions de terrain et de climat égales.

Il résulte de ceci que la minoterie pourrait éprouver de grandes difficultés si l'on cultivait des variétés de blé tendre peu riches en gluten mais très productives, ces variétés pouvant s'étendre très rapidement dans certaines régions, mais cela est peu probable.

M. LE PRÉSIDENT. — Je remercie M. Ducellier de sa déclaration.

M. RACINE. — Messieurs, je voulais vous dire un mot encore au sujet des blés « cassés ». Cette question a été agitée hier.

Les blés cassés se trouvent principalement dans les blés durs, car ce blé est très cassant. De plus, l'enveloppe des blés durs étant plus fine, le son moins épais le blé a une tendance à se casser plus facilement qu'avec un blé tendre à enveloppe épaisse qui protège l'amande.

L'inconvénient des grains cassés est le même dans les blés durs que dans les blés tendres. Lorsqu'ils passent dans la mouture, les grains cassés prennent beaucoup plus d'eau de lavage et hydratent davantage votre mouture. En plus de cela, les grains cassés constituent un inconvénient considérable par le déchet qu'ils occasionnent au nettoyage.

Nous classons les blés cassés en deux catégories : les grains cassés

Les blés cassés en deux dans le sens vertical au sillon du grain, occasionnent un déchet mais sont cependant assez bien repris en minoterie pour être vendus ; par contre ceux cassés dans le sens de la longueur du grains sont des grains absolument perdus ; ils partent dès le premier passage au tarare. Cet appareil est divisé en grilles à trous « longs » et à trous « ronds » : le grain cassé passe facilement aux trous « longs » et va de suite au déchet où il est impossible de le reprendre.

Il est donc très certain que la présence de grains cassés dans le blé offre un inconvénient d'autant plus considérable qu'il est cassé dans le sens de la longueur.

Si depuis longtemps, à Marseille, nos contrats portent à cet effet des bonifications, je ne crois pas   sauf quelques rares exceptions qu'il y ait eu beaucoup de demandes d'expertises basées sur la présence de grains cassés dans les blés.

J'ai cependant en tête une expertise faite il n'y a pas très longtemps où la teneur en blé cassé atteignait 10 %. Il est inadmissible et insoutenable qu'un blé battu normalement ait 10 % de grains cassés si l'on n'en a pas ajouté.

M. Ventre. — Quelquefois la batteuse est mal réglée.

M. Racine. — Je suis vice-président du Bureau d'expertises et d'arbitrages des céréales et dérivés de la place de Marseille, par conséquent, parfaitement au courant de la question. Eh bien ! un pareil pourcentage est formidable et inadmissible ou alors votre blé n'est pas loyal et de recette.

M. Bœuf. -- Je ne crois pas cependant qu'on ait ajouté de grains cassés.

M. Baillaud. — Qu'arrive-t-il avec les blés américains ?...

M. Racine. — Les blés américains n'ont pas ou presque pas de grains cassés.

M. Baillaud. — Comment font-ils ?...

M. Racine. — Les grains cassés doivent être éliminés à l'évateur.

M. le Président. — Je crois bien que nous avons traité l'année passée des blés du Pacifique et qu'ils contenaient quelques grains cassés.

M. X. — Les Américains battent leurs blés à la batteuse, mais tout dépend du réglagle de celle-ci. Il y a cependant une proportion de cassés.

M. Cailloux. — Ils emploient des batteuses à « pointes » qui cassent moins que les bateuses à « battes ».

M. Racine. - C'est exactement la même chose. Notre principe de nettoyage ne change guère ; nous avons, nous, deux appareils qui cassent très facilement le blé : les « brosses » et les colonnes sécheuses après lavage ».

M. Cailloux. — Dans vos contrats Marseille, je crois que vous estimez qu'au delà de 2,5 % de casse, il y a une bonification à faire. Cette année-ci nos blés sont peu cassés, mais en temps normal, si l'on fait état de tous les grains auxquels il manque un tout petit morceau, je suis bien persuadé que cette proportion de 2,5 % est inférieure — et de beaucoup — à la moyenne des blés battus à la machine. Je reconnais que 10 %, c'est une exception.

M. Ventre. — Je suis très heureux des déclarations de M. Cailloux. En tant que minotier, nous avons à prendre chez M. Cailloux, qui fait lui-même le battage, et nous avons pu nous rendre compte que très souvent le pourcentabge de grains cassés était extraordinaire.

M. Cailloux. - - Ceci me met en mémoire un petit incident ; si M. Ventre me le permet, je vais vous le raconter. Nous avions une discussion chez M. Ventre avec un groupe de minotiers qui, comme de juste, sont des gens de la partie.

J'avais apporté un échantillon et je leur ai présenté.

Ils ont discuté très longuement pour savoir quelle était la teneur en blé cassé.

1,5 % ; 1,3/4 disait l'un ; 2 % disait l'autre, etc... finalement la majorité tomba d'accord sur le chiffre de 1.3/4 % et nous nous quittâmes là-dessus, après une longue discussion et un examen très approfondi de l'échantillon.

Eh bien, Messieurs ,l'échantillon que j'avais contenait 10 % de grains cassés que j'avais moi-même mélangés et cependant, vous le voyez, les minotiers, hommes de la partie estimaient le pourcentage à 1,5 ou 1,3/4 %.

Je crois fermement que si l'on se livre à un pointage très exact, un contrat, dans lequel il serait stipulé qu'au-dessus de 2,5 % en aurait droit à une bonification, permettrait facilement à un acheteur de toujours trouver une dépréciation à faire et obtenir ainsi la bonification prévue dans le contrat.

M. RACINE. — Nous pourrions discuter cette question lorsque nous en serons aux conditions de vente.

M. BOYER-BANSE. — Il serait peut-être temps de rédiger le vœu.

M. LE PRÉSIDENT. - Nous allons donc rédiger un vœu concernant la classification des blés durs.

M. RACINE .— Nous ne reprendrons pas la question du charbon et du fénu grec ; cela va de soi.

M. BOYER-BANSE. -- Il faut que ce vœu fasse ressortir les désiderata des minotiers.

M. RACINE. -- Je juge inutile de remettre dans l'exposé du vœu que nous allons libeller ce qui a été mis dans le vœu des blés tendres. C'est la classification des qualités qui nous intéresse.

M. CAILLOUX. -- Il y aurait lieu d'insister sur cette question de qualité parce que, pour l'instant, les colons estiment qu'ils ont intérêt à mélanger ; or, au point de vue agricole on soutient, d'autre part, qu'il y a intérêt à avoir des variétés pures. Il y a donc là un point qu'il convient de faire toucher du doigt aux colons en leur indiquant qu'ils auront une bonification assez sérieuse lorsqu'ils pourront présenter des lots de variétés pures.

M. RACINE. — C'est entendu.

M. LE PRÉSIDENT. — Nous allons donc, si vous le voulez bien. élaborer le vœu :

« Le Congrès émet le vœu que les blés durs soient classés en tenant « compte de leur densité, mais en faisant entrer en ligne de compte leur « nuance et en les classant en deux catégories :

« a) Blés clairs ;

« b) Blés sombres ;

« Chacune de ces catégories sera divisée en sous-catégories en tenant « compte de la teneur de blés attendris contenus dans les grains (ou mita-« dinés). C'est ainsi que trois catégories pourront être instituées : l'une « comportant des blés ne contenant que de zéro à 3 % de grains attendris « ou mitadinés, une deuxième de 3 à 7 % et une troisième dont la teneur « dépasserait 7 %. »

M. RACINE. — Il est bien entendu que nous admettons le vœu émis pour les blés tendres pour la provenance et que nous y ajoutons simplement les conditions spéciales aux blés durs.

M. Gounot. — Afin de savoir °ce que vous voulez dire, pourriez-vous préciser ce que vous entendez exactement par « blé mitadiné » et si le blé qui est légèrement atteint est classé comme blé mitadiné.

M. Racine. — Pour la question du mitadin, nous nous sommes toujours basés sur les contrats de blés des Indes. Vous ne devez pas ignorer que vous êtes très fortement concurrencés par les blés exotiques. Il se fait aux Indes des blés à teneur de grains durs garantie, qu'ils soient jaunes ou rouges. Ce sont là les deux seules classifications que l'on connaisse : blés sombres et blés clairs. Les vendeurs de ces blés donnent une garantie de blé dur et ils comptent que tout grain touché ne serait-ce que d'un point gros comme une tête d'épingle est tendre.

A ce moment-là, ils vous donnent une bonification. C'est automatique ; on n'a pas besoin de demande d'expertise. Je le répète, c'est automatique comme pour la vente des graines oléagineuses et en particulier des césames.

Un Congressiste. — Autre question : est-ce que le chiffre 3 dont il est question ne peut pas donner lieu à quelque confusion ?

M. Racine. — La catégorie serait de zéro à 3.

Un Congressiste. — Je ne parle pas de cette première catégorie mais de la seconde. Vous dites de 3 à 7 : c'est de 4 à 7.

M. Racine. — Il y a trois d'écart ; on ne peut pas dire de 4 à 7.

M. Gounot. — Dites au-dessus de 3, jusqu'à 7.

M. Cailloux. — Je reviens à la classification en blés clairs et en blés sombres. Il est regrettable qu'en Afrique du Nord on n'applique pas la dénomination et que les blés du Maroc ne soient pas classés comme en Algérie et en Tunisie.

En ce qui concerne la Tunisie, nous pouvons vous présenter des variétés mahmoudi, sbaï, etc... qui présentent cette différence de coloration. Si nous produisions des blés de même nom, nous pourrions vous dire, ils appartiennent à telle variété : claire ou foncée ; mais tel n'est échantillons qui vous permettront de vous rendre compte « de visu » des différences de coloration : vous nous direz alors si nous devons les mettre dans la catégorie des blés clairs ou des blés sombres.

Jusqu'ici, nous nous sommes dirigés vers les blés clairs suivant l'appréciation faite par les consommateurs indigènes qui nous les paient 5 et même 6 francs de plus que les blés sombres. Les blés clairs, dans lesquels rentrent les blés biskri et hamira sont très demandés par les consommateurs indigènes ; cependant dans certaines régions les blés mahmoudi ne peuvent être vendus parce que les indigènes éprouvent de sérieuses difficultés à s'en débarrasser.

M. Racine. — J'ai demandé cela parce qu'il y a en Algérie des blés colons qui sont des blés sombres ; ce sont parfois de magnifiques blés mais de couleur foncée.

M. Cailloux. — Je voudrais que vous nous disiez ce que vous voulez entendre par blés sombres et blés clairs.

M. Bœuf. — Il y a dans les blés durs des blés « blonds ou ambrés » et des blés « roux ». Nous cherchons à éliminer complètement ces derniers ; les indigènes l'ont déjà fait ; nous ne multiplions aucune de ces variétés ; il ne peut y avoir de différence que sur la nuance des blés « ambrés ».

Ainsi il y a des nuances très différentes entre les biskri, les hamira et les mahmoudi.

Nous serions très heureux des avoir si nos blés ambrés rentrent tous dans la catégorie des blés clairs ou s'il faut faire une différence.

M. RACINE. — C'est pour cela que je n'ai pas parlé des blés rouges, mais de blés sombres, parce que les blés rouges n'existent pas en Algerie.

M. BŒUF. — On ferait peut-être bien d'ajouter : « ... de ne pas cultiver des blés rouges ; de ne cultiver que des blés clairs... »

Il existe des quantités de variétés que nous voulons supprimer. Il serait peut-être bon de les indiquer ici.

M. RACINE. — Comme je vous l'ai indiqué, ce qui fait que je n'ai pas parlé des blés rouges, c'est que ces blés ne sont pas cultivés en Algérie. Ils viennent surtout des Indes où il y a des blés très rouges.

M. CAILLOUX. — La culture ignore ces blés rouges.

M. RACINE. — Il n'y a qu'à mettre dans le libellé : « ... des blés ambrés, clairs et vitreux ». C'est là, en effet, le terme qui convient parfaitement et qui est employé couramment.

Nous complétons donc le vœu :

« L'industrie émet le vœu que la culture s'adonne de plus en plus « à la production des blés clairs jaunes ambrés à cassure vitreuse et « d'aspect translucide ».

M. LE PRÉSIDENT. — Que ceux qui sont d'avis d'adopter ce vœu veuillent bien le manifester en levant la main.

M. BAILLAUD. — Monsieur le Président, je voudrais vous demander de donner une indication avant de passer au vote.

Nous avons eu peut-être tort de ne pas rappeler ici les vœux adoptés en 1922 à l'occasion du Congrès de l'Association Générale de la Meunerie qui réunissait des techniciens avertis de la culture.

Si je n'ai pas rappelé ces vœux c'est parce que notre congrès n'était pas essentiellement scientifique mais qu'il avait surtout pour but d'étudier le fonctionnement et la création des silos à grains et à céréales.

Je crois qu'il y aurait intérêt à revoir ce qui a été adopté à ce moment-là.

Depuis cette époque. la sélection a marché à grands pas et il est probable que si nous voulions reprendre la chose il y aurait des modifications assez importantes à faire.

Cependant. j'appelle votre attention sur le fait que. dès 1922, vous avez exprimé le désir de l'organisation d'un Comité permanent d'industriels et d'agriculteurs en liaison constante entre la France et l'Afrique du Nord pour enregistrer et régulariser toutes ces choses.

Je le répète. je crois qu'il est bon de faire ce rappel.

VŒUX DU CONGRÈS DES CÉRÉALES DE 1922

Premier vœu :

« Le Congrès des céréales estime que le moment est venu pour les entre les services botaniques et d'expérimentation agricole des possessions françaises nord-africaines et coloniales pour établir la description générale et synonimie des sortes de céréales indigènes ou récemment introduites ».

Deuxième vœu :

« Qu'il soit créé un Comité d'Industriels de la Métropole et des possessions françaises nord-africaines et coloniales pour indiquer aux agriculteurs et sélectionneurs les qualités industrielles déterminant la valeur comparative des diverses sortes de céréales ».

Troisième vœu :

« Que les organisations agricoles officielles ou privées de la Métropole ou des Colonies assurent par un contrôle à organiser, la propagation et le maintien de la pureté des variétés, sortes ou lignées améliorées des diverses céréales ».

Quatrième vœu :

« Le Congrès des Céréales constate qu'un grand effort a été fait dans les possessions françaises nord-africaines pour le classement des céréales.

« Émet le vœu que dans les règlements qui seront pris par l'Administration ou les contrats-types qui seront établis par les Assemblées corporatives, agricoles, commerciales et industrielles pour le règlement de leurs transactions une classification plus précise soit établie de manière à rendre plus faciles ces transactions et offrir plus de garantie à la fois aux vendeurs et aux acheteurs ».

Cinquième vœu :

« Le Congrès des Céréales estime que le moment est venu pour les transactions relatives aux céréales coloniales où il est possible de chercher à introduire dans les contrats-types des termes désignant d'une manière précise la céréale qui en fait l'objet : Tuzelle d'Oran, riz de Gocong, etc...

« Dans ce but émet le vœu que les organismes qui se consacreront à la détermination de la valeur industrielle et culturale des céréales, déterminent en même temps la constitution des mélanges composant les sortes commerciales ».

Sixième vœu :

« Que dans les ports importateurs les organismes de vérification et de contrôle fonctionnent d'une manière de plus en plus stricte, de façon à pouvoir tenir compte des dispositions prises par les pays importateurs pour le classement.

« Qu'une Commission soit nommée par les divers groupements qui ont pris part au Congrès des Céréales et de la Meunerie pour assurer la réalisation des vœux qui ont été émis ».

M. LE PRÉSIDENT. — Nous vous remercions, M. Bailland.

(A la secrétaire de séance) : Voulez-vous donner lecture du vœu que nous venons de rédiger :

« Le Congrès, après discussion sur la classification des blés émet
« le vœu :

« Que le classement soit établi par région de production et par nature
« et en distinguant s'il y a lieu les variétés.

« Que les blés durs soient classés suivant leur densité, mais en
« faisant entrer en ligne de compte leur nuance et en les classant en
« deux catégories :

« *a)* blés clairs ;

« *b)* blés sombres.

« Chacune de ces catégories sera divisée en sous-catégories, en tenant
« compte de la teneur de blés attendris contenus dans les grains (ou
« mitadinés).

« C'est ainsi que trois catégories pourront être instituées : l'une
« comportant des blés ne contenant que de zéro à 3 % de grains attendris
« ou mitadinés ; une deuxième, de 3 à 7 %, et une troisième dont la
« teneur dépasserait 7 %.

« Les blés mouchetés et charbonnés seront vendus tels quels et sépa-
« rément, ainsi que ceux qui contiendraient des grains de Mililot et
« fénu grec.

« L'industrie émet le vœu que la culture s'adonne de plus en plus
« à la production des blés clairs jaunes ambrés à cassure vitreuse et
« d'aspect translucide. »

M. LE PRÉSIDENT. — Que ceux qui sont d'avis de voter ce vœu veuillent
bien le manifester en levant la main. *(Adopté à l'unanimité).*

M. LE PRÉSIDENT. — Je crois que nous pourrions, à présent, procéder
à l'examen des échantillons. Pour ne pas compliquer, nous pourrions,
si vous le voulez bien, examiner une région après l'autre.

M. BAILLAUD. — M. le Président, comme nous n'aurons pas le plaisir
de vous avoir ce soir, ainsi que M. de Chomel et M. Racine, ne croyez-
vous pas qu'il conviendrait de terminer ce matin la question des ventes ?

Est-ce que cet examen des échantillons ne sera pas quelque peu long ?

M. LE PRÉSIDENT. — En effet, nous avons encore à examiner la question de vente.

M. BAILLAUD. — Cet après-midi nous avons à étudier la question
du mode de constitution des silos.

M. LE PRÉSIDENT. — Eh bien, si vous le voulez, nous allons procéder
immédiatement à l'examen des échantillons et nous terminerons notre
séance de ce matin par la question de vente.

*
* *

*(Il en est ainsi décidé. La séance est suspendue pour procéder à
l'examen des échantillons).*

*
* *

M. LE PRÉSIDENT. — Messieurs, la séance est reprise.

Par l'examen des échantillons qui viennent de vous être soumis,
nous nous rendons compte des progrès accomplis par les colons d'Alger
et de Tunis pour récolter des blés de toutes premières qualités, que ce
soit en blés tendres ou en blés durs.

Je crois être l'interprète de l'industrie marseillaise pour féliciter
toutes les initiatives et toutes les énergies que, nécessairement, les colons
ont dû déployer pour arriver à un tel résultat. *(Applaudissements).*

Un Congressiste. — Grâce aux savants qui leur ont donné leurs directives.

M. le Président. — J'ajouterai que les services agricoles ont rendu certainement de très grand services, et ils sont appelés à en rendre encore davantage.

Un Congressiste. — On pourrait peut-être rédiger un vœu.

M. Baillaud. — Ou une résolution.

M. le Président. — Dans tous les cas, il me serait agréable de voir les colonies persévérer dans cette œuvre de grande envergure qui va se compléter par une production toujours accrue, toujours sélectionnée, et aussi par des magasins qui permettront l'emmagasinage des récoltes afin de pouvoir les vendre suivant les circonstances.

Naturellement, le marché blé s'en ressentira et le commerce en supportera les heureux effets parce que je ne crois pas que dans aucun pays du monde on puisse se passer de commerce. Les rapports en seront facilités ; quand on achètera une marchandise, quand on la verra, il sera plus facile de la traiter, même pour le compte de tiers, que de la façon dont s'opèrent les transactions aujourd'hui.

Je félicite donc les colons, les organismes agricoles et je les engage a persévérer toujours pour faire mieux, pour le plus grand bien de tous et celui de notre belle France. *(Applaudissements)*.

Conditions de Vente

M. le Président. — Le programme comporte maintenant l'examen des relations des silos avec les marchés d'exportation.

M. Baillaud. — Ces Messieurs pourraient nous expliquer où ils en sont au point de vue de la propriété des blés dans leurs silos, ce qui, naturellement, conditionne les modalités de vente.

M. Furgier. — Permettez-moi de vous donner quelques explications sur cette question. Voilà où nous en sommes en ce qui concerne nos magasins à blé coopératifs de Burdeau.

Les colons apportent leur blé dans le magasin et en conservent la propriété pour en effecteur la vente à leur gré.

Chaque semaine, à un jour déterminé, le colon sait que le Directeur des Docks, en rapport avec le commerce, est en mesure de lui indiquer les cours pratiqués. Ainsi renseigné, il peut donner aux Docks une procuration pour vendre au prix indiqué. Ainsi la Société des Docks arrive à grouper 5 à 10.000 quintaux qu'elle peut exposer à la fois à la vente, ce qui lui permet d'obtenir les prix les plus avantageux.

Actuellement, le commerce achète et paie immédiatement, ou mieux, paie d'avance la marchandise contre simple bon de transfert, en sorte que le commerçant devient propriétaire de la marchandise qu'il laisse en dépôt, il paie les redevances prévues au règlement intérieur. Pour les grains dont il est ainsi devenu propriétaire, il ne lui reste plus qu'à donner ses ordres à la direction des docks qui les exécute. La marchandise est payée contre bon de transfert avant d'être expédiée, ce qui donne toute satisfaction aux colons qui peuvent ainsi rembourser les warrants qui peuvent grever la marchandise, ou disposer immédiatement de leurs fonds.

Je ne crois pas que nous puissions modifier de quelque temps encore ce système de vente ; mais pour un avenir prochain, nous pouvons rechercher et prescrire la vente collective. Nous nous y acheminons tout doucement. On nous donne à l'heure actuelle des procurations pour vingt-quatre ou quarante-huit heures ; il suffira d'obtenir la transformation de ces procurations provisoires en pouvoirs définitifs et permanents pour obtenir toute satisfaction.

Si nous arrivions à la vente collective, nous pourrions grouper facilement plusieurs docks en une même coopérative de vente qui, ainsi que nous l'exposerons plus loin, permettrait d'arriver rapidement à la vente à l'exportation, dans les conditions les plus avantageuses.

L'organisation et le fonctionnement de cette coopérative de vente, présentent certaines difficultés qu'il n'apparaît pas impossible de vaincre.

Déjà, en effet, les docks exploités procèdent au nettoyage et au classement des grains et prévoient la vente collective.

Le système de classification adopté donne toute satisfaction, tant en ce qui concerne les relations des docks avec les sociétaires qu'en ce qui concerne nos rapports actuels avec le commerce. Il n'est pas douteux toutefois que pour servir de base à un commerce régulier d'exportation, il serait nécessaire de le réviser et de le compléter en plein accord avec la minoterie en s'inspirant notamment de ce qui a été fait en Amérique.

La Coopérative achèterait les grains aux docks associés, contre paiement d'acomptes, avec règlement définitif au prix moyen par qualité, des ventes effectuées par mensualités dans l'année agricole.

Elle organiserait les transports de grains en vrac, édifierait au besoin des docks centraux, aux ports d'embarquement de préférence, afin de faciliter le chargement des bateaux.

Elle serait chargée, avec les pouvoirs publics les plus étendus, de toutes les opérations de vente et de livraison.

La Coopérative de vente délivrerait, sous sa garantie, un certificat constatant el poids et la qualité de la marchandise vendue ; ce certificat serait annexé aux autres documents, connaissements, récépissés d'expédition, assurances, etc.....

Elle ferait traite à vue sur les acheteurs, épinglerait ses factures et traite aux documents sus-indiqués, et chargerait son établissement financier d'en effectuer l'encaissement ; les documents, comme d'usage, ne seraient remis que contre paiement.

Ce système paraît, toutefois, présenter certains inconvénients ; les grains vendus, en effet, sont le plus souvent warrantés, en sorte qu'ils ne peuvent être retirés des docks avant remboursement intégral du warrant ; nous pensons que ce problème serait facilement solutionné par les établissements financiers intermédiaires, qui pourraient escompter les documents représentatifs de la marchandise.

Ainsi la vente à l'exportation serait facilitée dans la plus large mesure et nos produits, déjà appréciés par la Minoterie, acquerraient une plus value nouvelle.

Pour en arriver là, toutefois, de grosses difficultés restent à vaincre : les docks coopératifs à élévateurs, édifiés à ce jour, ne sont pas assez nombreux, ni d'une contenance suffisante pour justifier une organisation d'aussi grande envergure et l'éducation de nombreux coopérateurs, en vue de les amener à la vente collective, restent encore à faire.

L'œuvre est en marche toutefois, et tous les efforts des dirigeants des docks coopératifs à céréales, doivent tendre vers sa réalisation dans le plus bref délai. Il y va de l'intérêt du producteur de blé, du minotier, du consommateur.

Nous ne doutons pas que cet ardu problème puisse être bientôt solutionné, si, comme il est hors de doute, nos Chambres d'Agriculture, nos Unions de Syndicats agricoles et nos Caisses Régionales de Crédit Agricole Mutuel, nous apportent leur concours sans réserve.

Quant à présent, et en attendant la création du puissant organisme envisagé, les possibilités d'exportation des docks coopératifs sont extrêmement limitées ; ils doivent se borner, comme au cours de ces dernières années à vendre leurs grains au commerce ou à la minoterie, sur échantillons représentatifs des quantités entreposées, paiement à la vente contre bon de transfert.

A observer que jusqu'ici, la presque totalité des grains endockés à Burdeau, a été vendue à la minoterie algérienne dans ces conditions, à la satisfaction de tous et que, dans la fixation des prix, il a toujours été tenu compte de la valorisation des grains due au classement selon le poids spécifique.

Mais tout ceci c'est le travail de demain ; c'est sur le tapis ; quant à présent, nous en sommes encore réduits à réaliser nos ventes comme par le passé.

Aujourd'hui, nous vous soumettons des échantillons. La marchandise qu'ils représentent, déposée dans nos docks est absolument conforme ; elle est disponible par lots de 5, 10 à 25.000 quintaux. Pour en réaliser la vente il faut l'assentiment du propriétaire et prévoir le paiement avant enlèvement, ce qui constitue une difficulté pour le commerce marseillais.

Je ne crois pas devoir entrer dans d'autres détails. Je me contenterai d'exprimer le désir de voir nos docks entrer en relations beaucoup plus directes avec le commerce et la minoterie de Marseille. (*Applaudissements*).

M. SAUTEREY. — Je ferai simplement remarquer que si nous sommes obligés de vendre le blé payé d'avance c'est que les warrants doivent être remboursés avant que le grain ne sorte des docks ; il est donc impossible de vendre des grains par une autre modalité ; nous sommes liés par le warrant. Celui-ci, comme je viens de le dire, est remboursable avant que la marchandise sorte. Par conséquent, si nous n'avons pas l'argent nécessaire pour rembourser, nous ne pouvons pas sortir la marchandise.

La vente en commun est l'opération future vers laquelle nous devons tendre ; mais l'idée de mutualité n'est pas encore arrivée à ce stade qui permet aux colons de croire qu'on peut abandonner sa marchandise aux docks. C'est là une question de confiance qu'il faut implanter dans l'esprit des colons ; mais cela, encore une fois, demande du temps ; nous nous y emploierons de toutes nos forces.

Il ne fait pas de doute qu'on doive arriver à la vente en commun. C'est une obligation. Nous ne retirerons jamais l'intérêt complet que doivent nous rapporter les docks tant que nous n'aurons pas établi ce mode de vente. C'est pour demain. Laissez-nous le temps matériel de préparer les esprits et d'arriver à convaincre nos sociétaires qu'ils ont tout intérêt à vendre leur récolte en bloc.

Maintenant, il y a autre chose : la question warrants. C'est à M. Boyer-Banse que je demanderai d'étudier cette question. On pourrait envisager une mesure qui remplaçât les warrants ; par exemple, le paiement par les docks d'une partie du blé endocké. De cette façon, le dock serait maître de la marchandise et pourrait vendre directement aux minotiers de Marseille contre documents.

On pourrait, par ce moyen, passer immédiatement au colon qui apporte son grain les deux·tiers ou les trois cinquièmes de la valeur de sa marchandise ; mais à partir de cet instant, le colon n'en serait plus maître, c'est le dock qui en disposerait à sa volonté. A chaque vente, le producteur recevrait une partie du solde jusqu'à épuisement complet de la marchandise.

M. LE PRÉSIDENT. — Cela peut très bien se faire.

M. BOYER-BANSE. — Messieurs, la difficulté est d'arriver à obtenir des colons qu'ils cèdent leur marchandise aux docks.

Nous n'en sommes pas encore arrivés à ce stade, et nous ne pourrons y arriver que lorsque la confiance sera totale. Lorsque, après une série d'expériences, les colons se seront rendus compte qu'ils ont intérêt à vendre leur grain par grosses masses, ils abandonneront la vente individuelle pour la vente collective.

C'est à vous, Présidents de docks, à faire le nécessaire pour convaincre vos adhérents. Le jour où vous y serez arrivés, croyez-le bien, aucune difficulté financière n'existera car vous savez aussi bien que moi que nous disposons en Algérie, à côté des docks coopératifs, de puissants organismes financiers mutualistes. Nos caisses régionales algériennes sont arrivées à un point de développement où elles peuvent faire de très gros efforts financiers.

Au surplus, nos caisses régionales seront aidées, le cas échéant, par les Banques avec qui nous tenons à conserver une liaison étroite. Les Banques ne nous ont jamais refusé les concours dont nous avons eu besoin. Le warrantage dans les docks algériens se fait, pour une part, avec les ressources propres des caisse régionales, pour une autre part, avec celle des établissements financiers qui leur prêtent leur concours.

Par conséquent, de difficultés financières, je n'en vois pas. La seule difficulté véritable est d'ordre psychologique : c'est celle déjà signalée hier et que M. Sauterey a de nouveau rappelée aujourd'hui en vous disant que les esprits ne sont pas encore suffisamment préparés à la vente collective. On peut venir à bout de cette difficulté, mais il faudra un certain temps ; il ne faut pas vouloir aller trop vite. La chose se fait peu à peu. Nous avons déjà franchi un très grand pas : en réalisant le mélange et le classement dans les docks. Voilà le grand progrès réalisé à ce jour ; il est d'importance ; on s'en rendra compte de plus en plus à mesure que les docks se développeront.

Dans un avenir très proche nos docks emmagasineront chaque année plus d'un million de quintaux.

Ce ne sera pas un mince travail ni un mince résultat, croyez-le, que de classer un million de quintaux de grains par qualités et catégories, en tenant compte du poids spécifique, de la couleur et de toutes les suggestions que MM. les Minotiers de Marseille ont bien voulu formuler ici. Quand tout cela sera réalisé, nous aurons vraiment franchi une première étape.

La deuxième étape ce sera l'organisation de la vente collective. Dans cette voie, MM. les Présidents des Docks Coopératifs, vous trouverez toujours l'appui des caisses régionales et celui de l'Administration qui ne nous à jamais été marchandé. *(Applaudissements)*.

M. SAUTEREY. — Le colon est mal préparé pour la vente en commun ; pour l'y amener il faudrait supprimer le warrantage et lui payer dès le premier jour la plus grosse partie de la valeur du grain qu'il aura confié au dock.

M. BOYER-BANSE. — S'il veut le faire, rien de plus facile.

UN CONGRESSISTE. — La difficulté c'est de faire dire oui au colon. Quand il l'aura dit, nous trouverons toujours l'argent.

M. GENDRE. — Messieurs, permettez-moi, en tant que représentant du Crédit Foncier d'Algérie et de Tunisie, de vous faire une petite remarque.

A mon sens, il n'y a pas de difficultés financières particulières résultant de ce que les paiements à faire aux docks ne pouvaient être effectués qu'au moment de l'enlèvement de la marchandise, car il est toujours possible aux clients des docks de présenter à l'escompte auprès du Crédit Foncier d'Algérie et de Tunisie, notamment, des traites acceptées par ces acheteurs, escompte dont le produit servirait à dégager les warrants établis sur la marchandise.

Le Crédit Foncier d'Algérie et de Tunisie a déjà effectué ces opérations et est toujours à la disposition des colons pour les renouveler.

M. FURGIER. — Il n'est pas douteux que les établissements financiers d'Algérie nous ont toujours donné leur appui le plus complet.

Ce n'est, comme je l'ai indiqué tout à l'heure, qu'en multipliant les docks coopératifs dans toutes les régions céréalifères de la Colonie, en les groupant dans une puissante coopérative de vente collective, qui coordonnerait leurs efforts, assurerait une classification méthodique et uniforme des grains, par région, et en effectuerait la vente qu'on parviendra à solutionner définitivement la question, au mieux des intérêts de chacun.

M. BAILLAUD. — Nous continuerons ce soir par les questions portées à l'ordre du jour : mode de création des docks et silos, construction et outillage des silos ; ce sont là des questions techniques qui ne manqueront certainement pas d'intérêt.

Ces Messieurs avaient envisagé d'émettre un vœu en faveur du développement des silos au point de vue coopératif ; on pourrait peut-être...

M. BOYER-BANSE. — Je ne demande pour ma part rien de plus que les vœux qui ont été adoptés. Il me semblait utile de faire souligner par le Congrès l'intérêt que présente le classement des grains. Les vœux émis tendent à cela. Ils nous seront très utiles pour le traitement rationnel des docks coopératifs.

Il se commet en Algérie, à l'heure actuelle, quelques erreurs locales dans la construction de certains silos. On a parfois tendance à construire des docks trop petits parce qu'ils sont appelés à desservir des région trop restreintes. Le Gouvernement Général n'agit qu'autant qu'il le peut contre cette tendance en poussant à la construction de docks importants placés au centre de régions étendues. Il faut des organismes puissants pour que le classements des grains puisse se faire méthodiquement. Ce principe étant admis, il faut d'ailleur tenir compte des circonstances locales lorsqu'on se trouve par exemple en présence de petites régions isolées constituant une unité géographique.

Les vœux qui ont été votés répondent parfaitement à ce que je désirais obtenir du Congrès.

M. BAILLAUD. — Je crois qu'il y aurait un très grand intérêt à renouveler des manifestations du genre de celle-ci dans lesquelles vous apporteriez les résultats obtenus pratiquement dans le courant de l'année écoulée. Cela ne manquerait pas d'avoir une grande importance pour le port de Marseille en particulier.

UN CONGRESSISTE. — Envisager que les Algériens puissent prendre contact avec vous tous les ans n'est guère possible. Qu'on le fasse tous les trois ou quatre ans peut-être y parviendrons-nous, mais nous ne pouvons pas envisager la chose annuellement.

M. BAILLAUD. — A défaut pour vous de pouvoir vous déplacer, envoyez-nous cependant vos blés.

UN CONGRESSISTE. — A défaut de notre présence, nous vous demanderons de vouloir bien accepter un envoi que nous ferions de différentes régions, soit du Maroc, soit de la Tunisie, soit de l'Algérie. Tous les ans, au début de la récolte, nous ferions un ensemble d'échantillons de diverses régions qui vous permettrait d'avoir ainsi une petite bibliothèque à montrer que le commerce marseillais pourrait consulter chez vous.

M. BAILLAUD. — M. le Président, je voudrais ajouter deux mots. Nous avions l'espoir d'avoir auprès de nous M. le conseiller d'Etat, Tardy, Directeur-Général de la Caisse Nationale de Crédit Agricole.

M. Tardy, qui nous a manifesté à différentes reprises tout l'intérêt qu'il porte à nos travaux, s'excuse de n'avoir pu venir. Il nous a délégué un de ses collaborateurs.

Nous avions convoqué également la Confédération Nationale, Association Agricole et Association des Producteurs de Blé qui n'a pu nous envoyer un délégué et s'excuse.

M. LE PRÉSIDENT. — Nous ne saurions trop nous féliciter, Messieurs, des résultats auxquels nous sommes parvenus au cours des échanges de vues auxquels nous venons de procéder et trop remercier les distingués congressistes qui ont bien voulu nous apporter le fruit de leur profonde expérience.

Le Congrès marque une date importante dans l'organisation de l'exportation des céréales de l'Afrique du Nord.

Cette après-midi seront examinées les questions relatives à la construction des silos et des mesures prises pour la vente des céréales qu'ils contiennent. *(Applaudissements)*.

La séance est levée à midi.

A l'issue de la séance les délégués des Gouvernements et des Associations de l'Afrique du Nord sont retenus à déjeuner par l'Institut Colonial.

QUATRIÈME SÉANCE

28 Septembre 1928 (trois heures de l'après-midi)

Président : M. VAGNON

Président de la Chambre d'Agriculture d'Alger et de la Délégation des Colons
aux Délégations Financières de l'Algérie

Silos des Banques

M. LE PRÉSIDENT. — Si vous le voulez bien nous allons poursuivre l'ordre du jour préparé par l'Institut Colonial et qui appelle à présent la discussion sur le mode de création des docks et des silos.

A cet égard, je crois qu'il serait bon, au préalable, d'entendre l'opinion des représentants des banques et des magasins qui sont intéressés au premier chef à l'établissement de ces silos.

Un des représentants du Crédit Foncier d'Algérie et Tunisie voudrait-il nous indiquer ce qui a été réalisé par cet important établissement ?

M. GENDRE. — Messieurs, je dois, d'abord, remercier M. Boyer-Banse d'avoir bien voulu, dans le remarquable exposé qu'il a fait hier, rendre justice aux Banques et notamment au Crédit Foncier d'Algérie et de Tunisie qui ont, les premières, apporté à l'agriculture algérienne les ressources d'un magasinage approprié des récoltes comme aussi des facilités nécessaires pour les financer avant leur réalisation définitive.

Le concours que le Crédit Foncier d'Algérie et de Tunisie a été amené à donner à toute l'agriculture nord-africaine s'est manifesté dans ce domaine comme dans beaucoup d'autres, et plus spécialement en faveur des organisations mutualistes des colons et je suis sûr, que sur ce point, ni M. Boyer-Banse ni M. Gounot ne me contrediront.

Je tiens à vous confirmer, qu'il n'est pas dans nos intentions de restreindre l'aide financière que nous avons déjà apporté à la colonisation, mais au contraire, de la développer et de l'intensifier, en plein accord avec vos organisations coopératives ou mutualistes.

Pour en revenir plus particulièrement aux questions de magasinage de céréales, il convient de préciser que le Crédit Foncier d'Algérie et de Tunisie et ses filiales représentent pour l'Afrique du Nord, par les docks qui ont été édifiés sur toute l'étendue du pays, une faculté de magasinage d'environ 800.000 quintaux.

En Algérie même, le Crédit Foncier d'Algérie et de Tunisie a opéré sous son nom propre. En Tunisie et au Maroc, il l'a fait principalement par l'intermédiaire de ses Sociétés de Magasins Généraux qui sont, pour la Tunisie, la Société des Magasins Généraux et Entrepôt réel de Tunis et la Société Tunisienne de Magasins Généraux et Entrepôts et, pour le Maroc, la Compagnie Chérifienne de Magasins Généraux.

Je n'entrerai pas dans le détail des installations ainsi créées.

Je remets, d'ailleurs, à notre excellent secrétaire général, M. Baillaud, des notes qui précisent l'effort fait par chacune des sociétés dans le domaine dont il s'agit (1).

Jusqu'à présent, le point de vue qui vous a été exposé en matière de docks à céréales, a été surtout celui des colons groupés en coopératives.

On m'a demandé d'exposer plus spécialement quel était, en cette matière, le point de vue des Banques.

Je ne me crois pas autorisé à pouvoir vous donner un point de vue aussi général, mais tout au moins, je peux vous apporter quelques opinions personnelles basées d'ailleurs sur l'expérience que le Crédit Foncier d'Algérie et de Tunisie a pu acquérir dans les affaires de magasinage de céréales depuis bientôt vingt ans, puisque c'est vers 1910 qu'il a créé ses premiers silos à céréales.

Tout d'abord, certaines observations qui m'ont été faites, me laissent penser qu'il est utile de bien s'entendre sur les définitions.

J'appellerai donc docks-silos, ou silos tout court les constructions qui permettent de conserver les céréales en vrac dans des alvéoles plus ou moins vastes dont la forme générale rappelle, comme le disait hier M. Boyer-Banse, celle d'une bouteille renversée, installations comportant d'ordinaire des appareils mécaniques permettant le transport et la manutention rapide et facile des céréales en vrac.

On peut appeler, au contraire, docks-magasins ou magasins tout court, les installations pour la conservation des céréales ne comportant pas ces sortes de bouteilles renversées dont je viens de parler, les grain reposant directement soit en sacs, soit en vrac, sur des planchers plus ou moins appropriés. Ces magasins sont, eux aussi, susceptibles de certains perfectionnements que je vous signalerai tout à l'heure.

D'ailleurs, la distinction en silos ou en magasins, est indépendante du fait que les docks permettent, ou non, le mélange et le classement des céréales.

Bien que ces mélanges et classement soient plus facilement effectués dans les silos, il existe des silos où ils ne sont pas pratiqués.

Si l'on envisage l'ensemble des opérations qui peuvent être effectuées dans les docks à céréales, on voit qu'elles se ramènent à trois groupes :

1° Magasinage et manutention des céréales ;

2° Nettoyage, classement et mélange des céréales ;

3° Warrantage des céréales.

Je vous demande la permission de commencer par le deuxième point, car les solutions qui y sont apportées ont des répercussions importantes sur les deux autres points.

Je peux dire que le principal objet des discussions de ce Congrès a été relatif, jusqu'à présent, au classement des céréales et à leur mélange.

J'entends par mélange, la mise en commun d'une façon indistincte des céréales provenant de propriétaires différents en sorte que les droits de ces propriétaires, au lieu de porter sur les grains mêmes qu'ils avaient

---

(1) Voir ci-après page 137.

amenés aux docks, portent désormais sur une quantité déterminée d'un grain quelconque standardisé dont la qualité et la classe sont fixés par le propriétaire du dock (Sociétés privées ou Coopératives) et pour des poids correspondant à celui des céréales apportées, après nettoyage.

Or, je dois le dire, la pratique nous a révélé de la façon la plus nette, que la clientèle et notamment la clientèle des colons, était absolument opposée au mélange, chaque client tenant essentiellement à rester propriétaire de ses marchandises parfaitement identifiées.

Le Crédit Foncier d'Algérie et de Tunisie a tenté, à un moment donné, et notamment à Sétif, d'obtenir de sa clientèle qu'elle consente au mélange des grains de qualité uniforme : ses efforts en ce sens n'ont pas donné de résultat.

Or, comme les Banques, doivent, comme tous les commerçants, s'efforcer de donner satisfaction à leur clientèle qui, sans cela, s'éloignerait de leurs guichets, elles ont donc dû renoncer à une mesure qui pourtant, dans notre esprit, correspond à un progrès certain.

Ce qui ne peut être imposé par les banquiers peut être amené peu à peu par l'éducation plus complète du colon mieux instruit de ses véritables intérêts.

Cette éducation, c'est à vous, Messieurs les colons, membres de Coopératives, de la développer petit à petit chez l'ensemble des agriculteurs algériens.

Je puis vous donner l'assurance que nous suivrons vos efforts en ce sens avec une vive attention et un grand désir de les voir aboutir, convaincus que nous sommes, que le classement et le mélange des céréales correspondent à un progrès certain et aux intérêts véritables des colons.

Vous pouvez être assurés qu'aussitôt que les colons auront acquis cette mentalité nouvelle, nous répondrons nous-mêmes, dans nos propres docks, le classement des céréales. C'est vous dire l'intérêt qu'a présenté pour nous votre prise de contact avec la Minoterie marseillaise de laquelle doit résulter une standardisation acceptée par tous.

L'attente de ces temps nouveaux ne devait pas, néanmoins, nous faire retarder le concours que nous avions décidé d'apporter à l'agriculture et aussi au commerce des céréales.

Je dois, incidemment, vous donner à ce sujet quelques précisions d'ordre statistique sur un point soulevé hier par M. Boyer-Banse.

Les céréales déposées dans nos magasins le sont à peu près pour moitié par des colons et pour moitié par des commerçants.

Le problème de la conservation des céréales ayant été, dans le passé tout au moins, dégagé de celui relatif à leur classification et à leur triage, il en est résulté que la construction et l'aménagement des docks ont été conditionnés par d'autres raisons que le classement des grains.

Le mode le plus perfectionné de magasinage est incontestablement le silo mais il a un défaut : il coûte cher et lorsqu'il est établi par des sociétés privées, comptables à l'égard de leurs actionnaires des capitaux mis à leur disposition, il en résulte qu'il ne peut être construit que dans les régions où il a des chances d'être utilisé d'une façon payante pour les capitaux engagés. C'est dire que ces docks sont principalement édifiés dans les régions de grosse production ou de gros commerce de céréales où l'importance de la matière traité d'une part, et la durée du magasinage.

d'autre part, sont telles que la rémunération des importants capitaux engagés puisse être envisagée.

Si l'on considère que les silos coûtent par quintal logé, environ 30 francs, et si l'on voit bien, en outre que les tarifs de magasinage ne peuvent être indéfiniment relevés, on s'aperçoit que c'est seulement dans les conditions que je viens d'énoncer que la construction de ces docks est possible.

Les régions dans lesquelles le Crédit Foncier d'Algérie et de Tunisie a édifié des silos répondent à ces conditions de même que celle d'Ain-Tassera, dans laquelle le Crédit Foncier d'Algérie et de Tunisie a actuellement encore, un nouveau dock-silo en construction.

Pour les autres régions, il est nécessaire d'envisager des constructions moins coûteuses, susceptible néanmoins, de donner satisfaction à la clientèle.

Ces constructions sont de simples magasins qui, s'ils présentent de moins grandes facilités en ce qui concerne la manutention des céréales, donnent néanmoins une sécurité absolue pour la conservation de celles-ci.

En effet, ces magasins sont installés sur un sol dallé ou cimenté parfaitement sec. Les marchandises y sont conservées soit en sacs, soit en vrac avec des barrières de sacs, soit encore en vrac également avec des barrières constituées tantôt par des murs de ciment, tantôt par des madriers que l'on place dans des glissières.

Ces magasins, je le répète, correspondent entièrement au désir des colons ou commerçants de conserver, bien spécialisée, la propriété de leurs marchandises et ont l'avantage d'être sensiblement moins coûteux que des silos.

Dans ces magasins, comme dans les silos, il serait possible d'envisager un classement par qualités standards quoique je reconnaisse, qu'à ce point de vue, ils soient moins bien outillés que les docks silos. Par contre, ils se prêtent beaucoup mieux, surtout dans les pays de petite production, à la conservation par lots des marchandises déposées.

Je le répète, le choix entre l'un ou l'autre des modes de magasinage est fonction de toute une série d'éléments : la psychologie du colon qui accepte, ou non, la classification et le mélange des grains ; l'importance des marchandises qui doivent séjourner en magasins, importance qui varie suivant qu'il s'agit de travailler dans des régions de grosse ou de petite production ; le fait qu'il s'agit de docks-colons, de docks-commerçants ou de docks de transit, distinction qui présente une grande importance au point de vue de la pleine utilisation des docks ; le fait qu'il s'agit, enfin, de docks construits à l'aide de capitaux privés ou avec de l'argent d'Etat.

Pour en terminer avec la question de magasinage il est intéressant de rechercher la meilleure formule en ce qui concerne la capacité de chaque cellule, qu'il s'agisse d'un silo ou de séparations dans un magasin.

L'expérience nous a montré que la meilleure utilisation pour la conservation de lots individuels correspond à une capacité de 500 quintaux pour les docks-colons et à 1.000 quintaux pour les docks-commerçants.

J'en arrive au dernier service rendu par les docks à céréales, service non des moindres, puisqu'il s'agit du financement des récoltes à savoir le warrantage des grains déposés.

Sur ce point, je ne crains pas de le dire, les Banques, et notamment le Crédit Foncier d'Algérie et de Tunisie, ont rendu les plus larges services à l'agriculture, qu'il s'agisse de grains déposés dans leurs propres docks, ou qu'il s'agisse de grains déposés dans les docks coopératifs.

Les Banques ont consenti et consentent des avances importantes permettant aux colons de récupérer aussitôt après la récolte, le montant des frais de cette récolte ce qui leur permet de commencer immédiatement la préparation de la nouvelle. Les colons y trouvent, en outre, l'avantage de pouvoir attendre les cours qui leur conviendront pour la réalisation de leurs produits.

Je n'insiste pas davantage, car les conversations que j'ai eu le plaisir d'avoir avec vous, Messieurs les Colons, pendant ce Congrès, m'ont montré que vous savez apprécier et utiliser tant par vous-mêmes que par vos Caisses de Crédit Agricole Mutuel, les services que nous sommes toujours disposés à vous rendre dans ce sens.

En dehors de ces avances proprement dites, vous savez également que vous trouverez auprès de nous le meilleur accueil lorsqu'il s'agira, soit de les continuer au profit des commerçants qui vous auront acheté vos grains, soit de les transformer sous la forme de l'escompte des traites que vous tirerez sur vos acheteurs en représentation du montant de vos ventes.

Toute cette partie financière de vos opérations et vos rapports avec vos banquiers peut être grandement facilitée par les conculsions du présent Congrès qui comportent une entente entre la colonisation nord-africaine et la minoterie marseillaise sur la classification des blés durs et des blés tendres et sur l'établissement de qualités standards.

Nous autres, banquiers, portons à l'établissement de ce standards, qui détermineront la fixation plus précise du cours des céréales, le même intérêt qu'à l'établissement des cours de Bourse régulièrement constatés pour les titres sur lesquels nous pouvons faire des avances.

C'est ce qui explique tout l'intérêt et toute la sympathie avec lesquels nous avons suivi vos travaux, dans l'espoir qu'ils arriveront à développer encore, au plus grand profit de chacun, nos rapports excellents avec l'agriculture nord-africaine.

Je vous remercie, Messieurs, de votre attention et ne voulant pas allonger cette communication, je dépose sur le bureau du Congrès quatre notes sur les docks et magasins du Crédit Foncier d'Algérie et de Tunisie et de ses filiales tunisiennes et marocaines. (*Applaudissements*).

M. Vagnon. — Je vous demanderai quelques précisions sur la formule que vous paraissez employer pour la création des docks ; quel est le régime que vous adoptez dans votre construction ?

M. Gendre. — D'une façon générale nous cherchons à donner satisfaction à la fois aux colons et aux commerçants. C'est pourquoi nous sommes amenés, le plus souvent, à créer deux sortes de cellules ; que ces cellules soient des cellules silos ou de murettes en ciment, nous avons constaté que l'ordre de grandeur pour les lots colons était de 500 quintaux et, pour les lots industriels, d'environ 1.000 quintaux.

Je tiens toutefois à vous préciser que ces capacités, à mon sens, ne sont pas des capacités suffisantes et qu'il serait préférable de faire deux ou trois mille quintaux. Mais cela ne peut pas être envisagé ni dans le dock colon, ni dans le dock commercial ; mais en revanche, ce serait tout indiqué dans le dock du genre de ceux que nous avons vus à Marseille qui sont de la troisième catégorie, c'est-à-dire, docks de transit.

En cette matière, il y a un point qui domine la question, c'est le prix de revient.

Actuellement, le prix de revient pour des silos est de 25 à 30 francs par quintal. Si vous calculez ce que représente l'amortissement de cette somme, afin de s'en tenir à un prix de magasinage raisonnable, il faut que le dock soit plein toute l'année. Or, le défaut financier des docks colons c'est qu'ils s'emplissent au moment de la récolte et se vident une fois la vente effectuée.

Les docks commerçants sont déjà plus avantageux à ce point de vue parce qu'ils peuvent être pleins pendant toute l'année, les mouvements plus nombreux et la rémunération du capital mieux assurée.

Il en est de même dans les docks de transit où le mouvement est rapide, fréquent et accéléré par les tarifs eux-mêmes. Les tarifs des docks de Marseille sont progressifs pour la durée de temps pendant laquelle le grain séjourne. Ou le grain séjourne peu de temps et tout est bénéfice, ou il reste plus longtemps, mais alors le tarif progressif joue et la rémunération est assurée.

C'est vous indiquer tout de même qu'autant les docks coopératifs, qui bénéficient d'appuis financiers de la part du Gouvernement, me paraissent faciles à établir pour constituer des docks colons, autant il est difficile pour les banquiers ou, d'une façon générale pour les capitalistes, qui n'ont pas d'aide de la part du Gouvernement, de constituer ces docks colons qui paient difficilement au point de vue magasinage.

M. LE PRÉSIDENT. — Je suis certain d'être l'interprète de tous les congressistes pour remercier tout particulièrement M. le Directeur du Crédit Foncier de son remarquable exposé. Il a mis en lumière l'effort que peut apporter la banque dans la recherche de la conservation des grains.

Quelqu'un demande-t-il la parole à ce sujet ?

M. GOUNOT. — J'aurai une question à poser à M. Gendre au sujet du prix de revient des silos.

M. Gendre a parlé de petites cellules de 500 à 1.000 hectolitres ; avec des silos plus grands, il dit avoir des prix de revient inférieurs. Vous croyez que votre clientèle veut des petites cellules. Il faudrait donc préciser que pour des cellules de plusieurs milliers d'hectolitres on pourrait avoir des prix meilleurs.

M. GENDRE. — Cette question dépasse ma compétence.

M. SAUTEREY. — A Relizane, le quintal nous revient à environ 34 fr.

M. GOUNOT. — Pour quelle capacité ?

M. SAUTEREY. — Pour 200.000 quintaux et pour des cellules de 2.500 quintaux.

M. FURCIER. — Je voulais simplement appuyer la théorie de M. le Président et faire ressortir qu'à l'heure actuelle la tendance du milieu dans lequel nous nous trouvons est d'arriver le plus rapidement possible à la standardisation.

Or, il n'y a pas de raison pour que nous seuls, les coopérateurs, nous procédions à cette standardisation. Les établissements financiers doivent pour l'avenir envisager la question sous le même jour que nous car la standardisation ne sera parfaite que quand elle pourra s'appliquer à toutes les céréales africaines. A l'heure actuelle, lorsque la marchandise est livrée à un établissement financier dans ses magasins en sacs, elle n'est pas nettoyée ni classée par poids spécifique. Les efforts de chacun doivent tendre à l'unification de la représentation de la marchandise nord-africaine.

M. GENDRE. — Nous sommes d'accord ; mais, comme je vous l'ai déjà indiqué, la voie doit nous être indiquée par les coopérateurs ; nous, nous ne sommes que des commerçants et nous ne pouvons que nous soumettre aux désirs de la clientèle.

M. FURGIER. — Nous marchons à grands pas et espérons vous entraîner avec nous.

UN CONGRESSISTE. - Je voudrais demander quelques explications sur la nature du sol de vos silos.

Construction des Silos

M. GENDRE. — Ce sont des silos dont les « mamelles » sont au niveau du rez-de-chaussée.

M. LE PRÉSIDENT. — Nous avons la bonne fortune d'avoir ici quelques architectes et constructeurs-mécaniciens qui ont prêté leur concours à l'édification des silos en Afrique du Nord. Voulez-vous me permettre de les mettre à contribution pour nous apporter quelques renseignements et nous donner leur opinion quant à la construction de docks et au prix de revient ?

M. Reymond, nous serions heureux d'avoir quelques explications de vous sur les sujets qui nous intéressent et qui viennent d'être exposés.

M. REYMOND. — Je ne pourrai vous mettre au courant de ce que vous désireriez savoir que d'une manière imprécise, car depuis la guerre je n'ait fait construire que de petits silos pour des colons et un grand pour la Banque de Tunisie à Bizerte.

Tous ces silos n'ont pas de mamelles et le grain repose sur le sol.

Ils possèdent une installation mécanique très complète : élévateurs, transporteurs horizontaux, bascules automatiques, peseurs-ensacheurs, tarares, permettant de faire toutes les manutentions nécessaires.

Mais avant la guerre le Crédit Foncier d'Algérie et de Tunisie a fait construire sur mes plans de grands silos à Sétif, Saint-Arnaud et Bel-Abbès, avec mamelles, dont le prix de revient au quintal ne dépasse pas 3 francs.

Actuellement, dans des conditions moyennes, il faut compter sur une dépense de 25 francs par quintal pour du blé pesant 80 kilos à l'hectolitre, avec une machinerie très complète.

M. SAUTEREY. — A Relizane, par exemple, nous avons une machinerie très importante.

M. REYMOND. — Je ne pense pas qu'il soit nécessaire en Tunisie de construire des silos de plus de 100.000 quintaux. Je fais construire actuellement à Bizerte, pour la Banque de Tunisie, un silo de 48.000 quintaux et je crois qu'il sera bien suffisant pour ce port.

Plus un silo est important, plus le prix de revient de la machinerie ramené au quintal est réduit, car les élévateurs sont les mêmes ; pour les autres organes la dépense n'est pas absolument proportionnelle.

Un Congressiste. — Il y a dans la salle un représentant de la maison qui fait cette machinerie, ne pourrait-on pas lui demander quelques renseignements ?

M. Reymond. — A Tunis, on peut très bien faire des silos avec mamelles, avec machinerie et tout le perfectionnement voulu au prix de 25 francs le quintal.

Un Congressiste. — Pour un silo de quelle capacité ?

M. Reymond. — De soixante à soixante-quinze mille quintaux.

Un Congressiste. — Machinerie comprise ?...

M. Reymond. — Il faut compter sur un prix de revient de 25 francs le quintal, ce qui met l'hectolitre pour du blé pesant 80 kilos à 20 francs, outillage compris.

M. Boyer-Banse. — Par quintal, vous entendez 125 litres ?

M. Reymond. — Je parle du quintal de blé à 25 francs. On peut cependant construire des silos plus économiques et ne pas dépasser 16 à 17 francs le quintal ; ce sont ceux dont j'ai parlé en commençant et qui conviennent surtout lorsque la quantité de céréales à emmagasiner ne dépasse pas 10.000 quintaux environ, car on peut alors employer pour les transports horizontaux de simples vis bien moins coûteuses que les transporteurs à courroies et supprimer les mamelles.

M. Sauterey. — Excusez-moi de ne pas être de votre avis sur ce point, mais j'estime que les vis sont à déconseiller ; vous avez beau faire tourner la vis, il y a toujours un reliquat de marchandise dans le fond du caisson et s'il vous arrive de travailler du blé après avoir travaillé l'orge, par exemple, votre blé est orgé. Loin d'être conseillée, la vis d'Archimède est une chose qu'il faut reléguer.

M. Boyer-Banse. — A moins d'avoir une seule variété de grains.

M. Reymond. — Seulement vous reconnaîtrez avec moi que pour les petits silos de sept à huit mille quintaux, il est difficile d'employer les courroies.

M. Sauterey. — Employez, si vous le voulez, un transporteur ordinaire, mais, je le répète, la vis d'Archimède est à déconseiller complètement.

Il y a à présent, Messieurs, un point sur lequel je tiens à attirer tout particulièrement votre attention. Dans les docks, on a une tendance à l'heure actuelle à décomposer la machinerie et l'on arrive à faire marcher les élévateurs ou les aspirateurs séparément ; chez nous, la chose est impossible ; nous mettons les quatre aspirateurs en marche à la fois : il y en a qui marchent à vide et les autres à plein mais aucun reste inactif. C'est une perte de force inutile et une cause d'usure que rien ne motive.

M. Reymond. — Mais c'est la solution que j'ai presque toujours employée.

M. Sauterey. — Voulez-vous me permettre d'ajouter encore un mot : la fourniture à forfait de la machinerie pour des docks ou silos doit être complètement laissée de côté, car c'est la porte ouverte à tous les abus pour l'industriel qui vous la fournira. En effet, s'il lui arrive d'avoir de la machinerie « rococo », il ne manquera pas de profiter de l'occasion pour vous la « refiler », ce qui est toujours très intéressant pour lui, mais désastreux pour le dock.

M. REYMOND. - Mais si vous avez un contrôle sérieux et compétent, il vous est facile de vous rendre compte de l'état et de la valeur de la machinerie qui vous est livrée.

M. LE PRÉSIDENT. — Quelqu'un d'entre vous désire-t-il poser d'autres questions à M. Reymond ?

Si personne ne demande la parole je vais prier le représentant de la Maison Schneider, Jacquet et Cie de nous fournir quelques explications sur la machinerie des docks et silos, d'après ce que cette maison a déjà effectué en Algérie.

M. BAZIN. — Messieurs, je n'aurai peut-être pas tous les éléments voulus pour vous fournir les renseignements que vous pouvez attendre de moi. Toutefois, permettez-moi de vous indiquer au début de ces courtes explications que d'après les calculs auxquels nous nous sommes livrés, il nous paraît possible d'obtenir à l'heure présente des constructions de l'ordre de 25 à 30 francs le quintal. Dans cette somme, nous avons estimé que la partie machinerie entrait pour environ 5 francs, contre 20 à 25 pour la partie entreprise ; le pourcentage peut vous paraître à première vue quelque peu élevé, mais le matériel de la Société Anonyme Schneider, Jacquet est de toute première qualité et étudié spécialement pour chaque installation. Les silos qui possèdent ce matériel nous font d'ailleurs la meilleure réclame. De plus, le taux de cinq francs comprend également le prix de la force motrice quand il s'agit de moteurs électriques. A l'heure actuelle, dans des silos la force électrique est la plus économique, car les groupements ne paient que la consommation exacte et n'ont pas besoin de personnel supplémentaire pour la conduite des moteurs. Je conseillerai toujours, chaque fois qu'il est possible l'installation de moteurs multiples de façon à n'utiliser que la force nécessaire pour le matériel mis en mouvement.

En ce qui concerne la réalisation de silos à prix réduits, je dois vous indiquer que dans les entrepôts du Rhin, ces entrepôts sont formés de planchers reliés les uns aux autres par des tubes placés de 5 m. en 5 m. de façon à pouvoir facilement alimenter ces planchers par le haut et descendre sur un plancher quelconque parce que vous avez des appareils qui permettent d'isoler chaque plancher sans mélanger les céréales. Vous pouvez très bien de cette façon emmagasiner du blé, de l'orge puis de l'avoine sur trois planchers différents par exemple et reprendre ensuite votre blé au quatrième plancher sans avoir à manutentionner ni l'orge, ni l'avoine des deuxième et troisième planchers.

De cette façon, l'on peut emmagasiner de très petites quantités de céréales sur chaque plancher. Je ne sais pas si le prix de revient de cette installation serait beaucoup plus intéressant.

M. MARTIN. — J'ai étudié cette question de séparation par cellules à Tunis et, pour loger 25 à 30.000 quintaux, je suis arrivé — pour des cellules de 800 hectolitres — au prix de 8 francs l'hectolitre.

En la circonstance, j'ai cherché essentiellement la question économique, puisque nous travaillons avec nos propres capitaux ; bien entendu,

je n'ai pas les planchers superposés par ce que le terrain ne nous convient pas. Le prix de 8 francs par hectolitre s'entend pour la construction de silos d'un étage avec des poteaux, des fers à T ou à U et des madriers.

M. GOUNOT. — Ces calculs datent de cinq ans ?...

M. MARTIN. — Non, ils sont établis pour des constructions récentes, mais sans machinerie et sans terrain.

M. BAZIN. — La question des planchers a un avantage indiscutable du fait qu'ils vous permettent d'ensacher au rez-de-chaussée les grains du premier, deuxième et troisième étage ; remarquez que les cellules peuvent très bien être desservies par un monte sac.

M. FURGIER. — Il n'est pas douteux que dans l'Est de la France on construit beaucoup à l'heure actuelle des silos à cases superposées ce qui permet d'y loger des blés d'un degré de siccité différente où ils peuvent y sécher facilement et être ensuite classés. Ces silos permettent de loger séparément les grains de chaque propriétaire. Ils auront moins d'utilité du jour où nous serons parvenus à la classification collective d'une façon générale.

M. GENDRE. — Je peux également signaler au Congrès que même des magasins outillés d'une façon très moderne sont conçus sous la forme qui vient d'être indiquée par le représentant de la Maison Schneider-Jacquet. Les docks de Glasgow, par exemple, sont formés de douze étages de plancher qui communiquent entre eux et qui permettent de mettre silo des grains à mélanger, c'est-à-dire des grains que l'on conserve en vrac. Mais ceci n'empêche pas que les lots de tous les déposants sont nettement déterminés.

M. CAILLOUX. — Est-ce qu'on ne recherche pas dans ces magasins à ne pas conserver le blé sous une épaisseur trop grande ? Est-ce que ce n'est pas une des raisons pour lesquelles on fractionne le magasin ?

M. GENDRE. — Les douze étages correspondent à peu près à 40 mètres de hauteur.

M. BAZIN. — C'est différent en grandeur de ce que nous faisons dans l'Est, où il ne s'agit que des bâtiments ayant seulement cinq, six ou sept étages, mais le principe est le même.

Ces docks peuvent emmagasiner des céréales en sacs et même également des caisses, balles, etc., ce qui, dans le cas de docks généraux, présentent l'avantage de ne jamais laisser les planchers inutilisés.

Dans ces installations on envisage généralement 1 3 de la capacité construction en cellules de 2/3 en planchers.

La partie mécanique est aussi un peu plus coûteuse, mais les services rendus par des docks semblables, sont beaucoup plus étendus.

De toute façon, il ne faut pas s'illusionner sur le prix de revient d'installation semblable et il est de mon devoir de vous mettre en garde contre les prix réduits, au quintal, dont on a parlé, il y a un instant.

Je demanderai également avant d'envisager la construction des docks, de toujours faire appel à un constructeur pour établir un projet complet qui servirait de base pour l'étude du cahier des charges.

Tous les ingénieurs experts seront de mon avis. Le temps passé à l'étude de ce projet, sera rapidement retrouvé pendant la construction, où entrepreneurs et constructeurs sont souvent en butte à des à coups pour des questions de détails qui retardent, soit la construction des bâtiments, soit la mise en fabrication du matériel et qui n'ont pas été prévus à l'adjudication.

M. LE PRÉSIDENT. — M. Cailloux, vous êtes vous-mêmes, je crois, en train de construire un silo pour votre domaine ?

M. CAILLOUX. — Si cela vous intéresse, je puis vous donner quelques indications.

Les silos que je construis actuellement répondent à un but spécial : ils sont destinés non seulement à la conservation mais aussi à la manipulation rapide des trains. Ils sont formés de six cases de 2.000 quintaux chacune, soit un total de 12.000 quintaux. Ces cases ont quatorze mètres de hauteur avec mamelles, possibilités d'ensacher, de vider, de manipuler, sans avoir recours à la main-d'œuvre. Néanmoins, il y a des vis sans fin. Entre deux passages de grains différents, on procède au nettoyage de ces vis ; on laisse les deux ou trois premiers sacs qui passent sans les mélanger et finalement on arrive à avoir peu de mélange entre le différentes variétés.

Ce n'est certainement pas là un moyen perfectionné mais c'est suffisant pour nos petites installations. La machinerie, pour un silo de 12.000 quintaux, revient à environ 60.000 francs.

Avec cela on a bascule ensacheuse, tarare de nettoyage, bascule de de réglage permettant de mettre en sacs à un poids déterminé ; en un mot, il y a le matériel complet.

Cependant, je dois encore indiquer que ces silos sont construits sur un terrain assez difficile, pour ainsi dire dans l'eau, ce qui a nécessité quelques dépenses supplémentaires.

En tout, ils sont revenus à 340.000 francs pour 12.000 quintaux, plus 60.000 francs pour la machinerie, ce qui fait environ 35 francs le quintal.

Ce qui grève ces silos c'est que toute la machinerie prend un bâtiment spécial qui pourrait desservir un nombre double de cases. Dans ce cas le prix du quintal diminuerait sensiblement et pourrait évoluer aux environs de 28 à 30 francs.

M. LE PRÉSIDENT. — Quelqu'un d'entre vous a-t-il encore des observations à présenter ?

M. GOUNOT. — Des explications qui viennent de nous être fournies, il résulte que dans les silos à mamelles il y a deux avantages qui, probablement, n'existeront pas dans les magasins sans alvéoles. D'abord, le travail s'y effectue très rapidement, avec le minimum de main-d'œuvre, ensuite le nettoyage du grain s'y fait beaucoup plus facilement que dans les silos ordinaires ce qui permet d'avoir du blé plus propre que celui fourni par la culture. ce qui facilite considérablement les opérations si jamais il y a des charançons.

On arrive ainsi à une perfection dans les livraisons qu'il sera beaucoup plus difficile à trouver dans les magasins, car dans ces entrepôts le charançon se loge facilement et il faut ensuite un très gros travail pour s'en débarrasser.

Dans un petit silo du genre de ceux dont on vient de vous donner un aperçu il y aura moins de charançons et, dans tous les cas, un tarage s'y fera plus aisément.

Il est donc tout à fait intéressant d'encourager, même si cela coûte un peu plus cher, les constructeurs à faire quelque chose de complet, quelque chose ayant une machinerie d'une certaine importance parce que, par la suite, ils récupèreront dans des manutentions plus faciles, dans des assurances incendie moins coûteuses — le danger étant moins grave — l'excédent de dépenses qu'ils auront fait.

M. RAYMOND. — Il y a aussi un système de silos beaucoup plus économique, silos sans mamelles que permettent d'effectuer les mêmes opérations qu'avec les silos à mamelles ; simplement, une petite opération supplémentaire est nécessaire : elle consiste à tirer au râteau la partie qui n'a pas coulé normalement. On obtient la manutention mécanique nécessaire en installant le transbordeur dans une galerie souterraine.

Je sais que M. Gounot dispose d'un silo de ce genre. Je puis vous indiquer que pour des silos de grande forme, ils présentent de nombreux avantages, avantages de prix évidemment. On peut obtenir une économie de 7 à 8 francs par quintal. Vous voyez que c'est très appréciable.

M. GOUNOT. — Ce silo a été construit par M. Reymond il y a deux ans. Il est fait pour contenir environ 7.000 hectolitres ; il revient, machinerie non comprise à 17 francs le quintal. Comme machinerie on peut mettre ce que l'on veut.

Chez moi, j'ai une machinerie assez complète : j'ai tous les transporteurs nécessaires, tous les élévateurs, tarares, trieurs, bascules, ensacheurs, une bascule spéciale enregistre automatiquement tout ce qui entre et permet de savoir à tout instant la quantité de blé disponible ; il est certain qu'avec tous ces appareils on peut aller assez loin, mais la construction proprement dite est revenue tout compris à 17 francs, le quintal, pour 5.500 quintaux.

M. REYMOND. — Si la contenance avait été plus forte, le prix aurait été moindre.

M. FURGIER. — On vient de faire allusion à la faculté de détruire les parasites, à l'économie de main-d'œuvre et d'assurance.

Dans les docks que nous avons créés à Burdeau, la main-d'œuvre est réduite au minimum attendu que nous avons simplement un directeur plus spécialement chargé de la réception des grains, un comptable et un aide-comptable, un mécanicien chef et un mécanicien auxiliaire, enfin, un manœuvre. Vous voyez, Messieurs, que c'est très réduit. Avec ce personnel, nous avons reçu l'année dernière 90.000 quintaux de blé ; nous les avons changés de silo chaque fois que cela est apparu nécessaire, et les avons expédiés.

En même temps, nous avons détruit les charançons en utilisant la chloropicrine préconisée par le Dr Piedalu, d'Alger, spécialiste en la matière.

En ce qui concerne la question des assurances, nous avons obtenu une réduction de prime considérable (50 %) ; nous ne payons de prime que sur la quantité exacte de marchandise qui se trouve dans les silos chaque semaine.

En ce qui concerne le prix de revient de nos docks, il faut tenir compte qu'ils ont été construits à une époque où le franc valait encore vingt sous. Ils nous ont coûté, pour 100.000 quintaux, 1.700.000 francs, machines comprises.

Ces chiffres ne peuvent pas être prises pour base pour des travaux à exécuter aujourd'hui.

Pour me résumer, nos docks à cellules étanches, permettent de détruire facilement les parasites, de réduire considérablement les primes d'assurance et la main-d'œuvre et d'assurer une parfaite conservation des grains.

Aujourd'hui, en présence des résultats obtenus, nous envisageons la possibilité de construire un dock supplémentaire pour loger l'orge et l'avoine ; cet agrandissement ne nécessiterait pas une augmentation de dépense des frais généraux (main-d'œuvre, manipulation, etc...) appréciable.

M. GAGNE. — Je voudrais poser une question à M. Furgier : je voudrais lui demander si, au point de vue assurance, la diminution 50 % est générale pour l'Algérie ?

M. FURGIER. - Ce n'est pas général, mais nous avons obtenu ces conditions avantageuses des compagnies d'assurances attendu qu'elles se sont facilement rendues compte que nos grains, logés dans des cellules parfaitement closes, ne couraient que peu de risques d'incendie.

D'autres dock coopératifs (Tabacoop de Bône) bénéficient des mêmes taux réduits.

M. GAGNE. — Si je me permets de vous poser cette question c'est parce que je crois que ce n'est pas général en Algérie ; en Tunisie ce n'est pas appliqué et malgré toutes mes démarches et toute mon insistance auprès des compagnies d'assurances, on m'a toujours appliqué les tarifs généraux et non pas des tarifs réduits.

J'irai donc plus loin et proposerai au Congrès de demander une diminution d'assurance pour les blés emmagasinés dans les silos.

UN CONGRESSISTE. — Quel taux payez-vous à l'heure actuelle ?

UN CONGRESSISTE. — C'est un taux d'ordre général.

UN CONGRESSISTE. — 2,5 pour mille.

M. SAUTEREY. — Nous payons ces prix-là, cependant les compagnies d'assurance nous ont fait des ristournes importantes cette année.

M. FURGIER. — Je paie exactement 1,5 pour mille à Burdeau et je ne paie que pour la quantité endockée au jour le jour.

M. GOUNOT. — C'est en quelque sorte une police flottante.

M. FURGIER. — J'ai dix compagnies d'assurance qui m'assurent ; ce sont les principales, que ce soit la Nationale, etc...

M. GOUNOT. — Monsieur le Président, voulez-vous me permettre de demander un renseignement ?

Vous dites que vous employez la chloropicrine pour lutter contre les charançons ; voulez-vous me donner le dosage que vous employez ?

M. FURGIER. — Il faudrait s'adresser à M. Piedalu, pharmacien spécialiste de la matière à l'Hôpital Maillaud, Alger. Il fait une propagande gratuite dans toute l'Algérie et se fera un plaisir de vous fournir tous les renseignements qui vous seront nécessaires.

M. MIÈGE. — Messieurs, excusez-moi d'intervenir dans la discussion, mais il est de mon devoir d'indiquer que le procédé est employé depuis longtemps, même antérieurement aux travaux de M. Piedalu. Je l'ai moi-même employé pendant la guerre pour la dératisation et nous l'employons au Maroc depuis fort longtemps.

Les doses normales sont de 10 à 15 cmc. par mètre cube d'air ; on ne peut l'employer que sur les grains en vrac et en sac ; pour cela, il suffit de déposer le liquide à la partie supérieure des grains que l'on veut protéger ; les vapeurs descendent et pénètrent dans les sacs ou dans la masse de grains et détruisent les charançons, la teigne, etc...

La faculté germinative des grains n'est pas altérée quelle que soit la dose et la durée de contact.

On a également cherché si la qualité des grains chloropicrinés n'était pas altérée ; on a craint, en effet, que ces blés soient ensuite impropres à la consommation ; des recherches effectuées il résulte qu'il n'y a pas de danger à condition que les grains soient aérés avant leur remise en consommation. Par conséquent, aucun danger, la chloropicrine paraît, en effet, être le procédé le plus efficace, sinon le plus pratique, de traitement des grains, étant donné, d'une part, les résultats satisfaisants que l'on en retire et, d'autre part, l'absence de danger qu'elle présente.

Pendant longtemps la chloropicrine a été exclusivement employée par les services militaires, qui étaient seuls à en posséder et il est à craindre qu'avec l'épuisement des stocks de guerre on ne la trouve plus qu'avec difficulté.

J'oubliais de mentionner que les vapeurs qui se dégagent de la chloropicrine sont très mauvaises ; on ne peut s'en servir qu'à l'aide de masques à gaz.

M. BAILLAUD. — Personne n'a employé le procédé Legendre ?...

M. SAUTEREY. — Nous autres, nous employons un appareil Clayton à gaz sulfureux-sulfurique.

M. FURGIER. — Avec la chloropicrine il est facile de désinfecter un silo vide, il suffit de le clore et d'y injecter la chloropicrine ; la destruction des insectes est totale.

Quand nous recevons des grains charançonnés, nous les passons immédiatement dans le nettoyeur, cela suffit généralement pour les en débarrasser.

M. LE PRÉSIDENT. — Le moyen que vous préconisez est, en quelque sorte, une stérilisation préalable des silos.

M. FURGIER. — C'est en effet une véritable stérilisation.

M. DUCELLIER. — M. Piedalu a réalisé un appareil qui permet l'emploi de la chloropicrine : c'est un petit appareil très bon marché, de moins de dix francs je crois, sur lequel on place un récipient que l'on fait basculer au moyen d'une ficelle passant par le trou de la serrure lorsque l'on veut s'en servir pour désinfecter un appartement. Par exemple, on peut opérer de la même façon pour un silo à grain.

L'emploi de la chloropicrine est donc très pratique avec l'appareil de M. Piedalu.

M. FURGIER. — Voilà qui est bon à savoir.

M. MIÈGE. — Le procédé indiqué par M. Ducellier est employé depuis très longtemps par le professeur Marchal, à Paris.

M. LE PRÉSIDENT. — Si vous n'avez pas d'autres questions, je donnerai la parole à M. le secrétaire général Baillaud pour résumer les travaux du Congrès.

M. Baillaud procède au résumé des travaux du Congrès en rappelant les conclusions de chacune des séances des travaux.

A l'issue de la séance, qui est levée à cinq heures, les congressistes visitent les silos à céréales de la Société Générale de Transbordements Maritimes.

SÉANCE DE CLOTURE DU CONGRÈS

29 Septembre 1928 (11 heures du matin)

Président : M. Pierre BORDES
Gouverneur général de l'Algérie

Les travaux du Congrès des Docks et Silos à Céréales de l'Afrique du Nord se sont terminés dans la matinée du 29 septembre, sous la présidence de M. Bordes, Gouverneur général de l'Algérie, dans le Palais Algérien de l'Institut Colonial, en présence des membres du Congrès des Chambres de Commerce Françaises de la Méditerranée qui lui ont été présentés par M. David, président de la Chambre de Commerce.

M. Adrien Artaud, après avoir exprimé toute sa reconnaissance pour les journées qu'il voulait bien consacrer à la Foire de Marseille et aux réunions organisées par la Chambre de Commerce et l'Institut Colonial, lui a dit toute l'importance que Marseille attachait au développement de plus en plus intense de ses relations économiques avec l'Algérie, la Tunisie et le Maroc dont ces réunions viennent de se préoccuper d'une manière si féconde en heureux résultats.

M. de Chomel, Président du Syndicat des Minotiers de Marseille, a ensuite résumé les travaux du Congrès et donné lecture de ses conclusions.

M. Vagnon, Président de la Chambre d'Agriculture d'Alger, Président des Délégations Financières, et M. Hernandez, Président de la Chambre de Commerce d'Oran, ont répondu au nom des congressistes et M. Bordes a bien voulu exprimer les sentiments qu'il éprouvait en termes qui ont été des plus précieux pour toute l'assistance qui l'entourait et en particulier pour notre Institut.

DISCOURS DE M. DE CHOMEL
Président du Syndicat des Minotiers de Marseille et de la Région

Monsieur le Gouverneur Général,

Messieurs,

M. le Commissaire Général et Président Adrien Artaud, dont il est inutile de rappeler ici toute l'activité, la compétence et le dévouement sans bornes à la question coloniale a été bien inspiré en organisant, à l'occasion de la quatrième Foire de Marseille, le Congrès des Docks et Silos de l'Afrique du Nord.

J'aurai garde de ne pas rendre hommage aussi à M. Baillaud, le Secrétaire Général de l'Institut Colonial, toujours si actif, qui a préparé ce Congrès et à tous ses collaborateurs.

Au nom de la Fédération des Industries de la Minoterie, de la Semoulerie et de la Maïserie, du Syndicat des Minotiers Industriels de Marseille et de la Région et du Syndicat Général des Fabricants de Semoules de France, je suis heureux de remercier l'Institut Colonial d'avoir invité des groupements à ce congrès et de leur avoir aussi permis de faire part aux Céréalistes de l'Afrique du Nord de leur desiderata au point de vue industriel.

L'industrie meunière s'intéresse vivement à tous les progrès relatifs aux céréales. La création de silos-docks dans l'Afrique du Nord en est un sans aucun doute ; elle permettra à l'agriculture d'améliorer encore la qualité de ces produits pour le bon renom des blés de l'Afrique du Nord et aux détenteurs de grains, de les classer, de faire plus facilement des ventes périodiques et d'obtenir ainsi la moyenne des prix d'une année tout en facilitant les approvisionnements.

Cette organisation toute nouvelle mais qui permet déjà le logement de près d'un million de quintaux est certainement appelée à se développer encore. Le Commerce sera sûrement amené à suivre l'exemple des Coopératives.

Je crois savoir que la Chambre de Commerce d'Oran a le projet de faire édifier sur le port même des silos à grains qui pourront servir de trait d'union entre les silos de l'intérieur de lAfrique du Nord et les silos du port de Marseille capables de loger des quantités importantes. Nous assisterons ainsi, dans un délai moins éloigné qu'on ne le croit, à une grande évolution dans les affaires, le mode de transport et les livraisons des céréales de l'Afrique du Nord. Nous la souhaitons pour le plus grand bien de tous : agriculteurs, commerçants, industriels, exportateurs et consommateurs. *(Très bien ! Très bien !)*

M. de Chomel donne ensuite lecture des vœux du Congrès.

DISCOURS DE M. VAGNON
Président de la Chambre d'Agriculture d'Alger
Président de la Délégation des Colons aux Délégations Financières
de l'Algérie

MONSIEUR LE GOUVERNEUR GÉNÉRAL,

Permettez-moi d'ajouter simplement quelques mots pour marquer la fierté que nous éprouvons, nous les Africains, Tunisiens, Marocains, Algériens, à voir l'honneur que vous voulez bien nous faire de clôturer les travaux de ce Congrès tout spécial, comme vient de le rappeler M. le Président Artaud.

M. le Gouverneur Général, nous sommes venus à Marseille, répondant à l'appel de l'Institut Colonial dont le dévouement ne laisse échapper aucune occasion d'accroître les relations, de resserrer les liens de la Métropole avec l'autre côté de cet immense bassin méditerranéen.

De l'échange de vues qui s'est produit au cours des travaux, nous emportons, les uns et les autres, comme l'a rappelé si justement M. le Président de Chomel ; de nombreuses et utiles suggestions. Nous avons aussi mis en relief le bienfait que les Docks Coopératifs peuvent apporter dans la culture et la production du blé.

Précisons bien que le développement de ces Docks coopératifs auxquels vous, Monsieur le Gouverneur Général, vous attachez une très grande valeur, ne peuvent, en aucun cas, être considéré comme un instrument de spéculation, mais bien simplement comme un moyen de régularisation dans la vente pouvant permettre d'obtenir ce prix moyen autour d'une campagne que nous, producteurs, nous avons le droit et el devoir d'escompter.

Vous avez bien voulu, Monsieur le Gouverneur Général, nous déléguer vos techniciens, vos chefs de service qui sont toujours pour nous, ici comme là-bas, les guides les plus précieux et les conseillers les plus utiles.

De tout cela, Monsieur le Gouverneur Général, je suis très heureux, au cours de cette réunion publique, de vous en exprimer les remerciements les plus affectueux. *(Applaudissements)*.

DISCOURS DE M. HERNANDEZ
Président de la Chambre de Commerce d'Oran
au nom des Chambres de Commerce de l'Afrique du Nord

MONSIEUR LE GOUVERNEUR GÉNÉRAL,

J'ai en ce moment le très grand honneur de vous parler au nom des Chambres de Commerce de l'Algérie, du Maroc et de la Tunisie.

L'honneur de prendre la parole à cette réunion devait revenir a M. Billard, Président de la Chambre de Commerce d'Alger, mais, retenu par de petits maux de gorge, il m'a prié de vouloir bien le remplacer.

MESSIEURS,

C'est donc au nom du Commerce algérien, tunisien et marocain que j'ai l'honneur de m'adresser à M. le Gouverneur Général pour lui dire combien nous avons été heureux et flattés de l'invitation qui nous a été envoyée par la Chambre de Commerce.

L'initiative que vient de prendre votre Chambre de Commerce de Marseille est une initiative extrêmement heureuse à laquelle — vous avez dû le remarquer, Messieurs, — nous avons répondu avec le plus grand empressement parce que sur ce terrain-là nous sommes d'accord avec vous pour reconnaître que de plus en plus nous devons, les uns et les autres, nous appliquer à resserrer les liens très nombreux déjà existants entre le Commerce Métropolitain et le Commerce Nord-Africain.

Vous avez constaté que, grâce à l'effort de nos colonies, la production augmente d'une façon intensive et nous avons pensé que le rôle du Commerce, de plus en plus, se justifiait parce qu'il est, en quelque sorte, le trait d'union entre la productio nord-africaine et la consommation métropolitaine.

Nous applaudissons, Messieurs, — et je suis très heureux de le déclarer, — à l'esprit d'initiative du cultivateur, du producteur algérien et nous sommes heureux de le voir rentrer dans la bonne voie qu'il s'est tracée lui-même. Je puis vous assurer que dans la mesure de nos moyens et avec la compétence que nous avons, nous ferons tous nos efforts pour collaborer toujours étroitement avec lui *(très bien, très bien !)* et tout cela pour le plus grand bien du développement de notre belle Algérie et pour la plus grande gloire de notre Mère-Patrie. *(Applaudissements)*.

Lorsque mon excellent ami, M. de Chomel, exposait tout à l'heure devant M. le Gouverneur Général le projet de la création de silos et docks à grains, il vous informait — et je l'en remercie — que la Chambre de Commerce d'Oran poursuit depuis quelque temps la création de silos sur les quais d'Oran.

Nous avons pensé, Messieurs — et voyez combien nous sommes d'accord sur ce même terrain, — nous avons pensé, dis-je, que c'était le plus sûr moyen de donner au consommateur la garantie de pouvoir recevoir les offres de qualités répondant exactement à la production que nous avons en Algérie. C'est une nécessité, je le répète, car, sans parler de moralisation, il est bon que les intermédiaires s'habituent en quelque sorte à manipuler ces marchandises avec le souci que nous devons avoir de les présenter sous la forme exacte qu'elles doivent avoir.

Vous voyez, par conséquent, qu'il n'y a aucune divergence de vue sur ce point.

C'est qu'en effet — et je m'excuse de le rappeler — on a pu dire qu'il y avait, sur certains points de vue, divergence entre le producteur et le négociant.

C'est une erreur profonde.

Je suis très heureux, je le répète, de cette occasion qui m'est offerte de dissiper ce léger malentendu. J'en remercie tout particulièrement M. le Président Artaud, qui a bien voulu s'appliquer à faire, dans le discours qu'il a prononcé à l'ouverture du Congrès, une sorte de mise au point qui aura dissipé de tous les esprits les quelques petites réticences qui pouvaient naître en cette occasion. *(Applaudissements)*.

DISCOURS DE M. P. BORDES
Gouverneur Général de l'Algérie

MESSIEURS,

Lorsque M. le Président Artaud, au nom de l'Institut Colonial de Marseille, a bien voulu me convier à cette fête du travail, je me suis empressé d'accepter. Je savais qu'en venant près de vous je me trouverais au milieu d'hommes consciencieux, d'hommes de travail. Cela me suffisait, car, depuis que le Gouvernement m'a donné la responsabilité des destinées de l'Algérie, je n'ai qu'un souci : m'entourer de tous les hommes de bonne volonté qui veulent chaque jour rendre plus belle encore notre chère Algérie et travaillent avec moi, non seulement pour la grandeur de la France africaine, mais aussi de la Mère-Patrie.

J'ai voulu recevoir une leçon d'énergie d'hommes qui sont sans cesse sur le terrain du travail, du travail honnête, du travail productif. Je savais qu'en venant à Marseille je me trouverais dans une atmosphère véritablement utile pour moi, qui me donnerait des directives utiles pour le pays que j'administre et qui, en même temps, seront utiles à tous ceux que représente M. Vagnon, les agriculteurs, et à ceux qui représentent MM. les Présidents des Chambres de Commerce, les commerçants algérois, aussi foncièrement honnêtes les uns que les autres.

Je vous avoue, Messieurs, que ma surprise est grande de voir l'importance de votre Foire. Je savais bien que ces Foires régionales, en particulier la vôtre, avaient depuis quelques années pris une ampleur extraordinaire.

J'étais loin de me douter que véritablement cette ampleur fut aussi remarquable qu'était celle que je viens de constater. Je tiens à vous donner l'assurance que lorsque je serai de retour en Algérie, je m'efforcerai de seconder les désirs de vos commerçants, de les aider à entrer en relations avec les Chambres de Commerce d'Algérie et de travailler utilement en collaboration parfaite avec la France des deux rives de la Méditerranée.

J'ai vu que sur certains points nous pouvions recevoir des indications qui nous seront utiles et je vous donne l'assurance que chacune des fois que l'un des exposants de la Foire de Marseille viendra me trouver au Palais d'Eté, il trouvera en moi un collaborateur très soucieux de l'aider à faire pénétrer sur la terre algérienne les richesses de la France métropolitaine parce que nous savons qu'en travaillant pour la France de ce côté-ci, nous travaillons aussi pour la France d'outre-mer dont nous avons la charge.

Lorsque j'entendais tout à l'heure exprimer le désir que les blés qui viennent de chez nous soient mieux choisis, mieux sélectionnés, j'étais heureux que ces déclarations soient faites devant mes éminents collaborateurs, les chefs de service de l'Agriculture, parce que je reste persuadé que dès la semaine prochaine on prendra les mesures nécessaires pour faire pénétrer vos desiderata dans la masse des intéressés et là, — je m'adresse à Vous, Président des Agriculteurs d'Algérie, — pour que les suggestions qu'on vient de donner ne soient pas sans lendemain, il faut que les services agricoles de l'Algérie se pénètrent bien des désirs de la Métropole.

Quant à l'œuvre accomplie par les docks coopératifs, j'éprouve quelque gêne à en parler car j'aperçois ici M. le Président des Silos de Burdeau qui sait qu'en cette matière il a fallu deux pères à Burdeau. Il est peut-être le père le plus actif. Il y a dix ans, en effet, — je faisais fonction de Gouverneur Général, — nous avons jeté ensemble les bases de cette organisation parce que nous nous étions bien aperçu qu'au moment de la récolte de 1918 il était impossible, dis-je, aux producteurs de retirer de leurs grains le bénéfice auquel ils ont droit.

Aujourd'hui, l'extension des docks a pris une grande importance. Du fin fond du Sersou, voilà qu'elle gagne, après Relizane et tant d'autres villes, les rives de la Méditerranée puisque M. le Président de la Chambre de Commerce d'Oran vient de nous dire que les commerçants, se faisant presque agriculteurs pendant quelques heures *(Rires)* voudraient bien s'associer à l'œuvre de Burdeau.

On a parlé, je sais, de différend entre l'agriculture et le commerce : j'avoue que s'il n'y avait pas de différend, il n'y aurait pas de vie. Nous sommes des êtres humains les uns et les autres ; nous ne sommes pas parfaits ; ce qu'il faut à ceux qui, comme moi, ont la reponsabilité de l'unité administrative et aussi de l'unité productive d'un pays, c'est s'inspirer des directives que vous lui donnez, commerçants et agriculteurs.

Ma satisfaction est grande de le constater, dans l'ambiance marseillaise qui a toujours été une ambiance de joyeux travail, de fécondité chaque jour plus forte, qui depuis des milliers d'années prouve au monde que la France d'outre-mer peut être la fille de la France métropolitaine et capable de faire face aux autres puissances coloniales.

Grâce à l'atmosphère qui nous est réservée ici, nous repartirons, nous les Algériens, plus convaincus de la nécessité d'une entente économique entre producteurs et négociants pour que les laboureurs algériens, dont les pères sont venus là-bas n'ayant souvent d'autre richesse que la force de leurs bras et qui, de leurs mains valeureuses, ont déraciné les palmiers nains qui faisaient saigner ces mains, pour que ces laboureurs, dis-je, pour que ceux qui travaillent aujourdhui la terre algérienne aient la satisfaction, grâce à vous, Messieurs des Chambres de Commerce, de trouver une juste rémunération de leurs efforts.

Eh bien, j'ai l'impression qu'aujourdhui, l'entente se fait, mais à une condition, que vous, Messieurs les Agriculteurs, vous suiviez les indications qui vous ont été données et que vous n'envoyiez sur le marché marseillais que les produits qu'on désire, que vous n'envoyiez que cette belle production qui fait la parure de notre magnifique colonie.

Vous me trouverez toujours à vos côtés, Messieurs, pour vous aider et je serai véritablement heureux si l'occasion m'est donnée — je la provoquerai même — pour revenir à Marseille reprendre contact avec vous, reprendre, je le répète, cette leçon d'énergie laborieuse et surtout cette leçon de confiance dans les destinées de la Patrie.

La race algérienne s'est créée, mais elle s'est créée par le travail et si l'Algérie a été amenée à la France par la vaillance de ses soldats de 1830, il faut reconnaître que depuis 1850 elle lui est restée profondément attachée, grâce à la valeur de ses colons, de ses agriculteurs et de ses commerçants qui ont eu le courage de prendre des initiatives comme déjà en prennent certains industriels.

Je vous remercie très profondément, Messieurs, très franchement et surtout en toute camaraderie très cordiale de m'avoir donné l'occasion d'affirmer que l'Algérie est et restera toujours la fille très chère de la Mère-Patrie que vous représentez. *(Applaudissements)*.

À l'issue de la réunion, M. le Gouverneur Général et Mme Bordes ont été retenus à déjeuner au Restaurant de la Réserve par M. le Président Artaud, qui avait convié notamment M. le Préfet et Mme Delfini, M. le Sénateur Flaissières, Maire de Marseille ; M. E. David, Président de la Chambre de Commerce, etc.

L'après-midi, M. le Gouverneur Général Bordes a présidé la réunion plénière de la Conférence Méditerranéenne à la Chambre de Commerce et a honoré de sa présence le banquet offert par la Chambre de Commerce aux membres des deux Congrès.

À l'issue de ces réunions, M. le Président Artaud et M. le Gouverneur Général Bordes ont échangé les lettres suivantes :

M. Adrien Artaud, Président de l'Institut Colonial et de la Foire de Marseille, à Monsieur Bordes, Gouverneur Général de l'Algérie.

Marseille, le 5 octobre 1928.

Monsieur le Gouverneur Général,

J'ai voulu attendre pour vous exprimer toute notre reconnaissance d'avoir apporté la consécration de votre présence aux travaux du Congrès des Silos à Céréales de l'Afrique du Nord de pouvoir vous en adresser un premier résumé.

Nous avons tenu à communiquer à la presse métropolitaine et algérienne ce résumé. Il nous a été précieux de pouvoir y faire figurer les paroles si réconfortantes et si pleines de votre dévouement à l'Algérie que vous avez prononcées pour clôturer le Congrès.

Vous n'avez certainement pas été, Monsieur le Gouverneur Général, sans vous rendre compte de l'impression profonde que votre approbation et vos encouragements ont produit sur les énergiques colons et les négociants distingués qui vous entouraient et qui ont été choisis par leurs collègues pour représenter les intérêts généraux de l'Algérie.

Ils me l'ont exprimé en termes émus que je tiens à vous transmettre et il nous est infiniment précieux de penser qu'à côté des conséquences pratiques qu'auront, nous l'espérons, les travaux de notre Congrès, cette réunion aura été une belle manifestation de l'activité de nos colons de l'Afrique du Nord qui sera certainement une grande leçon pour la Métropole elle-même.

Je me fais plus particulièrement à ce sujet l'interprète de mes collègues de l'industrie et du commerce des céréales à Marseille. MM. les Présidents de la Fédération Intersyndicale des industries de la Minoterie et de la Semoulerie, du Syndicat de la Minoterie, du Syndicat de la Semoulerie, du Syndicat des Importateurs de Céréales et du Syndicat des Courtiers en Céréales qui ont bien voulu prendre à nos travaux une participation qui montre tout l'intérêt qu'ils y ont attaché.

Nous ne saurions trop vous remercier d'avoir bien voulu nous déléguer les savants éminents, MM. Ducellier et Vivet, qui dirigent l'expérimentation agricole algérienne, et l'économiste si distingué et si remarquablement au courant des services que vous lui avez confiés, M. Boyer-Banse, dont les communications ont résumé d'une manière véritablement admirable les efforts faits pour résoudre ce grave problème de l'emmagasinage et du conditionnement des céréales algériennes.

Leur présence concordant avec celle de leurs collègues de la Tunisie et du Maroc a apporté au Congrès les précisions techniques indispensables.

Leur concours permettra de donner à la suite que doit avoir ce Congrès toute la portée pratique et rigoureusement scientifique nécessaire.

Il nous a été infiniment précieux de recevoir, à cet égard, des témoignages des Présidents et Délégués des Groupements agricoles qui nous ont apporté également leur concours et qui nous demandent de vouloir bien le leur maintenir par la suite.

Ces réunions que nous avons convoquées à l'occasion de la Foire de Marseille ont donné ainsi toute sa signification à cette nouvelle manifestation de l'activité de Marseille et de sa région.

L'intérêt que vous voulez bien lui témoigner est la meilleure consécration de la portée méditerranéenne que nous entendons lui donner et je vous en exprime toute notre reconnaissance.

Nous ne saurions mieux reconnaître cet intérêt qu'en continuant nos efforts pour prêter, en particulier par la Foire de Marseille, tout le concours en notre pouvoir au développement des relations extérieures de l'Afrique du Nord.

J'espère, Monsieur le Gouverneur Général, que l'occasion me sera souvent donnée de mieux vous en entretenir.

Veuillez, en attendant, en même temps que présenter mes respectueux hommages à Mme Bordes, que nous aurions voulu recevoir mieux qu'il ne nous a été possible cette fois, agréer l'expression de ma haute consi dération et de mes sentiments les plus dévoués.

Adrien Artaud,
*Président de l'Institut Colonial
et de la Foire de Marseille.*

M. Bordes, Gouverneur Général de l'Algérie, à M. Artaud, Président de l'Institut Colonial de Marseille.

Alger, le 10 octobre 1928.

Mon cher Président,

Je reçois votre aimable lettre du 5 courant. J'ai vivement regretté de n'avoir pu vous revoir avant mon départ de Marseille et j'espère que vous êtes complètement remis de votre légère indisposition.

Je ne saurais trop vous remercier encore une fois de l'accueil que vous avez fait à Mme Bordes et à moi et de vous dire combien j'ai emporté un souvenir agréable de ma visite à votre Exposition. De ce premier contact entre votre Institut Colonial et l'Algérie, il doit y avoir des résultats utiles. Je vais m'employer à les faire apparaître de mon mieux, le plus tôt possible.

Pour tous vos collègues de l'Institut Colonial et pour vous-même, mon cher Président, je vous adresse l'expression de ma vive gratitude et de ma sympathie la plus cordiale.

Bordes.

LA CONFÉRENCE MÉDITERRANÉENNE

Nous ne saurions mieux compléter ce compte rendu qu'en y joignant le résumé des réunions du Congrès des Chambres de Commerce de la Méditerranée qui, sur la convocation de la Chambre de Commerce de Marseille et des Chambres de Commerce de la IIe Région, a formé avec le Congrès des Silos la première Conférence Méditerranéenne.

Présents :

Les membres de la Chambre de Commerce de Marseille :

MM. E. David, Président ; G. Brenier, Maurice Hubert, Vice-Présidents ; P. Rieu, Membre Secrétaire ; A. Boude, Membre Trésorier ; E. Franceschi, J. de la Gardière, G. Oppermann, A. Combarnous, F. Prat, M. Toy-Riont, B. Lafont, F. de Chomel, C. Dufay, L. Bonnaud, J.-B. Rocca, P. Duclos, A. Pomme, E. Laynaud, Membres.

Membres du Comité de la XIe Région Economique :

MM. Champeyrache, président de la Chambre de Commerce d'Alès ; Vadon Eugène, président, et Allard Emile, membre de la Chambre de Commerce d'Arles ; Verdet-Kleber, président ; Thomas Pierre, vice-président, et Bonnaud Fortuné, membre de la Chambre de Commerce d'Avignon ; Eyries Emile, président ; Bremond Joseph, vice-président ; et Monier Clovis, membre de la Chambre de Commerce de Digne ; Goudet Achille, président ; et Bertrand Pierre, vice-président de la Chambre de Commerce de Gap ; Goby Xavier, vice-président de la Chambre de Commerce de Nice ; Teyssèdre Félix, président ; Miaulet Samuel, vice-président ; et Lorrain Claude, membre de la Chambre de Commerce de Nîmes ; Ditges Achille, vice-président de la Chambre de Commerce de Toulon ; Salini, président, et de Susini, membre de la Chambre de Commerce d'Ajaccio ; Grégori, vice-président de la Chambre de Commerce de Bastia.

Chambres de Commerce françaises de la Méditerranée :

MM. Billiard Louis, président de la Chambre de Commerce d'Alger ; Bouscasse Fernand, président, et Crochet Pierre, membre de la Chambre de Commerce de Bougie ; Perrin, président, et Noceti, membre de la Chambre de Commerce de Bône ; Ferrando Henri, président de la Chambre de Commerce de Constantine ; Hernandez, président ; Bisch René, et Ladryt, vice-présidents ; Yales, Jeanningues et Abdelhak, membres de la Chambre de Commerce d'Oran ; Pinelli, président de la Chambre de Commerce de Philippeville ; J. Giovanetti et Guérin Louis, délégués de la Chambre de Commerce de Bizerte ; Ventre, président ; Keller, Couder Victor, vice-présidents ; Pico, Cambe Jean, et Hignard, membres de la

Chambre de Commerce de Tunis ; Croze Henri, président de la Chambre
de Commerce de Casablanca ; Gaudaire, ancien président de la Chambre
de Commerce Française d'Alexandrie ; Manhes Jacques, président de
la Chambre de Commerce Française du Caire ; Dorgebray Henry, membre
de la Chambre de Commerce Française de Barcelone ; Dumoulin-Laupies,
vice-président de la Chambre de Commerce Française de Madrid ; Poulot
Pierre, vice-président de la Chambre de Commerce Française de Milan ;
Bournique Charles, président de la Chambre de Commerce Française de
Naples ; Chazalet, de la Chambre de Commerce Française de Lisbonne ;
Tourtet Louis, ancien président de la Chambre de Commerce Française
de Smyrne ; Tanqueray, délégué de la Chambre de Commerce Française
de Constantinople ; Guillet, délégué de la Chambre de Commerce Française d'Athènes.

Régions économiques :

MM. Arnavielhe, président de la Xe Région à Montpellier ; Maurin,
secrétaire général de la Xe Région à Montpellier ; Beauquis, secrétaire
général de la XIIe Région à Grenoble ; Gerberon, secrétaire général de la
XVIIIe Région à Dijon ; Phelizot, secrétaire général de la Région de
Franche-Comté, Haute-Alsace à Besançon ; Schaal Georges, membre secrétaire de la Chambre de Commerce de Strasbourg ; Haug, membre secrétaire de la Chambre de Commerce de Strasbourg ; Haug, secrétaire général de la Chambre de Commerce de Strasbourg.

Personnalités diverses de l'extérieur :

MM. D'Hotelans, directeur général de la Compagnie Lyonnaise de
Navigation et de Remorquage ; Balmer Paul, président de la Section de
Genève de l'Association Suisse pour la Navigation du Rhône au Rhin ;
Rosset Paul, président central de l'Association Suisse pour la Navigation
du Rhône au Rhin ; Paris Adrien, ingénieur, membre de cette Association
Suisse ; Boiceau Gaston, ingénieur, membre de cette Association Suisse ;
Favre Louis, président de la Section du Tourisme Nautique du Touring-
Club Suisse ; Toursier, secrétaire général de l'Union Générale des Rho-
daniens ; Celle, vice-président de l'Union Générale à Lyon ; Regnoul,
ingénieur en chef adjoint de la Compagnie P.-L.-M. à Paris.

*Le Congrès a tenu ses séances dans la salle d'honneur de la Chambre
de Commerce au Palais de la Bourse, les 28, 29 et 30 septembre.*

*En ouvrant la séance inaugurale des travaux, le Président de la
Chambre de Commerce de Marseille et de la XIe Région a prononcé le
discours suivant :*

DISCOURS DE M. EDGARD DAVID
Président de la Chambre de Commerce de Marseille

MESSIEURS ET CHERS COLLÈGUES,

Mon rôle de porte-parole de la Chambre de Commerce de Marseille
me vaut, aujourd'hui, le grand honneur et le précieux avantage de
souhaiter la plus cordiale bienvenue à Messieurs les Présidents ou Délégués des Chambres de Commerce françaises du bassin méditerranéen, de
la XIe Région économique et des régions économiques voisines, enfin de

toutes celles qui ont, avec Marseille, une connexion d'intérêts et qui sont ici également représentées.

Je ne puis vous saluer individuellement et je m'en excuse. Vous nous êtes tous également sympathiques et vous êtes trop nombreux. Mais, me permettez-vous de dire à nos collègues de Barcelone, anciens élèves de l'École Supérieure de Marseille, tout le plaisir que nous avons de les avoir et de constater par leur exemple la diffusion méditerranéenne de notre enseignement.

Je suis heureux aussi de saluer les hautes personnalités civiles et militaires qui ont bien voulu honorer de leur présence cette séance d'inauguration.

Dès mes premiers mots, je dois rappeler, avec émotion, la cordialité affectueuse avec laquelle MM. les Présidents des Chambres de Commerce d'Algérie et de Tunisie ont reçu leurs collègues de Marseille au cours de ces dernières années. L'admirable accueil qui nous a été réservé, le spectacle de leurs œuvres et de leurs travaux, celui des magnifiques pays que nous avons eu le plaisir de voir, nous ont laissé un souvenir impérissable. Une fois encore, ils voudront agréer le témoignage de notre gratitude.

C'est, du reste, à la suite de voyages accomplis en Algérie, en Tunisie et en Corse, et à la suggestion de mon prédécesseur M. Émile Rastoin, que la Chambre de Commerce se rendit compte de l'intérêt qu'il y aurait à rapprocher les Chambres de Commerce méditerranéennes, et, dans cet ordre d'idées, à tenir une Conférence annuelle. Mais aujourd'hui, je veux simplement vous dire, mes chers collègues, tout le plaisir que nous avons de vous recevoir. Je me réserve le droit de revenir, au cours du banquet de demain soir, devant un auditoire élargi, sur les circonstances de notre naissance, sur le but que nous visons, en même temps que sur les résultats de notre première prise de contact, résultats que nous pourrons enregistrer, j'en suis convaincu.

Je voudrais, ce matin, vous rappeler seulement et très brièvement, dans cette salle d'honneur, aux décorations évocatrices du passé, dont la frise retrace l'histoire de notre antique Cité, quelques-uns des motifs qui nous ont paru justifier notre initiative.

Tantôt, en commentant, sur ma demande mais rapidement, l'histoire de Marseille illustrée par Magaud, notre Directeur Général, M. Henri Brenier aura l'occasion de vous signaler, en passant, quelques-uns des traits par lesquels se marque le caractère méditerranéen de notre Compagnie et qui justifient notre projet, notre ambition.

Me tenant à des manifestations plus proches de nous, je voudrais évoquer entre autres deux faits :

1° *Le Congrès français de la Syrie*, dont l'idée revient à mon éminent prédécesseur le Président A. Artaud, et qui se tint dans cette salle, en janvier 1919, réunissant en quelques semaines, tant la conception était opportune, 350 adhérents et près de 200 congressistes : historiens, archéologues, géographes, médecins, éducateurs, professeurs, entrepreneurs de travaux publics, industriels, négociants tous intéressés à la Syrie et la connaissant. Quatre volumes de compte rendu et rapports établis à la suite de ce Congrès, contiennent une mine de renseignements et de suggestions

2° La *Mission française* en Syrie, que nous organisâmes après ce Congrès, d'accord avec la Chambre de Commerce de Lyon, sous la conduite d'un universitaire de premier plan, malheureusement mort depuis, M. Paul Huvelin. Les rapports plus spécialement commerciaux et économiques de cette Mission : *Que vaut la Syrie*, de son Directeur ; *les importantes études* de M. Achard, ingénieur-agronome, sur le coton ; de M. Jesse-Roux, ingénieur-minéralogiste, sur les mines de Syrie et principalement sur les pétroles de Palestine ; de M. Croizat, sur la sériciculture ; les conseils de M. Parmentier, professeur de botanique à la Faculté des Sciences de Besançon, sur l'arboriculture fruitière, sont notamment encore bons à consulter, et il eût été désirable que le Gouvernement s'inspirât davantage de certains d'entre eux depuis que nous sommes en Syrie.

Mais ce ne sont pas uniquement la Syrie et les Echelles du Levant qui rappellent le rôle de notre vieille Compagnie. Si vous voulez bien jeter, dans un instant, après la lecture du rapport d'introduction à nos travaux, un coup d'œil sur la carte des Etablissements Marseillais dans la Méditerranée, dressée à l'occasion de l'Exposition Coloniale Nationale de 1922 par notre savant archiviste, M. Joseph Fournier, et que vous avez sous les yeux, vous serez certainement frappés de la multiplicité de ces établissements en Grèce au xviii° siècle. D'autre part, ainsi que l'a signalé un remarquable spécialiste de l'histoire économique et de nos fastes commerciaux méditerranéens, M. le professeur Paul Masson, membre-correspondant de l'Institut, dont je suis heureux de rappeler le nom, c'est un marchand marseillais, Guillaume Bérard, qui a été le premier consul de France au Maroc au xvi° siècle ; ce furent aussi des Marseillais qui occupèrent les Consulats d'Alger, de Tunis, lors de leur création.

J'aurai l'occasion de parler devant M. le Gouverneur Général Bordes, qui nous fait l'honneur de présider notre séance solennelle de demain, de la question de l'aménagement du Rhône, des instances de la Chambre de Commerce de Marseille, dès le début de la conquête, en faveur de la colonisation française en Algérie.

Mais nous sommes réunis, Messieurs et chers Collègues, pour travailler à des problèmes contemporains, et non pour écouter des leçons d'histoire, qui, pourtant, ne sont pas toujours inutiles.

Avant de les aborder, permettez-moi, Messieurs, d'attirer plus spécialement votre attention sur le caractère national de l'œuvre à laquelle vous voulez bien vous associer. Nos voisins, qui sont nos rivaux commerciaux, se préoccupent pratiquement et légitimement d'ailleurs de susciter chez eux, ou d'attirer à eux, une somme de plus en plus grande de l'activité économique méditerranéenne, soit au point de vue production, soit au point de vue transit, soit même au point de vue du simple passage, dans leurs ports, de navires d'escale de plus en plus nombreux.

Nous ne sommes pas des accapareurs. Tout le monde a le droit de vivre. Nous disons même plus : nous ne pourrons que profiter, au fond, d'une prospérité méditerranéenne générale de plus en plus élargie.

Cependant vous trouverez, comme nous, fort naturel, que nous cherchions à draîner vers notre port, notre région, vers tout notre arrière pays, y compris celui que nous promet le Rhône aménagé, une activité croissante, un bénéfice de plus en plus grand.

Français comme nous, et je m'adresse ici plus spécialement à nos collègues de l'Afrique du Nord, sont les bons ouvriers d'une œuvre magnifique, plus française peut-être que les autres, parce qu'elle ne s'exécute pas en France même et à nos collègues de nos Chambres françaises de la Méditerranée qui sont, toutes proportions gardées, dans le même cas, tous vous êtes convaincus de la solidarité de nos intérêts et en venant ici vous vous êtes rendus compte de leur réalité et des moyens les plus efficace de les servir : c'est en somme pour le pays dont l'ensemble doit profiter de la situation naturelle exceptionnelle de Marseille, qu'en réalité nous travaillons.

Dès le 1er février dernier, Messieurs et chers Collègues, nous eûmes l'honneur de vous signaler l'importance acquise par la Foire Commerciale de Marseille à laquelle ses dirigeants, avec un sens aigu des réalités ont entendu donner le caractère colonial et méditerranéen. Dès lors, la participation des commerçants et producteurs, établis sur les rives de la grande mer, devait être sollicitée et vous fûtes saisis de cette intenion qui répondait en tous points aux préoccupations de la Chambre de Commerce de Marseille et aussi à l'intérêt évident de nos ressortissants.

Notre communication du 1er février fut suivie, le 18 juin, d'une invitation adressée au nom des Chambres de Commerce de la XIe Région Economique, à MM. les Présidents des Chambres de Commerce de la Méditerranée. Après avoir rappelé le rôle de Marseille en Orient et dans l'Afrique du Nord, hantés par le souvenir d'une tradition bien des fois séculaire, nous exprimions le désir que fût possible, à l'occasion de la Foire, une réunion de toutes les Chambres de Commerce françaises de la Méditerranée ; nous exposions, dans un cadre limitatif pour aujourd'hui, mais indéfiniment extensible, quelques-uns des sujets que nous pourrions examiner.

Merci, Messieurs et Chers Collègues, d'avoir répondu à notre appel et particulièrement à ce que nous appellerons, les assises, à Marseille, du commerce méditerranéen.

Nous allons voir de plus près, dans quelques instants, les questions touchant à ces différents points et d'autres aussi, notamment la question, particulièrement importante, de l'aménagement du Rhône. Nous le ferons d'une façon franche, affectueuse et avec cette courtoisie qui sont les caractéristiques des discussions au sein des Chambres de Commerce.

On peut ajouter que l'ambiance de cordialité et de liberté d'esprit est accrue aujourd'hui par l'apport particulier de chacune de nos Compagnies, en vue d'une heureuse mise en commun.

Marseille, et sa Chambre de Commerce, seront heureuses, Messieurs et chers Collègues, de vous montrer leurs œuvres et leurs projets, au point de vue portuaire et maritime. Elles le feront simplement et avec le dessein d'établir que l'extension et l'outillage économique du premier port français doit servir les intérêts nationaux et aussi ceux de notre pays en Méditerranée et aux Colonies.

La conjoncture particulièrement heureuse qui a permis de vous recevoir n'est pas le moindre des bienfaits que nous devrons à la Foire de Marseille et nous ne saurions trop vous convier de participer à son extension dans l'avenir.

Une fois encore, Messieurs et chers Collègues, soyez ici les bienvenus ».

*
* *

Les membres du Congrès ont ensuite visité le Musée historique de la Chambre de Commerce et tenu, sous la présidence de M. Edgard David, une première séance au cours de laquelle M. Henri Brenier, Directeur Général des Services de la Chambre de Commerce, Secrétaire Général de la XIe Région, dont l'activité inlassable et si admirablement éclairée a été auprès de M. le Président David l'âme de la Conférence, a donné lecture d'un rapport sur « les Relations Économiques de Marseille et de la XIe Région avec la Méditerranée ». Cette magistrale étude s'appuie sur les données réunies par M. H. Brenier pour l'établissement du monument qu'il a édifié à l'activité économique de Marseille et de sa Région, sous la forme du magnifique atlas que vient de publier la Chambre de Commerce.

Au cours de la seconde séance qui a été tenue dans l'après-midi, M. Henri Brenier a donné communication de la seconde partie de son rapport dans lequel il a examiné « le rôle actuel et possible des Chambres de Commerce Françaises de l'Afrique du Nord et de la Méditerranée pour l'organisation d'un service d'échange de renseignements et d'études éventuelles des questions d'intérêt commun ».

Après discussion, les conclusions de M. Brenier ont été adoptées par l'Assemblée.

La matinée du samedi 29 a été consacrée à la visite de la Foire de Marseille et à la réception de M. le Gouverneur Général de l'Algérie, réception qui a eu lieu au Palais Algérien de l'Institut Colonial au parc Chanot, au cours de laquelle le Congrès des Docks et Silos à Céréales de l'Afrique du Nord a terminé ses travaux.

La séance plénière du Congrès qui a réuni les Chambres de Commerce Françaises de la Méditerranée et les Membres des organismes agricoles de l'Afrique du Nord ayant pris part au Congrès des Docks et Silos, a eu lieu à la Chambre de Commerce sous la présidence d'honneur de M. Fernand Bouisson, Président de la Chambre des Députés, et de M. Pierre Bordes, Gouverneur Général de l'Algérie, et la présidence de M. E. David qui a prononcé le discours ci-après :

DISCOURS DE M. Edgard DAVID

Président de la Chambre de Commerce de Marseille

Monsieur le Gouverneur Général,

La Chambre de Commerce de Marseille est particulièrement heureuse et honorée de souhaiter, à la plus haute personnalité représentative de l'Algérie la plus déférente et la plus cordiale bienvenue.

Notre Compagnie vous sait un gré infini d'avoir bien voulu accepter son invitation. Pour vous l'adresser, elle avait de multiples raisons : quoique nombreuses, elles sont également bonnes. D'abord, je place au premier rang l'honneur et le plaisir de vous recevoir ; ensuite nous désirions suivre l'heureuse tradition qui nous a valu la visite de plusieurs de vos prédécesseurs ; enfin, nous souhaitions justifier, une fois de plus, cette vérité rigoureuse que la Méditerranée, loin de séparer l'Afrique de Marseille, les unit cordialement.

Au temps lointain où l'Afrique du Nord portait encore le nom, si peu euphonique, de Barbarie, les navigateurs marseillais en fréquentaient déjà les côtes. Dans l'antiquité et au moyen âge, ils y commerçaient avec les indigènes et, lorsque, au xvɪ° siècle, ils fondèrent des établissements commerciaux, des compagnies de négoce, c'est qu'ils avaient de ce pays une connaissance approfondie. La Barbarie, mais il y avait même des Marseillais qui la connaissaient trop bien ! Pris en mer et même sur les côtes de Provence par les pirates barbaresques, ils avaient été emmenés en esclavage et mis en vente à Alger, qui était, comme vous savez, un grand marché d'esclaves. Et s'il est une chose, du reste historiquement vérifiée, et dont Marseille est fière, c'est d'avoir préparé, par ses relations, par les établissements qu'elle y avait fondés, par ses commerçants qui y résidaient, la conquête de l'Algérie, dont vous vous apprêtez à célébrer grandiosement le centenaire. Marseille et sa Chambre de Commerce qui, aussitôt après 1830, furent les champions ardents de l'idée de colonisation de l'Algérie, idée alors si combattue, ne seront point les dernières à s'associer à cette célébration. En ce qui concerne ma plus que tricentenaire Compagnie, je tiens, Monsieur le Gouverneur Général, à vous en donner la formelle assurance.

Avec une sincérité non moins profonde, je dois ajouter que rien de ce qui touche la belle colonie confiée à votre haute administration ne nous trouve insensibles. Les deuils comme les joies advenant à l'Algérie trouvent ici leur écho. Parmi les joies, il en est une à laquelle nous fûmes bien heureux de nous associer ; c'était celle qui causait, dans toute l'Afrique du Nord, la nouvelle de la nomination, comme Gouverneur Général de l'Algérie, de M. le Préfet d'Alger, Pierre Bordes, que ses éminents services, dans la colonie, avaient désigné au choix du Gouvernement de la République.

Au lendemain même de votre accession à la haute charge que vous occupez avec tant d'éclat, une épreuve cruelle endeuillait l'Oranie : une des régions les plus riches de votre territoire se trouvait dévastée par l'inondation. Aux populations ainsi éprouvées vous avez su, Monsieur le Gouverneur Général, rendre le courage et donner la confiance, vous avez su aussi plaider, avec une pathétique émotion, la cause de ces régions dévastées et obtenir, de la Métropole, des concours actifs en vue de leur restauration. Notre Chambre de Commerce qui avait visité peu de mois avant, avec le plus vif intérêt, la région d'Oran, se fit un devoir de répondre à votre appel et de témoigner son affectueux attachement a l'Oranie. Elle avait applaudi au magnifique développement de ce pays, lorsque nos collègues d'Oran et de Mostaganem nous y reçurent avec une cordialité chaleureuse dont nous en conservons tous le souvenir.

Mais pourquoi faut-il que l'Algérie ait été encore éprouvée par cette tornade survenue à Djidjelli ? Votre haute sollicitude, Monsieur le Gouverneur Général, ne cessera pas de s'exercer, mais, nous l'espérons, en des occasions heureuses pour la grande colonie aux destins de laquelle vous veillez avec un inlassable dévouement et une si remarquable compétence.

Gérant responsable, avec vos conseils et vos délégations, de la portion la plus ancienne et la plus active de notre magnifique domaine nord-africain, il était tout indiqué, Monsieur le Gouverneur Général, que nous vous priions d'honorer de votre présence la réunion des Chambres de

Commerce françaises de l'Afrique du Nord et de tout le bassin méditerranéen convoquées par ma Compagnie et les Chambres de Commerce de la XI° Région Economique. Nous avions invité aussi M. le Résident Général de France au Maroc, nous regrettons vivement que des circonstances indépendantes de sa volonté, nous privent de sa présence, dont nous aurions été heureux et flattés.

Hier, en deux séances de travail, le Comité de la XI° Région Economique a examiné, avec nos collègues, représentants les plus qualifiés du commerce français en Algérie, Tunisie, Maroc et dans tous les pays méditerranéens, quels pouvaient être les meilleurs moyens d'intensifier nos relations, d'échanger des renseignements plus complets et plus fréquents sur les éléments actuels ou possibles de nos rapports commerciaux, d'étudier ensemble les problèmes, à la solution desquels nous avons un intérêt commun.

Cette idée de la solidarité méditerranéenne repose, Messieurs sur des bases si justes que, d'accord avec notre Compagnie, une autre réunion d'ordre économique méditerranéen était organisée, presque en même temps que la nôtre par l'Institut Colonial de Marseille, dont je suis le Président statutaire, mais que dirige, avec son habituelle maîtrise, mon éminent prédécesseur M. A. Artaud. Son dévouement inlassable à l'intérêt public reçoit, en ce moment même, une nouvelle récompense par le succès triomphal de la Foire Méditerranéenne et Coloniale, sœur très jeune de l'Exposition Coloniale Nationale de 1922, qu'il mena au succès.

La réunion à laquelle je fais allusion plus haut, est le Congrès des Silos, sur les buts et les résultats desquels M. le Président A. Artaud vous a donné, je crois, Monsieur le Gouverneur Général, un court aperçu lors de votre réception à la Foire. ce matin. Les membres de ce Congrès, si important, ont bien voulu accepter de venir à notre séance solennelle. Il m'est agréable de les saluer et de les en remercier particulièrement, leur présence ne pouvant que renforcer le sens de cette manifestation. L'ordre du jour, très chargé, ne me permet pas d'y inscrire le compte rendu officiel de leurs travaux, je le regrette, mais leur initiative complète trop bien la nôtre pour que je ne me fasse pas un devoir de la mentionner.

Sur les conclusions de notre Conférence des Chambres de Commerce françaises de la Méditerranée je me permettrai de vous donner, au banquet de ce soir, quelques indications aussi brèves que possibles, car, dans les réunions de ce genre, où il faudrait pouvoir se cantonner sur le terrain des faits et des chiffres, on cherche à s'égarer dans les avenues capricieuses de l'éloquence d'où la longueur des discours officiels. Connais-toi toi-même, disait Socrate. Je passe outre et je continue.

Il faut bien que je dise cependant quelques mots du sujet qui nous rassemble cet après-midi, l'Aménagement du Rhône, que nous avons inscrit dans notre programme, comme couronnement de notre Congrès !

Dans un instant, M. Henri Brenier, Directeur Général des Services de la Chambre de Commerce, vous rappellera, dans un rapport et par quelques commentaires sur les cartes que vous avez sous les yeux, le point exact où est ce grand problème d'un intérêt national et même mondial, mais évidemment d'un intérêt méditerranéen plus spécialement.

Il m'appartient de souligner sommairement le fait que si la Chambre de Commerce de Marseille a décidé de provoquer une nouvelle manifestation, particulièrement solennelle par la qualité et le nombre de ceux qui s'y associent, en faveur de l'Aménagement du Rhône, elle avait bien quelque droit de prendre cette initiative.

Demain vous constaterez, sur place, que la plus grande partie de notre tâche propre, en ce qui concerne la mise en valeur du Rhône est achevée. Vous traverserez le Souterrain du Rove, ouvrage sans rival dans le monde entier, et vous naviguerez sur le Canal de Marseille au Rhône. Il ne reste plus qu'à le mettre au gabarit entre Port-de-Bouc et Arles, ce qui ne saurait tarder. Alors, nous pourrons espérer que les chalands du Rhône, les produits de ou pour le reste de la France, de ou pour une partie de l'Europe Centrale, viendront de plus en plus chargés et nombreux dans le port de Marseille où il en arrive déjà. Notre grand port sera inévitablement devenu une des bouches du grand fleuve. Marseille, chef-lieu des Bouches-du-Rhône, aura enfin, en toute vérité topographique, mérité cette qualification.

Ce n'est ni le lieu, ni le moment de rappeler nos instances et nos actes pour l'accomplissement de notre rôle dans la réalisation de cette grande œuvre. Il me sera bien permis, fût-ce dans une quatrième allocution en trois jours, d'en dire deux mots à notre déjeuner de demain et de rendre hommage, à cette occasion, à mes éminents prédécesseurs. Tout ce que je veux répéter ici, c'est que notre rôle est presque terminé. Notre sœur et amie, la Chambre de Commerce de Lyon, a fait aussi une bonne partie de sa tâche : elle a son port Rambaud et aussi de grands projets. Il nous reste à souhaiter maintenant que les autres intéressés, que le Gouvernement surtout, que le Parlement (dont je saluerai mieux, ce soir, les représentants), fassent, à leur tour, leur devoir.

Un vœu solennel, dont tous les termes ont été soigneusement posés, sera présenté à l'approbation du Congrès à la fin de la séance. Je suis convaincu qu'il voudra bien l'adopter à l'unanimité, sans discussion. Son adhésion donnera ainsi à notre manifestation le poids et la signification qu'elle doit avoir.

En me tournant à nouveau vers vous, Monsieur le Gouverneur Général, je me permets d'appeler votre bienveillante attention sur la plupart des questions étudiées au cours de la réunion des Chambres de Commerce méditerranéennes. Elles intéressent l'Algérie, même et surtout, celle qui se rapporte ou projet d'Aménagement du Rhône, dont les conséquences économiques, au point de vue algérien, ne sauraient vous échapper. Dans votre remarquable discours, aux délégations financières, à l'occasion de votre prise de possession du Gouvernement Général, vous avez, à tous égards, témoigné d'un sens aigu des réalités et montré combien vous vous attachez à l'étude des grands problèmes financiers, économiques, agricoles et sociaux, dont la solution s'impose avec une acuité chaque jour plus vive.

Aussi votre présence ici est-elle pour nous un haut et précieux témoignage de l'intérêt que vous portez à nos travaux : soyez-en Monsieur le Gouverneur Général, très vivement et respectueusement remercié.

La première réunion des Chambres de Commerce françaises de la Méditerranée aura eu lieu sous votre égide : elle ne pouvait souhaiter un meilleur encouragement.

En terminant, Messieurs et Chers Collègues, permettez-moi de remercier encore tous ceux, vous tous qui nous ont fait le grand honneur d'accepter notre invitation, notamment à nos amis suisses que je suis tout particulièrement heureux de saluer, et de donner une mention spéciale à ceux d'entre vous venus de fort loin et qui se sont imposés la fatigue d'un fort long voyage. Merci aussi à tous ceux qui ont consenti à apporter à la tâche d'intérêt national et même mondial à laquelle nous nous sommes consacrés depuis si longtemps, l'appui décisif de leur autorité, de leur approbation pour que ce très grand œuvre, d'une portée immense « l'Aménagement du Rhône » devienne enfin une réalité.

*
* *

La séance a ensuite été consacrée à l'exposé fait par M. Henri Brenier de l'état actuel de la question de l'aménagement du Rhône, et s'est terminée par le vote d'un vœu tendant à ce que toutes les mesures soient prises pour que dans le plus bref délai le Gouvernement et le Parlement soient saisis de toutes les conclusions qui lui permettront, sans plus attendre, de passer à l'exécution de cette grande œuvre d'intérêt national.

La Conférence a voté un vœu tendant à ce que toutes les mesures soient prises pour que, dans le plus bref délai, le Gouvernement et le Parlement soient saisis de toutes les conclusions qui lui permettront de passer sans plus attendre à l'exécution de cette grande œuvre d'intérêt national.

Dans la soirée du samedi 29 septembre, la Chambre de Commerce a réuni dans un banquet de plus de deux cents couverts toutes les personnalités qui avaient participé à la première conférence méditerranéenne.

M. le Président David a prononcé le beau discours ci-après auquel ont répondu M. le Préfet des Bouches-du-Rhône, M. Bouisson, Président de la Chambre des Députés, M. le Sénateur Flaissières, Maire de Marseille, et M. Bordes, Gouverneur Général de l'Algérie.

DISCOURS DE M. Edgard DAVID

Monsieur le Gouverneur Général,

Messieurs les Présidents,

Messieurs,

Depuis deux jours, l'honneur de prendre la parole devant vous est échu au Président de la Chambre de Commerce de Marseille. Il s'excuserait de le faire une fois encore, si ce n'était, en ce moment, l'un des plus agréables devoirs de sa fonction, devoir dont l'accomplissement lui est cher puisqu'il doit commencer par le salut de sa Compagnie à toutes les personnalités éminentes réunies autour de cette table.

Monsieur le Gouverneur Général,

Vous voudrez bien me permettre de vous redire combien nous sommes heureux et honorés de vous avoir parmi nous, à l'occasion de la Foire commerciale de Marseille et de la réunion des Chambres de Commerce méditerranéennes. Vous savez la solidité des liens qui unissent l'Algérie à Marseille et à sa Chambre de Commerce, vous connaissez aussi les traditions historiques, d'après lesquelles tout événement heureux ou non qui survient en Algérie a chez nous sa répercussion. Je puis donc dire que des deux côtés de la Méditerranée nos cœurs battent à l'unisson.

Votre brillant passé, Monsieur le Gouverneur Général, a donné la mesure de vos qualités d'activité, d'intelligence et de dévouement à la cause coloniale : il répond de l'avenir, aussi est-ce avec une unanime confiance que vous pourrez poursuivre le développement politique, économique et social de l'Algérie.

Au plus haut représentant de l'Algérie, à nos compatriotes et amis algériens, tunisiens et marocains présents ici, la Chambre de Commerce de Marseille donne le témoignage d'un indéfectible attachement.

M. le Préfet des Bouches-du-Rhône, qui est notre président d'honneur et qui a toujours sa place parmi nous, M. le Maire, premier magistrat de la Cité, ont des droits marqués à notre vive gratitude ; qu'ils veuillent bien en agréer l'expression en retour des sentiments bienveillants et amicaux qu'ils ne cessent de nous témoigner et qu'ils soient aussi très cordialement remerciés d'avoir bien voulu répondre favorablement à notre invitation.

Je suis particulièrement heureux de saluer notre éminent concitoyen, M. Fernand Bouisson, que nous sommes très honorés d'avoir parmi nous et qui nous a déjà prouvé sa grande sollicitude et sa puissante influence dans une circonstance que je rappellerai dans un instant.

Des remerciements spéciaux s'adressent à M. le Sénateur Pasquet qui, à son titre de parlementaire joint celui de Président du Conseil Général des Bouches-du-Rhône, lequel, comme tous les Conseils Généraux de la vallée du Rhône, s'est toujours intéressé au grand problème de l'aménagement du Rhône, notamment sous l'impulsion d'un de ses anciens présidents, M. Nicolas Estier.

Merci aussi à MM. les Sénateurs et Députés des Bouches-du-Rhône qui sont venus nombreux ce soir, ce dont nous leur savons gré. Ils voudront bien reconnaître qu'en hommes d'affaires, habitués à gérer nous-mêmes nos intérêts et ceux de nos commettants, nous n'abusons pas auprès d'eux de demandes de recommandation et d'intervention. Qu'ils nous pardonnent cet esprit d'indépendance, qui est d'ailleurs une tendance marseillaise bien marquée. En effet, ce n'est pas aujourd'hui que la Chambre de Commerce de Marseille est imbue de ces bonnes ou mauvaises habitudes. Un grand ministre, sous Louis XV, le duc de Choiseul, l'apprécia : il ne nous en tint pas rigueur puisqu'il nous offrit son portrait qui figure dans le cabinet du Président. Un siècle auparavant, telle suplique au roi, qui portait en guise d'exergue, sur sa couverture, un animal essentiellement sud-méditerranéen, un chameau, accablé sous le poids de sa charge, symbole du Commerce chargé d'impôts (rien de nouveau sous le soleil) était arrêtée par la censure et envoyée au pilon. Elle en fut sauvée par le censeur qui se l'adjugea.

Mais si nous agissons volontiers de nous-mêmes dans les questions que nous estimons plus particulièrement de notre ressort et de notre compétence, nous savons que nous pouvons compter sur le bienveillant appui de tous nos représentants, sans distinction de parti, lorsqu'il s'agit, comme aujourd'hui, de notre expansion économique dans la Méditerranée et du problème de l'aménagement du Rhône, d'un intérêt national. La chose va de soi mais nous les remercions néanmoins sincèrement de la bonne grâce qu'ils y mettent.

Monsieur le Général Commandant le 15e Corps, et l'Amiral, Commandant la Marine de Marseille, que je suis très heureux de saluer pour la première fois, me permettront de leur dire le plaisir que nous avons à les avoir parmi nous.

J'ai déjà eu l'occasion de remercier de leur aimable et efficace participation à nos travaux, nos invités des Chambres de Commerce, nos Collègues de la XI° Région et des régions avoisinantes ainsi que nos amis suisses que nous ne pouvons oublier pour tant de motifs de mutuelle sympathie et aussi en raison du problème qui les touche aussi directement que nous-mêmes, celui de l'aménagement du Rhône.

Merci encore à tous ceux qui ont bien voulu suivre nos séances, en particulier les représentants de l'Union des Rhodaniens, qui, sous l'impulsion enthousiaste de son Secrétaire Général, M. Tournier, fait de si bonne besogne.

Merci, enfin, au Comité de la Foire de Marseille, présidé par notre cher et éminent concitoyen M. A. Artaud. Nous ne saurions perdre de vue que c'est à l'occasion de cette grande manifestation économique et coloniale qu'a lieu la réunion des Chambres de Commerce Méditerranéennes. Dois-je le dire, nous avons eu quelque orgueil à montrer à nos Compagnies-Sœurs un aussi bel exemple d'activité marseillaise que celui donné par la Foire de Marseille. Que les initiateurs de cette idée féconde et toutes les personnalités qui ont coopéré à cette exécution si grandiose reçoivent une fois encore les compliments du négoce de Marseille, de cette antique Cité qui créa, il y a plus de vingt siècles, des colonies autour de la Méditerranée et qui, se souvenant de son rôle de Métropole, a appelé à elle les représentants les plus qualifiés du négoce méditerranéen.;

Je m'en voudrais de ne pas adresser à la Presse un remerciement très cordial et qui lui est bien dû, car elle s'associe avec éclat à une œuvre dont elle a immédiatement saisi tout l'intérêt et toute la portée.

Au début de ce discours, Messieurs, je vous ai dit ma crainte d'abuser de la parole ces jours-ci. C'est curieux pour moi qui ne suis pas bavard. Je m'en excuserais si je n'envisageais, comme vous-mêmes, que le moment est venu de faire le point, si je puis m'exprimer ainsi, et de résumer les travaux de la réunion des Chambres de Commerce méditerranéennes. Nos séances sont évidemment l'objet de procès-verbaux qui en feront connaître le détail, aussi vais-je me borner à un compte rendu sommaire des résultats auxquels aboutit la Conférence des Chambres de Commerce françaises de la Méditerranée, dont notre vieille Compagnie a pris l'initiative, en plein accord avec nos Compagnies-Sœurs de la XI° Région.

Qu'il appartint à la Chambre de Commerce de Marseille, doyenne des Chambres de Commerce d'Europe, de chercher à réaliser ce projet, c'est ce que j'ai expliqué suffisamment, je crois, à votre séance d'inauguration avant-hier. Je ne reviendrai donc pas ici sur nos traditions, sauf cependant pour rappeler que dès le XII° siècle, les marchands de Marseille avaient leur quartier spécial à Jérusalem et que l'institution consulaire mondiale tout entière est issue de nos consuls marseillais des Echelles du Levant.

Nous pouvons donc annoncer des résultats et c'est ce qui nous intéresse toujours, nous, hommes pratiques. La solidarité méditerranéenne de nos institutions corporatives s'est traduite par la décision que nous avons prise d'organiser un service mutuel, plus complet, plus rapide, d'informations sur nos éléments d'inter-commerce méditerranéen : le rapport introductif, à notre premier échange de vues, de M. Henri Brenier, en a précisé le nombre et la diversité, régimes douaniers des pays qui nous entourent et leur activité économique propre, concurrences déjà existantes ou toutes proches, dont nous avons à tenir compte, etc... Un certain nombre d'autres problèmes qui nous intéressent tous à des degrés divers, seront aussi étudiés en commun et dans un ordre d'urgence convenu.

Quant à la seconde question inscrite à notre programme, celle de l'aménagement du Rhône, de ce Rhône, fils des Alpes, époux de la Méditerranée, je ne crois pouvoir mieux faire que de donner lecture de l'ordre du jour voté à l'unanimité dans notre séance de cet après-midi et qui va être adressé à M. le Président du Conseil, Ministre des Finances, et à tous les Ministres intéressés. Je demande à ceux qui l'ont déjà entendu toute leur indulgence et je m'excuse de le leur redire, mais il est bon de se pénétrer des arguments qu'il fait valoir et il est utile aussi que tout le monde le connaisse. Nous en confions particulièrement la réalisation à MM. les Sénateurs et Députés et je me permets de leur rappeler les paroles prononcées en août dernier par M. André Tardieu, Ministre des Travaux Publics, à l'inauguration par M. le Président de la République du barrage de Puyvalador : « L'aménagement du Plateau Central et des Pyrénées s'est réveillé, celui du Rhin est commencé, celui du Rhône ne tardera pas ».

Le double objectif que nous avons en vue comporte d'autres efforts. qui ne nous effrayent pas. La Chambre de Commerce de Marseille peut se rendre ce témoignage que, au cours de ses 329 ans d'existence, elle n'en a négligé aucun lorsque l'intérêt général était en jeu. Je ne puis en mentionner que deux, dans cette allocution déjà trop longue.

D'abord, la question des zones franches. Reprenant une tradition du commerce marseillais et aussi la campagne de propagande aux arguments irréfutables qui obtenait l'adhésion de tant de Chambres de Commerce, entreprise avec sa magnifique activité, pendant la guerre même, par notre Président honoraire, M. A. Artaud, notre Compagnie adoptait, dans sa séance du 1er mai 1928, uns substantiel rapport de notre brillant collègue J.-B. Rocca sur la question des zones franches maritimes d'après le projet de M. le député Candace.

La constitution de quatorze zones franches a été décidée, en Italie, par le décret-loi du 22 décembre 1927. Savone, Gênes, Livourne, Naples, Brindisi, Bari, Ancône, Venise, Trieste (où existent déjà des « points francs »), Fiume, Palerme, Messine, Catane et Cagliari. Il ne manque, pour leur ouverture, que les règlements d'administration publique qui sont, paraît-il, sur le point d'être publiés. Constantinople a créé une zone franche qui admet les opérations industrielles et que le voisinage des charbonnages d'Héraclée, et son admirable position économique naturelle rendent particulièrement redoutable, comme l'indiquait le rapport lu avant-hier par notre Directeur Général. La Yougoslavie en projette à Splitt et à Sussak. Elle possède déjà, d'accord avec la Grèce, celui de Salonique.

L'Espagne a celui de Cadix et de Santander et va consacrer 1.200 hectares à celui de Barcelone. L'Allemagne jouit des ports francs de Hambourg et de Brême et des zones ou entrepôts francs de Dantzig (dont profite aussi la Pologne), Hessin, Altona, Emden et de trois autres, soit neuf en tout. Et je ne parle pas des ports francs scandinaves.

Qu'attendons-nous donc pour créer au moins des zones franches commerciales ? Comme on le sait, elles ne peuvent porter tort au régime protectionniste puisque aucune industrie n'y serait admise. Il apparaît donc inexplicable qu'on n'utilise pas pour un port franc une admirable situation naturelle comme celle de Marseille ou de l'étang de Berre, qui fait maintenant partie intégrate de notre port et dont l'influence peut être encore accrue par l'aménagement du Rhône. Nous comptons sur l'autorité de nos représentants au Parlement pour que les Chambres puissent résoudre cette question par l'affirmative dans le plus bref délai.

Nous espérons également que ce n'est pas trop leur demander en les priant de faire aboutir notre grand projet du port aérien de Marignane-Marseille. La Chambre de Commerce, d'accord avec l'Aéro-Club de Marseille, n'a cessé de donner toute son attention à cette question depuis 1925. Nous avons accepté, d'une façon ferme, il y a un mois, après examen du cahier des charges, la gestion de l'aéroport de Marignane et nous nous préoccupons d'orienter les services compétents vers une meilleure et plus rapide liaison avec Marseille. Nous étudions à la fois au point de vue technique et financier le projet d'aéroport de Marseille-Plage que nous a présenté M. Boiron, vice-président de l'Aéro-Club et auquel a bien voulu s'intéresser, dès le premier jour, M. le Président Bouisson. Nous avons la plus grande confiance dans le prestige de sa haute fonction et son énergie bien connue pour obtenir du Gouvernement et du Parlement, avec le concours de tous ses collègues des deux Chambres, représentant notre département, les moyens financiers qui assureront à notre ville la première place que la nature lui assigna, au point de vue aérien, sur le continent européen.

Avant de terminer, Messieurs et chers Collègues des Chambres de Commerce, il me reste à exprimer une fois encore toute la joie, tout le plaisir que vous nous avez procurés en nous faisant l'honneur de vous rendre à notre invitation avec les personnalités éminentes qui sont au milieu de nous.

Des enseignements utiles, des résultats féconds sortiront, j'en suis convaincu, de nos travaux. Mais tout cela a besoin d'être étudié et consolidé, c'est pourquoi il est nécessaire que la réunion des Chambres de Commerce méditerranéennes, si heureusement inaugurée, cette année, soit suivie par d'autres semblables. Toutes nos Compagnies y trouveront profit, et l'intérêt général, qui est notre préoccupation essentielle, n'en sera que mieux servi.

Je bois, Messieurs, à Monsieur le Gouverneur Général, à nos hôtes, à toutes les Chambres de Commerce françaises de la Méditerranée, gardiennes vigilantes des intérêts du commerce et de l'industrie de la nation ».

*
* *

Le Congrès des Chambres de Commerce de la Méditerranée et le Congrès des Silos se sont terminés dans la journée du dimanche 30 septembre par les visites du port de Marseille, du tunnel du Rove et des Etablissements Portuaires de la Chambre de Commerce dans l'Etang de Berre et l'Etang de Caronte.

Au cours de cette belle journée d'automne qui a été marquée par un charmant déjeuner dans l'antique cité de Fos-sur-Mer, les membres de la Conférence ont pu se rendre compte de l'œuvre gigantesque qu'avait assumée la Chambre de Commerce de Marseille pour l'extension de ses ports.

Cette œuvre, dont l'ampleur n'a été égalée dans aucun autre port de France et qui peut paraître, au premier abord, dépasser les nécessités actuelles, satisfait de la manière la plus magnifique non seulement au besoin du développement des relations maritimes de Marseille au point de vue maritime et fluvial, mais encore au développement même industriel et urbain de cette grande cité grâce à une solution aussi harmonieuse que hardie.

Les hommes d'action et de profonde expérience qui représentaient le commerce et l'agriculture de la France méditerranéenne et qui, chacun dans leur région, ont considéré des questions de ce genre, ont été unanimes à le déclarer.

Les réunions provoquées par la Chambre de Commerce de Marseille ne pouvaient avoir une meilleure conclusion.

RAPPORTS ET DOCUMENTS

NOTE

**sur le Classement des variétés de blé cultivées en Tunisie, à envisager,
en tenant compte des desiderata formulés par le Congrès.**

Par M. BŒUF,

Chef du Service Botanique de la Tunisie

I. — BLÉS TENDRES

Actuellement, la Tunisie ne produit que des blés tendres à grain blanc.

Variétés

$$\text{Grain blanc} \begin{cases} \text{Tendre} \dots \dots \begin{cases} \text{Richelle hâtive} \\ \text{Barletta.} \end{cases} \\ \text{Un peu glacé} \dots \dots \text{Blé de Mahon.} \\ \text{Vitreux} \dots \dots \begin{cases} \text{Florence.} \\ \text{Irakié.} \end{cases} \end{cases}$$

II. — BLÉS DURS

Les variétés à grain blanc, ou mieux *ambré* sont les seules à prendre
en considération, celles à grain roux sont presque complètement éliminnées.

Variétés

$$\text{Grain ambré} \begin{cases} \text{Très clair} \dots \dots \begin{cases} \text{Biskri.} \\ \text{Hamira.} \end{cases} \\ \text{Clair} \dots \dots \begin{cases} \text{Sbéi.} \\ \text{Mahmoudi.} \end{cases} \end{cases}$$

Les blés tendres sont cultivés presque uniquement par les agriculteurs
européens. Les variétés sont pratiquement pures et peuvent être facilement
standardisées. Il en sera de même pour les variétés qui seront prochainement propagées par le Service botanique de Tunisie.

Les blés durs cultivés par les Européens tendent à être représentés
par des variétés pures et se prêtent au classement ci-dessus. Ceux que
produisent les Indigènes sont rarement purs, ils constituent des mélanges
de variétés, difficile sinon impossibles à standardiser, au moins pour
le moment.

F. BŒUF.

Société Civile
des Docks-Silos Coopératifs du Sersou

BURDEAU (Alger)

REGLEMENT INTERIEUR POUR LA CAMPAGNE 1926-1927

(Approuvé par l'Assemblée Générale Ordinaire du 11 juillet 1926)

---

§ I. — RÉCEPTION — CLASSEMENT

I. — *Lettre de voiture.*

Une lettre de voiture, signée du Sociétaire déposant ou de son représentant, indiquant la nature et la quantité de grains à déposer, et s'il s'agit d'un *dépôt collectif* ou d'un *dépôt individuel*, accompagnera chaque expédition de grain faite aux Docks; elle sera, à l'arrivée, présentée au visa de la Direction qui ordonnera l'agréage et la réception.

II. — *Agréage.*

Les grains apportés seront agréés par la Commission instituée par l'article 30 des statuts; mention de cet agréage signée des agréeurs sera faite sur la lettre de voiture; les grains mouillés ou charançonnés seront rigoureusement refusés; ceux mouchetés ou charbonnés pourront être acceptés par la Commission de réception, mais à la condition d'être logés dans des silos spéciaux, par silo entier.

Tout sociétaire pourra exiger, au moment de la réception de ses grains, la présence d'un des membres de la Commission d'agréage; s'il ne l'exige pas, le récépissé qui lui aura été délivré par l'Agent réceptionnaire fera foi des quantités, variétés et qualités de grains par lui livrées.

Des échantillons scellés, des grains objets de litiges, seront prélevés.

Toute contestation relative aux opérations de réception sera, en dernier ressort, tranchée par le Conseil d'Administration.

III. — *Réception, triage, pesage, catégorie du dépôt.*

Il sera ensuite procédé à la réception des grains agréés; ces grains seront alors :

1° Pesés (poids brut);

2° Nettoyés pour être mis dans un état de propreté uniforme;

« Les déchets et matières étrangères, séparés par le triage, seront immédiatement mis à la disposition du déposant, contre récépissé; si ce dernier ne procède pas immédiatement à leur enlèvement, la Société en disposera à son gré, sauf à faire supporter à l'intéressé les frais de manutention ou de déblaiement s'il y a lieu »;

3° Pesés après nettoyage :

« Ce poids servira de base pour déterminer la valeur d'entrée de l'apport de chacun »;

4° Le poids spécifique en sera ensuite déterminé :

« Le classement des grains s'effectuera d'après ce poids spécifique ».

L'Agent **réceptionnaire** mentionnera alors sur la lettre de voiture (dans la partie qui lui est spécialement réservée), les poids : brut, net et spécifique des grains livrés, ainsi que la catégorie du dépôt effectué : *collectif* ou *individuel*.

IV. — *Récépissé définitif.*

Un récépissé définitif, signé d'un membre de la Commission de réception et du Directeur, sera délivré au sociétaire déposant sur sa demande, contre remise des récépissés provisoires.

V. — *Classement.*

Dépôt collectif

Les grains déposés au titre *collectif* seront classés par catégories selon leur poids spécifique.

Tuzelle : 1re catégorie, poids spécifique supérieur à 80 kg. à l'hect.; 2e catégorie, poids spécifique de 79 à 80 kg. à l'hect.; 3e catégorie, poids spécifique de 78 à 79 kg. à l'hect.

Blé dur : 1re catégorie, poids spécifique supérieur à 83 kg. à l'hect.; 2$^·$ catégorie, poids spécifique de 82 à 83 kg. à l'hect.; 3e catégorie, poids spécifique de 80 à 82 kg. à l'hect.

Dépôt individuel

La catégorie des grains déposés au titre individuel ne sera retenue que pour ordre, et pour servir de base d'évaluation en cas de changement d'affectation.

§ II. — Régime des grains logés

1° Individuellement;
2° Collectivement.

I. — *Grains logés individuellement.*

Les grains déposés au titre *individuel* ne pourront être acceptés dans les Docks qu'après autorisation du Conseil d'Administration et à la condition : que le déposant ait alors disponible dans les docks le nombre de silos entiers qu'il entend occuper.

Dans ce cas, même s'il ne remplit pas les silos qui lui auront été réservés sur sa demande, il paiera les indemnités prévues aux articles 26 et 27 des statuts pour la contenance totale de ces silos, qu'il les ait utilisés ou non.

Les grains déposés au titre individuel resteront à la disposition du déposant dans les conditions statutaires; en sorte qu'il pourra à son gré en opérer le retrait ou en effectuer la vente à toute époque, mais à la condition de notifier la vente à la Société dans les 5 jours de sa date.

II. — *Grains logés collectivement* (faculté de disposer).

Les grains déposés au titre *collectif pourront* toujours être retirés ou vendus par le déposant, comme s'il s'agissait de grains déposés au titre *individuel*.

Cependant, attendu que ces grains seront mélangés et confondus avec d'autres, il est établi :

Que si les grains rendus ne sont pas de la même catégorie de classement que ceux déposés (d'après le poids spécifique) il lui sera livré par cent kilos retirés, sans fractionnement :

1 kilo de grains *en plus*, par kilo de poids spécifique à l'hectolitre constaté *en moins*.

1 kilo de grains *en moins*, par kilo de poids spécifique à l'hectolitre constaté *en plus*.

§ III. — Vente de grains

1. — *Vente par le Conseil d'Administration.*

Le Conseil d'Administration pourra toujours procéder, à la demande des déposants, à la date et aux prix que ces derniers conviendront, à la vente totale ou partielle de leurs grains. Dans ce cas, le prix à en provenir, sous déduction des redevances ou retenues prévues aux statuts et au présent règlement, sera porté au crédit du vendeur intéressé, dans la proportion lui revenant.

II. — *Vente collective proprement dite* (Standard).

Tuzelle ou blé tendre

Les déposants, que leurs grains soient emmagasinés au titre *collectif* ou au titre *individuel*, pourront à leur gré :

— vendre eux-mêmes la quote-part leur revenant ou la faire vendre par le Conseil d'Administration ainsi qu'il vient d'être établi;

— ou les affecter spécialement à la « vente collective proprement dite », affectation qui résultera d'une déclaration expresse signée du sociétaire intéressé, faite à l'époque annuellement fixée par le Conseil d'Administration, et pour 1926 avant le 15 août prochain.

Les grains affectés à la « vente collective proprement dite » seront mélangés de façon à obtenir trois masses distinctes :

— l'une, comprenant les grains d'un poids spécifique supérieur à 80 kilos à l'hectolitre, qui constituera le standard n° 1.

— la deuxième comprenant les grains d'un poids spécifique de 79 à 80 kilos à l'hectolitre, constituera le standard n° 2.

— et la troisième, comprenant les grains d'un poids spécifique de 78 à 79 kilos à l'hectolitre qui constituera le standard n° 3.

NOTA. — S'il existe des tuzelles ou blés tendres d'un poids spécifique inférieur à 78 kilos, elles pourront être employées en mélange dans la constitution de l'un des standards dont il vient d'être parlé. A défaut, elles seront exclues du standard et vendues séparément.

Les grains des catégories standardisées, échantillonnées, seront exposés à la vente par le Conseil d'Administration, ou ses délégués spéciaux, par fractions mensuelles dont il fixera l'importance;

Les prix obtenus seront, au fur et à mesure de leur réalisation, portés au crédit du compte du sociétaire intéressé dans la proportion lui revenant.

Ainsi, chaque sociétaire ayant concouru à la formation de la masse des grains *vendus collectivement*, se trouvera profiter, sans avoir spéculé, de tous les prix pratiqués au cours de la période normale de conservation des grains.

Blés durs :

Pour établir la standardisation des blés durs, il sera procédé comme pour les tuzelles ou blés tendres, avec cette différence que :

— le standard n° 1 sera constitué de blés durs d'un poids spécifique supérieur à 83 kilos à l'hectolitre;

— le standard n° 2 sera constitué de blés durs d'un poids spécifique de 82 à 83 kilos à l'hectolitre;

— le standard n° 3 sera constitué de blés durs d'un poids spécifique de 80 à 82 kilos à l'hectolitre.

Les blés durs de qualité nettement supérieure « Semouliers », quoique d'un des poids spécifiques qui viennent d'être indiqués, seront classés et vendus séparément.

NOTA. — Les blés durs d'un poids spécifique inférieur à 80 kilos pourront être employés en mélange dans la constitution des standards dont il vient d'être parlé; à défaut, ils seront vendus séparément.

Sortie des grains.

La sortie des grains ne s'effectuera que sur ordre de sortie signé de la Direction et de l'Administrateur délégué de la Société, mentionnant, vérification faite, que ces grains sont libres de tout engagement; décharge sera donnée des grains délivrés.

Boni. — Perte.

1° *Boni*

Les bonis relatifs aux grains déposés dans les docks profiteront aux déposants :

Proportionnellement aux quantités en poids déposées et au nombre de quinzaines entières pendant lesquelles le grain sera resté déposé, chacun de ces mois devant être respectivement décompté avec le coefficient :

0,50	pour	septembre,
1,00	»	octobre,
2,50	»	novembre,
2,50	»	décembre,
2,50	»	janvier,
1,00	»	février.
10	»	

Etant entendu :

1° Que les grains sortis avant le 1er septembre n'auront aucun droit à ce boni;

2° Que le boni afférent à la période à courir à partir du jour de la vente des grains par le sociétaire, sera acquis à la société des docks.

2° *Perte*

Les pertes ou manquant seront supportés par tous les sociétaires déposants proportionnellement aux quantités en poids déposées par chacun.

§ IV. — Avances — Warrants

Les Sociétaires déposants, à quelque titre que ce soit, pourront recevoir des avances du Crédit Agricole Mutuel au moyen de warrants agricoles établis dans la forme prévue par la loi, à concurrence de 75 % de la valeur des grains déposés. Cette valeur est provisoirement fixée par le Conseil d'Administration pour la campagne 1926 à :

190 fr. le quintal pour la tuzelle, 190 fr., le quintal pour le blé dur, et 100 fr. le quintal pour l'orge et l'avoine.

Le Conseil d'Administration pourra également autoriser le warrantage des grains par les acquéreurs étrangers à la Société au profit de tous prêteurs.

Dans tous les cas, ces avances sur warrants devront être remboursées avant le retrait des grains.

§ V. — Magasinage. — Redevances prévues par les articles 26 et 27 des statuts (1926-1927)

Redevance annuelle (art. 26). — Tout sociétaire quel que soit son apport de récolte aux docks-silos, et même s'il n'y apporte rien, paiera à la Société une rédevance annuelle fixée à 0,80 c. par hectolitre de logement auquel il a droit (soit 1 fr. par quintal de blé tuzelle). Cette redevance sera pour 1926, payable le 31 août prochain.

Redevance mensuelle (art. 27). — Droits d'entrée et de sortie

I. — Sociétaires

Tout sociétaire qui déposera des grains dans les docks paiera, en outre :

Droit d'entrée	0,10	par quintal
Droit de sortie	0,15	—
Changement de silo	0,05	—
Ensachage et manutention à la sortie	0,20	—
Redevance mensuelle : de logement	0,10	par quintal sans fractionnement.
Redevance mensuelle : assurance	0,04	par quintal sans fractionnement.
Mise sur wagon	0,15	—

II. — Tiers acheteurs

Pour le cas de vente à un tiers, qui n'est pas sociétaire, la redevance qui précède sera remplacée par la suivante :

Droit de sortie	0,25	par quintal
Changement de silo	0,10	—
Ensachage et manutention à la sortie	0,20	—
Redevance mensuelle : de logement	0,20	—
Redevance mensuelle : assurance	0,04	—
Mise sur wagon	0,15	—

Dans tous les cas, ces redevances seront payables :

— Les droits de changement de silo, le jour même de l'opération;

— La redevance mensuelle de logement et assurance par mensualité échue, sans fractionnement (tout mois commencé est dû).

— Les droits de sortie, ensachage et manutention, avant le retrait des grains des silos.

Pour copie conforme :

Le Président, Signé : H. FURGIER.

La Fédération des Syndicats Agricoles de l'Oranie a étudié, en accord avec le Syndicat Commercial et Industriel d'Oran, les termes d'un contrat susceptible d'être utilisé dans la vente des céréales par les producteurs. En voici le texte :

CONFIRMATION
POUR ACHATS A LA CULTURE

Je soussigné :

Propriétaire, demeurant à.. .. ..

déclare avoir vendu au poids, à M... .. ..

par l'entremise de M... .. ..

la quantité fixe de.. .. .. 2 % plus ou moins,

de la récolte 19.. .. ..

et ce au prix de.. .. ..

les cent kilos nets rendus.. .. ..

Qualité. — La qualité devra être sèche, saine, loyale et marchande. Les blés ne devront ni être mouchetés ni charbonnés; les avoines ne devront pas contenir d'ergots; les orges ne devront pas être charbonnées. Toute contestation quelconque dans l'exécution du présent contrat sera tranchée à l'amiable par la Chambre Arbitrale Intersyndicale d'Oran.

Livraison. — Les livraisons auront lieu au plus tard le

Sacherie. — Les sacs seront fournis par l'acheteur franco 10 jours avant la première livraison. La location des sacs demandés avant ce délai sera payée par le vendeur. Tout sac perdu ou non rendu sera facturé au taux des loueurs et la location sera perçue du jour de la dernière livraison au jour de la reddition.

Conditions particulières. — Le vendeur, lorsqu'il aura choisi un courtier, paiera seul le courtage à raison de   les cent kilos (ne sont pas considérés comme courtiers les agents de maison).

Les marchandises vendues avec la mention « Magasin » ou « Dock » ou « Gare » s'entendent mises sur bascule. Les frais de manipulation seront facturés au vendeur à raison de francs les 100 kilos brut.

Les marchandises vendues avec la mention « Wagon » s'entendent sur wagons effectifs à destination de   à moins de stipulation contraire.

Sauf convention contraire, les sacs seront réglés à 101 kilos pour les 100 kilos nets pour les blés et orges, et à 81 kilos pour 80 kilos nets pour les avoines.

Le paiement des marchandises sera effectué au comptant sur remise des récépissés de chemin de fer ou bons de réception réguliers.

Fait en double et de bonne foi à   le   192

LE VENDEUR,   LE COURTIER,   L'ACHETEUR,

Société Civile
des Docks-Silos Coopératifs
de la Région de Relizane

REGLEMENT INTERIEUR POUR LA CAMPAGNE 1928-1929

ARTICLE PREMIER
Fournitures de sacs aux Sociétaires

A. — Il pourra être fourni aux Sociétaires, sur leur demande, la sacherie nécessaire au logement des grains destinés à être expédiés sur les Docks.

B. — Les Sociétaires désireux de profiter de cette facilité devront adresser à la Direction des Docks une demande faisant connaître le nombre approximatif de quintaux qu'ils comptent endocker dans chaque nature de grain, et la date approximative de la mise en sacs; cette demande devra être faite *un mois* avant la date indiquée.

C. — La sacherie sera toujours expédiée en pochées plombées; le destinataire devra vérifier, à l'arrivée, le plombage et le poids, et faire toutes formalités nécessaires auprès du transporteur, en cas de manquant.

D. — La fourniture de sacs aux Sociétaires étant faite uniquement pour faciliter l'expédition des grains sur les Docks, ceux qui ne seront pas rendus le 31 décembre seront facturés.

E. — Le taux de location et de remboursement des sacs seront fixés en temps utile par le Conseil d'Administration.

ARTICLE II
Expédition de grains sur les Docks

A. — *Par voie ferrée.*

Chaque expédition faite par voie ferrée devra obligatoirement faire l'objet d'une lettre d'avis adressée au Directeur, le jour même de la mise sur wagon.

Cette lettre indiquera la date et la nature du chargement, le nombre de sacs et le poids déclaré par l'expéditeur.

Le comptage devra toujours être demandé au départ, afin de pouvoir exercer un recours contre le transporteur en cas de manquant.

B. — *Par charrettes ou camions.*

Chaque expédition par charrette ou camion devra être accompagnée d'une lettre remise au transporteur et contenant l'indication de la nature du chargement, du nombre de sacs et du poids déclaré. .

C. — *Règles générales.*

Il est interdit aux expéditeurs de mélanger les sortes ou les qualités sur un même wagon ou un même véhicule.

Quand ils seront dans l'obligation de passer outre à cette interdiction pour compléter un chargement, les sacs seront chargés de telle sorte que les qualités différentes soient facilement séparables au déchargement et mention expresse en sera portée sur la lettre d'avis. Si l'inobservation de ces recommandations provoquait des manipulations supplémentaires ou des mélanges de qualités, les frais ou dommages en résultant seraient mis à la charge du sociétaire déposant.

ARTICLE III
Réception des grains

A. — Les grains expédiés sur les docks devront être rigoureusement sains, à l'exclusion de ceux humides, échauffés, charançonnés ou en mauvais état; ceux mouchetés ou charbonnés seront acceptés à la condition d'avoir fait l'objet d'une déclaration spéciale du déposant et d'une expédition séparée.

B. — A leur arrivée aux docks, les grains seront pris en charge par l'agent réceptionnaire qui procèdera aux opérations de pesage et délivrera un reçu provisoire mentionnant le nombre de sacs, la nature, le classement et le poids net avant le nettoyage du grain endocké.

C. — Les grains reçus seront réceptionnés et classés par la Commission prévue à l'article 30 des statuts ou par un agent nominativement délégué par cette Commission.

D. — Les déposants pourront assister aux opérations de réception et de pesage. En cas de contestation, des échantillons scellés du litige seront prélevés.

ARTICLE IV
Déchets

Les déchets du nettoyage seront mis immédiatement à la disposition des déposants contre récépissés. Si ces derniers ne procèdent pas aussitôt à leur enlèvement, la Société en disposera à son gré.

ARTICLE V
Récépissés définitifs

Un récépissé définitif, mentionnant le poids total net des grains après nettoyage, par nature et catégorie, sera délivré aux déposants et envoyé par poste, sous pli recommandé.

ARTICLE VI
Classement

Le classement des grains déposés au titre collectif se fera par nature, catégorie et région de production, les catégories seront déterminées selon les règles ci-après :

Blés durs : 1ᵉ catégorie, poids spécifique, 84 et au-dessus; 2ᵉ catégorie, poids spécifique, 83,999 à 81; 3ᵉ catégorie, poids spécifique, au-dessous de 81.

Blés tendres. — 1ʳᵉ catégorie, poids spécifique, 81 et au-dessus; 2ᵉ catégorie, poids spécifique, 80,999 à 78; 3ᵉ catégorie, poids spécifique, au-dessous de 78.

Tuzelles : 1ʳᵉ catégorie, poids spécifique, 78 et au-dessus; 2ᵉ catégorie, poids spécifique, au-dessous de 78.

Orges : 1ʳᵉ catégorie, poids spécifique, 60 et au-dessus; 2ᵉ catégorie, poids spécifique, 59,999 à 56; 3ᵉ catégorie, poids spécifique, au-dessous de 56.

Avoines : 1ʳᵉ catégorie, poids spécifique, 47 et au-dessus; 2ᵉ catégorie, poids spécifique, au-dessous de 47.

Au-dessus de 1 %, la proportion de mitadins ou de grains étrangers sera indiquée en pourcentage.

ARTICLE VII
Régime des dépôts

Les Sociétaires n'ont droit au logement que pour les quantités souscrites (art. 24 des statuts). Toutefois, ils pourront être autorisés à loger une quantité supérieure, s'il existe du logement disponible. (Art. 29 des statuts).

Le grain logé en excédent sera passible de la taxe spéciale déterminée à l'article 10, Redevances.

ARTICLE VIII
Dépôts individuels

Les grains logés au titre individuel (Art. 32 des statuts) ne pourront être acceptés dans les docks qu'après autorisation du Président ou de son délégué, à condition que le déposant ait alors disponible dans les Docks le nombre de silos entiers qu'il entend occuper. Dans ce cas, même s'il ne remplit pas les silos qui lui ont été réservés sur sa demande, il sera tenu de payer les redevances pour la capacité totale.

Les grains admis au régime individuel ne seront classés que pour mémoire, à mesure de leur mise en silo.

ARTICLE IX
Dépôts collectifs

Les grains logés à titre collectif seront mis en silo suivant leur classement à l'entrée, c'est-à-dire que chaque silo ne pourra contenir que du grain de même nature, de même catégorie et de même région de production. En conséqunce, les déposants ne pourront exiger à la sortie que du grain répondant aux diverses mentions indiquées sur le récépissé définitif.

ARTICLE X
Redevances sur dépôts

A. — Tout sociétaire déposant du grain paiera les frais suivants :
Taxe unique de dépôt 0,50 par quintal.
Redevance mensuelle de logement 0,15 par quintal, y compris assurance.

B. — Pour les sociétaires autorisés à endocker, en sus de leur droit de logement, la taxe mensuelle sera doublée pour les quantités en surplus.

C. — Pour les acheteurs étrangers bénéficiant de bons de transfert, la taxe mensuelle sera également portée au double.

D. — Les blés tendres et orges existant en docks au 1ᵉʳ novembre, acquitteront une taxe fixe supplémentaire de 0,30 par quintal pour frais de conservation et ventilation. La même taxe sera appliquée à nouveau à tous les grains existant en silos au 1ᵉʳ février.

E. — Les frais de redevances sur dépôt seront établis et payés au moment de la sortie des grains. La redevance mensuelle sera décomptée par période de 30 jours, de la date du dépôt, toute période commencée étant dûe.

ARTICLE XI
Vente des grains

A. — Les grains endockés seront toujours vendus selon les usages du commerce, c'est-à-dire pris sur bascule, poids net, tare commerciale d'usage, frais d'ensachage, réglage et chargement à la charge des preneurs. Ces frais sont fixés à 0,30 par sac et payables avant l'enlèvement.

B. — Ces conditions sont obligatoires. Les vendeurs devront faire insérer la formule suivante sur leur contrat de vente LIVRAISON SUIVANT REGLEMENT DES DOCKS COOPERATIFS.

Toutes clauses contraires seront considérées comme nulles.

C. — Les sociétaires pourront vendre leur grain, soit directement, soit par l'intermédiaire de la Direction des Docks, soit laisser au Conseil d'Administration le soin de faire des ventes échelonnées en groupant certaines quantités.

D. — Les sociétaires déposants, vendant leur grain directement devront, dès la conclusion du contrat, aviser la Direction des Docks, en faisant connaître le nom de l'acheteur, les quantités vendues, les prix et les conditions particulières s'il y a lieu.

E. — Les sociétaires déposants, désireux de vendre leur grain par l'intermédiaire de la Direction, signeront un ordre de vente indiquant la quantité à vendre, le prix minimum demandé et la date limite de la validité de l'ordre de vente.

F. — Les sociétaires déposants, désireux de bénéficier des ventes échelonnées à faire par le Conseil d'Administration, devront en faire la demande expresse par écrit, au Président du Conseil d'Administration. en spécifiant les quantités et catégories du grain qu'ils mettent ainsi à sa disposition. Cette demande une fois acceptée par le Conseil d'Administration ne pourra plus être retirée.

G. — Les quantités mises ainsi à la disposition du Conseil d'Administration seront vendues aux dates et conditions à fixer par lui.

Le produit de ces ventes sera versé à la caisse régionale, laquelle, suivant bordereau fourni par la Direction des Docks et mentionnant toutes indications utiles sur les quantités vendues, la part revenant à chaque participant à la vente, les warrants et redevances à percevoir, en portera le reliquat disponible au compte particulier de chaque ayant droit, afin de permettre aux participants la libre disposition des sommes leur revenant.

Article XII

Transferts

Les sociétaires déposants pourront également vendre leur grain par bons de transfert, établis par la Direction des Docks sur leur demande écrite. Ces transferts prendront date du jour de leur établissement, mais ils ne deviendront définitifs qu'après acceptation écrite du bénéficiaire.

Les grains transférés devront être préalablement libérés de tous warrants.

Article XIII

Avances sur warrants

A. — Les Sociétaires déposants, à quelque titre que ce soit, pourront recevoir des avances à la Caisse Régionale au moyen de warrants agricoles établis dans la forme prévue par la loi. Le Conseil d'Administration fixera, chaque année, en temps utile, le pourcentage des avances et le taux de l'intérêt.

B. — Ces warrants seront établis par la Caisse Régionale sur présentation d'un BON POUR WARRANTAGE délivré par la Direction des Docks sur la demande du déposant.

Ce bon extrait d'un carnet à souche numéroté, portera toutes indications utiles sur la nature, la quantité et la catégorie des grains à warranter, les noms et qualité de l'emprunteur et la somme demandée. Il certifiera, en outre, que la quantité de grains à warranter existe bien dans les Docks au nom du bénéficiaire.

C. — La délivrance de ce bon pour warrantage aura pour effet d'immobiliser les quantités de grains indiquées, lesquelles ne pourront être retirées par le porteur du warrant que sur présentation du dit bon portant mention de sa libération, certifiée par le Directeur de la Caisse Régionale.

D. — En cas de libérations partielles, le Directeur de la Caisse Régionale délivrera un certificat de libération partielle et le BON POUR WARRANTAGE sera présenté seulement lors de sa libération définitive.

E. — La libération totale ou partielle pourra être effectuée, soit par le déposant, soit par le Directeur des Docks agissant au nom du déposant, soit par une tierce personne munie des instructions écrites du déposant ou du Directeur des Docks.

F. — Le Conseil d'Administration pourra également autoriser le warrantage des grains par les acquéreurs étrangers à la Société, au profit de prêteurs.

Article XIV

Sortie des grains

A. — La sortie des grains s'effectuera sur un ordre de sortie établi par la Direction des Docks, et mentionnant, toutes vérifications faites, que ces grains sont libres de tout engagement.

B. — Pour les grains warrantés, l'ordre de sortie ne sera établi qu'après avis de la Caisse Régionale d'un accréditif en sa faveur, ou sur retour du bon pour warrantage comme il est dit à l'article 13, paragraphe C. du présent règlement.

C. — Les expéditions seront faites dans l'ordre d'inscription des dossiers. Sauf avis contraire des acheteurs, le bachage et le comptage seront toujours demandés au départ.

D. — Afin de permettre les vérifications et réparations nécessaires à la machinerie, durant la période du 1er avril au 15 mai, les retiraisons de grains par les moyens mécaniques seront suspendues.

Article XV
Taxe annuelle

La taxe annuelle prévue par l'article 26 des statuts et payable par tous les sociétaires ayant endocké ou non, sera mise en recouvrement, le 1er octobre de chaque année. Le taux en sera fixé par le Conseil d'Administration en temps opportun.

Article XVI
Boni

Le produit du boni sera attribué, en fin d'exercice, aux sociétaires déposants, au prorata des quantités endockées et de la durée des dépôts.

Silos Coopératifs de Béja

STATUTS

Formation de la Société. — Son objet. — Sa dénomination. —
Sa durée. — Sa circonscription

Article premier. — Il est formé entre les agriculteurs français et indigènes de la région de Béja, qui adhéreront aux présents statuts, par la souscription ou la possession d'une ou plusieurs parts qui sont ou seront créées, une société anonyme coopérative, à capital et personnel variables, qui sera régie par le décret beylical du 4 juillet 1907.

Art. 2. — Cette Société a pour objet le logement et la conservation des grains de toutes natures provenant de la récolte des sociétaires. Elle prévoit, pour loger et conserver ces grains, la construction, l'installation et l'exploitation des magasins qui prendront le nom de « SILOS COOPE-RATIFS DE BEJA ».

Art. 3. — Son siège est établi à Béja.

Il pourra être transféré ailleurs, en vertu d'une simple décision du Conseil d'Administration.

Art. 4. — La durée est illimitée, sauf dissolution anticipée.

Art. 5. — La circonscription territoriale de la région de Béja est définie par les limites portées sur l'extrait de la carte au 1/50.000ᵉ joint au présents.

Capital social. — Parts. — Versements. — Transferts

Art. 6. — Le capital social est, quant à présent, fixé à la somme de deux cent mille francs, divisé en quatre-vingts parts de deux mille cinq cents francs chacune.

Le capital pourra ensuite être augmenté. d'année en année, et dès le premier exercice, par délibération de l'Assemblée Générale. décidant l'émission de nouvelles parts.

Il pourra, par contre, être réduit. par suite de reprises d'apport resultant de retraite ou d'exclusion, mais jamais au-dessous du capital initial.

Lorsque la Société aura reçu une avance de l'Etat, conformément à la loi du 26 décembre 1906 et au décret du 4 juillet 1907, le capital ne pourra, sous aucun prétexte, être réduit au-dessous du montant qui aura servir de base à ladite avance.

Art. 7. — Tout souscripteur de part doit être agriculteur ou appartenir à une profession connexe à celle d'agriculteur.

Art. 8. — Chaque part est payable un quart en souscrivant et le surplus à l'appel du Conseil d'Administration.

Tout souscripteur pourra se libérer en totalité par un seul versement.

Les versements en retard seront passibles d'un intérêt de 7 % l'an.

Passé le délai de trois mois, la Société disposera de la part, aux risques et périls du souscripteur, par une mise en demeure préalable, par lettre recommandée.

Les porteurs de parts, conformément à la loi, ne sont engagés que jusqu'à concurrence du montant des parts par eux souscrites.

Art. 9. — Les parts seront toujours nominatives ; les titres de ces parts qui pourront être; délivrés seront extraits de registres à souches, signés de deux administrateurs et frappés du timbre de la Société.

Leur taux de remboursement ne pourra, en aucun cas, même en cas de dissolution, excéder leur prix initial.

Elles sont indivisibles à l'égard de la Société qui ne reconnaît qu'un seul propriétaire pour chaque part ; en conséquence, tous les co-propriétaires d'une part sont tenus de se faire représenter par un seul d'entre eux.

Aucun dividende ne sera attribué au capital ou aux fractions de capital.

L'intérêt servi aux porteurs de parts ne pourra jamais dépasser six pour cent.

Art. 10. — Le nombre de parts pouvant être souscrites par chaque sociétaire est illimité. Chaque part donnera droit à la location d'un logement de 63 mètres cubes, sans toutefois que le logement maximum attribué à un sociétaire puisse dépasser 378 mètres cubes.

Les parts souscrites par un sociétaire seront, au delà de la sixième, timbrées de la mention « Sans logement ».

Art. 11. — Les parts seront transmises par une inscription sur les registres de la Société, signée du cédant, du cessionnaire et d'un administrateur.

Toutefois, le transfert est subordonné à l'agrément du Conseil d'Administration, qui peut s'y opposer en exerçant, au nom et pour le compte d'un associé ou de la Société elle-même, un droit de préemption au prix initial.

Titre III

Admissions. — Retraites. — Exclusions

Art. 12. — Lorsque, en vertu de l'article 6, une augmentation de capital aura été décidée par une assemblée générale, l'émission des nouvelles parts aura lieu aux conditions fixées par ladite assemblée qui pourra réserver, dans une proportion déterminée, un droite de préférence aux anciens souscripteurs. L'admission des nouveaux porteurs de parts n'aura lieu qu'en vertu d'une décision du Conseil d'Administration et donnera lieu à la perception d'un droit d'inscription qui sera déterminé par l'Assemblée Générale.

Art. 13. — Tout porteur de parts a le droit de se retirer de la société au moyen d'une déclaration signée par lui sur un registre spécial tenu au siège de la Société, et sous réserve de l'agrément du Conseil.

Art. 14. — Le Conseil d'Administration pourra proposer l'exclusion d'un ou plusieurs porteurs de parts à l'Assemblée Générale qui se prononcera dans les conditions fixées par l'article 52 de la loi du 24 juillet 1867.

Cette exclusion devra être motivée par un préjudice grave causé à la Société.

Art. 15. — Lors de la retraite ou de l'exclusion d'un porteur de parts, la Société doit lui rembourser ses parts au prix fixé par la dernière assemblée générale, qui ne pourra jamais être supérieur au prix initial, ainsi qu'il est prescrit à l'article 9.

Ce remboursement, ainsi que le paiement de l'intérêt de ces parts et des ristournes qui peuvent lui revenir, ne seront exigibles qu'à l'époque fixée par le Conseil d'Administration pour le paiement de l'intérêt et de la répartition pour trop perçu de l'exercice en cours, conformément aux dispositions de l'article 45.

Le porteur de parts qui, volontairement, cesse de faire partie de la Société, reste tenu pendant deux ans, envers ses co-associés et envers les tiers, de toutes les dettes et de tous les engagements de la Société contractés avant sa sortie. Mais cette responsabilité ne peut excéder le montant de ses parts.

Art. 16. — En cas de retraite volontaire ou forcée, les porteurs de parts ou leurs héritiers ou ayant droit ne peuvent, sous aucun prétexte, provoquer l'apposition des scellés sur les biens ou valeurs de la Société, ni en demander partage ou licitation, ni s'immiscer en aucune façon dans son administration. Ils doivent, pour l'exercice de leurs droits, s'en rapporter aux décisions de l'Assemblée Générale.

En cas de décès d'un porteur de parts, le Conseil d'Administration aura toujours le droit de rembourser les héritiers dans les conditions de l'article 15, si les héritiers le réclament.

Titre IV

Administration

Art. 17. — La Société est administrée par un Conseil, composé de six membres, pris parmi les porteurs de parts et nommés par l'Assemblée Générale.

Art. 18. — Les administrateurs doivent être chacun propriétaire d'au moins une part pendant toute la durée de leur mandat. Ces parts seront affectées à la garantie de tous les actes de leur gestion, même de ceux qui seraient exclusivement personnels à l'un des administrateurs.

Elles sont inaliénables, frappées d'un timbre indiquant leur inaliénabilité et déposées dans la caisse sociale.

Art. 19. — Les administrateurs sont nommés pour trois ans. Le Conseil d'Administration se renouvelle par tiers tous les ans. Les deux premières séries sont désignées par le sort. Les administrateurs sortants sont toujours rééligibles.

Art. 20. — En cas de vacances par décès, démission ou autres causes, d'un ou plusieurs administrateurs, ils peuvent être provisoirement remplacés par le Conseil, par voie d'élection, jusqu'à la prochaine assemblée générale, qui procède à l'élection définitive. Le membre ainsi nommé achève le temps de celui qu'il a remplacé.

Art. 21. — Chaque année, le Conseil nomme parmi ses membres son Bureau, composé d'un président, d'un vice-président, d'un secrétaire et d'un trésorier.

Art. 22. — Le Conseil d'Administration se réunit au siège social aussi souvent que l'intérêt de la Société l'exige, au moins une fois par mois, sur la convocation du président, ou, en cas d'empêchement, sur celle du vice-président. Les délibérations sont prises à la majorité des voix des membres présents ; en cas de partage, la voix du président est prépondérante.

Nul ne peut voter par procuration dans le sein du Conseil.

Art. 23. — Les délibérations sont constatées par des procès-verbaux qui sont portés sur un registre tenu au siège de la Société et signés par le président et le secrétaire qui y ont pris part. Les copies ou extraits des délibérations à produire en justice ou ailleurs, sont certifiées par le président du Conseil ou le vice-président.

Art. 24. — Le Conseil a les pouvoirs les plus étendus pour l'administration des biens et des affaires de la Société. Il peut même transiger, compromettre, donner tous les désistements et mains-levées, avec ou sans paiement. Il arrête les comptes qui doivent être soumis à l'Assemblée Générale, propose tout projet d'augmentation du capital et toutes les modifications énumérées à l'article 39. Le président du Conseil représente la Société en justice, tant en demandant qu'en défendant ; en conséquence, c'est à sa requête ou contre lui que doivent être intentées toutes les actions judiciaires.

Les pouvoirs susnommés ne sont qu'indicatif et non limitatifs.

Art. 25. — Les fonctions de membre du Conseil d'Administration sont gratuites.

Art. 26. — Le Conseil nommera un gérant, qui pourra être une personne étrangère à la Société et qui exercera ses fonctions sous le contrôle du Conseil d'Administration.

Titre V

Direction

Art. 27. — Le gérant est chargé de l'exécution des décisions du Conseil d'Administration et de la gestion des affaires sociales.

Il reçoit un traitement annuel dont la quotité est arrêtée par le Conseil d'Administration, qui détermine aussi les autres avantages qui peuvent lui être accordées, ainsi qu'au personnel salarié placé sous ses ordres.

Art. 28. — Le gérant représente le Conseil d'Administration vis-à-vis des tiers, dans la limite des pouvoirs qui lui ont été confiés.

Il est chargé en particulier de la réception et de la livraison des grains et de la tenue de la comptabilité.

TITRE VI

Commission de surveillance

ART. 29. — Conformément à l'article 32 de la loi du 24 juillet 1867, plusieurs commissaires, membres ou non de la Société, seront désignés chaque année par l'Assemblée Générale ; ils sont rééligibles et peuvent être rétribués par décision de ladite Assemblée Générale.

Ils ont pour mission de contrôler la gestion et la comptabilité.

TITRE VII

Assemblée Générale

ART. 30. — L'Assemblée Générale régulièrement constituée représente l'universalité des porteurs de parts ; ses décisions sont obligatoires pour tous, même pour les absents ou dissidents. Elle se compose de tous les porteurs de parts.

Elle est présidée par le président du Conseil d'Administration et, en son absence, par le vice-président, ou, à défaut, par l'administrateur que le Conseil désigne.

Les fonctions de scrutateurs sont remplies par deux sociétaires désignés par l'Assemblée Générale.

Le Bureau ainsi composé désigne un secrétaire.

ART. 31. — Nul porteur de parts ne peut se faire représenter aux Assemblées générales que par un autre porteur de parts. Exception est faite pour les personnes civiles et pour les incapables, dont le délégué ou le mandataire peut n'être pas porteur de parts.

ART. 32. — Les délibérations sont prises à la majorité des voix des membres présents ou représentés, sauf l'exception prévue à l'article 30. Chaque membre possède une voix par part souscrite, avec maximum de six voix.

ART. 33. — Ces délibérations sont constatées par des procès-verbaux, inscrits sur un registre spécial et signés par les membres du Bureau. Une feuille de présence contenant les noms et domiciles des porteurs de parts, membres de l'Assemblée et le nombre de parts dont chacun est porteur, est certifié par le Bureau et annexée au procès-verbal pour être communiquée à tout requérant.

ART. 34. — Les copies ou extraits des délibérations de l'Assemblée à produire en justice ou ailleurs, sont signés par deux membres du Conseil d'Administration.

ART. 35. — Les convocations aux Assemblées Générales ordinaires ou extraordinaires sont faites par une lettre adressée à chaque sociétaire, ou par un avis inséré, au moins huit jours avant l'époque de la réunion, dans l'un des journaux de Tunis désignés pour les annonces légales.

Ce délai sera le même dans le cas de deuxième convocation.

ART. 36. — L'ordre du jour est arrêté par le Conseil d'Administration ; il est soumis préalablement aux commissaires ; il n'y est porté que les propositions émanant du Conseil ou des commissaires, ou qui ont été communiquées au Conseil un mois au moins avant la réunion, avec la signature d'au moins dix porteurs de parts.

Il ne peut être mis en délibération que les objets portés à l'ordre du jour.

Art. 37. — Il est tenu une Assemblée Générale ordinaire chaque année, au lieu désigné par le Conseil d'Administration dans sa convocation.

Art. 38. — L'Assemblée Générale ordinaire délibère valablement lorsqu'elle est composée d'un nombre de porteurs de parts représentant le quart au moins du capital social alors existant.

Si cette condition n'est pas remplie à la première réunion, la délibération ne peut avoir lieu.

Il est fait une nouvelle convocation, conformément à l'article 34 et la délibération sur les objets à l'ordre du jour de la première réunion est valable, quel que soit le nombre des membres présents et des parts représentées. Cette nouvelle réunion doit avoir lieu dans les délais légaux.

Art. 39. — L'Assemblée Générale annuelle entend le rapport des commissaires sur la situation de la Société et sur le bilan et comptes présentés par les administrateurs. Elle discute et, s'il y a lieu, approuve les comptes. Elle fixe la somme à répartir entre les coopérateurs, elle nomme les administrateurs à remplacer, les commissaires chargés de la surveillance pour l'exercice suivant.

Sur la proposition du Conseil d'Administration, elle décide, s'il y a lieu, d'augmenter le capital social. Elle constate les augmentations et diminutions du capital effectuées.

Elle peut décider également, sur la proposition du Conseil d'Administration, que les opérations sociales pourront s'étendre à l'achat en commun des marchandises nécessaires aux besoins agricoles de ses membres.

Elle délibère et statue souverainement sur tous les intérêts de la Société. Elle confère au Conseil d'Administration tous les pouvoirs supplémentaires qui seraient reconnus utiles.

Art. 40. — Les Assemblées Générales extraordinaires qui ont à délibérer sur des modifications aux statuts, des propositions de continuation de Société au delà du terme fixé pour sa durée, ou de dissolution avant ces termes, de transformation de la Société à d'autres opérations agricoles, de fusion avec toutes autres sociétés, ne sont régulièrement constituées et ne délibèrent valablement qu'autant qu'elles sont composées d'un nombre de porteurs de parts représentant au moins la moitié du capital social existant.

Titre VIII

Inventaires. — Etats de situation

Art. 41. — L'exercice commence le 1er juin et finit le 31 mai. Par exception, le premier exercice comprend le temps écoulé entre la constitution définitve de la société et le 31 mai 1924.

L'intérêt à servir au porteur de parts commence à courir à dater du jour de la réception des silos.

Art. 42. — Il est établi à la fin de chaque année sociale un inventaire contenant l'indication des valeurs mobilières et immobilières et de toutes les dettes actives et passives de la Société. Cet inventaire est mis, ainsi que le bilan et le compte de profits et pertes, à la disposition des commissaires, le quarantième jour au plus tard avant l'Assemblée Générale.

Ces divers documents sont ensuite présentés à l'Assemblée Générale.

Tout porteur de parts peut en prendre, à l'avance, communication au siège social, ainsi que de la liste des porteurs de parts, pendant les quinze jours qui précèdent la réunion de l'Assemblée Générale.

TITRE IX

Répartition des excédents annuels

ART. 43. — Si, lors de l'inventaire annuel, déduction faite des charges, amortissements, frais généraux et intérêts des emprunts et du capital social, l'actif surpasse le passif, les trois quarts de cet excédent seront affectés à constituer la réserve légale jusqu'à ce qu'elle ait atteint la moitié du capital. Le surplus sera versé à un fonds de réserve supplémentaire.

ART. 44. — Dans le cas où l'inventaire révélerait des pertes, le montant de ces pertes serait prélevé d'abord sur les fonds de réserve supplémentaire, puis sur les fonds de réserve ordinaire ; en cas d'insuffisance, sur les profits disponibles des exercices suivants et avant le prélèvement des intérêts du capital social.

ART. 45. — Le paiement de l'intérêt alloué aux porteurs de parts et de la répartition aux coopérateurs pour trop perçu, a lieu dans les quinze jours qui suivent l'Assemblée générale annuelle, aux époques fixées par le Conseil d'Administration, par les voies et moyens indiqués par lui.

L'intérêt est valablement payé aux porteurs du titre ou du coupon mais sans responsabilité aucune pour la Société, en cas de perte ou de soustraction du titre ou coupon.

ART. 46. — Tout intérêt non réclamé dans les cinq ans de son exigibilité est prescrit au profit de la Société.

Toute ristourne non réclamée dans l'année de l'exigibilité est prescrit au profit de la Société.

Les sommes prescrites sont versées au fonds de réserve.

TITRE X

Fonds de réserve

ART. 47. — Un double fonds de réserve est constitué par l'accumulation des sommes prélevées sur les profits annuels, conformément aux dispositions de l'article 42, pour faire face aux charges et dépenses extraordinaires et aux imprévus. Lorsque la somme de ces réserves aura atteint la moitié du capital initial ou augmenté, l'Assemblée générale décidera, sur la proposition du Conseil d'Administration, si le surplus sera laissé à ce compte en totalité ou en partie ou s'il servira à parer à toute éventualité et à fonder des établissements utiles au développement de la Société.

En aucun cas, la réserve ne pourra être répartie entre les sociétaires.

Titre XI

Contestations

Art. 48. — Toutes contestations qui pourront s'élever pendant la durée de la Société, ou au cours de la liquidation, à raison des affaires sociales, seront jugées à Béja et à Tunis, par les tribunaux compétents ; mais, préalablement à toute instance judiciaire, elles seront soumises à l'examen du Conseil d'Administration, qui s'efforcera de les régler à l'amiable.

Art. 49. — Dans les cas de contestations, tout porteur de parts devra faire élection de domicile à Béja, assignation et notification seront valablement données au domicile élu par lui, sans égard à la distance du domicile réel.

A défaut d'élection de domicile, cette élection aura lieu de plein droit pour les notifications judiciaires et extra-judiciaires, au parquet du Procureur de la République, près le Tribunal de Tunis.

Titre XII

Dissolution. — Liquidation

Art. 50. — En cas de perte du tiers du capital social, les administreteurs sont tenus de provoquer la réunion de l'Assemblée Générale de tous les porteurs de parts, à l'effet de statuer sur la question de savoir s'il y a lieu de continuer la Société ou de prononcer sa dissolution.

Art. 51. — A l'expiration de la Société ou en cas de dissolution anticipée, l'Assemblée Générale extraordinaire convoquée règle le mode de liquidation ; elle nomme un ou plusieurs liquidateurs ou confie la liqui- aux administrateurs en exercice.

Pendant la liquidation, les pouvoirs de l'Assemblée Générale se continuent comme pendant l'existence de la Société. Toutes les valeurs de la Société sont réalisées par les liquidateurs qui ont, à cet effet, les pouvoirs les plus étendus et après paiement des dettes sociales et remboursement du capital, sur la proposition du Conseil d'Administration, l'Assemblée extraordinaire pourra décider de l'emploi du fond de réserve à des entreprises ayant pour but d'améliorer les conditions de vente des produits agricoles.

En aucun cas, ces fonds ne pourront être répartis entre les porteurs de parts.

Titre XIII

Dispositions générales

Art. 52. — Pour garantir le remboursement des avances qui pourront être consenties par l'Etat en application du décret du 3 juillet 1907, les sociétaires acceptent de porter leur responsabilité à l'égard de l'Etat, pour les parts donnant droit au logement, à trois fois la valeur des parts souscrites ; la responsabilité restant limitée à la valeur des parts souscrites, pour les parts ne donnant pas droit au logement.

Art. 53. — Les parts sans logement pourront être rachetées par la Société à leur prix initial lorsque les avances de l'Etat auront été complètement remboursées.

Art. 54. — Le capital social étant fixé à 200.000 francs, le montant de la valeur des parts à responsabilité triple ne pourra en aucun cas être inférieur à cent dix mille francs.

Art. 55. — Toute modification projetée aux statuts sera portée à la connaissance de la Direction de l'Agriculture ; elle ne pourra être considérée comme acquise qu'après notification par le Directeur de l'Agriculture, qu'il n'y fait pas objection, à raison des conditions dans lesquelles l'avance de l'Etat a été consentie.

Art. 56. — La Société se soumettra aux opérations de contrôle et de surveillance ordonnées par l'Administration.

Art. 57. — La comptabilité sera tenue conformément aux prescriptions du Code de commerce et aux instructions de l'Administration.

Art. 58. — Pour tout ce qui n'est pas prévu aux présents Statuts, il sera établi des règlements intérieurs par les soins du Conseil d'Administration.

Tous pouvoirs sont donnés à MM. Viallet, 120, rue de Serbie, à Tunis, et Gagne (Narcisse), propriétaire à Béja, porteurs chacun d'une expédition des présents Statuts pour procéder aux formalités d'enregistrement, d'insertion et de publication voulues par la loi.

Béja, 21 février 1924.

COMMUNICATION

de la Compagnie des Chemins de Fer de Paris à Lyon et à la Méditerrannée

DIRECTION DE LA COMPAGNIE : 88, Rue Saint-Lazare

Paris, le 13 septembre 1928.

Monsieur le Président de l'Institut Colonial,
Parc Amable Chanot, Marseille.

MONSIEUR LE PRÉSIDENT,

J'ai l'honneur de vous accuser réception de votre lettre du 30 août dernier, par laquelle vous avez bien voulu me faire parvenir le programme du Congrès des Docks et Silos à céréales de l'Afrique du Nord, qui se tiendra à Marseille du 27 au 30 septembre 1928, et me demander s'il me serait possible d'assister à cette manifestation en vue d'exposer au Congrès les mesures que notre Compagnie a prises ou qu'elle compte prendre pour le transport en vrac des céréales.

En vous remerciant de cette communication, je vous informe, Monsieur le Président, qu'en témoignage de l'intérêt que notre Compagnie porte aux études que vous avez poursuivies pour le développement et l'amélioration du transport des céréales, je fais verser à votre Institut une subvention de patronage de 500 francs.

Je ne doute pas que le prochain Congrès ne soit la source de travaux profitables à la fois pour le développement du port de Marseille et pour celui du trafic de notre Réseau.

Je me vois cependant dans l'obligation de vous exprimer tous mes regrets de n'avoir pas la possibilité d'assister à ces réunions, mais je ne crois pas que mon absence soit de nature à rendre vos travaux moins fructueux, ni à causer un ralentissement quelconque à l'aboutissement des questions de transport que vous avez en vue.

De l'examen du programme du Congrès, il me semble bien résulter, en effet, que les questions de création et d'aménagement de silos, de méthodes à employer pour leur exploitation et de transport par mer, doivent tout d'abord être étudiées et résolues avant de pouvoir aborder le problème du transport par voie ferrée des céréales en vrac. Au surplus, après l'expérience à laquelle il a déjà été procédé sur notre réseau, ce dernier problème ne paraît pas présenter de difficultés spéciales à partir du moment où les installations voulues, pour le chargement et le déchargement des céréales dans les wagons, auront été réalisées au point de départ et au point de destination.

Nous avons, en effet, ainsi que vous le savez probablement, et d'accord avec la Compagnie des Docks et Entrepôts de Marseille, effectué fin avril dernier un premier essai de transport de blé en vrac de Marseille sur les Grands Moulins de Cossonay (Suisse), dans un wagon couvert ordinaire de notre Compagnie. Pour assurer l'étanchéité de ce wagon, le plancher a été recouvert entièrement d'un fleurier ; chacune des deux portes a été obturée intérieurement au moyen d'un panneau amovible en bois, suffisamment solide pour résister à la pression du chargement, et pourvu à la base d'un guichet coulissant pour permettre la vidange du wagon à l'arrivée.

Ainsi aménagé, ce wagon a reçu un chargement de 20 tonnes de blé en vrac, et, d'après nos renseignements, les Grands Moulins de Cossonay ont déclaré qu'ils étaient très satisfaits de son conditionnement. Il s'agit, en somme, d'une installation amovible très simple et peu onéreuse.

Ces essais doivent être repris lorsque la Compagnie des Docks aura des envois à effectuer sur une minoterie pouvant recevoir les chargements de blé en vrac. Nous ne manquerons pas de les faciliter le plus possible afin d'aboutir à un résultat satisfaisant et de faire entrer ce mode de transport dans le domaine pratique.

Dans ces conditions, je vous serais obligé, Monsieur le Président, de vouloir bien nous communiquer les résultats des travaux du Congrès ainsi que les desiderata qui auront pu être exprimés pour que nous puissions les mettre à l'étude et en tenir compte dans la mise au point de cette question.

Veuillez agréer, Monsieur le Président, l'expression de ma haute considération.

Pour le Directeur Général de la Compagnie :

L'Ingénieur en Chef Adjoint à la Direction.

Le Silo de la Compagnie des Docks et Entrepôts de Marseille

La construction du silo décidée par la Compagnie des Docks a été confiée après concours aux Maisons Froment Clavier de Paris (élévation) et Zublin, de Strasbourg (fondations) pour la partie bâtiment, et à la Maison Venot, Peslin et Cie pour la partie manutention.

Le projet présenté répondait le mieux au programme imposé par la Compagnie, qui voulait avant tout réaliser une construction permettant une exploitation intensive avec des accès faciles pour les camions et les voies ferrées et un étage spacieux pour les opérations d'ensachage.

Le plan adopté est le suivant :

Le rez-de-chaussée est destiné, en principe, uniquement à la circulation. Il est formé par quatre travées de 6 m. 20 de largeur d'axe en axe. Les deux travées du milieu sont réservées à la circulation des camions. Dans les deux travées extrêmes sont placées des voies ferrées. De chaque côté et en dehors du silo, mais abritées par des auvents, sont placées deux autres voies ferrées. Toutes ces voies seront reliées par aiguillages aux voies du réseau P. L. M.

Le premier étage, auquel on accède par deux larges escaliers, est réservé aux opérations de mise en sacs et d'égalisage. Tout autour de cet étage, il a été prévu des locaux que le commerce pourra utiliser comme bureaux ou pour la resserre des sacs vides. La hauteur des mamelles des cellules au-dessus du plancher est de 4 m. 75 ou 5 m. 70 suivant les cellules. Cette hauteur a été déterminée pour que le contenu de n'importe quelle cellule puisse être écoulé par gravité, soit sur camions, soit en wagons.

Les sacs sont descendus de l'étage au rez-de-chaussée au moyen de glissières en tôle au nombre de vingt-trois.

Le silo, proprement dit, est constitué par 57 cellules cylindriques, d'une capacité de 420 mètres cubes, pouvant contenir environ 325 tonnes de céréales et, 42 petites cellules intercalées entre les précédentes, comme le montrent les plans ci-contre, d'une capacité de 110 mètres cubes environ et pouvant contenir 90 tonnes de céréales. La capacité totale du silo est donc de 22.000 tonnes environ.

Au-dessus des cellules a été établi un plancher couvert, qui constitue l'étage dit de chargement, où se trouvent les transporteurs à courroies qui permettent d'amener le blé à chaque cellule.

Une tour de chargement a été établie à vingt mètres environ de l'extrémité nord du silo. Cet emplacement a été choisi pour se trouver en face du centre des navires de grandes dimensions qui seront acostés devant le silo.

Cette tour, de quarante-huit mètres environ de hauteur, renferme les élévateurs, les bascules automatiques et tous les tableaux de commande de l'installation. Elle est desservie par un escalier et un ascenseur.

A) OSSATURE

L'ensemble de la construction repose sur 886 pieux en ciment fondu armé, coulés d'avance.

Silos de la Compagnie des Docks et Entrepôts de Marseille.

L'emploi du ciment fondu en raison de sa prise rapide, a permis de gagner un temps considérable et de diminuer l'importance du stockage des pieux. En outre, le ciment fondu présente l'avantage d'être inaltérable aux eaux de mer.

Les pieux traversent des terrains rapportés en arrière du mur de quai, ils reposent sur une couche de sable et gravier de grande épaisseur qui constituent l'ancien rivage. Leur longueur moyenne est de 7 mètres. Les têtes des pieux sont bloquées dans de fortes semelles en béton armé (continuées ou isolées) qui reçoivent les poteaux du rez-de-chaussée.

Élévation. — La disposition adoptée dans la plupart des silos cylindriques comporte un pilier à chaque point de tangence des circonférences de base des cellules. Afin de laisser le plus de largeur possible à la circulation, il fut décidé de supprimer une rangée de piliers sur deux et de diminuer leur largeur au strict minimum. Les piliers présentent ainsi la forme d'un rectangle allongé de 2.50 × 0,50, ce qui a permis d'obtenir, au rez-de-chaussée et au premier étage, quatre trouées libres de 5 m. 70 de largeur, sur toute la longueur du bâtiment.

La diminution du nombre de piliers a nécessité des dispositions très spéciales dans la construction des trémies. Des poutres entre croisées de dimensions considérables ont dû être prévue pour remplacer les poteaux supprimés.

Le corps des silos est constitué par 57 cellules circulaires de 6 m. 20 de diamètre intérieur et de 10 m. 50 de hauteur totale ; en outre, le vide laissé entre les grandes cellules a été utilisé comme petites cellules ; leur forme est celle du carreau des cartes à jouer ; elles sont au nombre de 42.

Les parois du silo ont été construites d'après les brevets Froment Clavier. Ce système, adopté pour la construction d'un grand nombre de silos en France et à l'Etranger, permet de conserver l'avantage du monolithisme du béton armé tout en évitant complètement l'emploi de coffrages onéreux.

Le plancher d'ensachage, le plancher de chargement, la terrasse, ainsi que les différents étages de la tour sont constitués par des hourdis pleins en béton armé reposant sur des cours de poutres et poutrelles. Leur surcharge varie de 700 à 1.200 kilos au mètre carré.

B) MANUTENTION MECANIQUE

La prise en cale des céréales se fait pour le moment au moyen d'élévateurs à godets du type « Poulsoms », mais quatre aspirateurs pneumatiques sont en cours de montage.

Le grain puisé dans la cale est déversé sur des transporteurs à courroies longeant le quai des silos sur une plateforme en béton armé.

Quatre cours distincts de transporteurs permettent de débarquer simultanément quatre cales de marchandises différentes. Tout est prévu pour pouvoir ajouter le cas échéant deux autres cours de transporteurs.

Les toiles de ces transporteurs dont la longueur varie de 23 à 70 m., suivant leur emplacement, sont actionnées par des moteurs électriques du type blindé.

Les transporteurs amènent le grain au pied de la tour où quatre élévateurs à godets l'élèvent à quarante-cinq mètres au-dessus du sol

Le grain est ensuite déversé dans quatre bascules automatiques et, après pesage, conduit par gravité sur un système de transporteurs à courroies qui permet la répartition dans les différentes cellules.

Au sortir des cellules, le grain est amené dans une caisse formant trémie, à laquelle sont suspendus les appareils ensacheurs. On a prévu la possibilité de livrer également les céréales en vrac.

Chaque cours de transporteurs, d'élévateurs et de bascules automatiques peut débiter 150 tonnes par heure.

Transporteurs. — Les transporteurs, du type à courroies, sont constitués par de robustes charpentes métalliques, sur lesquelles sont fixés les paliers des rouleaux.

Les courroies sont en toile de coton, cousues, à cinq plis, imprégnées d'huile de lin et de minium. Leur tension est réglée par contrepoids, ou par tendeur à vis, suivant la place disponible.

L'entraînement de la toile et le réglage de sa vitesse sont obtenus par engrenages silencieux et chaînes.

Élévateurs. — Les quatre élévateurs à godets sont constitués par des courroies en toile de coton cousues à sept plis, sur lesquelles sont fixés des godets en tôle. Le tambour de pied des élévateurs est réglable, de manière à assurer toujours à la courroie une tension convenable.

Dispositif de pesage. — Les élévateurs déversent le grain au moyen de conduits en tôle parfaitement étanches, dans des trémies placées au dessus de quatre bascules correspondant à chaque élévateur.

Ces bascules, entièrement automatiques, sont parfaitement étanches. Elles permettent de peser plus de 150 tonnes heure, par pesées de 1.500 kilogrammes.

L'écoulement du grain dans la bascule ne peut se faire que lorsque la trémie est remplie, ce qui assure une coulée régulière des grains. A la sortie de la bascule, le grain s'écoule dans une seconde trémie de grande capacité, qui permet à la bascule de se vider rapidement, tout en ne laissant tomber sur les courroies des transporteurs que la quantité correspondante à leur débit.

Distribution dans les cellules. — Le grain venant des bascules est amené par des conduits en tôle sur des transporteurs perpendiculaires au grand axe des silos. Au moyen de chariots verseurs, il est rejeté sur d'autre transporteurs qui le conduisent jusqu'à l'ouverture des cellules dans lesquelles il est déversé au moyen de nouveaux chariots verseurs et de conduits en tôle.

La fermeture des cellules est assurée par de lourdes plaques de tôles cadenassées, mais on peut adapter à chaque cellule un dispositif de fermeture permettant l'aération des grains. Les vannes de déchargement des cellules sont également cadenassées. Les marchandises sont donc à l'abri de tout vol et de toute déprédation.

Un dispositif est prévu pour changer les grains de cellule, de manière à les aérer.

Il est également possible de charger les grains après pesage, à bord des navires ou des chalands.

Appareillage électrique. — L'énergie électrique nécessaire à l'installation est de l'ordre de 300 kilowats-heure sous forme de courant continu à 440 volts.

Les moteurs sont du type blindé et toutes les canalisations électriques sont sous tubes d'acier.

La mise en marche des moteurs se fait à distance par contacteurs. Deux postes de commande ont été prévus : l'un au premier étage de la tour actionne toutes les toiles des transporteurs du quai ; l'autre, placé à l'étage des bascules actionne les élévateurs et les toiles de distribution dans les cellules. A chacun de ces postes, le surveillant a sous les yeux l'ensemble de son installation et en cas d'accident, peut agir immédiatement.

Les deux postes sont reliés par téléphone, et par un système d'appel avec voyant permettant d'ordonner l'arrêt ou la mise en marche de chaque cours de toiles.

Ascenseur. — Un ascenseur électrique pouvant soulever 500 kilos dessert la tour sur toute la hauteur. La cage, entièrement métallique, permet de monter quatre personnes. Cet appareil est pourvu de tous les dispositifs de sécurité habituels.

Eclairage. — L'éclairage a été rationnellement prévu. Une partie des lampes indépendantes du circuit général, peuvent rester seules allumées pendant la nuit, en dehors du travail.

GRANDS MOULINS DE PARIS (Usine de Lille)

Les Docks et Magasins du Crédit Foncier d'Algérie et de Tunisie
et de ses Filiales Tunisiennes et Marocaines

Note sur les Docks à Céréales du Crédit Foncier d'Algérie
et de Tunisie en Algérie

Le Crédit Foncier d'Algérie et de Tunisie, dont l'ancienne raison sociale de Crédit Foncier et Agricole d'Algérie indique bien le désir qu'avaient ses fondateurs d'apporter le plus large concours au développement des richesses agricoles de l'Algérie, s'est préoccupé dès sa création de donner aux agriculteurs les moyens de réaliser leur production de céréales dans les meilleures conditions possibles.

Aussi, a-t-il songé depuis longtemps à leur offrir le moyen de loger ses grains et de les monnayer à loisir, tout en lui permettant d'emprunter, sur ses récoltes, les fonds nécessaires à la marche de l'exploitation.

I. — Installations du C. F. A. T.

Pendant de longues années le C. F. A. T. installé principalement dans les ports d'Algérie (Alger, Oran, Bône), s'est organisé au moment de la récolte pour louer des magasins qu'il mettait temporairement à la disposition des agriculteurs et qu'utilisaient également les commerçants désirant grouper leurs achats. Il y avait là une branche des opérations bancaires qui, sous forme d'avances sur marchandises, a toujours fait partie du travail courant des Etablissements de crédit algériens.

C'est dans la décade qui a précédé la guerre que les défauts de cette organisation provisoire ont apparu le plus clairement. Le développement que l'agriculture algérienne a pris à cette époque a rendu nécessaire d'envisager des installations plus perfectionnées, plus vastes et surtout plus près des lieux de production.

Le C. F. A. T a donc fait porter son effort principal sur les villes de l'intérieur qui offraient alors aux banques des champs d'action de plus en plus importants, par suite du développement de la colonisation. Il a créé entre 1910 et 1914 dans les régions les plus riches au point de vue céréales une série de magasins et de docks-silos qui forment encore actuellement le réseau principal de ses Etablissements en Algérie.

Cette organisation a été complétée après la guerre par différentes créations moins importantes mais destinées à donner satisfaction temporairement aux besoins qui se révélaient. D'autre part, poursuivant la même politique, de nouvelles créations sont envisagées et à l'heure actuelle même, un dock-silo est encore en construction pour le compte de notre Société.

Ces installations peuvent se diviser en deux groupes, d'une part les grands silos conservant les céréales en vrac dans des cases isolées et dans lesquelles la manutention se fait mécaniquement; d'autre part, les simples magasins servant à mettre les céréales à l'abri des intempéries et où les grains sont conservés, soit en sacs, soit en vrac derrière des barrières de sacs.

<h3 style="text-align:center">II. — Les docks-silos</h3>

Le C. F. A. T. possède actuellement trois docks-silos, l'un dans la région la plus riche en céréales de l'Oranie, à Sidi-bel-Abbès, les deux autres sur les hauts plateaux du département de Constantine, dans cette région sétifienne surnommée autrefois la « Reine des céréales en Algérie », l'un à Sétif, l'autre à Saint-Arnaud, un troisième dock dans la même région est actuellement en cours de construction à Aïn-Tassera.

La capacité de ces docks est la suivante :

Sidi-bel-Abbès	50.000	quintaux
Sétif	40.000	—
Saint-Arnaud	56.000	—
Aïn-Tassera	30.000	—

Ces silos sont situés : celui de Sidi-bel-Abbès à l'entrée de la ville, près de la gare, les trois autres en bordure même des gares correspondantes.

L'exploitation de ces docks dont les trois premiers fonctionnent depuis quinze ans n'a cessé de donner la satisfaction la plus complète à la clientèle.

L'activité de ces installations, tout en dépendant étroitement des variations des récoltes, a montré la faveur grandissante qu'elle rencontrait auprès de leurs clients.

L'installation mécanique se compose d'élévateurs et de transporteurs de grains; le vidage des silos se faisant automatiquement par mamelles, en général doubles.

Au point de vue de la conservation des grains, l'expérience a amené notre Société à chercher les moyens de lutte contre les insectes et tous nos docks sont outillés dans ce sens, notamment au moyen de procédés chimiques.

Les déchets qui ont pu être causés d'ailleurs sont extrêmement faibles, par rapport à la quantité de grains multiples.

La question de la capacité des cases contenant les céréales est l'une des plus délicates à déterminer. Au point de vue de l'organisation des docks, il est avantageux que ces cases soient assez vastes et contiennent de 1.000 quintaux (comme à Saint-Arnaud) à 2.000 quintaux (comme a Sétif), mais nous nous heurtons là à la prévention bien connue des agriculteurs qui ne désirent pas voir leur récolte mêlée à celle de leur voisin. Il importe en conséquence de pouvoir leur offrir également des cases sensiblement plus restreintes, 500 quintaux par exemple, qui paraît être le cubage pouvant donner satisfaction à la plupart des besoins des producteurs moyens.

Nous avons tenté à plusieurs reprises de faire comprendre à nos clients l'intérêt qu'ils auraient à accepter de voir leurs céréales perdre leur individualité et être fusionnées dans la masse de grains analogues que nos docks possédaient. Il est apparu de la façon la plus marquée que l'état d'esprit des colons était nettement opposé à ces installations et nous avons dû cesser provisoirement pour ne pas éloigner notre clientèle.

III. — Les magasins

En dehors des grands docks-silos à manutention mécanique, le C. F. A. T. possède ou loue en Algérie de nombreux magasins destinés au dépôt des grains permettant dans les conditions les plus faciles le warrantage des récoltes.

Ces magasins se sont situés actuellement à :

Département d'Alger : Bouira, Aïn-Bessem, Tizi-Ouzou, Aumale, Vialar, Affreville.

Département de Constantine : Saint-Donat, Châteaudun du Rhumel, Saint-Arnaud, Aïn-Beida, Aïn-Tassera.

La capacité totale de ces différents magasins est approximativement de 300.000 quintaux.

Ces magasins, très variés dans leurs dispositions, sont pour la plupart de simples hangars soigneusement clos et dans lesquels les céréales sont disposées, soit en sacs, soit en vrac. Cette deuxième disposition étant toujours préférée par les déposants qui économisent ainsi les frais élevés de location de sacs, mais se heurtant fréquemment à des difficultés matérielles d'installation.

Certains magasins (Bouira, par exemple) sont reliés à la voie ferrée par un embranchement particulier. Les autres sont situés soit près des gares, soit à proximité des marchés des localités desservies.

Ces magasins, beaucoup plus simples et rudimentaires que les grands docks-silos, offrent pourtant des avantages notables qu'il ne faut pas négliger. Ils permettent d'assurer le logement facile de toute quantité de céréales, grande ou petite; ils présentent par le fait même qu'ils sont dégagés de toute installation mécanique, des frais d'exploitation et d'entretien beaucoup plus réduits que leurs concurrents.

Enfin, et jusqu'à ces dernières années, le bon marché relatif de la main-d'œuvre en Algérie rendait intéressant le maintien de ces formes archaïques de magasins où toute la manutention se fait à la main.

Il faut ajouter enfin que ces magasins n'étant pas rigoureusement spécialisés dans la conservation des céréales, peuvent être utilisés pour le dépôt de marchandises diverses.

IV. — Relations avec la clientèle

Les colons producteurs de céréales et les commerçants désireux de grouper leurs achats trouvent dans nos magasins et docks les possibilités suivantes :

1° Logement des céréales

La quantité de céréales qui est déposée annuellement dans nos magasins varie selon les récoltes, mais cette irrégularité n'est pas assez grande pour que nos installations, surtout celles des régions de grande production, ne soient pas en général utilisées à plein entre les mois de juillet et d'octobre. Certaines années même nous avons vu des docks (Vialer 1927) conserver leur plein de céréales pendant toute une campagne agricole.

D'une manière générale, on peut estimer la proportion de céréales passant dans nos différents docks d'Algérie à

Blé dur .... 45 %
Orge. . ... 30 %
Céréales diverses .... 8 %

2° Manutentions diverses

Grâce aux facilités présentées par notre organisation de magasins, nos clients peuvent sans dérangement ni responsabilité effectuer toutes leurs opérations de transfert, d'expédition de céréales et nous charger des formalités habituelles (réglage, agréage, etc...).

3° Sacherie

Tous nos docks et magasins renferment un certain nombre de sacs qu'ils mettent à la disposition de la clientèle. A l'heure actuelle, notre Société possède ainsi près de 150.000 sacs.

4° Avances

Les facilités de crédit que nos clients trouvent auprès de notre Banque, lorsqu'ils ont déposé leurs céréales dans nos magasins, comportent en général une avance de 75 à 80 % de la valeur du gage. Le taux des intérêts est en général fonction de celui de la Banque de l'Algérie.

CONCLUSION

1° Le C. F. A. T. s'est efforcé pendant la période qui a précédé immédiatement la guerre de fournir à l'agriculture et au commerce algérien des installations variées et adaptées aux besoins de chaque région pour l'entreposage des céréales et les facilités de crédits correspondants.

2° L'expérience paraît montrer que les avantages des docks et silos, pour réels qu'ils sont lorsqu'il s'agit de grandes quantités de céréales à manutentionner, ne permettent pas moins aux installations plus modestes de magasins conçus sur l'ancienne formule, de donner des résultats fort intéressants, surtout dans les petites localités.

3° Le C. F. A. T. continue à apporter toute son attention au programme de magasinage et warrantage des récoltes en Algérie et par les acquisitions et constructions qu'il a faites depuis la guerre, il prouve sa volonté de réaliser le programme qu'il s'est tracé dans cet ordre d'idées.

Note sur la Compagnie Chérifienne de Magasins Généraux

La Société des Magasins Généraux et Warrants du Maroc dont la Compagnie Chérifienne de Magasins Généraux a, en 1927, repris les concessions, avait été constituée dès avant la guerre, en 1912.

C'est par un arrêté en date du 29 mai 1912 que M. le Haut Commissaire Chérifien a, en effet, autorisé la Société à exploiter, sous le régime de l'entrepôt fictif, des magasins généraux, à Oudjda et à émettre des warrants.

Depuis cette époque, la Société a développé ses installations.

Elle est actuellement au capital de fr. : 2.500.000 entièrement versés.

Elle exploite, en vertu de concessions, des magasins généraux à Casablanca, Fez et Oudjda.

I. — Situation des installations de la Société

1° *Casablanca*. — La Société dispose dans le quartier des Roches Noires, à proximité de la gare maritime, de terrains d'une superficie de 20.000 mètres carrés. Sur ces terrains sont édifiés de grands magasins en ciment armé d'une superficie de 4.300 mètres carrés environ composés de trois nefs sous 6 mètres de plafond.

La capacité d'entreposage de céréales est d'environ 70.000 quintaux en docks couverts.

Elle est beaucoup plus considérable si l'on tient compte de la possibilité de magasiner sous bâches en plein air.

Les céréales sont la plupart du temps amenées en sacs et ceux-ci sont disposés en piles dans les magasins.

La Société loue d'ailleurs des sacs à la clientèle.

2° *Oudjda*. — La Société dispose à Oudjda à proximité de la gare de terrains d'une superficie de 5.600 mètres carrés sur lesquels sont élevés deux grands magasins dont la superficie totale est de 1.600 mètres carrés et de deux petits magasins.

La capacité d'entreposage est de 25.000 quintaux environ.

3° *Fez*. — La Société a fait récemment, à Fez, l'achat d'un terrain de 8.800 mètres carrés et y a fait édifier un grand magasin en ciment armé de 2.100 mètres carrés, constitué par trois nefs longitudinales juxtaposées. Le plafond se trouve à une hauteur d'environ 8 m. 50 du sol.

Ce magasin permet d'entreposer environ 40.000 quintaux sous docks couverts.

II. — Rapports avec la clientèle

Les opérations traitées avec la clientèle comportent :

1° L'entreposage et la manutention de toutes marchandises et notamment de céréales;

2° Les avances sur marchandises et notamment les escomptes de warrants;

3° Toutes opérations de transit et de dédouanement.

1° Entreposage et manutention de céréales

La clientèle de la Société se compose principalement de négociants. Ceux-ci préfèrent que les lots de céréales leur appartenant soient idenufiés, ce qui explique que, le plus souvent, les lots sont emmagasinés en sacs ou en vrac maintenus par des barrières de sacs.

La Société a d'ailleurs un service de location de sacs.

Néanmoins, l'intérêt que présenterait la construction de docks-silos a céréales outillés d'une façon absolument moderne ne lui a point échappé, surtout si l'on envisage la question sous la forme de docks de transit.

A cet effet, elle a étudié, d'accord avec la Compagnie des Chemins de Fer du Maroc la création de docks-silos dans certaines gares choisies dans les régions principales de production de céréales.

D'autre part, elle est actuellement en pourparlers avec le Gouvernement bénéficier en vue de l'édification sur le port de Casablanca de docks à céréales modernes d'une contenance d'environ 150.000 quintaux, susceptibles d'extension.

2° Avances sur marchandises et escompte de warrants

La Société consent à sa clientèle des avances sur marchandises, plus spécialement sous la forme d'escompte des warrants établis par elle.

En ce qui concerne les céréales, ces avances sont consenties sur la base de 60 à 70 % de la valeur des lots entreposés.

La Société consent, en outre, des facilités financières importantes au profit des minoteries installées au Maroc en vue de les aider à s'approvisionner en grain.

Ces opérations ne peuvent être consenties par la Société en raison du concours qu'elle trouve auprès de ses banquiers et notamment du Crédit Foncier d'Algérie et de Tunisie.

3° Transit et dédouanement

Des opérations de transit et de dédouanement sont effectuées par la Société pour le compte de ses clients, notamment à Casablanca et à Oudjda.

Ces opérations ne portent sur des céréales que dans les années déficitaires nécessitant des importations étrangères.

CONCLUSION

1° Les magasins de la Société construits d'une façon moderne et très suffisamment vastes correspondent, quant à présent, au désir de la clientèle pour l'entreposage des céréales malgré qu'ils ne soient pas établis sous la forme de silos.

2° L'importance de la construction de silos, notamment sous la forme de silos de transit, destinés à faciliter le commerce d'exportation, a frappé la Société qui a des études en cours à ce sujet et a fait dès maintenant des propositions sur ce point au Gouvernement marocain.

Note sur la Société Tunisienne de Magasins Généraux

La Société Tunisienne de Magasins Généraux a été constituée le 17 décembre 1913 au capital de fr. 360.000.

Par la suite, ce capital a été augmenté en plusieurs fois et notamment en 1920 pour la reprise des Magasins Généraux du centre tunisien. Il est actuellement fixé à 1 million.

La Société exploite des magasins généraux et d'entrepôt réel à Sfax, Sousse et Mahdia en vertu des concessions qui lui ont été données par les Chambres Mixtes de Commerce et d'Agriculture du Centre et du Sud Tunisiens.

Les régions où est installée la Société étant grande productrice d'olives, c'est surtout de l'huile d'olive qu'elle est appelée à emmagasiner. Néanmoins, la région de Sousse produisant une certaine quantité de céréales, celles-ci constituent une partie importante des marchandises emmagasinées sur cette place.

Par ailleurs, la Société a établi un bureau annexe à Kairouan, centre d'une région grosse productrice de céréales.

SITUATION DES INSTALLATIONS DE LA SOCIÉTÉ

1° *Sfax*. — La Société dispose à Sfax d'une superficie de 4.000 mètres carrés environ situés au centre de la ville et peu éloignés du port. La surface couverte atteint environ 1.200 mètres carrés. Une partie importante des magasins est occupée par des piles à huile d'une contenance totale de 450.000 kilos. Le surplus est utilisé pour le magasinage de marchandises diverses parmi lesquelles les céréales, mais principalement les céréales d'importation.

Ces magasins ne comportent pas de silos dont la construction ne serait pas justifiée par l'importance des céréales à emmagasiner. Les grains sont déposés principalement en piles de sacs.

2° *Sousse*. — La Société dispose à Sousse d'une superficie de 3.700 m² environ, couverte entièrement.

Une partie est occupé par des piles à huile d'une contenance de 250.000 kilos.

Le surplus, en dehors des marchandises diverses, permet l'entreposage de 20 à 30.000 quintaux de céréales.

Là encore, aucune installation de silos n'a été établie. Ces installations paraissent, jusqu'à présent, inutiles dans la région en raison de l'importance relativement faible de la production ou du mouvement des céréales, que de la mentalité très particulariste de la clientèle qui exige la séparation absolument nette des lots de céréales déposés par chacun des intéressés.

3° *Mahdia*. — La Société dispose à Mahdia, à proximité du port, d'un terrain de 500 m² sur lequel sont édifiés des magasins à piles de huile et à céréales. La contenance en céréales est approximativement de 4 à 5.000 quintaux.

4° *Kairouan*. — La Société, récemment établie à Kairouan, n'a pu se développer dans ce centre céréalifère dans les proportions où elle l'aurait voulu. Elle étudie actuellement la possibilité d'augmenter ses aménagements en vue de donner complète satisfaction à la production et aux commerçants locaux.

RAPPORTS AVEC LA CLIENTÈLE

Ces rapports comportent d'une part, l'entreposage et la manutention des marchandises, principalement comme il a été expliqué ci-dessus : huile et céréales, et d'autre part, l'émission et l'escompte des warrants.

La Société consent des avances sur les marchandises emmagasinées sous la forme d'escompte de warrants. Le taux de ces avances est variable avec la clientèle et les conditions du marché. Il est d'environ 70 % de la valeur d'estimation des céréales et le taux d'intérêt est fonction du taux de la Banque de l'Algérie.

Pour ces opérations la Société utilise le concours que lui prêtent les banquiers et surtout le Crédit Foncier d'Algérie et de Tunisie.

CONCLUSION

La Société étant installée dans des régions surtout productrices d'olives, c'est principalement de l'huile qu'elle est appelée à emmagasiner.

Néanmoins, à Sousse et à Kairouan, la Société entrepose des céréales. Mais les récoltes de céréales, en Tunisie, présentent une telle irrégularité d'une année sur l'autre, qu'il ne paraît pas opportun d'investir dans ses centres, des capitaux importants à la construction de docks-silos ; leur rémunération serait, en effet, des plus aléatoires.

Note sur la Société des Magasins Généraux et Entrepôt de Tunis

La Société des Magasins Généraux et Entrepôt Réel de Tunis a été constituée le 23 mars 1907.

Elle est au capital de 1 million, entièrement versé.

Elle exploite les Magasins Généraux et l'Entrepôt Réel à Tunis, en vertu d'une concession qui lui a été donnée par la Chambre de Commerce de Tunis.

En outre, elle exploite des magasins principalement destinés à l'entreposage de céréales dans les centres agricoles suivants situés dans le Nord de la Tunisie : Mateur, Ferryville, Bizerte, Béja, Medjez-el-Bab.

1. — Situation des installations de la Société

1° *Tunis*. — La Société dispose à Tunis d'une superficie de 10.000 m² bordés par l'avenue de la République et l'avenue Alapetite, à proximité du port.

Sur les terrains en question, sont élevés dix magasins représentant une surface couverte totale d'environ 6.000 m².

En outre, la Société dispose de terrains contigus aux précédents représentant une surface de 3.200 m² sur lesquels sont actuellement en cours d'édification des magasins d'une superficie de 1.000 m².

La capacité d'entreposage en céréales de l'ensemble des installations est d'environ 100.000 quintaux, non compris les surfaces affectées à l'Entrepôt Réel et aux marchandises diverses.

L'installation de la Société ne comporte pas de silos, la clientèle de la Société tenant essentiellement à la stricte identification des lots de grains déposés par elle.

Les céréales sont déposées soit en vrac, maintenues par des barrières de sacs, soit en piles de sacs.

Dans les périodes d'affluence, les terrains nus de la Société sont utilisés pour le dépôt sur planchons en piles de sacs bâchés.

Les installations nouvelles de la Société comporteront un cloisonnage en ciment armé sur sol de ciment ce qui permettra la constitution d'alvéoles supprimant l'utilisation des sacs pour les barrières tout en permettant à chacun des déposants d'identifier ses marchandises.

La contenance approximative de chaque alvéole sera d'environ cinq cents quintaux.

2° *Mateur*. — La Société dispose à Mateur d'un dock d'une superficie couverte d'environ 700 m² permettant d'entreposer 12.000 quintaux de céréales.

3° *Ferryville*. — La Société dispose à Ferryville d'un dock d'une superficie couverte d'environ 500 m² permettant d'entreposer environ 6.000 quintaux de céréales.

4° *Bizerte.* — La Société dispose à Bizerte de deux magasins d'une surface couverte d'environ 700 m² permettant d'entreposer 12.000 quintaux de céréales.

5° *Béja.* — La Société dispose à Béja d'un dock d'une superficie couverte d'environ 400 m² permettant d'entreposer 8.000 quintaux de céréales.

6° *Medjez-El-Bab.* — La Société dispose à Medjez-El-Bab d'un dock d'une superficie couverte d'environ 600 m² permettant d'entreposer 10.000 quintaux de céréales.

II. — RAPPORTS AVEC LA CLIENTÈLE

L'activité principale de la Société consiste d'une part, dans l'entreposage et la manutention de céréales et, d'une autre part, dans l'émission et l'escompte de warrants.

1° *Entreposage et manutention de céréales.* — La clientèle est représentée en proportions à peu près égales, par les producteurs et les négociants en grains.

Comme il a été dit plus haut, cette clientèle exige l'identification complète des grains déposés par elle. Cette tendance très nettement marquée a été, jusqu'à présent, l'obstacle à la construction de docks-silos modernes qui, pourtant, ont fait l'objet d'études détaillées de la part de la Société.

Il convient de signaler que ces études ont révélé, en ce qui concerne Tunis, qu'en raison de la nature du sol des emplacements qu'il serait souhaitable de consacrer à la construction de silos, cette construction entraînerait des frais considérables qui ne pourraient être envisagés qu'autant que le rendement des silos serait au point de vue financier, absolument assuré.

Or, ce rendement financier, en raison des conditions particulières qui viennent d'être exposées, exigerait l'application de tarifs nettement supérieurs à ceux appliqués actuellement et qui seraient susceptibles d'écarter la clientèle.

Les études des docks-silos modernes n'en sont pas moins poussées par la Société en accord, notamment, avec la Compagnie Fermière des Chemins de Fer Tunisiens.

2° *Emission et escompte des warrants.* — La Société bénéficie d'un privilège légal pour l'émission des warrants.

En outre, elle consent, sur les marchandises emmagasinées, des avances sous la forme d'escompte des warrants délivrés par elle.

L'expérience a montré que ces aances étaient très largement utilisées, aussi bien par les colons que par les commerçants. Elles sont consenties à concurrence de 70 à 80 % de la valeur des céréales et selon un intérêt variable suivant les fluctuations du taux de la Banque de l'Algérie.

Le courant de ces opérations est nettement établi et facilité à la Société par l'appui qu'elle trouve auprès de ses banquiers et notamment auprès du Crédit Foncier d'Algérie et de Tunisie.

*
* *

En dehors du concours que la Société apporte à l'agriculture, au commerce et à l'industrie tunisienne pour la conservation et le financement des récoltes du pays, il convient d'indiquer qu'en cas de récoltes déficitaires, la Société apporte ce même concours au Gouvernement et aux commerçants pour l'entreposage et le financement des grains d'origine étrangère importés en Tunisie.

CONCLUSION

1° Les installations de la Société, quoique ne répondant pas aux conceptions des plus modernes du magasinage des céréales sous la forme notamment, d'ensilage, donnent satisfaction aux exigences locales.

2° La Société comprenant l'intérêt que présenterait l'édification de docks-silos ou installations similaires munis d'un outillage mécanique approprié et conçus en liaison complète avec les moyens de transport, a étudié, et continue à étudier leur réalisation éventuelle.

3° Tant en raison de l'effort financier à envisager que des habitudes de la clientèle, un programme de cet ordre ne peut être réalisé qu'après mûres réflexions et compte tenu du temps qui sera nécessaire pour la mise en rendement complet de ces installations et à leur amortissement normal.

Le Pesage dans les Silos à Grains

Tous les silos sont munis d'appareils de manutention mécanique très perfectionnés, et toute la manutention est faite mécaniquement au moyen d'élevateurs à godets ou d'aspirateurs pneumatiques, de balances et pèse-sacs automatiques. La question des élevateurs et aspirateurs est trop connue pour demander une explication, mais celle du pesage est peut-être la partie la plus importante de l'ensemble car toute la comptabilité et les transactions de vente et de magasinage reposent sur lui.

En effet, lorsque le silo achète la récolte du fermier, la quantité à acheter est déterminée par un instrument de pesage quelconque et faute d'une balance appropriée, soit le silo, soit le fermier est lésé. Dans les installations modernes tout le pesage est effectué par des balances automatiques pesant par quantités déterminées à l'avance et versant ensuite le grain dans le silo. Les mêmes balances automatiques servent lors de l'extraction du grain du silo pour déterminer les poids expédiés. Lorsqu'il s'agit de retirer du grain du silo et de le mettre en sacs pour l'expédition, on se sert de pèse-sacs automatiques perfectionnés fonctionnant à grande vitesse. Il est bien entendu que les balances et pèse-sacs automatiques sont poinçonnés par les Poids et Mesures du pays où ils fonctionnent, et ceci donne toute garantie, tant à l'acheteur qu'au vendeur.

Il y a plusieurs marques de balances et pèse-sacs automatiques mais dans la plupart des silos, dans les grands pays producteurs, les balances sont de la marque bien connue « Avery ». La maison Avery construit des balances et bascules depuis près de deux siècles et est, actuellement, la plus grande maison au monde pour la fabrication d'instruments de pasage automatique. Les besoins mondiaux ayant dépassé les possibilités de production de l'usine de Birmingham, la maison Avery a donné la licence de fabrication et de vente à certaines maisons sur le Continent et notamment à la Société des Balances et Bascules, 26, rue Cadet à Paris, qui a la concession exclusive pour la France, ses Colonies et son Protectorat.

Actuellement, la Société des Balances et Bascules possède une usine de 15.000 mètres carrés à Lyon où elle construit toutes les balances automatiques jusqu'à la force de 2.000 kilos par pesée et chaque balance construite est essayée sous un élevateur pouvant débiter 220 tonnes de grain à l'heure. Cette maison a fait de nombreuses installations dans les ports de France, et notamment au port de Dunkerque où il y a de nombreuses balances de 800 et 1.200 kilos en fonctionnement; à la Société de Bordeaux-Bassens où il y a deux balances de 2.000 kilos chacune et un très grand nombre de pèse-sacs ; aux Transbordements Maritimes à Marseille où il y a deux balances de 2.000 kilos et de nombreux pèse-sacs, et aux Docks et Entrepôts de Marseille où il y a déjà quatre balances de 1.500 kilos chacune.

Toutes ces balances sont munies des derniers perfectionnements et notamment d'une trémie de contrôle d'alimentation, d'un compensateur automatique de densités, d'un peseur de restes, d'un compteur d'impression sur tickets, etc... et elles sont poinçonnées par le Service des Poids et Mesures français.

Cette maison possède, non seulement un équipe de monteurs spécialistes très expérimentés pour le montage et le réglage des balances fournies, mais également un bureau d'études, à Paris, où sont étudiés tous les avant-projets afin que toutes les balances offertes soient installées dans les meilleures conditions possibles. En effet, il arrive fréquemment qu'une balance de construction parfaite ait une installation défectueuse qui nuit au bon fonctionnement de l'ensemble, et comme les silos sont, actuellement, construits en ciment armé, il est très difficile d'effectuer des modifications après coup. A la condition que les balances soient installées suivant les recommandations du bureau d'études, la Société des Balances et Bascules en garantit le fonctionnement et le client ou l'acheteur peuvent se servir des balances en toute sécurité.

Dans un silo, le problème le plus difficile à résoudre est de peser les grains de densités différentes sans avoir à régler la balance après chaque opération ; les balances « Avery » ont surmonté cette difficulté car elles possèdent des trémies de compensation, qui compensent automatiquement toute variation dans la densité du grain.

Lorsqu'il s'agit de livrer les grains en sacs, il existe des pèse-sacs automatiques « Avery » soit pour pesées brutes, soit pour pesées nettes, qui peuvent peser en ensacher 120 à 240 sacs à l'heure respectivement.

Pour les silos, le modèle pour pesées nettes est le plus employé, car le grain est pesé auparavant et versé ensuite dans le sac. On arrive régulièrement à ensacher 220 tonnes par journée de huit heures de travail avec la précision demandée par le Service des Poids et Mesures. Ce modèle peut être employé alternativement, soit comme ensacheur, soit comme balance automatique.

En résumé, les balances et pèse-sacs automatiques « Avery » s'imposent dans l'installation de tout silo moderne et il existe de ces balances pour n'importe quel débit horaire. Les balances fonctionnent habituellement à une vitesse moyenne de 100 pesées à l'heure ; la balance de 1 tonne pesant 100 tonnes à l'heure, la balance de 2 tonnes, deux cents tonnes à l'heure, etc...

Sur demande, la Société des Balances et Bascules enverra une documentation complète à tous clients intéressés et établira, à titre gratuit, un devis pour l'ensemble des instruments de pesage automatique nécessaires pour l'installation d'un silo complet.

Toute demande de renseignements doit être adressée à la Société des Balances et Bascules, 26, rue Cadet à Paris.

LES PREMIERS RÉSULTATS
DU CONGRÈS

La Réglementation
de la vente des Céréales de l'Algérie

Le Congrès des Silos à céréales de l'Afrique du Nord a déjà produit,
au moment où nous mettons sous-presse ce compte rendu, une première
série de résultats des plus importants. Les représentants de l'agriculture
et ceux du commerce des céréales de l'Algérie ont, au cours de réunions
tenues à Oran et à Alger, à la fin de 1928 et au début de 1929, commencé
l'examen commun des conditions d'achat et de vente des céréales qui,
jusqu'ici, n'avait fait l'objet que de délibérations séparées des deux parties
en cause, examen dont la nécessité était apparue au cours des délibérations
du Congrès.

Nous avons eu le grand plaisir de recevoir de la part des délégués
des Associations Agricoles Algériennes le témoignage de leurs remerciements pour l'influence exercée par le Congrès à cet égard et nous croyons
devoir reproduire d'autre part la correspondance que nous avons échangée
avec le Syndicat Commercial de l'Oranie pour préciser le caractère de
celui-ci et dissiper les malentendus qui auraient pu se produire au sujet
du Congrès, malgré les précautions que nous avions prises pour les éviter.

Le Congrès des Silos à Céréales de l'Afrique du Nord ne s'étant
préoccupé que des questions relatives au fonctionnement de ces organismes et des conséquences qui résultent de leur emploi au point de vue
de la classification des céréales, la discussion des termes des contrats
d'achats et de vente ont dû être laissés en dehors de ses travaux ainsi
que nous l'avons expliqué dans notre correspondance avec le Syndicat
Commercial d'Oran. La présence des notabilités algériennes qui ont pris
part à ce Congrès ainsi qu'à celui des Chambres de Commerce méditerranéennes a cependant permis l'étude par la Fédération Intersyndicale des
Industries de la Semoulerie et de la Minoterie de Marseille des modifications à apporter au contrat dit méditerranéen qui règle la vente des
céréales d'Algérie sur place.

Bien que cela n'ait pas fait l'objet des travaux du Congrès, il nous
paraît utile de reproduire le texte des dernières délibérations des Groupements commerciaux de l'Algérie sur les règlements adoptés par le
commerce et sur le conditionnement des grains établi par lui pour la
récolte 1928.

Le Xe Congrès Algérien du Commerce et de l'Industrie, qui s'est tenu
à Oran, du 6 au 9 septembre dernier a, pour la première fois, convié à
participer à ses délibérations l'Agriculture, en la personne de l'éminent
président de la section Colon des Délégations Financières de l'Algérie,
M. Vagnon, président de la Chambre d'Agriculture d'Alger, qui a bien
voulu prendre une si grande part au Congrès des Silos.

Au cours de ces délibérations, l'utilité d'un contrat-type qui serait appliqué uniformément pour les achats de céréales faits à la propriété par les commerçants algériens est apparue de plus en plus nette, notamment au point de vue de la suppression des difficultés qui résultent de l'absence, dans de nombreux cas, d'une convention dont les termes ont pu être pesés à l'avance et acceptés par les deux parties. A la suite des échanges de vues qui ont eu lieu pendant le Congrès d'Oran, entre les représentants des agriculteurs qui avaient été invités par les commerçants céréalistes à étudier avec eux la mise au point d'un contrat-type pour les achats de céréales faits à la propriété, il a été décidé que cette question serait étudiée par une Commission interdépartementale qui se réunirait à Alger, au début de janvier. Cette Commission serait chargée, en outre, de mettre au point la constitution de Chambres Syndicales dans chaque département pour la solution des litiges entre producteurs et négociants en céréales et d'envisager dans quelles conditions le commerce pourra utiliser, dans les docks coopératifs, la place laissée libre par les agriculteurs.

La Commission Interdépartementale s'est réunie le 25 janvier 1929 au Syndicat Commercial Algérien en groupant les représentants des principales associations agricoles et commerciales de l'Algérie et elle a procédé à l'établissement des deux formules du contrat-type pour les achats de céréales à la culture, l'une pour les ventes à quantité fixe, l'autre pour les ventes de récoltes qui seront mises en vigueur dès la campagne 1929.

Les contestations seront réglées par la Chambre Arbitrale qui vient d'être créé.

Nous reproduisons le procès-verbal de ces réunions et le texte des dispositions qui ont été envisagées par les divers groupements commerciaux et agricoles et finalement adoptées par la Commission Interdépartementale.

Ainsi, progressivement, se réalise cette régularisation des transactions des céréales de l'Afrique du Nord à laquelle notre Institut s'attache depuis de si nombreuses années.

Correspondance de l'Institut Colonial de Marseille
de Marseille
et du Syndicat Commercial et Industriel
du département d'Oran

Le Secrétaire Générale de l'Institut Colonial de Marseille à M. le Président du Syndicat Commercial et Industriel du Département d'Oran.

Marseille, 30 octobre 1928.

Monsieur le Président,

Nous lisons dans votre Bulletin du 30 septembre dernier le compte rendu de la réunion du 25 septembre du Syndicat des Négociants en Céréales du Département d'Oran tenue sous la présidence de M. Albert Solal.

Au cours de cette réunion, M. le Président Solal a donné lecture d'une lettre de M. Félix Saïer demandant que M. Solal se rende au Congrès des Docks et Céréales de l'Afrique du Nord, pour y discuter le contrat de Marseille qui, d'après lui, serait, sur certains points très dur pour les exportateurs.

M. le Président Solal a répondu que le « Congrès de l'Institut Colonial poursuit un programme où les intérêts du commerce sont totalement négligés et que, d'autre part, n'ayant reçu aucune invitation officielle, il estimait inutile de se rendre à ce Congrès ».

La réunion s'est rangée à cet avis.

Il y a là, Monsieur le Président, un incident sur lequel il nous paraît nécessaire de nous expliquer, notre Institut s'étant attaché avec le plus grand soin à donner au Congrès qu'il organisait le caractère le plus général possible, contrairement à ce qui a pu paraître à M. Solal.

Nous nous en sommes, du reste, entretenu notamment avec l'éminent président de la Chambre de Commerce d'Oran, M. Hernandez, qui pourra vous l'indiquer.

Notre Institut a pris l'initiative de convoquer à Marseille un Congrès spécialement affecté à l'étude des diverses questions que pose la création nouvelle des silos coopératifs à céréales en Afrique du Nord et, sur la demande des organismes agricoles qui désireraient recevoir les conseils des acheteurs métropolitains, en particulier au point de vue de la classification des céréales dans les silos.

La réunion par la Chambre de Commerce de Marseille de la première Conférence Méditerranéenne, à laquelle, d'accord avec les Chambres de

Commerce de la XIe Région Economique, elle a convié les Chambres de Commerce Françaises du Bassin Méditerranéen, nous a paru une excellente occasion pour la tenue de ce Congrès qui permettait ainsi de réunir à Marseille, sous les auspices de notre Institut, les représentants des assemblées agricoles de l'Afrique du Nord, tandis que la Chambre de Commerce réunissait les représentants des intérêts commerciaux et industriels.

Nous avons fait connaître la tenue de ce Congrès à toutes les Chambres de Commerce de l'Algérie, de la Tunisie et du Maroc par la lettre dont la copie ci-jointe. Nous avons dû nous en tenir cependant à ces Chambres de Commerce seules qui étaient invitées à la Conférence Méditerranéenne comme représentant les intérêts généraux du commerce.

Il nous a paru, du reste, que ces Syndicats étaient conviés de ce fait puisqu'ils fonctionnent en quelque sorte sous l'égide des Chambres de Commerce et que leurs principales personnalités font partie de ces Chambres de Commerce.

Je me permets, en outre, Monsieur le Président, de vous rappeler que, lors de mon passage à Oran, à la fin de juin dernier, j'ai tenu à venir vous en entretenir, malheureusement beaucoup plus rapidement que je ne l'aurais désiré.

Nous n'avons pu, naturellement, continuer à tenir au courant de la préparation de ce Congrès que les Assemblées qui ont répondu à notre première lettre en nous manifestant le désir d'y adhérer.

Il n'y a du reste, absolument rien eu au cours des réunions du Congrès qui soit sorti du cadre technique purement agricole, ainsi que vous pourrez vous en rendre compte par le compte rendu sténographique du Congrès que nous comptons pouvoir vous adresser d'ici quelque temps et par le premier résumé ci-joint.

Il avait été très nettement convenu dans les réunions préparatoires que la question des contrats du commerce ne serait pas envisagée et le Congrès, après avoir entendu des exposés remarquables faits par les représentants de l'Administration et par les présidents des Silos Coopératifs, a consacré toutes ses séances à l'examen de la classification adoptée par les silos au point de vue de son adaptation aux conditions culturales, tandis que les agriculteurs recevaient les conseils de nos industriels sur les besoins spéciaux de notre place au point de vue des qualités de blés que peut produire l'Afrique du Nord.

Les conditions techniques de construction et de fonctionnement des silos ont été ensuite examinées. Les conclusions du Congrès et les avis que l'agriculture de l'Afrique du Nord a pu recevoir du commerce et de l'industrie marseillais au cours de ce Congrès n'ont pu que tendre à l'utilisation de plus en plus large de toutes les ressources du commerce par l'agriculture productrice et l'industrie consommatrice.

Les indications données à ce sujet, en particulier par notre éminent Président, et les déclarations faites dans les divers discours prononcés au cours du Congrès vous donneront certainement toute satisfaction.

Nous remarquons que M. le Président Solal a indiqué dans cette même séance que les organismes commerciaux de Dunkerque suivent avec le plus grand soin la documentation relative au conditionnement des céréales de l'Algérie et lui donne une grande publicité.

Je me permets de vous signaler que notre Institut ne manque pas non plus de publier dans son Bulletin hebdomadaire « *Les Cahiers Colo-*

niaux », que nous vous adressons, tous les documents sur ce sujet dont nous avons connaissance.

Nous les avons fait figurer au nombre des documents que nous avons mis à la disposition des Congressistes pour permettre la comparaison de ce qui était envisagé pour les silos avec ce qui était établi par le commerce.

Nous serons très heureux de même de pouvoir reproduire dans nos publications la documentation que vous voudrez bien nous faire parvenir.

Il n'en reste pas moins que nous serions désolés que votre Syndicat et en particulier sa Section des Céréales ait pu penser que nous ayons voulu le moins du monde agir à son égard d'une manière discourtoise et nous serons infiniment heureux qu'une nouvelle occasion nous soit donnée de recevoir leurs représentants et vous-même comme nous aurions aimé pouvoir le faire au cours des réunions qui ont eu lieu à l'occasion de la Foire de Marseille et qui ont été couronnées, pouvons-nous le dire, d'un si grand succès.

Veuillez agréer, Monsieur le Président, en attendant, l'expression de nos sentiments très distingués et dévoués.

Le Secrétaire Général,

Emile BAILLAUD.

Le Syndicat Commercial et Industriel du Département d'Oran à M. le Président de l'Institut Colonial de Marseille.

Oran, le 12 décembre 1928.

Monsieur le Président,

Nous avons l'honneur de vous accuser réception de votre lettre du 30 octobre, à laquelle nous nous excusons de répondre si tardivement. Comme elle met en cause le Syndicat des Négociants en Céréales du Syndicat Commercial et Industriel du Département d'Oran, nous avons prié M. Solal, président de ce groupement, de nous fournir les éléments de la réponse.

Nous ne pouvons mieux faire que de vous faire parvenir, sous ce pli, copie de la lettre qu'il nous a adressée en réponse à cette communication.

Veuillez agréer, Monsieur le Président, l'assurance de notre haute considération.

Le Président,

TOURNIER.

M. Solal, président du Syndicat des Négociants en Céréales du Syndicat Commercial et Industriel du Département d'Oran, à M. le Président du Syndicat Commercial et Industriel du Département d'Oran.

Oran, 15 novembre 1928.

Monsieur le Président,

Nous avons l'honneur de vous accuser réception de la lettre du 30 octobre de l'Institut Colonial de Marseille, que vous nous avez communiquée.

Le compte rendu de notre séance du 26 septembre qui a motivé cette lettre, relatait qu'un des membres du Syndicat des Céréales demandait à son président de se rendre au Congrès des Docks et Silos à Céréales de l'Afrique du Nord, pour y discuter le contrat de l'Afrique du Nord et en demander la révision à la Fédération Intersyndicale des Industries de la Minoterie et de la Semoulerie de Marseille.

Nous fîmes remarquer que le programme du Congrès n'envisageait pas la discussion ou la révision de contrats de commerce. Il suffisait de lire le programme pour s'en rendre compte, — programme établi en dehors de notre Syndicat Général, entre la Fédération Intersyndicale des Industries de la Minoterie, etc., et les principaux groupements agricoles de l'Afrique du Nord.

Ce Congrès ne devait pas s'occuper des contrats du commerce, mais des relations des docks et silos avec les marchés d'exportation. On devait y rechercher le moyen d'établir des relations directes entre la culture et l'industrie marseillaises, en dehors du commerce.

Nous l'avons compris ainsi lorsque nous avons dit que le Congrès en question négligeait les intérêts du commerce algérien.

Nous ne croyons pas nous être trompés.

M. Adrien Artaud, l'honorable président de la Chambre de Commerce n'a-t-il pas dit dans son discours d'inauguration :

« J'ai lu vos rapports avec attention et j'en admire le caractère pratique et le soin des détails, mais j'y ai vu percer ce sentiment si normal, si naturel, du producteur agricole qui voit dans le commerce un partageur importun dont il peut se passer et dont le bénéfice sera fait en déduction de celui qui revient intégralement au producteur ».

L'honorable président de la Chambre de Commerce d'Oran, M. Hernandez, n'a-t-il pas dit aussi :

« L'Industrie et le Commerce marseillais des céréales désirent établir des relations directes avec la Production algérienne. Je déclare en toute sincérité que notre commerce n'en prend aucunement ombrage, convaincu qu'il trouvera dans l'ordre nouveau une large matière à déployer ses facultés ».

Nous n'en avons pas pris ombrage et nous ne considérons pas que l'on ait agi d'une façon discourtoise à notre égard.

Nous reconnaissons aux groupements agricoles l'entière liberté de rechercher à leur gré, des ententes directes avec l'industrie métropolitaine.

A notre avis cependant, il est difficile de se passer du commerce des céréales qui joue de plus en plus un rôle important et indispensable et qui, jusqu'ici, a paru seul apte à mettre en accord les désirs de l'industriel avec ceux du producteur, et qui a surtout tant servi à la vulgarisation des affaires dans les moments difficiles.

En ce qui concerne la classification des produits, il nous semble que nous aurions pu être de quelque utilité, attendu que depuis de longues années nous travaillons à la réglementation et au conditionnement de nos produits et que notre expérience du pays aurait pu faciliter et contribuer au résultat souhaité.

C'est pour cette raison que nous regrettons que la question des contrats du commerce avec l'agriculture ait été exclue du programme du Congrès qu'a organisé l'Institut Colonial de Marseille ; cela nous aurait donné l'occasion de discuter avec les industriels marseillais et les groupements agricoles les conditions de vente que nous demandent les importateurs et qui sont quelquefois impossibles, étant donné l'état de la production de l'Afrique du Nord.

Le président du Syndicat des Céréales d'Oranie estimait, avec raison, qu'il n'avait pas à se rendre au Congrès de Marseille pour discuter la question du contrat méditerranéen, attendu que ce Congrès avait décidé de ne pas s'occuper de nos contrats et de notre façon de classifier nos marchandises.

La lettre à laquelle nous répondons nous le confirme bien puisqu'elle précise :

« Qu'il avait été nettement convenu dans les réunions préparatoires que la question des contrats du commerce ne serait pas envisagée ».

Nous comprenons bien que lors de l'organisation du Congrès il avait été décidé d'inviter les Chambres de Commerce qui représentent les intérêts généraux du commerce et de l'industrie, et que notre commerce était ainsi très dignement représenté.

Nous avons donné communication de la lettre de l'Institut Colonial à notre Syndicat dans sa séance du 10 novembre. Les membres de notre Syndicat ont été heureusement surpris de constater que leurs délibérations étaient suivies avec attention, non seulement par les exportateurs du département, mais encore par le secrétaire de l'Institut Colonial de Marseille.

Ainsi donc, nos desiderata syndicaux qui sont presque toujours des questions d'intérêt général, des efforts vers l'extension de notre marché, des études pour attirer davantage les importateurs à nos provenances, des démarches pour l'amélioration de nos qualités de céréales, etc... étaient suivis par les hommes éminents qui sont à la tête de l'Institut Colonial.

Nous en avons été très agréablement surpris.

Les *Cahiers Coloniaux* sont passés sous les yeux de chaque membre de notre groupe. Nous avons été satisfaits de voir diffuser par la brochure « Congrès des Docks » des documents émanent de notre Syndicat.

Nous vous prions de vouloir bien remercier l'Institut Colonial de Marseille de la publicité qu'elle a donnée à notre travail syndical.

Nous retenons son obligeance pour la publication d'autres documents que nous pourrions avoir intérêt à faire.

Veuillez agréer, Monsieur le Président, l'assurance de notre haute considération.

Solal.

Le président de l'Institut Colonial de Marseille à M. le Président du Syndicat Commercial et Industriel du Département d'Oran.

Marseille, le 28 décembre 1928.

Monsieur le Président,

Je ne saurais trop vous dire combien j'ai été heureux de recevoir votre lettre du 12 courant par laquelle vous me transmettez une lettre de M. Solal, président du Syndicat des Négociants en Céréales du département d'Oran. Il m'est infiniment précieux de penser que nous avons pu dissiper les malentendus auxquels le Congrès que nous avons organisé en septembre dernier avait ou aurait pu donner lieu.

Je m'étais attaché moi-même, en ouvrant les séances de ce Congrès, à bien montrer qu'il n'avait pour but, tout en permettant aux agriculteurs de faire connaître les résultats de leurs efforts pour faciliter le magasinage et la manutention de leurs céréales, que d'aider au perfectionnement des relations commerciales de l'Afrique du Nord avec le port de Marseille et la Métropole.

Je me tiens, Monsieur le Président, tout à votre disposition pour examiner avec vous et avec M. le Président Solal tout ce qui peut être utile dans cet ordre d'idées et en attendant qu'il me soit donné le plaisir de vous recevoir à Marseile, je vous prie de croire à ma haute considération.

Le Président :
A. ARTAUD.

Syndicat des Négociants en Céréales du département d'Oran

REUNION DU 14 MAI 1928

La séance est ouverte à 4 h. 30 du soir, sous la présidence de M. A. Solal, président.

Etaient présents : MM. Elghozi, vice-président; Coriat, secrétaire général; Skali, secrétaire adjoint; Amar, Balsa, Benzimra, Bensidoun, Chouraqui, de Témouchent; Henri Pérez, Monsonégo, de Mostaganem; Coriat, de Mascara.

Excusé : M. Saïer.

Contrat de Marseille

M. LE PRÉSIDENT. — Lors de mon dernier voyage à Alger, je me suis mis d'accord avec nos collègues d'Alger, Constantine et Tunis pour élaborer et imposer un contrat uniforme en Afrique du Nord.

Cette question va être sérieusement étudiée et mise au point et nous profiterons du X⁰ Congrès d'Oran pour la discuter.

D'autre part, M. le Président attire l'attention de l'assemblée sur la création sous les auspices de la Fédération des Syndicats Agricoles de l'Oranie et du Syndicat Commercial et Industriel du département d'Oran, d'une Chambre arbitrale intersyndicale qui aura à connaître des différends pouvant surgir entre les producteurs, agriculteurs ou éleveurs et le commerce.

Des réunions préparatoires ont eu lieu et le règlement général, ainsi que le règlement particulier additionnel à chaque denrée, seront discutés et mis au point dans de prochaines réunions.

En attendant, j'ai eu des entretiens avec les délégués de la section des céréales et nous avons examiné certaines questions, entr'autres celle de la qualité des grains.

Voici le pourcentage de la tolérance admise dans les blés colons machinés.

Corps inertes et grains sans valeur, 1 %;

Grains farineux, 1 %;

Grains cassés, 2 1/2 %.

Les minotiers réclament 2 %, mais je ne sais si nous pourrons obtenir ce dernier chiffre.

Grains boutés, 1 %.

Je dois avoir d'autres entretiens avant la réunion de la Commission et je vous demande de me faire connaître les objections que vous pourriez avoir à faire sur ces pourcentages.

La question orges et avoines n'ayant pu être liquidée reviendra dans une prochaine réunion.

M. Bensidoun prenant la parole au sujet de la location des sacs est prié de faire un rapport qui sera étudié et soumis au besoin à l'avocat-conseil.

L'ordre du jour étant épuisé, la séance est levée à 6 h. du soir.

RÉUNION DU 9 JUIN 1928

La séance est ouverte à 3 h. 15 du soir, sous la présidence de M. A. Solal, président.

Etaient présents : MM. Elghozi, vice-président; Coriat, secrétaire; Skalli, secrétaire adjoint; Saïer, trésorier; Bensaïd, Bensadoun, Benguigui, Cohen frères, Coriat, de Mascara; Canancia, Gourion, Lévy, Monsonégo.

Contrat de Marseille

M. LE PRÉSIDENT. — La première question portée à l'ordre du jour est celle du Contrat de Marseille.

Comme je vous l'ai déjà dit, votre bureau s'est occupé d'élaborer un nouveau contrat d'après les données qui ont été discutées aux dernières réunions des céréalistes de l'Afrique du Nord qui ont eu lieu à Alger.

La différence entre le contrat de Marseille et celui que nous venons d'établir ne porte que sur les conditions de tolérance et les bonifications.

Il est bien entendu que sa mise en pratique ne pourra avoir lieu qu'après entente avec les négociants marseillais. Néanmoins, dans l'intérêt général, il conviendrait d'essayer de le mettre à exécution dès les premières ventes de la future récolte, ce serait un acheminement vers sa réalisation prochaine. Dans ces conditions, ce contrat pourrait être plus efficacement défendu lors du Xe Congrès qui va avoir lieu en novembre prochain.

Chambre arbitrale intersyndicale

M. LE PRÉSIDENT. — L'organe du Syndicat Commercial et Industriel, *L'Union Commerciale de l'Oranie*, vous a tenu au courant des réunions qui ont eu lieu au sujet de la création de la Chambre arbitrale intersyndicale.

Le numéro du 31 mai écoulé public le règlement général qui a été élaboré d'un commun accord par la Fédération des Syndicats Agricoles de l'Oranie et le Syndicat Commercial. Il a été convenu que la Chambre arbitrale fonctionnerait à dater du 16 juin courant.

Il convient que les membres de notre groupement s'inspirent dans leurs relations avec la propriété des pourparlers qui ont eu lieu avec les délégués de la section des céréales pour faire l'expérience tout au moins, pendant une quinzaine de jours, du règlement additionnel qui doit être annexé au règlement général.

A cet effet, nous avons fait imprimer un contrat type dont nous vous proposons de faire usage dans les futures transactions avec l'agriculture.

M. LE PRÉSIDENT. — Je me répète, il faut faire une expérience en vue de nos futures relations avec l'agriculture et avec nos acheteurs, car si nous ne prenons pas nos précautions, l'avenir nous réservera des surprises.

Actuellement la Métropole fait de la culture intensive; sous peu elle aura moins besoin de nos grains. Nous devrons alors nous retourner vers l'étranger. A ce momént, les difficultés surgiront si nous ne nous appliquons pas à les éviter d'ores et déjà.

Tararage des grains arabes

M. LE PRÉSIDENT. — Vous avez pu vous rendre compte par les diverses lettres du Gouvernementt général et de la Préfecture parues dans *l'Union Commerciale* du 31 mai 1928, que cette question avait fait un grand pas.

Néanmoins, j'ai cru devoir intervenir à nouveau auprès de M. le Gouverneur général pour lui communiquer les contrats-types en vigueur au Maroc et lui faire connaître les publications faites par notre Chambre de Commerce pour l'application stricte de l'article 44 du règlement des ventes et livraisons de céréales.

A cet effet, nous avons fait confectionner des affiches que nous allons distribuer à tous nos adhérents et nous vous invitons à les placarder dans vos magasins, bureaux et succursales.

Le contrat de vente et le texte de l'affiche seront publiés dans l'organe officiel du Syndicat.

J'insiste particulièrement auprès de mes collègues pour qu'ils s'inspirent de ces diverses publications pour leurs achats de grains aux indigènes.

J'ajoute que le Gouvernement général va donner des instructions au Service de la répression des fraudes pour exercer une surveillance active et que l'Administration se préoccupe de nous faire obtenir satisfaction.

Xᵉ Congrès

M. LE PRÉSIDENT. — Nous avons été officiellement informés que le Xᵉ Congrès aura lieu à Oran du 8 au 10 novembre inclus, sous la présidence effective de M. le Gouverneur général qui présidera les séances d'ouverture et de clôture.

Dans nos précédentes réunions, je vous ai demandé de bien vouloir vous préoccuper des diverses questions qui devront être soumises. Je vous engage à nous les faire connaître au plus tôt de façon à pouvoir les discuter entre nous et les transmettre ensuite au Syndicat général.

Votre bureau ne pouvant tout concevoir sera très heureux de recevoir vos suggestions à l'occasion du Xᵉ Congrès. Nous allons inviter les Syndicats marseillais à venir discuter avec nous et l'Agriculture une bonne fois pour toutes les conditions de réception des céréales.

Je vous renouvelle les recommandations que je vous ai faites en vous demandant de mettre à exécution le contrat que nous venons de faire imprimer.

M. LE PRÉSIDENT. — A l'occasion du Xᵉ Congrès, le Syndicat général fait appel à notre caisse pour parer aux frais qui lui incombent.

Nous avons été reçus d'une façon grandiose par le Syndicat d'Alger. Nous devons, pour le bon renom de l'Oranie, faire dignement les choses.

Les ressources de notre caisse étant insuffisantes, je vous propose de verser une cotisation de 100 fr. minimum par membre, laissant à la volonté de chacun de nous de verser une somme supérieure si bon lui semble.

Cette proposition est adoptée.

*
**

Contrat-Type d'Achat de Céréales

CONFIRMATION POUR ACHATS A LA CULTURE

———

Je soussigné.. .. ..
propriétaire, demeurant à.. .. ..
déclare avoir vendu au poids à M... .. ..
par l'entremise de M... .. ..
la quantité fixe de.. .. .. 2 % plus ou moins
de la récolte 19... .. ..
et au prix de.. .. ..
les cent kilos nets rendus.. .. ..

Qualité. — La qualité devra être sèche, saine, loyale et marchande. Les blés ne devront être ni mouchetés ni charbonnés; les avoines ne devront pas contenir d'ergots; les orges ne devront pas être charbonnées. Toute contestation quelconque dans l'exécution du présent contrat sera tranchée à l'amiable par la Chambre Arbitrale Intersyndicale d'Oran.

Livraison. — Les livraisons auront lieu.. .. ..
au plus tard le.. .. ..

Sacherie. — Les sacs seront fournis par l'acheteur franco 10 jours avant la première livraison. La location des sacs demandés avant ce délai sera payée par le vendeur. Tout sac perdu ou non rendu sera facturé au taux des loueurs et la location sera perçue du jour de la dernière livraison au jour de la reddition.

Conditions particulières. — Le vendeurs, lorsqu'il aura choisi un courtier, paiera seul le courtage à raison de............................ les cent kilos (ne sont pas considérés comme courtiers les agents de maison).

Les marchandises vendues avec la mention « Magasin » ou « Dock » ou « Chantier » ou « Gare », s'entendent mises sur bascule. Les frais de manipulation seront facturés au vendeur à raison de francs............. les 100 kilos brut.

Les marchandises vendues avec la mention « Wagon » s'entendent sur wagons effectifs à destination de.. .. .. à moins de stipulation contraire.

Sauf convention contraire, les sacs seront réglés à 101 kilos pour 100 kilos nets pour les blés et orges, et à 81 kilos nets pour les avoines.

Le paiement des marchandises sera effectué au comptant sur remise des récépissés de chemin de fer ou bons de réception réguliers.

Fait en double et de bonne foi, à............., le............. 192

LE VENDEUR,   LE COURTIER,   L'ACHETEUR.

*
* *

Conditionnement des Céréales

BLÉS TENDRES ET DURS

Tolérance

Corps inertes et graines sans valeur.................. 1 %
Graines farineuses................................... 1 %
Grains cassés.. 2 %
Grains boutés ou mouchetés........................... 1 %
Charbons entiers..................................... 125 gr.

La tolérance de mitadins à admettre dans les blés durs sera fixée chaque année par une commission d'idoines.

ORGES

Tolérance orge colon

Corps inertes et graines sans valeur.................... 1 %
Graines farineuses..................................... 2 %

Les orges seront vendues « non charbonnées » et pourront contenir une proportion de 125 grammes de charbons entiers par cent kilos.

AVOINES

Tolérance

Corps inertes et graines sans valeur.................... 1 %
Graines farineuses..................................... 2 %

Les avoines seront vendues sous la dénomination « non ergotées » et pourront contenir 5 grammes d'ergots au maximum par cent kilos.

Sur ces tolérances, les dépassements seront bonifiés comme suit :

Corps inertes et graines sans valeur : *intégralement.*

Graines farineuses : elles seront comptées pour la moitié de leur poids.

Grains cassés : seront comptés pour la moitié de leur poids.

*
* *

Achats et Vente de Céréales

Par lettre du 12 mai 1928, M. le Gouverneur général de l'Algérie nous écrit :

« *...Il conviendrait d'inviter vos ressortissants à s'abstenir de tout achat dans les régions d'où proviennent les grains trop chargés d'impuretés...* »

Par la Presse, les Chambres de Commerce d'Oran et de Mostaganem, dans l'intérêt du commerce et de la production, rappellent que les grains arabes livrés par l'intérieur du département doivent être nettoyés par un moyen mécanique.

La bonne réputation des grains de l'Oranie en dépend.

Les autorités métropolitaines, les importateurs du Nord de la France nous invitent à surveiller l'état de malpropreté de nos marchandises en provenance de culture arabe.

Des mesures sérieuses sont prises par les autorités de la Colonie dans ce sens. D'autres suivront.

NEGOCIANTS EN CEREALES !...

N'achetez que les marchandises qui ont subi un nettoyage mécanique à l'origine : criblage, tararage ou autre.

Le règlement approuvé par les Chambres de Commerce prévoit à l'article 44 que les grains de culture arabe, pour être de qualité loyale et marchande, ne doivent pas donner au comptage à la main une proportion de corps étrangers supérieurs à 3 % (corps inertes et graines étrangères, tout compris).

Pour obtenir des marchandises remplissant ces conditions, il faut un nettoyage mécanique.

Munissez-vous du matériel nécessaire.

Ne vous exposez pas à des difficultés.

Les membres du Syndicat des Céréales du département d'Oran se sont formellement engagés à ne pas acheter A L'ORIGINE d'autres marchandises que celles remplissant les conditions de l'article 44 du règlement approuvé par toutes les Chambres de Commerce d'Algérie.

Le Syndicat des Négociants en Céréales d'Oran, Palais Consulaire, rue Ampère.

Règlement uniforme des Ventes
et Livraisons des Céréales en Algérie
pour les besoins du commerce d'exportation

Texte adopté par les groupements de négociants en céréales de la Colonie et approuvé par l'Assemblée des Présidents des Syndicats Commerciaux et Industriels d'Algérie, tenue à Alger, le 19 mai 1928.

CHAPITRE PREMIER

Mode de vente. — Tare

Article premier. — Les céréales se vendent au quintal métrique, net de toile.

Art. 2. — L'usage, pour la vente au commerce, en Algérie, ou pour l'exportation, est d'accorder la tare réelle pour les sacs de location ou pour les sacs de commerce.

CHAPITRE II

Art. 3. — Les livraisons s'effectuent :

1° En magasin du vendeur;
2° Par charrettes en magasin de l'acheteur ou à quai;
3° Par wagons en gare ou à quai;
4° En bord ou quai;
5° A quai au débarquement.

I. — *Livraisons en magasins du vendeur*

Art. 4. — Le vendeur doit prévenir son acheteur deux jours à l'avance par lettre ou télégramme recommandés qu'il est en mesure de livrer. Il est tenu de remplir les sacs ou de les régler suivant le cas et doit la marchandise sur bascule, prête à être enlevée, pour les sacs non réglés.

Art. 5. — L'acheteur doit être prêt à recevoir, deux jours après réception de l'avis du vendeur. Si ce délai expire un dimanche ou un jour férié, la livraison se fera le jour suivant. L'acheteur fournira les sacs en temps utile.

Art. 6. — L'acheteur et le vendeur sont tenus, l'un de livrer, l'autre recevoir au moins *cinq cents quintaux* par jour ouvrable, à moins de clauses spéciales insérées au marché.

II. — *Livraisons par charrettes*

Art. 7. — Les réceptions arrivant de l'intérieur devront s'effectuer dès l'arrivée de la marchandise et aux heures de travail fixées par les usagers locaux, dimanches et jours fériés exceptés.

Art. 8. — Le vendeur est tenu de livrer la marchandise sur bascule, dans les magasins qui lui sont désignés en ville (rez-de-chaussée) ou sur les quais à l'endroit désigné par l'acheteur.

III. — *Livraisons sur wagons*

ART. 9. — Dès l'arrivée de la marchandise, le vendeur ou son représentant prévient l'acheteur par télégramme recommandé ou par tout autre moyen rapide.

ART. 10. — L'acheteur doit être prêt à recevoir la marchandise dans les délais prévus par les Compagnies de chemins de fer.

ART. 11. — Dans la vente sur wagon à destination, les frais de déchargement des wagons sont à la charge de l'acheteur.

IV. — *Livraisons en bord ou quai pour bord*

ART. 12. — Dans la vente quai ou bord, l'agréage de la qualité et la reconnaissance du poids seront faits à quai dans les sacs de l'acheteur. Il sera établi sur quai par l'agréeur provisoire à chaque livraison de 250 sacs. Ces bons d'agréage partiels ne deviendront définitifs que lorsque la totalité de la livraison aura été effectuée conformément aux conditions de la vente. Les bons d'agréage provisoire seront échangés contre un bon d'agréage définitif que l'agréeur sera tenu de délivrer sur quai séance tenante.

En vue de faciliter la tâche du vendeur, l'agréeur pourra, sans qu'il y soit tenu, donner une appréciation préalable officieuse sur le vu de la marchandise en vrac.

ART. 13. — Un délai de 24 heures franc est accordé pour l'agréage. Passé ce délai, il sera procédé à l'agréage d'office sur requête du Tribunal. En cas de désaccord au point de vue de la qualité entre le vendeur et l'agréeur de l'acheteur, l'agréeur sera tenu, dans les 24 heures, de faire procéder à un arbitrage amiable pour le compte de son mandant.

ART. 14. — Pour les ventes en livrable, le vendeur devra, comme il est dit à l'article 4, prévenir l'acheteur par lettre ou télégramme recommandés, l'avant-veille du jour de la livraison, si aucun autre préavis n'est stipulé au contrat.

En cas de filière, ce délai de deux jours sera augmenté de 24 heures au maximum, quel que soit le nombre d'intermédiaires.

ART. 15. — Si le vendeur entend que les sacs lui soient remis sur une place de l'intérieur, il est indispensable que le contrat le stipule. Dans ce cas, les frais de transport du port d'embarquement au lieu de l'intérieur restent à la charge du vendeur et le délai ne devra jamais excéder celui prévu pour les transports en P. V.

ART. 16. — En cas de vente en disponible dans un des ports algériens desservis directement et quand l'acheteur a posé comme condition dans le marché l'envoi de ses toiles, la sacherie devra être remise au vendeur au port d'embarquement, dans un délai de sept jours à partir de la conclusion du marché. Passé ce délai, le vendeur aura le droit de demander la résiliation aux torts de l'acheteur, si ce dernier, à défaut des sacs qu'il aurait envoyés, ne se procure pas et ne fait pas remettre à son vendeur sur place des sacs de location ou autres dans le délai prévu de sept jours.

Mais le vendeur sera tenu de prévenir télégraphiquement son acheteur de la non arrivée des sacs, l'avant-veille de l'expiration du délai.

Si la livraison a lieu dans un autre port que les ports algériens desservis directement, les délais pour la remise des sacs seront également augmentés de la durée du voyage des sacs de ce port à celui de la livraison.

Dans ce cas, les sacs devront être embarqués sur le premier bateau côtier en partance, ou, à défaut, parvenir au vendeur, par tout autre moyen, dans un délai de huit jours.

ART. 17. — L'acheteur aura le droit d'exiger la reconnaissance de la sacherie par le vendeur dans le port de livraison avant l'expédition de cette sacherie dans l'intérieur.

ART. 18. — En ce qui concerne la sacherie, le vendeur, s'il n'effectuait pas la livraison des céréales vendues dans les dix jours qui suivront la réception des sacs, sera tenu de payer la location des sacs à partir du dixième jour jusqu'au moment de livraison des céréales.

ART. 19. — Si la vente prévoit plusieurs ports à la faculté du vendeur, celui-ci, sauf stipulation contraire insérée au contrat, devra désigner le port au moins huit jours à l'avance avant la livraison. En cas de filière, ce délai sera augmenté de 24 heures au maximum, quel que soit le nombre d'intermédiaires.

ART. 20. — En cas de vente bord plusieurs ports, à la faculté du vendeur, si celui-ci n'a pas désigné le port de livraison dans le délai prévu à l'article précédent, ou imparti au contrat, l'acheteur sera tenu de le lui rappeler par télégramme recommandé. Si le vendeur n'y a pas répondu dans un délai de 24 heures, l'acheteur aura le droit de résilier ou de se remplacer dans un des ports prévus au contrat; il devra, au préalable, faire part de sa décision par télégramme recommandé.

ART. 21. — Pour les livraisons en bord, le vendeur sera tenu de livrer et l'acheteur de recevoir, journellement, les quantités que prévoient les usages des ports.

ART. 22. — Pour les ventes en bord ou quai, au port d'embarquement avec paiement par chèques documentaires, l'assurance maritime sera couverte par le vendeur, *aux frais et pour le compte de l'acheteur*, à moins que l'acheteur ne fournisse au vendeur *avant l'embarquement*, un document prouvant que l'assurance maritime a été régulièrement couverte par ses soins. En cas de vente en sacs de l'acheteur ou pris en location pour son compte, l'assurance de la valeur des sacs sera soignée par le vendeur pour le compte de l'acheteur et cette valeur sera ajoutée à celle de la marchandise.

ART. 23. — Le vendeur a le droit de facturer à l'acheteur en bord ou quai au port d'embarquement :

1° Le marquage des sacs, un franc les cent sacs;

2° Le transport des sacs de l'acheteur au chantier du vendeur, à raison de 0,80 les cent sacs;

3° La moitié des frais du poids public;

4° La double attache, si elle est demandée, à raison de trois francs les cent sacs.

ART. 24. — Si le chargement se fait en sacs, le vendeur fera remplir, ficeler et régler uniformément les sacs fournis par l'acheteur et destinés à l'embarquement.

Il préviendra l'agréeur avant de commencer à remplir.

Si le chargement se fait en vrac, les sacs et ficelles seront fournis par le vendeur et le pesage aura lieu contradictoirement à quai.

Les frais de pesage public seront supportés par moitié par vendeur et acheteur dans tous les cas.

ART. 25. — Les droits de statistique, en cas d'exportation à l'étranger, seront toujours à la charge de l'acheteur, pour les achats en bord, sauf stipulation contraire insérée au contrat.

ART. 26. — Lorsque le fret n'est pas traité du quai d'embarquement, le vendeur en bord devra mettre la marchandise sous palan du navire chargeur.

ART. 27. — Lorsque la marchandise est vendue en quai ou quai pour bord, il reste entendu que le vendeur sera tenu de livrer sa marchandise à quai embarquement en première zone, sans aucun frais de supplément d'embarquement pour l'acheteur.

GRAINS IMPORTÉS

V. — *Livraisons à quai au débarquement*

ART. 28. — Le vendeur devra prévenir son acheteur deux jours avant la livraison, et, en cas de filière, un jour de plus lui sera accordé.

ART. 29. — L'acheteur devra être en mesure de recevoir dans ce délai, dimanches et jours fériés exceptés. Les sacs pesés que l'acheteur n'aurait pas fait enlever resteront sur quai aux risques et périls de l'acheteur. Le pesage aura lieu contradictoirement à quai et les frais de pesage public seront partagés par moitié entre l'acheteur et le vendeur.

Les marchandises arrivant en vrac seront intégralement pesées à quai par 5 sacs. Pour celles arrivant en sacs réglés, la moyenne reconnue par les épreuves de réglage sera celle facturée.

Les sacs flasques seront pesés séparément.

ART. 30. — L'acheteur sera tenu de recevoir au quai de débarquement.

CHAPITRE III

CONSTATATION DU POIDS

LIVRAISON EN SACS RÉGLÉS

ART. 31. — Le pesage des sacs livrés sera fait suivant les usages de la place, et au moyen de la balance dite « romaine » ou « régleuse » du type de celles qui permettent de peser par fraction de 100 grammes de façon que les hectos ne soient pas négligés.

ART. 32. — Pour établir le poids des quantités livrées lorsque les sacs sont déclarés réglés à un poids uniforme, l'acheteur pourra désigner comme devant servir de base au poids public, jusqu'à 5 % du nombre de sacs livrés, son choix ne pouvant se porter sur des sacs déliés ou déchirés.

ART. 33. — Les sacs choisis seront pesés un par un par le poids public, qui devra constater le poids de chacun en kilos et en hectos.

ART. 34. — Si les sacs pesés sont d'un poids irrégulier et d'un réglage défectueux, l'acheteur et le vendeur auront l'un et l'autre le droit d'exiger une seconde épreuve qui portera sur le même nombre de sacs que la première.

ART. 35. — Le poids moyen des pesées faites servira à établir le poids total des quantités livrées.

Art. 36. — Si le poids que l'acheteur a indiqué dans le réglage n'est pas atteint par la moyenne et si aucun des sacs pesés ne présente un écart supérieur ou inférieur à un kilo, l'acheteur n'aura pas le droit d'imposer un nouveau réglage.

Art. 37. — Si le réglage indiqué par l'acheteur n'est pas atteint ou s'il est dépassé par la moyenne de plus de un kilo, du réglage indiqué par l'acheteur, ce dernier aura le droit soit de faire procéder à un nouveau réglage et dans ce cas tous les frais de pesage constatant l'irrégularité du réglage seront supportés par le vendeur, soit d'exiger du vendeur le pesage intégral par cinq sacs.

Art. 38. — Les frais de poids public sont supportés moitié par le vendeur, moitié par l'acheteur.

CHAPITRE IV
Constatation de la qualité. — Déchets
Poids spécifique garanti

Art. 39. — Lorsque les grains ont été vendus sans type ni échantillon garantis et avec la seule dénomination de qualité loyale et marchande, l'appréciation en cas de contestation est soumise à des amis communs, qui procèdent sans délai ou à la Chambre Arbitrale du Syndicat Commercial, là où il en existe.

Art. 40. — (Avoines ergotées) — Les avoines ergotées, pour être loyales et marchandes, ne devront pas contenir plus de 300 grammes d'ergots par 100 kilos d'avoine. Les avoines vendues sous la dénomination de légèrement ergotées ne pourront pas contenir plus de 1/8 % d'ergots, c'est-à-dire plus de 125 grammes d'ergots par 100 kilos d'avoine. Les avoines seront considérées comme non ergotées ou sans ergots quand elles contiendront au maximum 5 grammes d'ergots par 100 kilos.

Art. 41. — (Marchandise silosée). — Une marchandise silosée, pour être de qualité loyale et marchande, ne devra pas contenir plus de 3 % de grains pourris.

Art. 42. — (Marchandise d'été). — Une marchandise d'été, pour être de qualité loyale et marchande, devra être exempte de l'odeur caractéristique que dégagent les marchandises silosées et ne pas contenir une proportion de grains touchés par l'humidité supérieure à 1/2 % (c'est-à-dire 500 grammes par 100 kilos).

Art. 43. — La tolérance de grains cassés se rencontrant naturellement dans les blés sera de 2 1/2 sans bonification et de 2 1/2 avec bonification pour la moitié de sa valeur.

Art. 44. — Une marchandise ne devra pas contenir plus de 3 % de grains piqués. Dans les céréales, les grains charançonnés seront reçus sans bonification jusqu'à 1 %. L'excédent jusqu'à 3 % sera à bonifier pour la moitié de son poids.

L'acheteur aura le droit de refuser toute marchandise contenant plus de 3 % de grains piqués ou de demander une bonification à fixer par arbitrage.

Art. 45. — (Grains boutés charbonnés ou cariés). — Une marchandise contenant des grains boutés, c'est-à-dire tachés par le charbon ou la carie, ou cariés, ne sera loyale et marchande que, si au comptage à la main elle présente une proportion inférieure à 1 % *de grains charbonnés, cariés ou boutés, sans que la proportion de grains de charbon dépasse 125 grammes par 100 kilos.*

Art. 46. — (Blés colons ou marchands). — La tolérance à accepter de blé dur dans les blés tendres, ou de blé tendre ou aduré dans les blés durs, sera fixée tous les ans, sitôt que ce sera possible, par la Chambre de Commerce compétente qui désignera à cet effet une commission d'idoines.

Art. 47. — La qualité des grains livrés en application des contrats spécifiant « colons machinés de qualité loyale et marchande » sera fixée chaque année sitôt qu'il sera possible par la Chambre de Commerce compétente qui désignera à cet effet une commission d'idoines.

Les grains arabes livrés par l'intérieur du département en application de contrats en qualité loyale et marchande, devront être tararés, criblés ou nettoyés par tout autre moyen mécanique à l'origine de façon à ce que les grains ne donnent pas au comptage à la main une proportion de corps étrangers supérieure à 3 % (corps inertes et graines étrangères).

Dans les orges, avoines et blés, les céréales étrangères (orge, avoine, blé alpiste) dépassant la tolérance fixée, seront comptées dans le pourcentage du déchet pour la moitié de leur poids.

On entend par marchandise « colon » toutes celles qui sont dépiquées à la batteuse, dont la désignation sera ainsi conçue : blé, avoine, orge colon « machiné ».

Art. 48. — *Pour les ventes en quai départ,* le vendeur sera toujours obligé d'unifier sa marchandise avant de la livrer; une marchandise pourra être refusée à priori si elle n'est pas unifiée.

Art. 49. — Le prélèvement des échantillons pour le comptage à la main se fera de la façon suivante : 5 % des sacs présentés en livraison seront mélangés sur une bâche, à terre, et chacun des intéressés ou son ayant droit prélèvera contradictoirement et à son gré 2 kilos de ce tas, et ces prélèvements, de nouveau mélangés, seront décomptés à la main.

Art. 50. — Dans le cas où le pourcentage indiqué à l'article 44 serait dépassé et jusqu'à 1 %, il y aurait lieu de bonifier ce dépassement par fraction de 100 grammes.

Si le pourcentage du déchet toléré est dépassé de plus de 1 %, l'acheteur en quai Algérie aura la faculté soit d'exiger que le vendeur ramène la marchandise à la qualité loyale et marchande, soit d'accepter la bonification du déchet au delà du pourcentage toléré *toujours par fraction de 100 grammes.*

Poids spécifique garanti

Art. 51. — La constatation du poids spécifique garanti par le marché se fera par peseur public au moyen de la trémie conique, à raison d'une épreuve au maximum par 100 sacs, ou à défaut de peseur public, par experts amiables.

Art. 52. — La différence du poids spécifique en plus sur la moyenne des épreuves profitera à l'acheteur sans augmentation de prix.

Art. 53. — Dans le cas où le poids spécifique garanti n'est pas atteint, s'il se fait plusieurs épreuves de poids spécifique et que la moyenne des épreuves n'est pas inférieure de plus de deux kilos au poids spécifique garanti, il sera accordé pour blé, orge et avoine, une bonification de 10 % par hectogramme jusqu'à deux kilos au-dessous du poids spécifique garanti.

La moyenne des épreuves faites servira de base à l'établissement de la bonification à accorder qui sera calculée à l'hectogramme.

Art. 54. — Dans le cas où le poids spécifique garanti n'est pas atteint par la moyenne des épreuves faites et si la moyenne des épreuves est inférieure de plus de 2 kilogrammes et jusqu'à 3 kilogrammes du poids spécifique garanti, le vendeur aura la faculté, soit de remplacer la marchandise, soit de bonifier 3/4 % par demi-kilo pour ce qui dépassera 2 kilos. La bonification sera calculée à l'hectogramme.

DISPOSITIONS GÉNÉRALES

Art. 55. — Pour les marchandises vendues pour livraison courant mois, ou première et deuxième quinzaine du mois, la livraison aura toujours lieu dans la période indiquée, à la faculté du vendeur, le préavis pouvant être donné dans la période qui précède l'époque de livraison sauf stipulation expresse contraire.

Art. 56. — Si la quantité déterminée par le marché est suivie du mot « environ », il est entendu que le vendeur aura la faculté de livrer 5 % (cinq pour cent) en plus ou en moins. Dans le premier cas, le prix à appliquer au supplément sera décompté comme suit : 2 % (deux pour cent) au prix du marché et 3 % (trois pour cent) au cours du jour de la livraison.

Art. 57. — Ni l'acheteur ni le vendeur n'auront le droit de se considérer comme dégagés si la marchandise présentée ne répond pas à la qualité vendue, dans ce cas, le vendeur devra remplacer la marchandise dans les trois jours du refus justifié par une expertise immédiate.

Art. 58. — Les marchandises vendues environ suivant échantillons (moralement conforme à l'échantillon), mais avec la dénomination de qualité loyale et marchande, s'entendent de provenance, d'essence de grenaison similaire à l'échantillon, mais sont régies en ce qui concerne le déchet toléré par les conditions établies à l'article 44.

Art. 59. — Dans la vente en disponible en quai départ en sacs de location, la livraison s'entend dans les trois jours de la conclusion du marché, *confirmé par les deux parties*, à la faculté de l'acheteur.

Dans la vente en disponible wagon intérieur, il est accordé huit jours pour la remise des sacs.

L'accréditif sera fait en temps utile dans les deux cas.

Art. 60. — La clause de parité insérée dans un marché signifie que le vendeur a le droit d'expédier le grain d'où bon lui semble, en bénéficiant de la différence de transport si ce grain part d'une gare plus rapprochée du lieu que celle indiquée au marché et en supportant cette même différence s'il est expédié d'une gare plus éloignée.

Art. 61. — En cas d'inexécution d'un marché, le défaillant supportera les dommages basés non sur le cours moyen du mois, mais sur le cours du jour de l'échéance. Le cours sera déterminé par un certificat délivré par la Chambre Syndicale des courtiers assermentés.

Art. 62. — De convention expresse, il reste entendu que ni le vendeur ni l'acheteur ne pourront considérer un contrat comme résilié s'il n'y a pas eu mise en demeure au préalable donnant un délai de 48 heures pour régularisation.

Syndicat Commercial et Industriel
du département d'Oran

REUNION DE LA CHAMBRE SYNDICALE DU 26 JUIN 1928

La séance est ouverte à 6 h. 15, sous la présidence de M. Tournier, Vice-Président.

Etaient presents : MM. Charriaud, vice-président; Heintz, secrétaire général adjoint; Elghozi, bibliothécaire; Botalla-Gambetta, Ben Dahan; Depeille, Levecque, Monneret, Ramonda, Serain, Sigonney, Valency.

Excusés : MM. Louis Huc, président; Kruger, secrétaire général; Solal, trésorier; Prat, trésorier adjoint; Ambrosino, Camus, Djian, Fouque, Kanoui, Loumagne, Malka.

M. LE PRÉSIDENT. — Le Président du Syndicat Commercial Algérien nous a fait parvenir un exemplaire du règlement uniforme des ventes et livraisons de céréales en Algérie pour les besoins du commerce d'exportation.

Ce règlement a été adopté par tous les groupements de Négociants en céréales de l'Afrique du Nord, ratifié par l'Assemblée des Présidents des Syndicats Commerciaux et Industriels d'Algérie et également approuvé par toutes les Chambres de Commerce de la Colonie.

Ce document sera publié à la suite du procès-verbal de la séance.

(Voir plus loin).

M. LE PRÉSIDENT. — Nous avons transmis à M. le Gouverneur Général, en l'appuyant, la lettre qui nous a été adressée par le Groupe des Négociants en céréales au sujet de la surveillance à exercer sur la vente des céréales arabes. Voici cette lettre :

Monsieur le Gouverneur Général de l'Algérie, Alger.

MONSIEUR LE GOUVERNEUR GÉNÉRAL,

M. le Président du Syndicat Commercial et Industriel d'Oran communique à notre Groupe vos deux lettres des 12 et 14 mai 1928, n°ˢ 3593 et 3858, concernant la répression des fraudes et la question du tararage des céréales provenant de cultures arabes.

Nous avons l'honneur de vous remercier d'avoir pris en considération les vœux que nous avons exprimés sur ces questions et de bien vouloir nous aider avec toute votre autorité à réaliser une réforme importante.

Notre Syndicat d'exportateurs, soucieux de son intérêt qui s'associe sur ces importantes questions à l'intérêt général, a été l'un des plus ardents à soutenir qu'il fallait pour le bon renom de notre département et de toute l'Algérie, que nos céréales prennent une place de premier rang dans les pays importateurs.

Nous tenons, d'autre part, à ce que notre probité commerciale ne soit pas discutée par le fait que nos orges et blés indigènes contiennent parfois des impuretés (pierres et terre notamment), dans une proportion qui pourrait laisser supposer de la fraude.

Nous avons le plaisir de porter à votre connaissance que les Syndicats des départements d'Algérie se sont mis enfin d'accord sur un règlement uniforme régissant les ventes et livraisons de céréales, règlement qui fixera, nous l'espérons, les usages sur les conditions que doivent remplir les céréales de cultures indigènes pour être loyales et marchandes.

Nous attendons maintenant que notre règlement soit approuvé par toutes les Chambres de Commerce d'Algérie.

Dans le but de faire connaître l'article 44 de ce règlement qui dit notamment que les céréales indigènes ne doivent pas contenir plus de 3 % d'impuretés, qu'elles doivent être criblées ou tararées, nous avons demandé et obtenu de notre Chambre de Commerce qu'une communication officielle soit faite par voie de presse.

Nous vous remettons ci-joint copie d'une de ces insertions.

Comme nous le fait remarquer votre lettre du 14 mai 1928, il n'existe pas de texte législatif au Maroc sur ces questions. Lors du Congrès d'Alger, nous avions cité le Maroc en exemple parce qu'il existe là-bas un contrat-type, sur lequel traite tout le commerce, précisant que les céréales doivent être tararées. Nous vous en adressons un exemplaire ci-joint.

Vous avez bien voulu nous demander de vous indiquer à quelle époque une surveillance spéciale doit être exercée sur les marchés aux grains. Nous estimons qu'il faudrait que cette surveillance existe dès le 15 juin.

Notre Groupe est décidé à vous aider dans toute la mesure de ses moyens, à seconder les instructions que vous voudrez bien donner aux autorités locales pour surveiller la mise en vente de céréales indésirables par leur qualité.

Nous sommes actuellement en conférence avec les Syndicats agricoles pour instituer une Chambre d'arbitrage intersyndicale entre la culture et le commerce, et par voie de conséquence, pour créer un contrat type fixant étroitement les conditions que doivent remplir les céréales de culture colon ou indigène pour être mises en vente sous les dénominations courantes.

Cette initiative aura, nous l'espérons, votre approbation. Nous voulons vaincre la résistance que rencontre notre commerce lorsqu'il veut trouver la vente des grains d'Algérie sur la Métropole et en particulier sur les pays étrangers.

Notre désir est d'attirer en confiance tous les pays importateurs sur la production en céréales de notre département.

Nous poursuivons ainsi des buts parallèles à ceux que vous indiquez dans votre lettre du 14 mai.

Nous vous prions d'agréer, Monsieur le Gouverneur Général, nos sentiments de très respectueuse considération.

Signé : A. SOLAL.

Conditionnement des Grains
de la Récolte 1928

DEPARTEMENT D'ALGER

Réunion de la Commission d'Idoines du 6 septembre 1928

ORGES COLON MACHINÉES. — QUALITÉ MOYENNE. — RÉCOLTE 1928

Poids spécifique : 60 kilos à l'hectolitre à la trémie conique.
Tolérance pour charbons : 1/4 %.
Corps étrangers : 4 %.
La marchandise a été légèrement teintée par les pluies survenues aux moissons.

ORGES MARCHANDES ÉTÉ

Tolérance 3 % de corps inertes et graines étrangères.
Même tolérance que pour les orges colons en ce qui concerne le
Mêmes observations en ce qui concerne la couleur.

AVOINES COLONS MACHINÉES. — QUALITÉ MOYENNE. — RÉCOLTE 1928

Poids spécifique : 47 kilos à l'hectolitre à la trémie conique.
Tolérance : Orge et blé, 3 %.
Corps étrangers : Tolérance, 5 %, sur lesquels 1 2 % au maximum de corps inertes (terres et pierres).

AVOINES MARCHANDES. — QUALITÉ MOYENNE. — RÉCOLTE 1928

Poids spécifique : 45/46 kilos à l'hectolitre à la trémie conique.
Tolérance : Corps inertes et graines sans valeur 3 %.
Tolérance : Grains farineux 2 %.

BLÉS DURS COLONS MACHINÉS. — QUALITÉ MOYENNE. — RÉCOLTE 1928

Tolérance mitadins : 15 %.
Poids spécifique : 80 kilos à l'hectolitre.
Orges : Tolérance 1 %.
Grains cassés : Tolérance 3 %.
Corps étrangers : 2 1/2, sur lesquels les corps inertes (terres et pierres) ne peuvent dépasser 1/2 %.
Grains boutés : Tolérance 1 %.
Charbons : Tolérance 1/8 %.

Ces conditions s'appliquent aux blés autres que ceux des régions de Ain-Bessem, de Berrouaghia et de Vialar. Ces derniers devront comprendre un poids spécifique de 86 kilos, 1/2 % d'orges, 3 % de grains cassés et 1 % de corps étrangers dont 1/3 % de corps inertes ; 1/2 % de grains boutés et 1/16 % de charbons.

Blés durs marchands. — Qualité moyenne. — Récolte 1928

Poids spécifique : 78/79 kilos à l'hectolitre à la trémie conique.

15 % de grains tendres, mitadinés ou attendris.

Tolérance : orges et graines étrangères, 3 %.

Tolérance : corps inertes (pierres et terre), 2 %.

Blés tendres colons. — Qualité moyenne. — Récolte 1928

Poids spécifique : 79 kilos à l'hectolitre à la trémie conique.

Orge : Tolérance, 1 %.

Corps étrangers : 2 %, sur lesquels les corps inertes (terre et pierres) ne peuvent dépasser 1 %.

Grains boutés : Tolérance, 1 %.

Charbons : Tolérance, 1/8 %.

Blés durs dans tendres colons : Tolérance, 1 %.

Blés tendres marchands. — Qualité moyenne. — Récolte 1928

Poids spécifique : 78/79 kilos à l'hectolitre à la trémie conique.

10 % de grains durs ou indurés.

Tolérance orges et graines étrangères : 3 %.

Tolérance corps inertes (terre et pierres) : 2 %.

Grains boutés : Tolérance, 1 %.

Charbons : Tolérance, 1/8 %.

Fèves ou Féverolles

Franchise 4 % de corps étrangers.

Par suite des pluies tardives, tolérance de 1 % de fèves légèrement tachées par l'humidité.

DÉPARTEMENT D'ORAN

Réunion de la Commission d'Idoines du 30 et 31 juillet 1928

Orges colon machinées. — Qualité moyenne. — Récolte 1928

Poids spécifique : 60 kilos à l'hectolitre à la trémie conique.

Tolérance pour charbons : 1/4 %.

Corps étrangers : 3 %, dont 1 % maximum de corps inertes et graines sans valeur (vesces sauvages, ravenelles, graines carottes, etc...).

La marchandise a été légèrement teintée par les pluies survenues aux moissons.

Orges marchandes été

Tolérance 3 % de corps inertes et graines étrangères.

Même tolérance que pour les orges colon en ce qui concerne le charbon.

Mêmes observations en ce qui concerne la couleur.

Avoines colon machinées. — Qualité moyenne. — Récolte 1928

Poids spécifique : 47 kilos à l'hectolitre à la trémie conique.

Tolérance : orge et blé, 5 %.

Corps étrangers : tolérance, 2,50 %, sur lesquels 1 % au maximum de corps inertes (terre et pierres).

AVOINES MARCHANDES. — QUALITÉ MOYENNE. — RÉCOLTE 1928

Poids spécifique : 45/46 kilos à l'hectolitre à la trémie conique.
Tolérance corps inertes et graines sans valeur : 3 %.
Tolérance grains farineux : 2 %.

DURS COLON MACHINÉS. — QUALITÉ MOYENNE. — RÉCOLTE 1928

Tolérance mitadins : 25 %.
Poids spécifique : 81 kilos à l'hectolitre.
Orge, tolérance : 1 %.
Grains cassés, tolérance : 2,5 %.
Corps étrangers : 2 %, sur lesquels les corps inertes (terre et pierres), ne peuvent pas dépasser 1 %.
Grains boutés : tolérance, 1 %.
Charbons : tolérance, 1/8 %.
Ces conditions s'appliquent aux régions du littoral de Bel-Abbès — Témouchent.
Les provenances des Hauts Plateaux (Tiaret et Saïda) sont réservées pour une nouvelle décision, lorsque ces grains seront parvenus en quantité suffisante sur les marchés.

BLÉS DURS MARCHANDS. — QUALITÉ MOYENNE. — RÉCOLTE 1928

Poids spécifique : 78/79 kilos à l'hectolitre à la trémie conique.
25 % grains tendres, mitadinés ou attendris.
Tolérance orges et graines étrangères : 3 %.
Tolérance corps inertes (pierres et terre) : 3 %.

BLÉS TENDRES COLON. — QUALITÉ MOYENNE. — RÉCOLTE 1928

Poids spécifique : 80 kilos à l'hectolitre à la trémie conique.
Orge : tolérance, 2 %.
Corps étrangers : 2 %, sur lesquels les corps inertes (terre et pierres) ne peuvent pas dépasser 1 %.
Grains boutés : tolérance, 1 %.
Charbons : tolérance, 1/8 %.
Blés durs dans blés tendres colons : tolérance, 1 %.
Ne sont pas considérés comme blés durs ni adurés, les grains rougeâtres qui sont une qualité spéciale des blés tendres.
Il faut noter aussi qu'on rencontre, cette année, dans les blés tendres colons, des grains tendres blancs qui ne sont pas des tuzelles et qui ont acquis cette couleur à la suite des intempéries pendant les moissons.

TUZELLE COLON BEL-ABBÈS. — QUALITÉ MOYENNE. — RÉCOLTE 1928

Poids spécifique : 78 kilos à l'hectolitre à la trémie conique.
Orge : tolérance, 1/2 %.
Vesces sauvages, tolérance 1 %.
Grains boutés, tolérance 1 %.
Charbons, tolérance 1/8 %.
Corps étrangers, tolérance 2 % sur lesquels les corps inertes (terre et pierres) ne doivent pas dépasser 1 %. Certaines régions de Bel-Abbès donnent, cette année, des tuzelles renfermant des grains roux ressemblant aux blés tendres colon.

Les tuzelles de provenance des Hauts-Plateaux (Tiaret et Saïda) sont réservées pour une nouvelle décision lorsque ces grains seront parvenus en quantité suffisante sur nos marchés.

Blés tendres marchands. — Qualité moyenne. — Récolte 1928

Poids spécifique : 78/79 kilos à l'hectolitre.
Graines étrangères et orges : tolérance, 3 %.
Corps inertes (terre et pierres) : tolérance, 3 %.
Grains boutés : tolérance, 1 %.
Charbons : tolérance, 1/8 %.
Grains durs ou adurés : tolérance, 10 %.
Ne sont pas considérés comme grains durs, les grains rouges d'essence tendre contenus dans les blés tendres marchands.

Pois ronds

Tolérance : 2 % de corps inertes et de graines de nulle valeur.
Mignonnettes, c'est-à-dire de petite dimension, passant à travers un crible de tôle métallique perforé de trous ronds de 4 millimètres : 2 % de tolérance y compris les grains farineux : blé, avoine, orge, seigle comptés pour la moitié de leur poids.
Grains mangés par les oiseaux : tolérance 1/2 %.
Grains décolorés : tolérance, 4 % pour toutes qualités.
La proportion de grains jaunis pour les ventes de pois verts sera déterminée par les contrats.

Fèves moyennes Oran

Franchise, 4 % de corps étrangers.
Fèves colon Oranie, franchise 3 % de corps étrangers.
Par suite des pluies tardives, tolérance 1 % de fèves légèrement tachées par l'humidité.

Pois chiches de l'année

Ne doivent pas contenir de grains piqués.
Tolérance de corps étrangers : 2 %.

DÉPARTEMENT DE CONSTANTINE

Réunion de la Commission d'idoines du 10 septembre 1928

Orges colon machinées. — Qualité moyenne. — Récolte 1928

Poids spécifique : 60 kilos à l'hectolitre à la trémie conique.
Corps étrangers : 4 %.
Tolérance pour charbons : 1/2 %.
La marchandise a été légèrement teintée par les pluies survenues aux moissons.

Orges marchandes été

Poids spécifique : 59 kilos.
Tolérance : 3 % de corps inertes et graines étrangères.
Même tolérance que pour les orges colon en ce qui concerne le charbon.
Mêmes observations en ce qui concerne la couleur.

Avoines colon machinées. — Qualité moyenne. — Récolte 1928

Poids spécifique : 47 kilos à l'hectolitre à la trémie conique.
Tolérance, orge et blé : 3 %.
Corps étrangers : tolérance, 5 % sur lesquels 1/2 % au maximum de corps inertes (terre et pierres).

Avoines marchandes. — Qualité moyenne. — Récolte 1928

Poids spécifique : 45,46 kilos à l'hectolitre à la trémie conique.
Tolérance : corps inertes et graines sans valeur, 3 %.
Tolérance : grains farineux, 2 %.

Blés durs colons machinés. — Qualité moyenne. — Récolte 1928

Tolérance mitadins : 15 %.
Poids spécifique : 80 kilos à l'hectolitre.
Orges : tolérance, 1 %.
Grains cassés : tolérance, 3 %.
Corps étrangers : 2 1/2 %, sur lesquels les corps inertes (terre et pierres) ne peuvent dépasser 1/2 %.
Grains boutés : tolérance, 2 %.
Charbons : tolérance, 1/8 %.

Blés durs marchands. — Qualité moyenne. — Récolte 1928

Poids spécifique : 77/78 kilos à l'hectolitre à la trémie conique.
15 % de grains tendres, mitadinés ou attendris.
Tolérance : orges et graines étrangères, 3 %.
Tolérance : corps inertes (terre et pierres), 2 %.

Blés tendres colon. — Qualité moyenne. — Récolte 1928

Poids spécifique : 78 kilos à l'hectolitre à la trémie conique.
Orges : tolérance, 1 %.
Corps étrangers : 2 %, sur lesquels les corps inertes (terre et pierres) ne peuvent dépasser 1 %.
Grains boutés : tolérance, 1 %.
Charbons : tolérance, 1/8 %.
Blés durs dans tendres colons : tolérance, 1 %.

Blés tendres marchands. — Qualité moyenne. — Récolte 1928

Poids spécifique : 76/77 kilos à l'hectolitre à la trémie conique.
10 % de grains durs ou indurés.
Tolérance : orges et graines étrangères, 3 %.
Tolérance : corps inertes (terre et pierres) 2 %.
Grains boutés : tolérance, 2 %.
Charbons : tolérance, 1/8 %.

Fèves ou Féverolles

Franchise : 4 % de corps étrangers.
Par suite des pluies tardives, tolérance 1 % de fèves légèrement tachées par l'humidité.

Syndicat des Négociants en Céréales du département d'Oran

Procès-verbal de la séance du 10 novembre 1928

La séance est ouverte à 16 heures, sous la présidence de M. Albert Solal, président.

M. Albert Solal donne la parole à M. Félix Saïer pour qu'il explique les modifications arrêtées à Marseille au contrat méditerranéen 1927.

Il le remercie de son dévouement à la cause syndicale et du travail qu'il a fait comme délégué du groupe à Marseille .

M. Félix Saïer explique d'abord l'aide précieuse qu'il a trouvée à Marseille en M. Hernandez, président, et en M. Ladreyt, membre de la Chambre de Commerce, lesquels ont bien voulu l'assister officieusement lors de la discussion du contrat de Marseille.

L'assemblée décide qu'il y a lieu d'écrire à M. le président de la Chambre de Commerce et à M. Ladreyt pour les remercier.

M. Albert Solal indique que pendant tous les pourparlers, M. Saïer s'est tenu télégraphiquement en contact avec le bureau du groupe des Céréales.

M. Saïer explique sur quels points reposent les modifications apportées au contrat 1927.

Il est désormais admis que les ventes s'entendront « qualités moyennes de l'année » à déterminer par les Chambres de Commerce.

Cependant, lorsqu'il s'agira de ventes effectuées avant la récolte, des tolérances fixes sont prévues par le nouveau contrat l'acheteur désirant savoir d'avance sur quoi il s'engage.

Il est convenu que, dans le calcul de la bonification qui est susceptible de provoquer la résiliation d'un contrat lorsque l'indemnité est supérieure à 5 % de la valeur de la marchandise, ne seront pas comprises les bonifications pour excédent de grains tendres. En cas d'enlèvement de la marchandise en l'absence du vendeur ou de son représentant, l'acheteur sera tenu de payer la réversibilité maximum de poids spécifique.

Les bonifications pour excédent de grains tendres sont légèrement améliorées, 0,25 % pour le restant.

Les livraisons de blés marchands sont résiliables lorsque le pourcentage de corps inertes dépasse 4 %.

M. Solal se fait l'interprète de l'assemblée pour féliciter à nouveau M. Félix Saïer de son travail.

Il explique cependant que les bonifications pour grains tendres dans les blés durs sont excessives. Le bureau avait demandé 0.25 par quintal et non pas 0,25 %, l'expérience a montré que les bonifications auxquelles étaient condamnés les livreurs étaient beaucoup plus fortes que les préjudices réellement subis.

Pour les blés durs marchands les affaires sont excessivement difficiles.

Plusieurs membres s'étonnent que M. Félix Saïer n'ait pas pu obtenir 5 pour 100.

On fait remarquer que les cas de résiliation sont trop nombreux dans ce contrat.

Un membre estime qu'il ne sera plus possible de vendre des blés marchands autrement que sur échantillon.

Un autre membre estime que pour ces affaires d'exportation, on devrait toujours convenir des bonifications, et éviter les cas de résiliation toujours très durs pour l'exportateur éloigné du lieu de livraison.

M. Félix Saïer explique qu'il n'a pu obtenir de meilleures conditions.

M. Solal dit qu'on pourra revenir plus tard sur ces conditions lorsque l'expérience aura montré que ces clauses sont trop dures et recommande d'exiger le criblage des grains arabes à l'intérieur. Il demande à l'assemblée d'adopter le contrat de Marseille tel qu'il a été discuté par notre délégué M. Félix Saïer.

L'assemblée adopte ce contrat.

Il est convenu que des exemplaires seront envoyés à toutes les Chambres de Commerce de l'Algérie, et que la présente décision sera portée à la connaissance de la Fédération des Syndicats de la Minoterie, de la Semoulerie et de la Biscuiterie de Marseille.

M. le Président donne ensuite connaissance d'une lettre de l'Institut Colonial de Marseille.

L'assemblée reprend communication des brochures « Congrès des Docks et Silos », « Cahiers Coloniaux ». Elle est agréablement surprise de voir que ses travaux sont suivis et publiés par l'Institut Colonial de Marseille.

Tout en maintenant que la tentative d'établir des ententes directes avec la culture négligeait les intérêts du commerce, l'assemblée décide de remercier l'Institut Colonial pour ses publications.

Le Président signale que les compromis d'arbitrage imprimés comportent une lacune.

Ils ne précisent pas que lorsqu'il s'agit d'un arbitrage avec appel, ce dernier doit avoir lieu devant la Chambre d'arbitrage.

Un nouveau texte additionnel est adopté.

Le Président signale qu'il s'est soucié également de la crise de main-d'œuvre qui sévit actuellement dans les ports du département, et qu'il a demandé au Syndicat général qu'une commission soit créée pour étudier les remèdes à cet état de choses.

M. Albert Solal donne ensuite connaissance des différents vœux déposés par le groupe des Céréales au Syndicat Commercial pour le prochain Congrès.

Sur la demande de M. Elghozi il est décidé qu'une commission sera chargée d'étudier une réglementation précise pour les affaires de céréales en filière.

Chambre d'Agriculture d'Alger

Séance du 30 novembre 1928

RÈGLEMENT ADOPTÉ PAR LES NÉGOCIANTS EN CÉRÉALES DE L'ALGÉRIE
POUR LES VENTES ET LIVRAISONS DE CÉRÉALES

M. LE PRÉSIDENT. — Je dois vous déclarer, Messieurs, que ce projet
de règlement ne concernait pas transactions de céréales en Algérie, mais
seulement les céréales à l'exportation, et les rapports des commerçants
de l'Algérie avec ceux de la Métropole ou de l'étranger.

Cependant, on pourrait, à mon avis, prendre dans ce règlement des
bases pour élaborer un règlement qui nous serait spécial pour nos transactions à l'intérieur, car, en fait, les producteurs algériens se trouvent
dans une situation très particulière : ils font leurs ventes sous des conditions verbales, on peut dire de bonne foi, mais qui ne sont réglementées
par aucun principe.

A cet égard, je dois immédiatement vous rendre compte que la Cham-
bre d'Agriculture vient d'être invitée par le président du Comité du
Congrès des Syndicats commerciaux d'Oran, Congrès qui va se tenir à
Oran la semaine prochaine.

D'accord avec les Associations et tous les groupements de ce département, nous avons répondu avec le plus vif empressement à cette invitation, et nous irons prendre contact la semaine prochaine, au nom de
la Confédération Générale des Agriculteurs d'Algérie, du département
d'Alger, de l'Union des Syndicats, de la Société des Agriculteurs et de
votre Chambre d'Agriculture, avec le commerce ; nous verrons quels sont
ses désirs, quelles observations il peut avoir à nous présenter et comment
nous pouvons y répondre.

Si vous le voulez bien, nous réserverons donc cette question, qui se
lie d'ailleurs assez étroitement avec un certain nombre d'observations
qui se trouvent dans l'exposé dont vous a donné lecture M. Furgier, et
nous reprendrons le tout à une prochaine session.

Vous désirez prendre la parole, M. Furgier ?...

M. FURGIER. — En ce qui concerne la vente du blé, je tiens à faire
observer que jusqu'ici le colon livre 101 kilos brut, pour 100 kilos net,
alors que dans les docks nous livrons, comme le commerce, au quintal
métrique (100 kilos) net de toile ; ce qui est, à mon avis, plus rationnel.

D'autre part, le poids spécifique devrait servir de base à toutes les
transactions de céréales.

L'Association Générale des Producteurs de blé, l'Association Nationale
de la Meunerie française, la Chambre Syndicale de l'Industrie meunière

parisienne ont approuvé les dispositions de l'accord suivant pour la vente du blé au poids à l'hectolitre (campagne 1928-29) :

« Les trois associations soussignées prennent l'engagement d'honneur d'user de toute leur autorité auprès de leurs adhérents pour que ledit accord soit respecté :

« *a)* Barême.

« Poids de base : 75 kilos.

« *Barême des réfactions*

« 74 kg. 999 à 74 kg. 500 moins de 0,65 %.
« 74 kg. 499 à 74 kg. moins de 1,30 %.
« Soit 0 fr. 65 par 0 kg. 500 en moins, jusqu'à 70 kilos.

« *Barême des bonifications*

« 75 kg. à 75 kg. 499 plus 0,65 %.
« 75 kg. 500 à 76 kg. plus 1,30 %.
« Soit 0 fr. 65 par 0 kg. 500 en plus, jusqu'à 80 kilos. »

Il ne s'agit là que du blé tendre.

Cet accord doit nécessairement être révisé tous les ans, attendu la variation possible des cours et des qualités des récoltes ; pour l'Algérie, il faudrait établir un accord spécial, aussi bien pour le blé dur que pour le blé tendre.

« *Vente au poids spécifique*

« La pratique de la vente au poids spécifique implique un consentement préalable réciproque de la part des intéressés. Elle implique, de la part du vendeur, l'obligation morale de livrer un blé sain, loyal et marchand et dont le poids est compris dans les limites du barême et, de la part de l'acheteur, celle de reconnaître loyalement le poids du blé.

« *Détermination du prix de base*

« Le prix de base correspond au poids de 75 kilos ; il est fixé par accord entre les deux parties suivant les conditions du marché et le jeu normal de la loi de l'offre et de la demande.

« *Reconnaissance du poids*

« Il est recommandé au vendeur :

« 1° De peser le blé mis en vente avant l'expédition ;

« De faire, à cet effet, un nombre suffisant de pesées afin de diminuer les chances d'inexactitudes (une pesée, par exemple, par vingt-cinq sacs : faire cette pesée sur un assez grand nombre d'échantillons, par exemple, en prenant deux litres par sac) ;

« 3° D'indiquer, sur un bon de livraison accompagnant la marchandise, le poids régulièrement constaté et le prix correspondant.

« Le prix du blé, par rapport au prix de base à 75 kilos, est déterminé automatiquement en application du barême d'après son poids régulièrement constaté,

« L'acheteur n'a pas le droit de refuser le blé livré s'il est sain, loyal et marchand et que son poids est compris dans les limites du barème. Il doit appliquer rigoureusement les bonifications ou les réfactions prévues au barème.

« Si le poids du blé était inférieur au poids minimum de l'échelle des réfactions, l'acheteur aurait le droit de refuser. Ce droit de refus n'impliquant, d'ailleurs, pas que le blé d'un poids inférieur au poids limite du barème des réfactions soit nécessairement un blé non marchand. »

Ce sera une question à soumettre à une prochaine session, ainsi que vient de le dire M. le Président. Mais ce n'est qu'en complet accord avec la minoterie et le commerce des blés qu'elle pourra être traitée ; il en sera certainement question au Congrès d'Oran.

M. LE PRÉSIDENT. — Vous venez d'entendre, Messieurs, les observations de M. Furgier. En résumé, il s'agit de ceci : nous sommes invités, tous les groupements agricoles et la Chambre d'Agriculture, à prendre contact et à causer avec le commerce à l'occasion du Congrès des Syndicats commerciaux qui se tient à Oran la semaine prochaine.

L'Assemblée pourrait, je crois, décider, comme suite aux observations présentées par M. Furgier, que vos délégués auraient surtout pour mission, au cours de ces conversations, d'essayer de faire admettre définitivement, dans les transactions et ventes de céréales effectuées en Algérie, la tare réelle pour les livraisons de blé et d'examiner s'il y a lieu ou non de faire accepter l'usage du poids spécifique.

Ces deux points réalisés, vos délégués auraient fait de l'excellente besogne.

L'un de vous, Messieurs, désire-t-il présenter des observations à ce sujet ?...

La Chambre d'Agriculture est d'accord. Ce sont donc ces deux points qui devront retenir, tout d'abord, l'attention de vos délégués au cours des conversations qui auront lieu à Oran.

Xme Congrès Algérien
du Commerce et de l'Industrie

tenu à Oran du 6 au 9 décembre 1928

(Extraits du procès-verbal publié par le « Bulletin du Syndicat Commercial et Industriel d'Oran »).

M. Albert Solal, président, remercie le Congrès de l'avoir désigné à la présidence de la troisième section et déclare la discussion ouverte pour les vœux qui vont être présentés.

MESURES POUR LA REPRESSION DES FRAUDES
SUR LES CEREALES

VŒU DES SYNDICATS COMMERCIAUX ET INDUSTRIELS D'ORAN

Considérant qu'en l'état actuel de la réglementation des ventes de céréales en Algérie, le Service des Fraudes se déclare légalement impuissant à agir judiciairement contre les détenteurs de céréales indigènes contenant plus de 3 % de corps inertes ; que cette situation est due au fait que l'article 50 du dernier règlement en vigueur dit :

« Dans le cas où les pourcentages à fixer annuellement par une Commission d'idoines dans les conditions prévues à l'article 47 seraient dépassées et jusqu'à 1 %, il y aurait lieu de bonifier ce dépassement par fraction de 100 grammes.

« Si les pourcentages de déchet tolérés sont dépassés de plus de 1 %, l'acheteur en quai algérien aura la faculté soit d'exiger que le vendeur ramène la marchandise à la qualité loyale et marchande, soit d'accepter la bonification du déchet au delà du pourcentage toléré, toujours par fraction de 100 grammes ».

Considérant qu'il y a lieu, dans ces conditions, de compléter l'art. 50 de façon à permettre au service de la répression des fraudes d'avoir prise sur les fraudeurs, le Syndicat des Négociants en céréales du département d'Oran,

Emet le vœu :

Que le texte de l'article 50 du règlement soit complété ainsi qu'il suit :

« Dans le cas où les pourcentages à fixer annuellement par une commission d'idoines, dans les conditions prévues à l'article 47, seraient dépassés et jusqu'à 1 % il y aurait lieu de bonifier ce dépassement par fraction de 100 grammes.

« Si les pourcentages de déchet tolérés sont dépassés de plus de 1 %, l'acheteur en quai Algérie aura la faculté soit d'exiger que le vendeur

ramène la marchndise à la qualité loyale et marchande, soit d'accepter la bonification du déchet au delà du pourcentage toléré, toujours par fraction de 100 grammes.

« En ce qui concerne la présence exclusive de terre, pierre, sable ou corps étrangers inertes, à l'exception de toutes graines étrangères aux céréales, il ne sera toléré qu'un maximum de 5 %, au delà duquel la marchandise devra être refusée et sera considérée comme ayant été intentionnellement additionnée de terre, pierre, sable et corps inertes ».

Le Groupe des céréalistes du Syndicat de Mostaganem émet le vœu :

« Que l'Administration supérieure veuille bien prendre les mesures propres à réprimer de la façon la plus énergique les fraudes sur les qualité des céréales livrées tant par le producteur que par les commerçants, en donnant au service de la répression des fraudes la mission de contrôler la qualité et la loyauté marchande des céréales en circulation.

M. Rodolphe Solal observe qu'à maintes reprises le Groupe des céréalistes d'Alger est intervenu auprès de d'Administration pour que des mesures sévères soient appliquées sur les fraudes.

On a constaté des améliorations dans le conditionnement des céréales, mais il est encore nécessaire de demander une surveillance plus active pour réprimer la fraude qui se fait encore dans certaines régions. Une atténuation a été aussi portée par le nouveau règlement des céréales qui a été adopté en 1928 par les Chambres de Commerce d'Algérie.

M. Rodolphe Solal signale que dans une récente conférence qui a été donnée à la Chambre de Commerce d'Alger par M. Fallourd, agent commercial à Hambourg, il a été question des orges algériennes et M. Fallourd a fait remarquer que les corps étrangers étaient très élevés dans les arrivages de ce produit en Allemagne.

M. Tarting a répondu que des mesures étaient prises pour remédier à cette situation et que M. Fallourd pouvait dire à l'Allemagne que les orges algériennes seraient dorénavant livrées dans d'excellentes conditions.

Il est indispensable, ajoute M. Tarting, de moraliser le commerce des céréales par des mesures adéquates, si l'on veut intensifier les débouchés à l'étranger.

M. Albert Solal observe que l'adoption du vœu du Syndicat d'Oran est à même de résoudre la question soulevée par M. Rodolphe Solal, puisqu'il n'existe pas encore de loi pouvant réprimer la fraude dans les céréales.

A la suite de ces observations, les vœux d'Oran et de Mostaganem sont adoptés.

CONDITIONNEMENT DES CEREALES

VŒU DU SYNDICAT COMMERCIAL ET INDUSTRIEL DU DÉPARTEMENT D'ORAN

Considérant qu'une Commission d'arbitrage a été instituée pour le règlement amiable des litiges pouvant survenir entre agriculteurs et négociants au sujet du conditionnement des céréales ; que cette Commission a eu déjà à connaître de plusieurs litiges qui ont été solutionnés amiablement à la satisfaction commune des agriculteurs et commerçants ;

Considérant néanmoins qu'il y a lieu, dans l'intérêt général, de fixer une fois pour toutes la question du conditionnement des céréales dans les limites de tolérances adoptées par les Chambres de Commerce d'Algérie, tolérances fixées ainsi qu'il suit :

BLÉS TENDRES ET DURS

Tolérance :

Corps inertes et graines sans valeur : 1 %.
Graines farineuses : 1 %.
Grains cassés : 2 %.
Grains boutés ou mouchetés : 1 %.
Charbons entiers : 125 grammes.
La tolérance des mitadins à admettre dans les blés durs sera fixée chaque année par une commission d'idoines.

ORGES

Tolérance orge colon :

Corps inertes et graines sans valeur : 1 %.
Graines farineuses : 2 %.
Les orges seront vendues « non charbonnées » et pourront contenir une proportion de 25 grammes de charbons entiers par cent kilos.

AVOINES

Tolérance :

Corps inertes et graines sans valeur : 1 %.
Graines farineuses : 2 %.
Les avoines seront vendues sous la dénomination « non ergotées » et pourront contenir 5 grammes d'ergots au maximum par cent kilos.
Sur ces tolérances les dépassements seront bonifiés comme suit :
Corps inertes et graines sans valeur : intégralement.
Graines farineuses : seront comptées pour la moitié de leur poids.
Grains cassés : seront comptés pour la moitié de leur poids.
Le Syndicat des négociants en céréales du département d'Oran,
Émet le vœu :
Qu'il soit constitué sans retard une commission de délégués de l'agriculture et du commerce chargée d'élaborer un contrat-type unique comportant le conditionnement ci-dessus pour toute l'Algérie pour achats de céréales à la culture et de faire adopter ce contrat par toutes les associations d'agriculture de l'Algérie.

M. Rodolphe Solal fait connaître que le Groupement des céréalistes d'Alger a créé une Chambre arbitrale qui donne satisfaction à tous.

Ce groupe a envisagé de se rapprocher des agriculteurs pour les litiges à venir avec le commerce. Il espère arriver à une entente qui ne peut qu'aplanir les difficultés et, d'autre part, établir un contrat-type pour les achats et ventes de céréales.

M. Vagnou, membre de la Chambre d'Agriculture d'Alger, remercie le Congrès d'avoir invité les représentants de l'agriculture à leur manifestation. Il assure que les agriculteurs sont tous disposés à prendre contact avec le commerce pour établir un contrat-type qui pourrait s'étendre dans toute l'Algérie et qui faciliterait les transactions avec la France et l'Etranger. L'Algérie, dit-il, est appelée à augmenter son exportation en céréales et il est indispensable de prendre des mesures pour améliorer le conditionnement.

Il suggère de réunir, à la fin des travaux des sections, une Commission à laquelle assisteraient les représentants de l'Agriculture et du Commerce des Céréales, présents au Congrès, ainsi que M. Boyer-Banse, qui représente l'Administration.

Cette réunion permettrait de jeter des bases pour une réunion interdépartementale qui aurait lieu à Alger et qui examinerait toutes les questions traitant la production et le commerce des céréales.

MM. Rodolphe Solal et Albert Solal partagent cet avis et donnent rendez-vous aux congressistes intéressés à une réunion qui est fixée à dix heures du matin.

CONTRAT UNIQUE POUR LA VENTE DES CÉRÉALES DANS L'AFRIQUE DU NORD

VŒU DU SYNDICAT COMMERCIAL ET INDUSTRIEL DU DÉPARTEMENT D'ORAN

Considérant les difficultés auxquelles donnent quelquefois lieu l'interprétation de divers contrats régissant actuellement les ventes de céréales de l'Afrique du Nord à la Métropole ; que ces difficultés trouvent leur naissance dans les textes trop divers de ces contrats suivant qu'il s'agisse de ventes sur Marseille d'une part, sur Bordeaux, Nantes, Rouen d'une seconde part, et sur Paris, Dunkerque, d'une troisième part.

Considérant qu'il serait de l'intérêt commun des vendeurs et acheteurs qu'un seul type de contrat régisse à l'avenir les ventes de céréales de toute l'Afrique du Nord sur la Métropole et comme conséquence logique, que les arbitrages concernant toute la France soient faits à Paris, à l'instar de ce qui se fait à Londres pour toute l'Angleterre.

Emet le vœu :

Qu'une Commission d'études soit désignée dans le plus bref délai pour établir un projet de contrat-type de l'Afrique du Nord pour la vente des céréales sur la Métropole, et que Paris soit désigné comme seul lieu où les arbitrages devront obligatoirement se faire.

Après une intervention de M. Rodolphe Solal, protestant contre les termes du nouveau contrat méditerranéen établi par les Marseillais pour les achats de céréales algériennes, le vœu du Syndicat Commercial et industriel d'Oran est adopté.

CRÉATION D'UN SERVICE OFFICIEL D'ANALYSES AUPRES DES CHAMBRES ARBITRALES

VŒU DU SYNDICAT COMMERCIAL ET INDUSTRIEL DU DÉPARTEMENT D'ORAN

Considérant qu'à l'heure actuelle, les litiges pour différence de qualité et d'occupation en corps inertes (terre, pierre, sable) et corps étrangers sont soumis pour règlement amiable, à un arbitrage ; que bien souvent, le litige ne portant que sur l'occupation en corps inertes étrangers, il

suffirait d'un comptage à la main ou analyse pour départager les parties ; que cette analyse éviterait ainsi les frais onéreux d'un arbitrage et activerait la solution de certains litiges ;

Considérant que les ports de Londres, Anvers, Hambourg, Rotterdam possèdent un service officiel d'analyses auprès des chambres arbitrales ;

Considérant que ce service d'analyses, dans les places où il existe déjà, a donné toutes satisfactions aux acheteurs et vendeurs de tous les pays.

Emet le vœu :

Qu'il soit institué un service officiel d'analyses auprès de chaque Chambre arbitrale, auquel auraient recours les parties en présence en cas de contestation pour occupation en corps inertes, corps étrangers, etc., qu'une taxe unique de 20 fr. (vingt francs) à payer moitié par vendeur et acheteur, soit perçue pour chaque analyse, moitié au profit du Syndicat commercial, moitié au profit de la personne qui aura fait l'analyse.

Les Chambres arbitrales comprendront deux ou trois experts spécialement choisis pour faire les analyses.

Ce vœu est adopté.

Confédération Générale
des Agriculteurs d'Algérie

(Extrait du procès-verbal de la réunion du 24 janvier 1929).

Au cours de la réunion du vendredi 4 janvier, le bureau de la Confédération Générale des Agriculteurs d'Algérie a eu à s'occuper de diverses questions très urgentes, parmi lesquelles : « La Vente des Céréales » et « Le Monopole des Tabacs à Madagascar ».

Assistaient à cette réunion que présidait M. Charles Lévy, MM. Ancey, Baubier, Bories-Bonnet, Boyer-Banse, Paul Cazelle père et fils, Claverie Delmont, Domeck, Ercole, Fontanille, Homo, H. Mens, Messerschmidt. Pasquier-Bronde, Récazin, commandant Rodet, Tramoy de Laubépie, Vagnon.

S'étaient excusés : MM. J. Klène, Merinier, Moatti, J. Ronda.

Le président donne la parole à M. Vagnon, président des Délégations Financières (Colons), qui a bien voulu représenter la Confédération Générale des Agriculteurs d'Algérie au X Congrès Algérien du Commerce et de l'Industrie, tenu à Oran du 6 au 9 décembre 1928.

LA VENTE DES BLES

M. Vagnon, après avoir remercié le président de la confiance que la Confédération a bien voulu lui manifester à cette occasion et associé MM. Furgier et Fontanille, qui ont participé aux travaux avec lui, expose ainsi à l'assemblée les résultats de sa mission. Les questions qui ont retenu l'attention se résument essentiellement à trois :

1° Contrat unique pour la vente des céréales de l'Afrique du Nord ;
2° Vente au poids spécifique ;
3° Utilisation des docks coopératifs par le Commerce.

1. — CONTRAT DE VENTE UNIQUE

La discussion sur l'adoption d'un contrat unique pour la vente des céréales dans l'Afrique du Nord, a abouti à un accord complet. Nous avons eu la satisfaction d'obtenir des modifications intéressantes à la formule de contrat en cours dans le département d'Oran et qui avait été adoptée d'un commun accord l'an dernier par la Fédération des Syndicats agricoles de l'Oranie et le Syndicat Commercial Oranais.

C'est ainsi :

a) Que la marge de 2 % admise en plus ou en moins de la quantité fixe à livrer a été portée à 5 % ;

b) Que le commerce, se rendant à nos instances, a accepté la vente à la taxe réelle.

Nous n'avons pas besoin d'insister sur l'importance de ce résultat, qui, moralisant en quelque sorte les conditions de vente du marché, répond aux légitimes desiderata des agriculteurs céréalistes.

Quelques précisions de détail ont été apportées dans la rédaction du texte du contrat ; ces précisions seront de nature à mieux fixer les droits et les obligations réciproques des parties et à diminuer les conflits d'interprétation.

Le conditionnement des céréales demeure sans changement, sauf en ce qui concerne les orges pour lesquelles on envisagera désormais une tolérance de 2 % en ce qui concerne les grains cassés, cette tolérance n'avait pas été prévue auparavant.

Nous attirons spécialement votre attention sur la clause finale de ce contrat, ainsi conçue : « Toute contestation quelconque dans l'exécution du présent contrat sera tranchée à l'amiable par la Chambre arbitrale intersyndicale de..., suivant le conditionnement ci-dessus ».

Cette formule implique, comme vous le voyez, la constitution dans chaque département d'une Chambre arbitrale intersyndicale.

Nous devons rendre hommage aux agriculteurs et aux commerçants oranais qui nous ont précédés dans cette voie. La Chambre arbitrale fonctionne en effet à Oran depuis quelques mois, à l'entière satisfaction des parties. Il nous semble indispensable que des institutions analogues soient créées à Alger et à Constantine pour assurer le règlement rapide et amiable des conflits qui peuvent surgir à l'occasion de transactions intervenant entre le commerce et la production.

Le moment venu, si vous le jugez utile, nous vous ferons des propositions concrètes à ce sujet en vous fournissant sur la question tous les éléments nécessaires.

II. — Vente au poids spécifique

L'adoption de la vente au poid spécifique qui joue parfois pour le commerce d'exportation des céréales, semble soulever des objections aussi bien de la part de certains commerçants que de certains agriculteurs. La question est d'ailleurs complexe. Aussi, sans entrer dans plus de détails, nous nous bornerons à vous dire que le principe en a cependant été adopté d'un commun accord. Les modalités d'application en seront arrêtées ultérieurement par une commission mixte avec, toutefois, le désir réciproque et bien arrêté qu'en tout état de cause, les dispositions susceptibles d'être adoptées resteront facultatives pour les parties.

III. — Utilisation des docks par le commerce

La question a été exposée par M. Boyer-Banse au nom de l'Administration et pour répondre au vœu adopté par la Société des Agriculteurs d'Algérie dans sa séance du 6 novembre 1928.

Elle soulève des problèmes très délicats que les travaux d'un Congrès dont l'ordre du jour est fixé longtemps à l'avance ne permettent pas d'examiner à fond ni de régler d'une façon définitive.

Les négociants en céréales se sont montrés favorables en principe à l'idée de pouvoir utiliser les docks coopératifs dans la mesure du logement disponible. Mais là encore la question a été renvoyée pour étude à une commission intersyndicale qui doit se réunir prochainement.

Tels sont les résultats des travaux auxquels nous avons participé au cours du X° Congrès du Commerce et de l'Industrie.

D'accord avec M. Béranger, président de la Fédération des Syndicats Agricoles de l'Oranie, qui nous a offert son concours le plus précieux durant notre séjour, nous tenons à rendre hommage aux groupements commerciaux qui ont réservé à notre délégation un accueil très amical. C'est d'ailleurs à l'esprit de collaboration cordiale et confiante qui a présidé à nos débats que nous devons les résultats obtenus.

Nous formulons le désir que cette collaboration se poursuive dans l'avenir pour le plus grand bien des intérêts en cause.

Comme conclusion de nos travaux, une Commission interdépartementale composée à la fois de représentants des groupements commerciaux et agricoles et de la minoterie, doit se réunir fin janvier à Alger, pour statuer définitivement sur les questions actuellement à l'étude que nous venons de vous exposer. Nous vous demandons, après en avoir discuté, au sein de vos groupements respectifs, de bien vouloir désigner un délégué qui sera chargé de vous représenter et de soutenir votre point de vue au sein de cette Commission.

Le président, au nom de l'assemblée tout entière, adresse de chaleureux remerciements à M. Vagnon, ainsi qu'à MM. Furgier et Fontanille pour le concours précieux qu'ils ont bien voulu apporter en la circonstance à la cause de l'agriculture algérienne, et la discussion s'engage sur la confirmation pour achats à la culture.

CONFIRMATION POUR ACHATS A LA CULTURE

Le contrat présenté au Congrès est ainsi conçu :

Je soussigné ....
propriétaire, demeurant à...
déclare avoir vendu au poids à M ....
par l'entremise de M...
la quantité fixe de........ 5 % plus ou moins de la récolte............
et ce au prix de.............. les cent kilos nets rendus................

Qualité. — La qualité devra être sèche, saine, loyale et marchande.

Livraison. — Les livraisons auront lieu................................
au plus tard le...

Sacherie. — Les sacs seront fournis par l'acheteur franco dix jours avant la première livraison. La location des sacs demandés avant ce délai sera payée par le vendeur. Tout sac perdu ou non rendu sera facturé au taux des loueurs et la location sera perçue du jour de la dernière livraison au jour de la reddition.

Conditions particulières. — Le vendeur lorsqu'il aura choisi un courtier paiera seul le courtage à raison de cinquante centimes les cent kilos (ne sont pas considérés comme courtiers, les agents de maisons).

Les marchandises vendues avec la mention « Magasin » ou « Dock » ou « Chantier » ou « Gare » s'entendent mises sur bascule. Les frais de manipulation seront facturés au vendeur à raison de fr............. les 100 kilos brut.

Les marchandises vendues avec la mention « wagon » s'entendent effectivement chargées sur wagon à destination de.............. à moins de stipulation contraire.

Les sacs seront réglés au poids uniforme de........ kilos, pour les blés et orges, et........... kilos pour les avoines, avec la tare réelle de la sacherie.

Le paiement des marchandises sera effectué au comptant sur remise des récépissés de chemins de fer ou bons de réception.

La discussion sur le contrat unique ci-dessus a porté d'abord :

1° Sur la quantité fixe :

Après différents échanges de vues entre les nombreux membres de l'assemblée, celle-ci s'est ralliée à la rédaction suivante :

Je soussigné...................... déclare avoir vendu au poids à M.................... par l'entremise de M......................

a) La quantité fixe de........ 5 % plus ou moins de la récolte 19......

b) La quantité de............ quintaux à provenir de ma récolte 19..........., étant entendu que si ma récolte n'atteint pas le chiffre indiqué ci-dessus, je ne serai tenu de livrer que la quantité récoltée ; par ailleurs si ma récolte dépasse........... quintaux, le surplus ne sera pas compris dans la présente vente, et ce au prix de............

2° Sur les conditions particulières :

Au lieu du texte : « Le vendeur, lorsqu'il aura choisi un courtier, paiera seul le courtage à raison de cinquante centimes les cent kilos (ne sont pas considérés comme courtiers les agents de maisons) ».

L'Assemblée propose ce texte :

« Dans aucun cas le courtage ne sera dû par le vendeur ».

On aborde ensuite le conditionnement des céréales :

CONDITIONNEMENT DES CÉRÉALES

Tendres et durs

Tolérance :

Corps inertes et graines sans valeur	1 %
Graines farineuses	1 %
Grains cassés	2 %
Grains boutés et mouchetés.......................	1 %
Charbons entiers	125 g.

La tolérance de mitadins à admettre dans les blés durs sera fixée chaque année par une commission d'idoines.

Orges

Tolérance orge colon :

Corps inertes et graines sans valeur......................	1 %
Graines farineuses	2 %
Grains cassés	2 %

Les orges seront vendues « non charbonnées » et pourront contenir une proportion de 125 grammes de charbons entiers par cent kilos.

Avoines

Tolérance :

Corps inertes et graines sans valeur........................... 1 %

Graines farineuses .... 2 %

Les avoines seront vendues sous la dénomination « non ergotées » et pourront contenir 5 grammes d'ergots au maximum par cent kilos.

Sur ces tolérances les dépassements seront bonifiés comme suit :

Corps inertes et graines sans valeur : intégralement.

Graines farineuses : seront comptées pour moitié de leur poids.

Grains cassés : seront comptés pour la moitié de leur poids.

Toute contestation quelconque dans l'exécution du présent contrat sera tranchée à l'amiable par la Chambre Arbitrale Intersyndicale de.................... suivant le conditionnement ci-dessus.

Fait en double et de bonne foi à............. le............. 19....

Le Vendeur,   *Le Courtier*,   *L'Acheteur*

Tolérance : grains cassés.

A ce sujet :

Considérant que d'autres contrats métropolitains et, par exemple, celui de la Fédération Intersyndicale des Industries de la Minoterie, de la Semoulerie et de la Biscuiterie de mer et des Syndicats d'Exportateurs des céréales d'Algérie et de Tunisie accordent une tolérance de 4 %. L'assemblée estime insuffisante la tolérance de 2 % sus-indiquée et demande que ce chiffre soit porté à 4 %.

M. Fontanille explique les conditions dans lesquelles fonctionne la Chambre Arbitrale Intersyndicale d'Oran.

Cette Chambre est administrée conjointement et solidairement par la Fédération des Syndicats Agricoles de l'Oranie et le Syndicat Commercial.

Elle se compose d'arbitres pris parmi les agriculteurs ou éleveurs et parmi les négociants, industriels, commissionnaires ou courtiers.

Les arbitres sont désignés par les groupements et sont répartis en cinq sections : céréales, élevage, fruits et primeurs, légumes secs, vins, alcools mutés, mistelles et raisins.

L'arbitrage amiable est prévu avec ou sans appel, au gré des parties.

Les sentences arbitrales sont portées sur un registre et signées par les arbitres.

Une indemnité est allouée à ces derniers pour frais de déplacement. Il est perçu en outre un droit d'arbitrage calculé suivant un barème fixé.

Cette procédure a donné jusqu'à ce jour entière satisfaction aussi bien aux commerçants qu'aux agriculteurs ; elle a l'avantage d'être simple, rapide et peu onéreuse.

COMMISSION INTERDÉPARTEMENTALE

L'ordre du jour appelle la nomination d'un délégué à la Commission Interdépartementale constituée de représentants de groupements commerciaux et agricoles qui doit se réunir ultérieurement à Alger pour statuer définitivement sur les questions dont il vient d'être discuté.

M. Vagnon, président des Délégations Financières (Colons) est désigné pour représenter la C. G. A. A. et soutenir ses points de vue au sein de ladite Commission Interdépartementale.

Commission Interdépartementale

Achats des Céréales à la Culture
Etablissement d'un Contrat-type

La Commission interdépartementale chargée d'élaborer un contrat-type pour les achats de céréales à la culture et comprenant les délégués des Chambres d'Agriculture et des Associations agricoles, commerciales et industrielles des départements d'Alger, Constantine et Oran, s'est réunie le vendredi 25 janvier 1929, au Syndicat Commercial Algérien.

La séance a été ouverte à neuf heures par M. J. Tarling, président du Syndicat Commercial, qui a souhaité une cordiale bienvenue aux délégués, au nombre desquels se trouvaient MM. Vagnon, délégué financier, président de la Chambre d'Agriculture du département d'Alger ; Béranger, président de la Fédération des Syndicats Agricoles de l'Oranie ; Gueit, délégué financier, président du Syndicat Commercial et Industriel de Constantine ; Lévy, délégué financier, président de la Confédération Générale des Agriculteurs d'Algérie ; Albert Solal, président du Syndicat des Négociants en céréales de l'Oranie ; El-Ghozi, vice-président de ce groupement ; Furgier, président des Docks Coopératifs du Sersou ; Narbonne, président du Goupe des minotiers du Syndicat Commercial Algérien ; Rodet, président de l'Union des Syndicats Agricoles d'Alger ; Deicke, courtier assermenté ; Rodolphe Solal, président du Groupe des céréalistes du Syndicat Commercial Algérien ; Ricci, vice-président du Groupe des Minotiers d'Alger ; Fontanille, secrétaire général des Syndicats Agricoles ; Benguigui, vice-président du Syndicat de la Minoterie oranaise ; Albou et Djian, vice-présidents du premier groupe (céréales).

S'étaient fait excuser : MM. Bonnefoy, délégué financier, président de la Confédération des Agriculteurs de Constantine ; Carrat, président de la Chambre d'Agriculture du département de Constantine ; Portolano, président du Syndicat Commercial et Industriel de Philippeville ; Formental, membre de la Chambre d'Agriculture du département d'Oran.

M. R. Rouveret, secrétaire du premier groupe et M. H. Jourdan, secrétaire administratif du Syndicat Commercial Algérien, remplissaient les fonctions de secrétaires.

Les travaux de la Commission ont commencé à 9 h. 30 sous la présidence de M. Rodolphe Solal. Ils ont été suspendus à midi et repris à 15 heures pour se terminer à 17 h. 30 après un accord sur deux formules de contrats-types ; l'une pour les ventes à quantités fixes, l'autre pour les ventes de récoltes qui seront mis en vigueur lors de la prochaine campagne des céréales.

De plus, la Commission a décidé que toute contestation dans l'exécution des contrats sera tranchée à l'amiable par la section mixte des céréales de la Chambre arbitrale intersyndicale du chef-lieu du département indiqué sur le contrat.

A cet effet, la Chambre arbitrale du département d'Alger, instituée par le Syndicat Commercial Algérien comprendra deux sections céréales. Savoir : Section *a*, pour les litiges purement commerciaux ; Section mixte *b*, pour les litiges entre agriculteurs et négociants.

Il sera fait appel aux Chambres d'agriculture pour la désignation des arbitres de la partie agricole.

D'autre part, les standards de céréales seront déposés au secrétariat de la Chambre Arbitrale.

*
* *

Pendant la suspension des travaux, de midi à quinze heures, les délégués ont assisté à l'Hôtel Oriental, à un déjeuner offert par le premier groupe du Syndicat Commercial Algérien. Au dessert, MM. Vagnon, Rodolphe Solal et J. Tarting ont pris la parole pour féliciter les promoteurs de la réunion et exprimer leur satisfaction de voir s'affermir, entre l'agriculture et le commerce, l'union indispensable à la prospérité économique de l'Algérie.

Confirmation pour Achats à la Culture

Approuvé par les Syndicats Commerciaux des Groupements Agricoles d'Algérie

FORMULE A.

QUANTITÉ FIXE VENDUE APRÈS LA RÉCOLTE

.... le.............. 19....

M. .... à.................. l'honneur de vous confirmer l..................... au poids que................. vous............... fait, par l'entremise de M..................... aux conditions suivantes, et conformément au conditionnement arrêté ci-dessous :

Quantité fixe. — La quantité de................. quintaux, 2 % en plus ou en moins de........ récolte 19.... et ce au prix de............. .... les cent kilos nets rendus.

Qualité. — La qualité devra être sèche, saine, loyale et marchande.

Livraison. — Les livraisons auront lieu..................... .... au plus tard le ....

Sacherie. — Les sacs seront fournis par l'acheteur sur la demande du vendeur, franco gare de livraison. Lorsque le vendeur aura reçu les sacs depuis plus de dix jours, avant de faire la première expédition, il devra supporter la location pour le laps de temps supplémentaire.

Tout sac perdu ou non rendu sera facturé au taux des loueurs si ce sont des sacs location et la location sera perçue du jour de la dernière livraison au jour de la reddition ou de la consignation. S'il s'agit de sacs minoterie, le vendeur sera dans l'obligation de les rembourser au prix de francs.................... l'unité et la location sera décomptée aux mêmes conditions que pour les sacs location.

Les sacs devront être en bon état ; le vendeur devra signaler à l'acheteur les sacs défectueux et lui en demander le remplacement.

Conditions particulières. — Le vendeur, lorsqu'il aura choisi un courtier paiera le courtage selon les usages de place et jusqu'à concurrence d'un maximum de 0 fr. 50 par quintal (ne sont pas considérés comme courtiers les agents de maison).

Les marchandises vendues avec la mention « magasin » ou « dock » ou autres emplacements de livraison stipulés au présent contrat, s'entendent mises sur bascule. Les frais de mise sur bascule s'il y a lieu seront facturés au vendeur à raison de Fr............... les cent kilos bruts.

Les marchandises vendues avec la mention « wagon » s'entendent effectivement chargées sur wagons. Les wagons seront demandés par le vendeur à destination de..................................

Les sacs seront réglés à un poids uniforme de.............. avec la tare réelle pour la sacherie.

Le paiement des marchandises sera effectué au comptant sur remise des récépissés de chemin de fer portant les numéros des wagons ou bons de réception réguliers et éventuellement le bulletin d'agréage.

CONDITIONNEMENT DES CEREALES

Tendres et durs

Tolérance :

Corps inertes et graines sans valeur (vesce comprise) : 1 %.
Graines farineuses (avoines, orge, seigle, alpiste) : 1 %.
Graines cassées : 2 1/2 %.
Grains boutés ou mouchetés : 1 %.
Charbons entiers : 125 grammes.

La tolérance de mitadins à admettre dans les blés durs sera fixée chaque année par une commission d'idoines pour chaque région.

Les standards seront déposés à la Chambre arbitrale.

Orges

Tolérance en orge colon :

Corps inertes et graines sans valeur : 1 %.
Graines farineuses : 2 %.
Graines cassées : 2 %.

Les orges seront vendues (non charbonnées) et pourront contenir une proportion de 125 grammes de charbons entiers par cent kilos.

Avoines

Tolérance :

Corps inertes et graines sans valeur : 1 %.
Graines farineuses : 2 %.
Charbons entiers : 125 grammes.

Les avoines seront vendues sous la dénomination (non ergotées) et pourront contenir 5 grammes d'ergots au maximum par cent kilos.

Sur ces tolérances les dépassements jusque maximum :

2 % corps inertes ;
3 % graines farineuses ;
3 1/2 % grains cassés,

seront bonifiés comme suit :

Corps inertes et graines sans valeurs : intégralement.
Graines farineuses : seront comptées pour la moitié de leur poids.
Grains cassés : seront comptés pour la moitié de leur poids.
Au-delà des tolérances maxima indiquées ci-dessus, l'acheteur aura la faculté de résilier ou de faire fixer par arbitrage la différence de qualité.

Toute contestation quelconque dans l'exécution du présent contrat sera tranchée à l'amiable par la Section de la Chambre Arbitrale Inter-syndicale de...................... selon le conditionnement ci-dessus.

FORMULE B.

VENTE DE RÉCOLTE

.... le................ 19....

M............................... à...................... l'honneur de vous confirmer l.................. au poids que.................. vous................ fait, par l'entremise de M...................... aux conditions suivantes, et conformément aux conditionnement arrêté ci-dessous :

Quantité. — La quantité de...................... quintaux environ à provenir de............ récolte 19.... et ce, au prix de................ les cent kilos nets rendus, étant entendu que si .... récolte n'atteint pas le chiffre indiqué ci-dessous .... ne ser.... tenu de livrer que la quantité récoltée. Si par ailleurs .... récolte dépasse la quan-tité ci-dessus, le surplus ne sera pas compris dans la présente.

En tout état de cause, le vendeur se réserve.............. quintaux pour ses besoins personnels.

Qualité. — La qualité devra être sèche, saine, loyale et marchande.

Livraison. — Les livraisons auront lieu.......................... au plus tard le..................................

Sacherie. — Les sacs seront fournis par l'acheteur sur la demande du vendeur, franco gare de livraison. Lorsque le vendeur aura reçu les sacs depuis plus de dix jours, avant de faire la première expédition, il devra supporter la location pour le laps de temps supplémentaire.

Tout sac perdu ou non rendu sera facturé au taux des loueurs si ce sont des sacs location et la location sera perçue du jour de la dernière livraison au jour de la reddition ou de la consignation. S'il s'agit de sacs minoterie, le vendeur sera dans l'obligation de les rembourser au prix de Fr...................... l'unité et la location sera décomptée aux mêmes conditions que pour les sacs location.

Les sacs devront être en bon état ; le vendeur devra signaler à l'acheteur les sacs défectueux et lui en demander le remplacement.

Conditions particulières. — Le vendeur, lorsqu'il aura choisi un courtier paiera le courtage selon les usages de place et jusqu'à concurrence d'un maximum de 0 fr. 50 par quintal. (Ne sont pas considérés comme courtiers les agents de maison).

Les marchandises vendues avec la mention « magasin » ou « dock » ou autres emplacements de livraison stipulés au présent contrat, s'entendent mises sur bascule. Les frais de mise sur bascule s'il y a lieu seront facturés au vendeur à raison de Fr............... les cent kilos bruts.

Les marchandises vendues avec la mention « wagon » s'entendent effectivement chargées sur wagons. Les wagons seront demandés par le vendeur à destination de...............................

Les sacs seront réglés à un poids uniforme de............... avec la tare réelle pour la sacherie.

Le paiement des marchandises sera effectué au comptant sur remise des récépissés de chemin de fer portant les numéros des wagons ou bons de réception régulière et éventuellement le bulletin d'agréage.

PIÈCES ANNEXES

Nous croyons utile de compléter ce compte rendu par l'examen des travaux du Congrès qui ont été faits par les groupements agricoles de l'Afrique du Nord.

Nous les faisons suivre des communications remarquables faites a la Fédération des Syndicats Agricoles de l'Oranie par MM. le Président Béranger et Sauterey sur l'organisation de la vente des céréales et au Comité Algérie-Tunisie-Maroc et par M. le Professeur Berthaud sur l'état actuel de la production des céréales en Afrique du Nord.

Nous complétons les indications techniques qui ont été données au cours du Congrès sur le fonctionnement des silos par une intéressante étude du Département de l'Agriculture aux Etats-Unis sur la destruction des insectes attaquant les grains.

Enfin, nous avons pensé qu'il serait intéressant de publier une traduction des contrats qui président au fonctionnement des silos coopératifs de blé au Canada, qui ont atteint un développement si important, traduction établie par notre collaborateur M. R. Hulard.

Société des Agriculteurs d'Algérie

Séance du 6 novembre 1928

Le Congrès des Docks et Silos

La parole est donnée à M. Boyer-Banse, chef du Service du Crédit et de la Coopération agricole au Gouvernement général, pour une communication relative au Congrès des Docks-Silos coopératifs de l'Afrique du Nord, tenu à Marseille du 27 au 30 septembre dernier.

Ce Congrès, dû à l'initiative de l'Institut Colonial de Marseille, a permis de mettre en présence les représentants les plus qualifiés de l'agriculture nord-africaine et ceux de la minoterie et de la semoulerie marseillaise. De cette manifestation, M. Boyer-Banse augure, pour l'avenir, une répercussion heureuse sur les conditions de vente des céréales récoltées en Algérie, en Tunisie et au Maroc.

Après avoir fait l'exposé de l'effort accompli de 1924 à 1928 pour l'Algérie dans la création de docks coopératifs à céréales bien outillés (20 docks d'une contenance totale de 950.000 quintaux), il montre ce que vaut cet effort et les avantages qui en découlent, notamment au point de vue de l'emmagasinage, de la conservation, du classement et des conditions de vente des grains. La question du classement des grains ou standardisation est très importante; elle a fait l'objet, au congrès, de deux vœux adoptés après discussion et dont il est donné lecture. M. Boyer-Banse ne se dissimule pas, cependant, que des résultats probants ne pourront être pleinement acquis que par un nouvel effort et par la coopération étroite de l'agriculture et du commerce également intéressés à une bonne organisation des transactions sur les grains. Il reconnaît tous les services que le commerce a rendus et est appelé à rendre aux producteurs de céréales; la création de docks-silos, notamment ceux créés ou à créer dans les ports, loin de les atténuer, ne doit, au contraire, que les amplifier, grâce à une collaboration devenue de plus en plus nécessaire : c'est pourquoi il déplore que, par suite d'un malentendu, le commerce algérien des grains n'ait pas été représenté à Marseille, au cours des discussions du congrès, alors que ceux de la Tunisie et du Maroc y avaient de nombreux délégués. Quoiqu'il en soit, il importe aux agriculteurs d'Algérie de se préoccuper dès aujourd'hui de rechercher, en complet accord avec les organismes autorisés du commerce des grains et de la meunerie, une formule assez souple qui permette à ces trois éléments de la production de collaborer pour la satisfaction de chacun d'eux à la prospérité générale de la colonie.

Un échange de vues a lieu à ce sujet entre MM. Boyer-Banse, Vagnon, Bordères, Jaillet, Havard, Furgier, Bel et Fontanille, à la suite duquel l'assemblée, sur la proposition de M. Saliba, adopte à l'unanimité le vœu suivant :

« La Société des Agriculteurs d'Algérie émet le vœu que l'Administration prenne l'initiative d'une réunion entre les représentants qualifiés des groupements agricoles et des groupements commerciaux où seront étudiées en commun les formules les plus propres à permettre l'utilisation de docks créés dans la colonie, et spécialement dans les ports, au mieux des intérêts généraux de l'agriculture et du commerce ».

M. Solal, au nom des commerçants en céréales dont il préside le groupe, se déclare heureux du vœu qui vient d'être émis; il est prêt à seconder toutes les initiatives qui tendront à assurer l'entente effective et la coopération du commerce et de l'agriculture et fera tous ses efforts dans ce sens. Il explique que, s'il n'a pas pu assister au congrès, ce n'est pas par parti-pris, mais uniquement pour une cause indépendante de sa volonté. Il ajoute que, s'il avait été présent aux discussions, il aurait fait des réserves au sujet du pourcentage de grains mitadinés adopté dans le classement des qualités. Le taux de 3 % notamment, difficile à obtenir sous le climat algérien, peut être une source de difficultés et de désillusions.

C'est également l'avis de M. Ducellier. Celui-ci rappelle que le mitadinage, dû à une disproportion entre la quantité de gluten et celle d'amidon, varie d'une année à l'autre, non seulement en raison des conditions atmosphériques, mais aussi suivant les régions et suivant les variétés. Comme exemple, il cite les deux variétés de blés durs, Hedba n° 3 et Langlois n° 1527 qui, semées côte à côte, en grande culture, dans des terrains identiques, ont présenté respectivement, cette année, dans la région de Maison-Carrée, dans celle des Beni-Sliman et dans celle de Berteaux, le pourcentage de grains mitadinés suivant : Hedba n° 3 : 18,34, 20,08 et 9,24; Langlois n° 1527 : 2,50, 10,58 et 3,18. Ces résultats montrent que les efforts des céréaliculteurs doivent avant tout être orientés vers la recherche des variétés réfractaires au mitadinage, de façon à satisfaire aux exigences de la meunerie et de la semoulerie. Ces variétés réfractaires ne sont pas impossibles à trouver.

Chambre d'Agriculture d'Alger

Séance du 30 novembre 1928

— — —

Le Congrès des Docks et Silos

M. Vagnon, président. — La parole est à M. Furgier qui va nous donner connaissance de son rapport sur cette question.

M. Furgier, rapporteur. — Messieurs, vous avez bien voulu me déléguer pour représenter la Chambre d'Agriculture au Congrès des Docks et Silos à céréales de l'Afrique du Nord convoqué par l'Institut Colonial de Marseille.

Ce Congrès s'est tenu les 27, 28 et 29 septembre, en présence d'un très grand nombre de délégués des organisations agricoles et entreprises de magasinage des céréales de l'Afrique du Nord, ainsi que de l'industrie et du commerce des blés, à Marseille.

Notre président, M. Vagnon, à Paris à cette époque, s'est fait un devoir de venir suivre les travaux du Congrès, auxquels il a pris une très large part.

J'aurais bien voulu vous communiquer aujourd'hui, attendu l'intérêt qu'il présente, le compte rendu sténographique des séances, mais il ne nous parviendra que dans quelques semaines, ainsi que nous l'annonce M. Baillaud, le sympathique secrétaire général de l'Institut Colonial, dont l'inlassable dévouement a si heureusement facilité la tâche des congressistes nord-africains.

A ce Congrès, M. Adrien Artaud, président de l'Institut Colonial et de la Foire de Marseille, a inauguré les travaux en prononçant un important discours dans lequel il a notamment indiqué que le Congrès n'avait nullement pour but d'examiner le moyen de supprimer le commerce, dont il a rappelé l'intervention nécessaire, mais bien d'étudier le moyen d'adapter les initiatives des colons de l'Algérie, de la Tunisie et du Maroc, aux nécessités des industries de transformation du blé et de la consommation.

En faisant cette déclaration, sans doute motivée par quelque appréhension du commerce marseillais, M. le Président Artaud nous a donné l'occasion d'affirmer, une fois de plus, que nos docks coopératifs avaient toujours considéré le commerce, répartiteur de la production et régulateur des cours, nécessaire à leur développement, et ne pouvaient désirer la suppression que des intermédiaires inutiles, peu scrupuleux, dont les agissements sont aussi préjudiciables aux intérêts du véritable commerce qu'à ceux de la production.

Une coopération plus étroite de nos docks, et plus généralement de l'agriculture, avec le commerce, permettrait même, j'en ai la conviction, une organisation plus rationnelle des transactions avec les industries de transformation, des transports, du logement et de l'expédition des grains.

Au déjeuner qui a été offert après la séance d'ouverture par l'Institut Colonial aux congressistes, M. Artaud et M. Vagnon, président de la Chambre d'Agriculture d'Alger et de la Section des Colons des Délégations Financières de l'Algérie, ont prononcé les discours dont je vous donnerai lecture tout à l'heure.

Les travaux du Congrès ont porté plus particulièrement sur l'exposé de l'œuvre réalisée par la coopération agricole en Afrique du Nord au point de vue du magasinage des céréales et sur les méthodes de classification et de vente des céréales contenues dans les silos.

Les séances ont été tenues sous la présidence de M. Adrien Artaud, assisté de MM. Prat, président de la Fédération Intersyndicale de la Minoterie et de la Semoulerie à Marseille ; Vagnon, président de la Chambre d'Agriculture d'Alger ; de Chomel, président du Syndicat de Minotiers de Marseille ; Gounot, président de la Chambre d'Agriculture de la Tunisie ; Racine, président du Syndicat général des Fabricants de Semoules de France.

Au cours de ces travaux, les savants techniciens représentant les Services Agricoles de l'Algérie, de la Tunisie et du Maroc, notamment MM. Boyer-Banse, Vivet, Ducellier, Bœuf et Miège, ont donné les indications les plus utiles sur les progrès faits par la culture et la sélection.

Les présidents des principaux docks coopératifs à céréales nord-africains exposèrent ensuite les résultats de leurs initiatives.

Je fis les communications suivantes :

(M. Furgier donne lecture de ses communications au Congrès).

*
* *

Les échantillons de blé réunis à l'occasion de la Foire de Marseille et provenant des docks et silos de l'Afrique du Nord ont excité l'admiration générale des minotiers de la place qui ont indiqué qu'il y avait le plus grand intérêt à ce que les échantillons de chaque récolte soient ainsi connus d'une manière permanente.

L'examen des échantillons parvenus des diverses régions de l'Algérie et de la Tunisie a motivé, de la part des représentants du commerce marseillais, les appréciations les plus intéressantes.

Les blés de la région de Souk-el-Khemis en Tunisie et de la vallée du Chéliff, de la région de Relizane, du Sersou, de la région de Mascara, en Algérie, ont plus particulièrement retenu l'attention. Ceux de Bourbaki ont été remarqués d'une façon toute spéciale pour leur finesse.

Au sujet des blés durs présentés par les docks de Relizane et ceux du Sersou, une discussion plus serrée s'est engagée et a permis de préciser les desiderata des semouliers de la Métropole qui tendent à orienter la culture, dans l'Afrique du Nord, vers la production des blés durs clairs, ambrés, à cassure vitreuse et translucide, de préférence aux variétés de couleur foncée (sombre, selon l'expression des semouliers).

M. Racine, président du Syndicat de la semoulerie de France, d'accord avec moi, estime, en ce qui concerne les blés durs, que la classification ne peut pas se faire uniquement en se basant sur la densité : elle doit tenir compte de la nuance et de la teneur en blé tendre, éléments qui en modifient considérablement la valeur.

Les blés clairs sont plus appréciés que les blés foncés, attendu qu'ils sont employés dans la confection des pâtes alimentaires plus fines.

Les blés durs ne contenant qu'un pourcentage de tendre réduit (zéro à 3 % par exemple), sont préférés à un blé de poids spécifique égal, voire même supérieur, qui contiendrait une plus grande quantité de mitadin, attendu que la différence de prix qui existe entre la farine produite par le blé tendre et la semoule provenant de blé dur, est actuellement de 70 francs les 100 kilos en faveur de la semoule.

L'industrie marseillaise, en ce qui concerne le « mitadin », se base sur les blés des Indes qui nous concurrencent fortement à Marseille, et qui, sous deux dénominations : « jaunes » ou clairs, et « rouges » ou sombres, sont toujours vendus avec garantie d'un pourcentage de dur ; tout grain touché est classé « tendre ». Aux différences avec les stipulations du contrat, constatées, correspond une bonification qui joue automatiquement.

A remarquer que la semoulerie marseillaise, dans les prix qu'elle offre, tient compte des différences de qualité ; ainsi, lorsqu'elle achète des *blés durs colon*, 81 kilos, sans désignation de provenance, autre que « Algérie », elle les paie cinq francs de moins que les blés provenance « Tiaret », « Vialar », par exemple, attendu que ces derniers présentent des qualités d'homogénéité bien connues (couleur claire, faible teneur en grains attendris) ; en sorte que ce sont ces qualités qu'il faut s'efforcer de produire.

L'inconvénient des grains cassés, blé tendre et blé dur, a été également signalé : les grains cassés en deux occasionnent un déchet, mais sont assez bien repris en minoterie ; quant aux grains cassés en longueur, ce sont des grains absolument perdus ; ils partent dès le premier passage au tarare et ne peuvent plus être repris ; il faut donc particulièrement soigner les battages. A noter que les blés américains ne contiennent pas de grains cassés ; ces grains sont sans doute éliminés à l'élévateur.

A la suite de séances suivies par un très nombreux auditoire, les résolutions suivantes ont été adoptées et ces séances ont été suivies de visites très intéressantes des silos de la Compagnie des Docks et de la Société Générale de Transbordements Maritimes, sur lesquels je reviendrai tout à l'heure.

(M. Furgier donne lecture des vœux du Congrès).

Ces vœux expriment surtout les desiderata de la minoterie et de la semoulerie, qui attachent un grand prix à la classification des grains par qualités ; elle leur permettrait d'obtenir de meilleurs rendements et de réaliser une économie appréciable dans l'industrie de la transformation, ce qui aurait pour conséquence de valoriser nos grains d'autant, au plus grand profit du producteur.

A noter qu'une observation a été récemment présentée à la Société des Agriculteurs d'Algérie, par M. Solal, président du Syndicat Commercial, en ce qui concerne la première catégorie de blés durs, qui ne doit pas contenir plus de 3 % de blés attendris (mitadinés). Il craint qu'en exigeant une proportion aussi réduite, qui ne peut être obtenue que dans certaines régions privilégiées, ce soit une source de difficultés dans les transactions.

Je considère, par contre, qu'il est de l'intérêt des producteurs de blés durs, *semouliers extra*, de voir leurs grains constituer une catégorie spéciale (la première), pour les distinguer des autres blés, quand même de très bonne qualité, qui contiennent une proportion un peu plus élevée de mitadin (3 à 7 %).

Les difficultés auxquelles fait allusion M. Solal ne se produiront vraisemblablement pas, attendu que le classement préconisé ne sera efficacement possible que lorsque la standardisation sera elle-même établie et réglementera définitivement la question.

La standardisation intégrale, telle qu'elle est pratiquée aux Etats-Unis, n'apparaît point encore réalisable en Afrique du Nord. Nos variétés sont en effet trop nombreuses et presque partout mélangées ; cependant, c'est le but vers lequel nous devons tendre, et nos organisations (Unions de syndicats agricoles, docks coopératifs, etc.), aidées de nos techniciens des services agricoles de l'Algérie et de la Tunisie, doivent se mettre résolument à l'œuvre et rechercher le moyen le plus rapide et le plus efficace qui permettra au céréaliculteur une production de plus en plus homogène. Nul doute qu'avec ce moyen nous obtenions bientôt une standardisation qui, si elle n'est pas absolue, aura néanmoins pour conséquence de valoriser considérablement nos grains ; c'est ce qui se dégage très nettement des conversations que nous avons eues avec la Minoterie et la Semoulerie à Marseille.

*
* *

Il a été décidé par le Congrès que, pour permettre au commerce et à l'industrie de la Métropole de suivre les progrès réalisés par les silos, des échantillons de blé seraient adressés d'une manière régulière à l'Institut Colonial qui les communiqueraient aux groupements intéressés.

J'observe qu'en l'état actuel, les transactions qui pourraient être basées sur ces échantillons ne pourraient s'appliquer qu'à des lots individuels d'une importance relative ; les sociétaires des docks entendent encore conserver, individuellement, la libre disposition de leurs grains.

Ce ne sera que lorsqu'ils accepteront de conférer à la Société des Docks le droit de disposer de la marchandise, que la vente collective, échelonnée, d'importantes quantités d'un même type, principal moyen d'obtenir un meilleur prix, pourra être envisagée ; les présidents des docks coopératifs avec lesquels j'ai pu m'entretenir à ce sujet sont unanimes à le reconnaître.

Le Congrès a examiné le rôle joué par les Banques en Afrique du Nord au point de vue de la création des entrepôts à céréales, ce qui a donné lieu, en particulier, à une communication très importante du Crédit Foncier d'Algérie et de Tunisie.

Il est souhaitable, à mon sens, que les Etablissements financiers, et plus généralement tous ceux qui créent aujourd'hui des entrepôts à céréales, les aménageant avec tous les perfectionnements modernes, en vue de loger les grains en vrac, après nettoyage, et d'arriver au classement des blés, en particulier, conformément aux desiderata du Congrès. Ce n'est qu'à ce prix que la standardisation de tous les blés nord-africains deviendra possible, pour le plus grand bien de l'agriculture.

Les conditions techniques de construction et d'outillage des silos ont enfin été étudiées avec le concours des principaux architectes, entrepreneurs et constructeurs, qui ont contribué à l'édification des silos et magasins à céréales de l'Afrique du Nord.

Au cours de la visite que les membres du Congrès ont faite aux docks de la Compagnie des Docks et Entrepôts et à ceux de la Société Générale de Transports maritimes, qui sont les deux premiers silos à élévateurs édifiés au port de Marseille (contenance de plus de 225.000 hectolitres chacun), j'ai notamment remarqué :

a) Que la machinerie de ces docks, très perfectionnée, est d'une puissance considérable ; avec ses aspirateurs, transporteurs et élévateurs, elle permet à chaque entreprise de débarquer 5 à 6.000 tonnes de céréales en vrac en dix heures, ainsi que de charger sur navires ou sur chalands, quoique à une allure moindre, des quantités de grains considérables ;

b) Le dispositif de pesage automatique permet de peser environ 150 tonnes à l'heure (1.500 kilos par pesée et par bascule); un dispositif permet de peser les restes ; une bascule « Schopper », dont le type est universellement admis, détermine automatiquement le poids spécifique ;

c) L'ensachage et le pesage à la sortie sont faits au moyen d'appareils automatiques spéciaux permettant chacun d'égaliser 1.000 sacs de 100 kilos en dix heures ;

d) Le chargement sur wagon se fait avec facilité. A la Société générale de Transports, un transporteur conduit chaque sac sur le wagon choisi et l'y dépose ; un seul homme sur le wagon assure la régularité du chargement ;

e) Une vaste terrasse est aménagée pour le cas échéant, étendre les céréales humides et avariées, les pelleter et les faire sécher.

La puissance de cette organisation est justifiée par celle du trafic du port de Marseille, ainsi que par la nécessité de plus en plus inéluctable de réduire le séjour excessivement onéreux des navires dans le port, et de suppléer à une main-d'œuvre de jour en jour plus difficile à recruter.

Ainsi que vous le voyez, le port de Marseille est, dès aujourd'hui parfaitement outillé pour la réception de nos céréales en vrac, alors qu'en Afrique du Nord rien de semblable n'a encore été fait pour les expédier.

Cependant, M. Hernandez, président de la Chambre de Commerce d'Oran, nous a déclaré à Marseille que les commerçants oranais s'organisaient en vue d'édifier prochainement, dans leur port, des silos à céréales perfectionnnés, qui permettraient aussi bien de loger en vrac l'excédent de récolte en cas de surproduction, que de recevoir les quantités importées en année déficitaire.

Bientôt, nos docks coopératifs, tout au moins lorsqu'ils seront fédérés, devront eux-mêmes s'organiser dans les ports pour l'exposition de leurs grains en vrac, soit en y édifiant des silos spéciaux, soit en se concertant avec le commerce qui pourrait en certains cas, mettre une partie de ses silos à leur disposition, à charge de réciprocité.

Après le vote des vœux, M. Prat, président de la Fédération Intersyndicale de la Minoterie et de la Semoulerie de Marseille, a tenu à souligner la satisfaction de l'industrie de la minoterie de Marseille, à constater les magnifiques résultats obtenus au point de vue de l'amélioration de la production des céréales en Algérie, en Tunisie et au Maroc, grâce aux efforts combinés des énergiques colons qui se sont adonnés à cette tâche si importante, et des savants techniciens qui ne cessent de leur prêter leur concours au point de vue de la sélection des semences et de l'amélioration des conditions de culture.

Les travaux du Congrès se sont terminés en présence des membres des Chambres de Commerce françaises de la Méditerranée, devant M. Bordes, Gouverneur générale de l'Algérie, qui, après des exposés faits par M. le Président Adrien Artaud et M. de Chomel, président du Syndicat de la Minoterie, et M. Vagnon, président de la Chambre d'Agriculture d'Alger, président de la Section des Colons des Délégations financières de l'Algérie, et M. Hernandez, président de la Chambre de Commerce d'Oran, a félicité très vivement l'Institut Colonial de Marseille de son initiative, et montré toute l'importance qu'avait pour l'Afrique du Nord le perfectionnement des méthodes de culture et de commerce des céréales.

Les congressistes ont pris part ensuite à la séance de clôture de la Conférence méditerranéenne et à la visite qui a eu lieu dans la journée du dimanche des établissements maritimes de la Chambre de Commerce de Marseille et dans l'étang de Berre, auquel ils se sont rendus, par bateau, en utilisant le canal souterrain du Rove, d'une longueur de 7 kilomètres, ainsi qu'aux réceptions et aux banquets organisés à cette occasion par la Chambre de Commerce.

Au cours de ces nombreuses séances et réunions, les agriculteurs, négociants et techniciens qui s'adonnent en Algérie, en Tunisie et au Maroc à l'amélioration de la culture du blé, ont pu procéder à de très nombreux échanges de vues qui ont complété de la manière la plus heureuse les travaux du Congrès qui a été couronné du plus grand succès.

Ainsi que vous le voyez, Messieurs, ce Congrès a revêtu un caractère d'importance inespérée. *(Applaudissements.)*

M. LE PRÉSIDENT. — Vous venez, Messieurs, d'entendre le compte rendu de notre collègue, M. Furgier. Ce compte rendu est un rapport extrêmement complet et qui, à mon avis, étant donnée la façon **magistrale** dont M. Furgier vient de vous le présenter, appelle une discussion, non pas sur une première lecture, mais après réflexion très attentive sur les nombreuses observations qu'il apporte à cette Assemblée.

Je vous propose donc, Messieurs, au lieu d'en discuter immédiatement de hâter l'impression de ce rapport, afin que nous en ayons tous communication et que nous puissions l'étudier, les uns et les autres, à tête reposée. Nous pourrions prendre date pour le faire venir en discussion à la prochaine session interdépartementale qui aura lieu probablement au mois de janvier.

Car, en effet, dans les problèmes exposés par M. Furgier dans son rapport, il y a — vous serez certainement tous de mon avis — des solutions que nous ne pouvons pas prendre seuls dans notre département : des solutions doivent être prises en plein accord de vues entre les trois départements, c'est-à-dire l'Algérie tout entière.

Si vous partagez cette manière de voir, nous allons donc tout simplement pour aujourd'hui remercier M. Furgier du travail et des efforts qu'il a faits pour nous présenter ce compte rendu au lendemain de son retour de France. Ce rapport sera imprimé, nous l'étudierons, et il viendra en discussion à notre prochaine session interdépartementale.

Il n'y a pas d'observation ?...

Il en est ainsi décidé.

M. Vivet. — Je n'ajouterai que quelques mots à l'exposé très complet que vient de vous faire M. Furgier. Je donnerai simplement quelques indications sur les renseignements que nous avons pu recueillir au Congrès des docks à céréales au point de vue plus spécial de l'amélioration des variétés de céréales cultivées en Algérie.

Nous avons pu nous rendre compte, par les desiderata qui ont été formulés par les représentants de la minoterie et de la semoulerie marseillaise et française, des qualités spéciales que réclamaient ces industriels des blés qu'ils sont appelés à triturer.

En ce qui concerne les blés tendres, les minotiers n'ont pu donner les précisions qu'auraient désirées les techniciens chargés d'améliorer la production de ces blés dans l'Afrique du Nord, par exemple s'il est préférable de produire des grains d'une forme déterminée ou présentant une couleur claire ou foncée. Ces industriels ont fait ressortir que dans leurs moulins ils sont obligés de triturer à la fois jusqu'à vingt variétés différentes de blé pour arriver à avoir une farine possédant les qualités que recherche la boulangerie.

Pour les blés durs, par contre, nous avons pu obtenir des précisions du plus haut intérêt qui figurent d'ailleurs dans le rapport de M. Furgier. Les semouliers ont tous été d'accord pour donner les conseils suivants : « Produisez des blés durs de coloration claire et à cassure vitreuse et translucide analogues à ceux que nous recevons de plusieurs régions du département d'Oran. Eliminez les blés durs de couleur sombre et, détail qui a une très grande importance, ne mélangez pas, même en très petite proportion, des blés de couleur sombre avec des blés de couleur claire, parce que la semoule obtenue par ce mélange présente un vilain aspect, paraît « piquée » et subit une dépréciation appréciable, qui nous oblige à diminuer dans une proportion correspondante, le prix de ces blés mélangés ».

Nous avons eu la satisfaction — et nos collègues de Tunisie et du Maroc ont eu la même satisfaction — d'entendre M. Racine, président du Syndicat de la Semoulerie de France, déclarer que certaines variétés de blés présentés par les docks coopératifs ou des agriculteurs algériens constituaient une amélioration remarquable sur les blés qui leur ont été livrés jusqu'à présent. Ce spécialiste des plus distingués a constaté la valeur semoulière des nouvelles variétés de blé obtenues par M. Ducellier, professeur d'agriculture à l'Institut Agricole de Maison-Carrée, que je regrette de ne pas voir à mes côtés, car il aurait pu vous exposer les résultats de ses travaux de sélection. Mais vous connaissez, sans doute, un certain nombre des variétés de blé dur obtenues par M. Ducellier ; je n'en citerai que deux : Hedba n° 3 et Langlois n° 1527, lesquelles répondent bien aux desiderata de la semoulerie marseillaise, surtout le Hedba n° 3, dont les grains ont une coloration ambrée, claire, de toute beauté.

J'ai exposé, d'ailleurs, au Congrès de Marseille les résultats obtenus par l'emploi des céréales sélectionnés dans les différentes régions de la

Colonie et les améliorations dans les différentes régions de la Colonie et les améliorations qui pourront être apportées dans un délai relativement court à la production des blés durs maintenant qu'un certain nombre de variétés sélectionnées sont cultivées en Algérie sur de grandes surfaces, sur des milliers et, pour quelques-unes, sur des dizaines de milliers d'hectares.

Grâce aux docks coopératifs, il sera possible de rassembler les semences de ces variétés sélectionées, de les trier, d'éviter dans toute la mesure du possible les mélanges et d'arriver ainsi à distribuer aux agriculteurs des semences présentant toutes les qualités requises.

Ces résultats pourront être obtenus facilement, je crois, en adjoignant aux docks coopératifs à céréales des organisations qui existent déjà en France et qu'on appelle des « coopératives de producteurs de semences », coopératives qui s'accupent surtout de la multiplication des variétés de semences de céréales sélectionnées, bien adaptées à chaque région.

Il me semble que, dans un avenir très prochain, à côté des principaux docks coopératifs, à Burdeau et à Relizane et, un peu plus tard, à Bel-Abbès, nous verrons se constituer des coopératives de producteurs de semences qui assureront la production, en grande quantité, de semences des variétés pouvant donner les meilleurs résultats dans chaque région. Les céréales provenant des cultures faites avec ces semences de choix pourront être maintenues à un état de propreté suffisant dans les docks où il sera facile de les standardiser ensuite suivant les désiderata du commerce.

M. le Président. — Nous vous remercions des renseignements que vous avez bien voulu ajouter pour compléter l'exposé de M. Furgier.

Chambre d'Agriculture de Tunis

Séance du 11 janvier 1929

Le Congrès des Docks et Silos

Rapport de M. Charles FABRE

Délégué au Grand Conseil de Tunisie, Membre de la Chambre d'Agriculture

Messieurs,

Comme vous le savez, notre président M. Gounot, notre vice-président M. Ponçon, et moi-même, nous nous sommes rendus au Congrès des docks et silos à céréales de l'Afrique du Nord, qui s'est tenu à Marseille dans la première quinzaine d'octobre 1928.

Grâce à l'initiative du président de l'Institut Colonial, M. Adrien Artaud, et de son dévoué et si aimable secrétaire général, M. Emile Baillaud, qui ont multiplié les occasions de nous documenter soit par de très nombreuses visites comme celles faites aux splendides silos marseillais, soit en prenant entre les divers membres du Congrès, colons algériens et marocains d'une part, et industriels et négociants marseillais d'autre part, des conversations et des échanges de vues dont nous avons retiré le plus grand profit.

Et c'est ainsi que s'est accrue notre conviction de la nécessité qui s'impose d'étudier et d'établir sans perte de temps, tout un programme de constructions de silos à grain dans les principaux centres de production de céréales de la Tunisie; ainsi que dans les ports et principalement dans celui de Tunis où ces céréales aboutissent, soit pour être exportées, soit pour être livrées à l'industrie locale ou au commerce.

Silos dans les gares et dans les centres de production

Il faudrait que dans tout centre de production important, il soit construit un silo, en principe à la gare même si ce centre est desservi par le chemin de fer.

Pour certaines localités où l'on trouve des agences de banque, on pourrait envisager la gérance des silos par un établissement de crédit dont le rôle serait strictement limité par un cahier des charges, mais qui assumerait la responsabilité de la gestion financière des marchandises qui lui seraient confiées.

L'utilité des silos se fera surtout sentir :

1° Dans les régions où par suite de l'époque tardive des moissons, les ventes en primeur seront, sinon impossibles, du moins aléatoires.

2° Dans les localités éloignées des ports et mal desservies comme moyens de transports.

3° Et peut-être aussi dans celles du centre et du sud se trouvant à la portée des caravanniers qui seront certainement très heureux de trouver sur place les céréales qui leur seront nécessaires pour le ravitaillement des oasis, ou simplement des régions arides.

En ce qui concerne l'importance d'un silo, l'expérience prouva que la gestion d'un petit silo est onéreuse et qu'une capacité de 25.000 à 30.000 quintaux est un minimum ; comme d'autre part il ne faut guère espérer emmagasiner plus de la moitié de la récolte des adhérents, le nombre des silos à construire ne pourra pas se multiplier outre mesure.

A notre avis, ces silos devraient être des silos coopératifs ; cette solution nous paraît, en effet, être la plus pratique pour la mise à exécution de notre programme et aussi pour le fonctionnement de chacune des installations.

Ces silos devraient être disposés pour pouvoir, après un nettoyage complet, recevoir des grains qui seraient classés en lots importants et homogènes.

Grâce à M. Bœuf et à ses collaborateurs qui ont mis à la disposition des agriculteurs des semences sélectionnées, il est maintenant facile à ces derniers de livrer des lots homogènes qui feront prime chez les minotiers et semouleurs.

Silos dans ports

L'organisation des silos construits dans l'intérieur du pays serait incomplète si l'on ne prévoyait pas la construction d'un grand silo, principalement au port de Tunis.

Ce silo, qui serait en somme un silo de transit auquel devrait aboutir le produit des silos de l'intérieur, n'emprunterait pas obligatoirement la formule coopérative ; il pourrait être construit par un groupe financier et être exploité en collaboration avec les agriculteurs, les commerçants et les industriels.

On parle de plusieurs emplacements pour ce silo :

A la Goulette, sur la berge du canal (en eau profonde) ;

A Djebel-Djelloud (gare de triage) ;

A la gare P. V. de Tunis (au port même).

L'emplacement de la Goulette qui pourra très bien convenir dans vingt-cinq ou trente ans, quand la Tunisie sera devenue exportatrice de grosses quantités de céréales, nécessiterait actuellement des mises sur chaland fort onéreuses et créerait des complications douanières.

En effet, sauf les orges dont une partie seulement est exportée par chargement complet en vrac, les autres céréales (blés et avoines) sont enlevées par les courriers réguliers, et ces courriers postaux ne pourraient certainement pas aller charger à la Goulette.

L'emplacement du Djebel-Djelloud, qui présenterait des inconvénients analogues, serait aussi à rejeter : il est à une trop grande distance de la gare, et la marchandise serait de ce fait grevée de frais de transport importants : d'abord de la gare aux silos, ensuite des silos au port ou aux moulins de Tunis et de ses environs.

Le seul emplacement qui conviendrait serait celui contre la gare de Tunis, dont les voies devraient aboutir à même les silos, permettant ainsi le déchargement rapide des wagons. D'autre part les frais du silo aux quais du port ou aux différents moulins ne seraient pas plus élevés que ceux de la gare pour les mêmes destinations.

Voici maintenant les principaux avantages que procurerait la création des silos :

Aux producteurs

Quelle sécurité et quelle commodité pour le colon ou le fellah qui, pendant la moisson, n'aura qu'à envoyer au fur et à mesure des battages son grain au silo où il sera nettoyé, classé et pesé sans qu'il ait à s'en occuper.

Tenu au courant des cours et de la tendance des marchés par le comité de direction, il pourra soit vendre tout de suite sa récolte, soit la garder et échelonner ses ventes sur plusieurs mois. Dans ce cas, il trouvera, s'il le désire, toutes les facilités pour warranter, au taux le meilleur, avec la certitude que sa marchandise sera surveillée et soignée mieux qu'il ne pourrait le faire lui-même.

Lorsque les cours lui sembleront rémunérateurs il n'aura qu'à donner un ordre de vente à la direction des silos qui se chargera de son exécution.

Toutes ces mesures se traduiront par une régularisation des cours et permettrait de réduire dans une certaine mesure la baisse qui se produit chaque année au moment des battages par suite d'une trop grande abondance des marchandises offertes. On éviterait les difficultés qui existent pour monnayer une récolte dans les conditions actuelles. Ces difficultés se comprennent fort bien si l'on songe que trois millions de quintaux de blé représentent une somme d'une demi-milliard.

L'ensemble des producteurs en bénéficieront et particulièrement les petits colons qui ne peuvent trouver le moyen de défendre leurs intérêts que dans une organisation coopérative groupant le plus grand nombre d'entre eux.

On peut affirmer que toutes les fois qu'on désire ne pas livrer des céréales à la récolte, l'emploi de docks perfectionnés constitue la solution la plus économique. Le loyer exigé du producteur étant compensé par les divers avantages matériels, tels que : facilité de conservation, diminution de risques d'incendie, économie dans la manutention et dans les locations de sacherie, etc...

Aux commerçants et aux minotiers

Le commerçant sérieux et le minotier trouveront dans les silos coopératifs des marchandises loyales, débarrassées de toutes leurs impuretés, classées par densité, variété, qualité et offrant une homogénéité parfaite.

Ils pourront voir ces marchandises et les acheter en connaissance de cause. De plus ils trouveront des lots assez importants qui assureront aux minotiers une fabrication régulière et égale.

D'autre part le commerçant et le minotier seront redevables aux silos coopératifs de toutes sortes de facilités financières et autres. Ils pourront, par exemple, laisser aux silos les céréales qu'ils auront achetées, les warranter, et les retirer au fur et à mesure de leurs besoins et de leur convenance.

Comme l'a si bien expliqué M. Furgier, président des importants silos de Burdeau, l'emmagasinement des céréales dans les docks coopératifs n'ont pas pour but de réduire le rôle du commerce qui répartit les marchandises et les achemine sur les centres de consommation ; il facilite au contraire sa tâche en lui permettant d'opérer en toute sécurité sur des quantités bien plus grandes que par le passé et en réduisant tous les frais accessoires.

Aux transporteurs

Actuellement dès le commencement des battages, les entreprises de transport et de chemins de fer sont complètement débordées par l'afflux de céréales. Car, le producteur pour mettre sa récolte à l'abri et pour se procurer de l'argent vend sa récolte et l'expédie aux fur et à mesure des battages.

Il résulte de cette manière d'opérer qu'au bout de quelques jours les gares expéditrices aussi bien que celle de Tunis, les quais du port et les magasins des commerçants sont complètement embouteillés.

La main-d'œuvre se trouve débordée et se jugeant par contre indispensable en profite pour élever ses prétentions ; d'où conflit entre employés et employeurs, conflit qui se termine presque chaque année par une grève.

Les silos coopératifs, en permettant d'échelonner sur une grande partie de l'année l'expédition des céréales, régulariseront les transports et permettront une meilleure utilisation du matériel, qu'il s'agisse de wagons ou de véhicules utilisant la route.

Pour les établissements financiers

Les établissements financiers pourront apporter leur aide à l'agriculture comme au commerce et à l'industrie de la minoterie au taux le plus bas, grâce à la sécurité sans égale et à l'importance considérable des warrants que les silos coopératifs leur procureront.

Pour l'État

L'État trouvera dans les silos coopératifs toute sécurité et toute facilité lorsque, par suite de mauvaises récoltes il sera amené à faire des approvisionnements de céréales pour la consommation du pays.

De même, il trouvera toujours dans les silos des semences de choix pour la distribution aux fellahs, lorsque ceux-ci en manqueront.

D'une manière générale l'État trouvera un avantage incontestable à faciliter la consommation dans le pays des céréales nécessaires à l'alimentation de la population. Sans parler des conséquences heureuses que pourrait avoir cet emmagasinement dans l'éventualité de conflits internationaux.

Je suis certains, Messieurs que ce simple exposé aura suffi à vous convaincre de la nécessité qu'il y a pour l'agriculture de s'organiser pour l'emmagasinement, la conservation, et la vente des céréales qu'elle produit de plus en plus chaque année.

(Rappelons ici que par suite des défrichements ou des améliorations culturales, la production des céréales tunisiennes s'accroît annuellement d'une quantité que l'on peut estimer entre 100 et 200 millions de quintaux. A lui seul ce fait nous oblige à envisager une transformation de notre organisation).

L'exemple des colons de Béja doit être suivi et même dépassé ; il faudrait arriver, comme l'a fait M. Furgier à Burdeau, au logement en commun. Ce n'est qu'à partir de ce moment-là que les agriculteurs retireront de leurs silos le maximum d'avantages.

Les Algériens nous ont dit à Marseille que la capacité totale de leurs silos allait atteindre un million de quintaux. M. Boyer-Banse, chef du service de la mutualité au Gouvernement général, dans son remarquable rapport, nous a dit toute l'aide que le gouvernement de l'Algérie avait apportée à la construction et à l'organisation des silos coopératifs (1).

En Tunisie les silos sont une installation traditionnelle chez les indigènes. Mais l'ancien silo creusé dans le sol ne correspond plus aux besoins modernes ; il y a urgence à le remplacer.

Il ne faut pas songer à créer en Tunisie des greniers comme il en existe en France qui ne correspondraient pas aux données locales, puisque en Tunisie le blé est battu dès la moisson. Il faut donc prendre exemple sur les contrées similaires : Etats-Unis, Canada, où les « Elevators » coopératifs se comptent par milliers et sont généralement complétés par des silos de transit situés dans les centres d'exportation.

Je ne doute pas que le Gouvernement tunisien, devant le succès obtenu par nos voisins et convaincu lui-même de l'utilité et de la nécessité des des silos coopératifs n'hésitera pas à nous accorder avec tout le concours technique de nos services, les mêmes avantages que ceux dont ont bénéficié les agriculteurs algériens.

A supposer qu'il ne soit pas possible d'envisager des subventions à fonds perdus, du moins, pourrait-on faire appel à la législation sur les coopératives qui permet de consentir des prêts sans intérêts remboursables par annuités.

Les silos à grains entrent dans la catégorie des œuvres économiques et sociales qui méritent une aide de l'Etat sous une forme analogue à celle qui est employée pour les habitations à bon marché, les banques populaires, l'artisanat, les coopératives de consommation ; tous ces organismes , de même que les œuvres de mutualité agricole, ont bénéficié de prêts consentis sur les fonds provenant des redevances de la Banque d'Algérie et c'est en ayant recours à ces mêmes ressources que nous pourrons leur donner toute l'impulsion nécessaire.

Ce rapport a été adopté à l'unanimité.

Correspondance avec l'Institut Colonial de Marseille

M. A. Gounot, Président de la Chambre d'Agriculture de Tunis, à M. E. Baillaud, Secrétaire Général de l'Institut Colonial de Marseille.

Tunis, le 17 juillet 1928.

CHER MONSIEUR,

J'ai lu avec grand intérêt votre lettre du 20 juin et je vous remercie tout particulièrement pour la documentation que vous avez bien voulu me remettre concernant la vente coopérative des blés au Canada.

C'est une question qui nous intéresse très vivement malgré les différences qui existent entre le commerce des blés en Tunisie et celui des grandes contrées exportatrices.

---

(1) En ce qui concerne le Maroc, le délégué du gouvernement a pu nous annoncer que les silos allaient être construits avec l'aide de l'Etat.

Ces différences portent notamment sur les points suivants :

1° En Tunisie, nos blés sont battus très rapidement et, grâce à notre voisinage de la Métropole, l'excédent disponible est écoulé en grande partie sur le marché français au moment de la soudure;

2° Nous sommes surtout exportateurs de blés semouliers ou blés durs;

3° Les quantités exportées par la Tunisie sont relativement faibles. Néanmoins, elles s'accroissent d'année en année et semblent devoir être dès maintenant de l'ordre de un million de quintaux, avec des variations considérables d'une campagne à l'autre.

Ce dernier chiffre, qui ne paraît nullement exagéré en tenant compte du développement de la colonisation, des défrichements et des améliorations culturales incessantes, doit nous amener à modifier soit nos méthodes de vente, soit notre organisation de conservation.

Certaines innovations peuvent être déjà mentionnées; c'est ainsi que cette année la minoterie marseillaise a acheté, par courtiers, plusieurs dizaines de milliers de quintaux de blé dur qui ont été mis en sacs dans les fermes et expédiés directement à Marseille en juin et juillet. Pour la première fois, croyons-nous, la minoterie française aura donc reçu directement du blé colon.

Bien que la densité de nos blés en 1928 laisse un peu à désirer, il faut se féliciter d'une initiative qui aura permis de mieux faire connaître la pureté de nos produits.

D'autre part, et bien que nous soyons très en retard sur l'Algérie, nous commençons à avoir quelques entrepôts.

Les docks coopératifs de Béja permettent de loger 40.000 quintaux environ, et à Souk-el-Khemis quelques fermes ont été complétées par des magasins d'une contenance approximative de 50.000 quintaux; cela sans parler des entrepôts du commerce et des magasins généraux de Tunis.

Dès maintenant, il est donc possible d'envisager des marchés à livrer portant sur des quantités appréciables; mais un vaste champ reste encore ouvert aux initiatives collectives ou individuelles et nous devons accueillir avec reconnaissance toute proposition émanant d'un groupement tel que l'Institut Colonial de Marseille.

Pour l'instant, et si je le comprends bien, vous nous offrez de présenter en septembre des échantillons de 1 kilo correspondant à des lots de blé disponibles pour la vente.

La chose me semble parfaitement réalisable; toutefois, je vous prierai de me faire connaître quelle devrait être l'importance minimum des lots présentés à la vente. Accepteriez-vous des lots homogènes de 500 à 1.000 quintaux, tels qu'on en trouve chez beaucoup de colons, ou bien faudrait-il offrir plusieurs milliers de quintaux d'un titre unique, ce qui limiterait le nombre des personnes susceptibles d'exporter ?

En dehors de cette participation à la foire d'échantillons de Marseille, je voudrais vous proposer une autre intervention. Nous commençons à multiplier des blés tendres nouveaux qui semblent devoir être offerts sur une assez grande échelle dès l'année prochaine. En dehors du « Barletta », qui doit être connu en France, ces blés sont principalement le Florence et l'Irakié, et différentes sortes originaires d'Orient.

L'aspect de plusieurs de ces variétés est très spécial et de nature à dérouter les minotiers. N'y aurait-il pas lieu de les étudier à l'avance et d'en déterminer la valeur réelle afin de pouvoir renseigner les industriels qui auront à utiliser ces produits ?

Je me souviens d'avoir vu dans les locaux de l'Institut Colonial un laboratoire très complet; s'il vous convenait de procéder à l'étude en question, je pourrais vous faire parvenir gratuitement des échantillons allant jusqu'à 100 kilos.

Veuillez considérer cela comme une réponse préliminaire à votre lettre. Toutefois, j'ai pressenti quelques personnes et je vais maintenant donner une certaine publicité à notre correspondance, afin de recueillir le plus grand nombre d'avis, notamment en ce qui concerne la participation à la foire d'échantillons.

Personnellement, je compte me rendre en France dans cinq semaines environ et je me ferai un plaisir de reprendre contact avec vous si vous êtes à Marseille à ce moment-là.

Veuillez agréer, cher Monsieur, l'assurance de mes sentiments les plus distingués.

Le Président : A. GOUNOT.

P. S. — Pourriez-vous nous faire parvenir le contrat-type des marchés de céréales à Marseille, en indiquant, en particulier, la façon de déterminer le pourcentage des grains cassés ?

Les minotiers marseillais attachent-ils une importance à la couleur des blés durs ?

*
* *

M. Emile Baillaud, Secrétaire Général de l'Institut Colonial de Marseille, à M. Gounot, Président de la Chambre d'Agriculture de Tunis.

Marseille, 30 juillet 1928.

MONSIEUR LE PRÉSIDENT,

J'ai reçu votre si bienveillante et si intéressante lettre du 17 juillet au retour d'un court voyage que je viens d'accomplir dans les régions à blé de l'Algérie. J'avais un moment espéré pouvoir venir jusqu'en Tunisie, mais je n'ai pu disposer du temps nécessaire.

Mon voyage a été décidé à la suite de la convocation par la Chambre de Commerce de Marseille d'une réunion des Chambres de Commerce Françaises du Bassin Méditerranéen à l'occasion de la prochaine Foire de Marseille. Vous trouverez dans nos « Cahiers Coloniaux » ci-joints le texte de la convocation de cette réunion et je vous adresse son horaire ainsi que copie de la lettre de confirmation adressée aux Chambres de Commerce.

Comme cette réunion ne pouvait comprendre que les assemblées consulaires, il nous est apparu que si une sorte d'union des intérêts économiques du Bassin Méditerranéen devait être envisagée, il était nécessaire d'y comprendre les groupements agricoles.

Notre Institut pouvait intervenir utilement dans ce but et j'ai été chargé par mon Conseil d'Administration d'examiner ce qu'il conviendrait le mieux pour provoquer en même temps que la réunion des Chambres de Commerce une réunion des intérêts agricoles.

Il paraissait bien que l'étude des questions relatives aux modifications progressives du commerce des céréales étaient celles qui pouvaient être le plus utilement envisagées, étant donné surtout que des réunions importantes viennent d'avoir lieu au point de vue des primeurs.

Mon voyage en Algérie, au cours duquel j'ai pu m'entretenir avec les principales personnalités qui dirigent le mouvement coopératif me l'a confirmé et je vous adresse ci-joint la lettre par laquelle nous annonçons à tous les groupements agricoles de l'Afrique du Nord qui se préoccupent du magasinage et de la vente en commun des céréales la tenue du Congrès que nous convoquons pour les 27, 28 et 29 septembre prochain.

Je vous serais très reconnaissant de la communication que vous voudriez bien faire de cette convocation à vos collègues et je la transmets également à M. le Président de l'Association.

Nous avons cru utile de prendre les silos coopératifs comme sujet du Congrès parce qu'il y a là l'élément le plus nouveau et le plus important dans le commerce des céréales de l'Afrique du Nord, mais il est bien évident que même pour les régions où ces silos n'auront pas été constitués ou ne sont pas envisagés pour le moment, les questions inscrites au programme du Congrès n'en auront pas moins d'intérêt.

Ce qui est en question, c'est surtout la création de types de céréales pouvant se prêter à de larges transactions et les méthodes à suivre pour les manutentionner, les magasiner et les vendre.

On peut, en somme, en ce qui concerne la Tunisie, considérer ce que font chacune de nos grandes entreprises agricoles, comme autant de silos individuels au lieu d'être coopératifs, mais les modifications à apporter aux habitudes commerciales et en particulier aux clauses de vente et d'exportation des contrats qui, jusqu'ici, ont été faits uniquement au point de vue du commerce doivent être tout aussi bien considérées pour les blés individuels que pour les blés mis en commun dans des silos.

Je vous serais donc très reconnaissant d'examiner avec vos collègues de quelle manière vous pourriez présenter vos blés à la prochaine Foire de Marseille.

Je crois qu'il n'y a pas d'inconvénient à multiplier le nombre des échantillons si ces échantillons correspondent à des quantités à livrer, même si ces quantités ne sont déjà plus disponibles, la présentation des échantillons correspondants n'en restera pas moins intéressante en permettant au Congrès et surtout à l'industrie métropolitaine d'examiner comment tous ces blés peuvent être ramenés à des types uniques ou doivent être considérés comme distincts.

Si, comme je le pense, il existe encore à cette époque, dans les magasins des colons, des banques ou dans les silos coopératifs des quantités importantes de grains, il sera très intéressant de voir si, à côté des questions techniques auxquelles donnera lieu l'examen de ces blés, il ne peut pas être organisé pour la première fois une sorte de bourse des blés de l'Afrique du Nord où les colons pourront recevoir directement, sinon les offres, tout au moins les indications des acheteurs métropolitains.

Indépendamment des industriels marseillais, nous convoquons par l'intermédiaire de l'Association Nationale de la Meunerie les principaux meuniers de France et nous espérons bien avoir une assemblée de producteurs et d'acheteurs qui permettra d'obtenir des résultats pratiques intéressants.

En ce qui concerne les nouveaux blés dont vous nous parlez, nous pensons qu'il suffirait que vous commenciez par nous adresser un petit échantillon d'un kilo par exemple de chacun de ces blés, pour que nous procédions à leur étude chimique et nous examinerons ensuite plus complètement ce qui peut être fait pour un essai industriel.

Les seuls contrats qui existent actuellement sont les contrats qui ont été établis avec le commerce algérien et qui sont complètement remis en cause ainsi que vous l'aurez vu dans les journaux commerciaux algériens.

Nous avons écarté du programme du Congrès cette question des contrats parce que nos meuniers désirent attendre le résultat du Congrès pour savoir dans quelle mesure on peut établir des contrats-types pour les blés colons en tenant compte de leur véritable qualité et non pas des conditions de mélange auxquelles correspondent en général les formules de contrat employées dans les relations entre la minoterie et le commerce.

Jusqu'ici, les expertises sont faites uniquement d'après les apparences et le comptage à la main, mais nous voudrions étudier au Congrès l'emploi des appareils adoptés à l'étranger dans ce but.

Pour les blés durs, la grande question est celle du mitadinage et ce sera probablement le point principal sur lequel portera la discussion au point de vue de la constitution des types sur lesquels doit reposer la classification des silos. En attendant le Congrès, je me tiens tout à votre disposition pour faire examiner les échantillons que vous m'adresseriez et vous transmettre l'avis de l'industrie de la place.

Je vous adresse tous mes remerciements pour votre bienveillante intervention et en attendant le plaisir de vous revoir, je vous prie d'agréer l'expression de mes sentiments très dévoués.

Le Secrétaire Général :

Emile BAILLAUD.

Le Classement des grains dans les Docks Coopératifs

PAR M. E. VIVET

Dans la dernière chronique, nous avons publié le texte des vœux adoptés par le Congrès des docks-silos à céréales de l'Afrique du Nord, dont les réunions ont eu lieu à Marseille du 27 au 30 septembre 1928.

Ces vœux font ressortir que dans l'état actuel de la production nord-africaine des céréales, il n'est pas possible d'appliquer au classement des grains une méthode aussi compliquée que celle des Standards officiels, en vigueur aux Etats-Unis.

Rappelons, à ce propos, que dans les standards américains les blés sont répartis en six classes désignées comme suit : Hard Red Spring, Durum, Hard Red Winter, Soft Red Winter, Common White et White Club ; chacun de ces classes est divisée en sous-classes, lesquelles se subdivisent à leur tour en grades en tenant compte du poid spécifique, du degré d'huimidité, de la proportion d'impuretés, de matières étrangères et de grains endommagés.

Cette méthode de classement ne peut être appliquée que dans des pays où l'on cultive dans une même région, des variétés de blé dont les grains présentent à peu près les mêmes caractères au point de vue de la forme, de la grosseur, de la contexture et de la coloration.

On ne peut pas l'adopter en Algérie, en Tunisie et au Maroc, où la culture des variétés pédigrées est encore à ses débuts. Les blés récoltés dans ces derniers pays sont, pour la plupart, constitués par des mélanges de variétés, plutôt hétérogènes surtout lorsqu'ils proviennent des cultures faites par les indigènes. Pour ces raisons, le Congrès des docks-silos à céréales de Marseille, tenant compte des desiderata formulés par les représentants de la minoterie et de la semoulerie marseillaises, a estimé qu'il y avait lieu de s'en tenir en ce qui concerne le classement dans les docks, des blés nord-africains, à la division par nature (blés tendres et blés durs) et par région de production. Dans chacun de ces classes, deux, trois ou quatre catégories pourront être établies en se basant sur le poids spécifique, les qualités spéciales ou les défectuosités des grains.

Les minotiers et semouliers de Marseille ont été favorablement impressionnés par les beaux échantillons de blé tendre en provenance du dock-coopératif de Burdeau et de la Vallée du Chélif, par les échantillons des variétés pures de blé tendre Irakié et Florence présentées par des propriétaires du nord de la Tunisie et aussi par les beaux échantillons de blé dur de Bourbaki et de la région nord du Sersou et des blés durs Shaï 292, Hamira et Mahoudi obtenus par sélection pédigrée par le Service botanique de Tunisie.

Les blés durs Langlois 1527 et Hedba n° 3, obtenus par M. Ducellier et propagés dans plusieurs régions de l'Algérie par l'Institut Agricole de Maison-Carrée, présentent au plus haut point, la seconde variété surtout, les caractères des blés semouliers, qui ont été définis ainsi qu'il suit par M. Racine, président du Syndicat national de la Semoulerie : « grains de couleur ambrée claire, à cassure vitreuse et translucide ». Les constatations faites, sur les échantillons qui leur ont été présentés à Marseille par les représentants qualifiés de la semoulerie, montrent donc que les services chargés de l'amélioration des variétés de blé dur en Afrique du Nord ont bien orienté leurs recherches, en éliminant toutes les variétés à grains rouges ou sombres pour ne propager que celles à grains clairs et ambrés.

L'importance de l'industrie de la semoulerie à Marseille ressort des chiffres suivants donnés par M. Racine : sur 10.000 quintaux de blé dur traités journellement dans la métropole, 8.000 sont triturés à Marseille.

Les minotiers prétendent que les grains cassés sont une cause de déchet appréciable, si les grains cassés en travers dans le sens de la largeur, peuvent être récupérés au triage et passer à la mouture, il n'en serait pas de même des grains cassés en long qui passeraient avec les déchets et les graines étrangères d'avec lesquels on ne pourrait pas les séparer avec les appareils de triage dont on dispose actuellement.

Les mélanges de blés différant au point de vue de la couleur et de la qualité sont à déconseiller. Ils ont pour conséquence une dépréciation, parfois assez forte, de la qualité des produits obtenus. Par exemple, si l'on mélange des blés durs clairs et ambrés avec des blés durs rouges ou de couleur sombre, on obtient des semoules bigarrées, ayant mauvais aspect et paraissant piquées. Il y a lieu de tenir compte dans le classement des blés durs de la proportion de grains attendris ou mitadinés. On sait que le mitadinage est en relation avec les conditions météorologiques et qu'il est bien plus fréquent si l'atmosphère est humide et que les pluies sont relativement abondantes au printemps et au début de l'été lorsque cette période est sèche. La semoulerie marseillaise conseille de classer comme suit les grains mitadinés :

Première catégorie : jusqu'à 3 % de mitadins ; deuxième catégorie : au-dessus de 3 % et jusqu'à 7 % de mitadins ; troisième catégorie : au-dessus de 7 % de mitadins. Les commerçants considèrent comme mitadiné et comptent comme tel tout grain attendri même sur une petite portion, presque en un seul point.

La question de la présence de graines de mélilot ou de fenu grec dans les blés a été agitée à nouveau, au Congrès des docks par les minotiers de Marseille. Ceux-ci ont d'ailleurs reconnu, ce que nous avons d'ailleurs soutenu à plusieurs reprises, qu'il était possible d'éliminer le mélilot avec les appareils perfectionnés du triage. Quand au fenu grec ou « holba », dont on n'arrive pas à séparer les graines du blé, ces graines présentent le grave inconvénient de donner à la farine un goût détestable.

La présence de graines de fenugrec n'a pas été constatée à Marseille dans les blés de provenance algérienne, pour la raison bien simple que cette plante fourragère n'y est pas cultivée. En Tunisie et au Maroc, on a abandonné la culture du fenugrec dans les terres à céréales, depuis qu'on a signalé les inconvénients qui résulteraient de la présence des graines de cette plante dans les blés.

Les discussions ayant eu lieu au Congrès des docks à céréales de Marseille et les vœux qui ont été adoptés par cette assemblée ont permis de dégager des principes généraux sur lesquels les conseils d'administration des docks coopératifs de l'Afrique du Nord pourront se baser pour établir le classement des grains livrés par les sociétaires. Ces grains seront classés en blés durs et blés tendres et dans chacune de ces classes, divisés en sous-classes par régions de production, puis chacune de ces sous-classes comprendra deux ou trois catégories dans chacune desquelles on réunira les grains d'un poids spécifique déterminé et présentant la même proportion de grains cassés ou de grains mitadinés, s'il s'agit de blés durs. On ne devra mélanger ensemble que des blés durs de même qualité et de même coloration.

A ce propos on ne saurait trop rappeler aux producteurs de blés durs de l'Afrique du Nord qu'ils ont intérêt à abandonner la culture des variétés, donnant des grains de couleur rouge ou sombre, pour celle des variétés à grains clairs et ambrés, recherchés par la semoulerie et qui se vendent à un prix plus élevé que les premiers.

LA VOIX DES COLONS

Organe de la Confédération Générale des Agriculteurs d'Algérie

---

Les Enseignements du Congrès des Docks et Silos

PAR M. G. J. STOTZ

A l'occasion de la réunion à Marseille des Chambres de Commerce françaises de la Méditerranée, l'Institut Colonial convoquait de son côté le Congrès des Docks et Silos de l'Afrique du Nord qui a tenu ses assises du 27 au 30 septembre dernier.

Ce que fut ce Congrès, il suffirait de dire que, présidé par M. Artaud, l'actuel président de l'Institut Colonial, et organisé par M. Emile Baillaud, son secrétaire général, il ne pouvait manquer son objet : mettre en relief l'œuvre accomplie par la colonisation de l'Afrique du Nord et révéler à l'industrie comme au commerce de la Métropole méditerranéenne les ressources qu'elle leur offre.

En fait et grâce surtout à la cordialité et à l'entrain de M. Artaud et de M. Baillaud, des gens qui s'ignoraient apprirent à se connaître et à s'apprécier. C'était là l'essentiel. Pour les métropolitains, ce fut une révélation. Quant aux colons habitués plutôt au lourd tribut que l'on acquitte pour franchir la « Porte de l'Orient », ils se rendirent compte avec moins d'étonnement de l'effort qui se manifeste à chaque pas dans ce port pour mettre celui-ci au niveau des besoins croissants du commerce de Marseille avec les colonies, et plus particulièrement avec l'Afrique du Nord. Cet effort que la Chambre de Commerce de Marseille poursuit avec une ténacité inlassable va s'étendant pour développer l'activité du port, au point de vue industriel comme au point de vue transit, et porte actuellement sur l'aménagement de l'accès au Rhône par les voies d'eau intérieures. Par ailleurs, il fait appel à tous les concours pour que la navigabilité du Rhône lui-même soit aménagée jusqu'à Genève.

Après avoir rappelé l'histoire de la création des Silos en Algérie et reproduit les vœux du Congrès, M. Stotz indique que l'industrie attache plus d'importance à la qualité qu'au poids à l'hectolitre et continue ainsi à ce sujet :

Le fait se vérifie du reste dans les indications suivantes relatives à trois blés tendres algériens sélectionnés que nous désignerons par les lettres a, b, c.

	Poids spécifique	Gluten sec o/o	Pain tiré de 100 kgs de farine	
			en poids	en cm3
a	73.50	13.20	144 k. 9	481
b	75.70	11.80	134 k.	462
c	79.70	14.30	137 k. 6	441

les blés a et b sont à gros grains, le blé c est à petits grains.

Par ces chiffres, on voit que les indutriels sont fondés à attacher plus d'importance à la variété et à la station de production qu'au poids à l'hectolitre qui n'est à aucun titre l'indice de la quantité ni de la qualité de gluten qui, par sa ductilité et par sa tenacité, fait la qualité boulangère des farines.

Au demeurant, le poids à l'hectolitre est essentiellement variable pour un même blé avec la grosseur des grains, avec son degré de siccité, l'abondance des poussières et des impuretés, légères ou lourdes. Le poids à l'hectolitre varie même pour un blé parfaitement apuré, pendant la conservation, avec l'humidité qu'il perd ou qu'il gagne.

Si le commerce des grains fait état dans ses transactions du poids à l'hectolitre, c'est moins pour en apprécier la qualité que pour vérifier la constance de celle-ci ou le degré d'impureté d'un lot. On sait quel rôle l'humidité joue dans la conservation des grains et on connaît ses méfaits en cours de transport, jusqu'à altérer sérieusement les qualités boulangères d'un blé. Or, au-dessus de 16 % d'humidité, le poids à l'hectolitre reste constant, quel qu'il soit d'ailleurs. Au-dessus de ce taux, le grain se gonfle, devient plus léger, prend plus de place et le poids à l'hectolitre diminue. Mais il augmente de nouveau si le même grain s'imbibe d'eau et devient par suite plus lourd. Le poids à l'hectolitre permet donc d'apprécier, dans une certaine mesure, dans quel état la marchandise est livrée au point de vue de la siccité du grain et aussi des impuretés.

Mais avec l'organisation du séchage des grains dans les élévateurs qui tend à rendre constant le poids à l'hectolitre, on attache de plus en plus d'importance au classement des grains suivant leur grosseur, classement donnant plus d'homogénéité à la marchandise, le but auquel on doit tendre pour tous les produits agricoles.

En Algérie, du fait de la siccité du grain au moment de la moisson, le classement d'après le poids à l'hectolitre ne peut avoir d'autre objet que d'éliminer les grains échaudés ou qui, saisis par un siroco, n'ont pas mûri. C'est, du reste, pour cela que la minoterie de Marseille demande que les blés dont le poids spécifique n'atteint pas 76 kg. soient classés à part et qu'on évite de les mélanger aux autres. C'est à examiner plus attentivement, car nous avons des blés de première qualité qui n'atteignent pas ce poids, en raison de la grosseur du grain. Ce sont, en effet, les grains les plus petits qui, d'une façon générale, accusent le poids à l'hectolitre le plus élevé sans pouvoir rivaliser au point de vue industriel avec des grains plus gros.

Il est très probable que dans le classement des grains entreposés dans les docks-silos coopératifs, on sera amené à combiner les deux modes de classement pour réduire le nombre des catégories dans l'entreposage collectif. Sinon, il faudrait trop de place et l'opération deviendrait coûteuse.

Quoi qu'il en soit, la minoterie attache la plus grande importance à la qualité, à ce que les différentes natures de blé ne soient pas mélangées, et à ce qu'on élimine tous les grains qui peuvent disqualifier une catégorie, comme par exemple les grains mitadinés dans les blés durs, les grains cassés ou fendus. Les minotiers de Marseille y sont d'autant plus portés que leur industrie traverse actuellement une crise assez sérieuse du fait de la concurrence que leur font les minotiers australiens sur les marchés mêmes de la Méditerranée. C'est une question de prix de revient et la moindre amélioration de la qualité peut contribuer à l'abaisser.

C'est toute une politique de la production du blé dans l'Afrique du Nord qui va découler de ce Congrès et dont les docks-silos coopératifs doivent prendre l'initiative en s'attachant à obtenir de plus en plus de leurs adhérents l'entreposage collectif et la vente collective. A cette fin, il conviendrait de ne cultiver dans chaque région qu'un ou deux types de blé, au plus trois, susceptibles d'être au besoin mélangés, sans que le mélange soit disqualifié de ce chef. Mais cela implique nécessairement l'obligation pour les docks-silos coopératifs d'en fournir la semence, avec toutes les garanties de pureté et de germination requise. Cette semence, il faudra la produire et sans cesse en poursuivre l'amélioration, afin de l'adapter de mieux en mieux au milieu auquel elle est destinée et par les améliorations culturales que leur culture comportera en élever le rendement.

Alors, les docks-silos coopératifs auront complètement atteint leur objectif : valoriser les céréales non seulement en les offrant en masse uniforme au commerce, mais en élevant leurs qualités intrinsèques. En cela ils auront fait autre chose que le commerce et répondu au but même de la coopération en agriculture, valoriser ses produits à un plus haut prix !

LE COLON FRANÇAIS

(Tunis)

Les Silos à Céréales

Le « Colon Français » a publié, la semaine dernière, une note de l'Institut Colonial de Marseille, invitant les producteurs de blé Nord-Africains au Congrès des Docks et Silos, et leur demandant en même temps de présenter des échantillons de leurs produits à la Foire qui se tiendra à Marseille à la même époque, du 27 au 30 septembre 1928.

Nous voyons là l'indice d'un fait nouveau dont l'importance n'aura pas échappé aux colons. Jusqu'à présent, les céréalistes tunisiens n'avaient d'autres débouchés que le marché local et toutes les ventes à l'exportation sont traitées par les courtiers. Or, voici que les gros consommateurs que sont les minotiers de Marseille font une démarche aimable et demandent à entrer en relation directe avec les producteurs.

Les colons tunisiens doivent-ils se désintéresser de ce mouvement ? Ils doivent, au contraire, y répondre franchement; mais s'il leur est permis de se féliciter de voir s'ouvrir pour leur blé un débouché important, il faut bien aussi qu'ils comprennent les problèmes nouveaux que posera cette direction nouvelle donnée au commerce des céréales et qu'ils se rendent compte des efforts qu'ils devront s'imposer pour satisfaire cette clientèle.

Il ne peut s'agir, en effet, de traiter sur de petites quantités. Il importe, avant tout, que les minotiers puissent compter sur des stocks importants de blés, de qualités homogènes et bien définis par des contrats réguliers. Il est bien évident que de tels marchés semblent n'intéresser à première vue que les colons gros producteurs, mais bientôt les chefs de petites et moyennes propriétés se pénètreront de la nécessité de se grouper, de former des associations de vente, de construire même des silos coopératifs.

Il est triste de constater combien la Tunisie, qui est une des régions où se pratique la culture la plus scientifique, est retardataire pour tout ce qui touche à la coopération agricole. A quoi attribuer ce fait ?

Pour beaucoup, à l'esprit individualiste des colons, mais aussi, peut-être, à ce que, jusqu'à ces dernières années, l'irrégularité de la production ne permettait pas aux colons de s'imposer les frais d'installation de silos. Mais à présent, que des procédés de culture plus rationnels se sont généralisés et permettent d'escompter des rendements plus stables et sensiblement améliorés, les difficultés croissantes de ventes font aux producteurs une nécessité impérieuse de se grouper pour se garantir contre les à-coups.

La création de silos s'impose. Nos voisins d'Algérie sont plus avancés que nous; nous devons nous organiser sous peine de leur abandonner une partie de plus intéressantes du marché métropolitain et continuer à subir au jour le jour les fluctuations dangereuses des cours.

La chose n'est pas impossible. Il existe en Tunisie même de rares exemples.

Les travaux de la ferme ne laissent pas aux colons la liberté suffisante pour suivre de près les tendances du marché. Trop souvent, ils vendent sous l'impression de fausses statistiques et à des cours qui leur sont imposés par la nécessité de réaliser le plus rapidement possible leur récolte. Les silos coopératifs les déchargeraient de cet assujetissement en les faisant profiter d'une organisation de vente échelonnée.

Ne livrer à la vente que des produits dont les qualités de propreté et d'homogénéité ne manqueraient pas d'être justement appréciées, faire profiter leurs adhérents des conditions favorables que peuvent offrir les ventes échelonnées suivant les variations des cours, tel sera le rôle délicat des administrateurs des silos coopératifs en Tunisie.

Fédération des Syndicats Agricoles de l'Oranie

Assemblée Générale du 11 Mars 1928

RAPPORT DE M. SAUTEREY
Président de la Section des Céréales

sur

LA SITUATION DES CÉRÉALES

MESSIEURS,

Après tant de désastres accumulés, 1928 marquera-t-il la fin des années maigres ? Ouvrira-t-il l'ère des « vaches grasses » ? C'est notre vœu le plus ardent. Mais, suffit-il qu'une récolte, après tant d'autres mauvaises, s'annonce comme favorable pour que s'évanouissent toutes les bonnes dispositions des Pouvoirs Publics à notre égard ?

Impôts

A peine l'année promet-elle, que le fisc (qui devrait pourtant ménager les malheureux céréaliculteurs mis à mal par cinq années déficitaires consécutives) commence à les menacer de poursuites, à les accabler de ses papiers rouges et jaunes !

Le Colon est-il en mesure de payer ses impôts avant la moisson ? Non. S'il a la faculté d'emprunter, il lui faudra prélever sur le maigre crédit qui peut lui rester des sommes qui lui seraient absolument nécessaires pour terminer son année culturale. Conséquence, il restreindra ses labours préparatoires, compromettra sa récolte prochaine ! Et ceux qui n'ont d'autre ressource que leur récolte en herbe ? Ira-t-on jusqu'à la saisie du peu qui leur reste, sans leur accorder le délai indispensable de quatre mois qui les conduira à la vente de leurs produits ?

Il nous est permis d'espérer que la haute administration qui, jusqu'à présent, n'a jamais ménagé aux pauvres céréaliculteurs sa plus profonde et bienveillante sollicitude, voudra bien faire reporter la rentrée de leurs impôts après battages.

Cours de la prochaine récolte

Mais encore, si, comme le laissent à entendre, ou plutôt cherchent à le faire croire, certains minotiers, les cours pour la prochaine récolte devaient subir un véritable effondrement, qu'adviendrait-il ? Heureusement, des offres déjà faites, des marchés déjà passés, tendent à démontrer que le fléchissement, s'il se produit, ne sera que de peu d'importance. Mais même en faisant la part de l'exagération de ces coups de sondes donnés par le commerce dans l'esprit des céréaliculteurs, le fait de lancer de tels ballons d'essai conserve toute sa signification : la spéculation nous guette, elle cherche à nous « avoir » ! Nous aura-t-elle ? Certainement oui, si nous ne déjouons pas son offensive. A la longue, comment donc nous défendre ? En multipliant les œuvres de coopération, de mutualité agricole ! C'est là que nous devons puiser notre force de résistance et de contre-offensive !

Nécessité de généraliser la construction de docks coopératifs

Certes, ceux d'entre nous qui ont adhéré ou ont des possibilités d'adhérer à des Sociétés Coopératives comme celles des docks, sont armés pour se défendre, mais à côté de ces privilégiés, combien restent isolés, livrés à eux-mêmes, à la merci de la mercante !

C'est vers cette catégorie que doivent, non pas se porter nos regards, mais tendre nos efforts pour dresser, entre eux et la spéculation, la barricade protectrice de leurs intérêts ! (*Très bien !*)

Comment élever cette barrière ? De quelle façon organiser l'échelonnement des ventes pour que le jeu de l'offre ne déborde pas celui de la demande, ne pas provoquer un effondrement brutal des cours ?

Le seul organisme capable de donner un tel coup de barre est le dock coopératif, qui permet le warrantage et, par suite, l'attente de prix rémunérateurs. Il ne nous a pas été possible, à Relizane, après une campagne aussi anormale que celle qui prend fin, de nous rendre compte de l'importance des avantages que peut procurer le dock, les prix pratiqués sur place étant supérieurs à ceux de l'exportation, et, contrairement à ce qui se passe habituellement, les cours actuels inférieurs à ceux d'août 1927. La prochaine récolte, qui promet d'être abondante, justifiera, nous en sommes persuadés, tous les espoirs des coopérateurs. Et cependant la mutualité n'est pas encore assez développée pour tirer d'œuvres semblables tout le profit qui doit nécessairement en découler. Tant que les agriculteurs n'auront pas compris que, comme au Canada, les ventes doivent être faites par échelons (à des prix forcément différents) et que le prix à payer à ses sociétaires par le dock sera un prix unique, résultant de la moyenne de ceux obtenus au cours des différentes transactions, ils resteront à la merci des courtiers, toujours à l'affût du colon gêné. Ainsi s'effritera le bloc formé par les adhérents, et les négociants pourront grignoter à leur aise et à leur guise le « gros paquet » endocké ! (*Marques d'approbation*).

Les docks ne s'imposent pas seulement aux points centraux de production, aux nœuds de chemins de fer, mais encore dans les ports. Toutefois, leur construction y est moins urgente en raison des difficultés de transports actuelles. Ce qui importe tout d'abord, c'est de loger les céréales dans des locaux où elles seront susceptibles d'être warrantées.

Pour que les œuvres de coopérations donnent leur plein effet, il faut qu'elles unissent la totalité des producteurs. Dès que ceux-ci auront compris que la mutualité, tout en n'envisageant que l'intérêt-général, est seule capable de sauvegarder et favoriser l'intérêt particulier, ils n'auront plus rien à craindre de la spéculation !

Une propagande active, intense, continuelle est absolument nécessaire. Mais pour que cette propagande puisse être effective, il faut l'organiser, par conséquent payer. Vous savez tous, Messieurs, quel est le nerf de la guerre. Que chaque colon nous verse donc de bon cœur, les dix centimes par hectare ensemencé que demande la Fédération. C'est un placement que personne ne regrettera. (*Applaudissements*).

Mesures à prendre en vue de la prochaine récolte

En attendant que soit réalisée l'idée de mutualité dans toute son étendue, nous devons parer au plus pressé. Les docks actuels sont plus qu'insuffisants, nous devons prévoir, dès à présent, la location de magasins, hangars, abris où peuvent être déposées des céréales que les banques warranteraient.

Le surplus de la récolte resterait à placer. Il faut envisager les moyens d'en tirer le meilleur prix. Diverses formules ont été envisagées au cours des réunions de notre Section en 1927. Aucune d'elles n'a reçu un commencement d'exécution et cela se conçoit facilement. Les ventes en commun, qui ont été reconnues comme le meilleur des palliatifs, n'ont pas été tentées, car quel anathème ne jetterait-on pas au Syndicat qui aurait eu la malchance de réaliser un lot important à la veille d'une hausse ! La solution du problème est donc encore à chercher, voulez-vous que nous nous employions dès aujourd'hui ?

Il est, à mon humble avis, un autre moyen de défense pour le céréaliculteur : semer des blés très précoces, susceptibles d'être lancés sur la place au moment de la soudure. Les nombreuses variétés hâtives sélectionnées par notre camarade Humbert Bourdiol (que nous admirons, et auquel doit aller notre affectueuse, cordiale et reconnaissante gratitude) doivent résoudre cette importante question. Dans cette gamme, chacun de nous trouvera, après expérimentation, la variété qui convient plus particulièrement au sol qu'il exploite, au climat de sa région. En blé comme en légumes, les primeurs jouiront de cours favorisés.

Engrais

La question des engrais a été étudiée sous tous ses aspects par notre Section. La soulever ne pourrait donner lieu qu'à des répétitions. Il est cependant, une suggestion que nous vous soumettons aujourd'hui. N'obtiendrait-on pas de maisons qui détiennent ce monopole de fait, de livrer leurs produits payables après la récolte, les effets souscrits par les colons étant négociés sous le couvert d'une Caisse de Crédit Agricole ?

Si de telles facilités de paiement étaient accordées aux colons, la quantité d'engrais employée serait certainement décuplée dès la première année.

Congrès de l'eau

Nous attendions beaucoup du « Congrès de l'Eau » tenu dernièrement à Alger. Nos espoirs ont été complètement déçus. L'étude de la question hydraulique, fondamentale pour la réussite assurée de la culture en Algérie, est à reprendre. Ne la laissons pas rejoindre les eaux souterraines.

Electrification des campagnes

L'électrification des campagnes est toujours à l'état de projet. Toutes les promesses alléchantes qu'on nous a fait miroiter et nous ont mis l'eau à la bouche, doivent probablement dormir dans les cartons poussiéreux de quelque bureau. Il faut que nous les en extirpions, les guérissions de la maladie du sommeil, les mettions au grand jour, ne les laissions plus s'éclipser.

Evacuation de la récolte prochaine

Notre grande préoccupation est celle de l'évacuation de la récolte prochaine. La crise de transport qui sévit actuellement et résulte des perturbations ferroviaires causées par les inondations, nous fait craindre que pour nos expéditions nous n'ayons que du matériel au compte-gouttes. Actuellement, c'est un véritable tour de force que d'obtenir des wagons. Les services des Chemins de fer de l'Etat, qui, il est vrai, assurent aussi les transports de la Compagnie P. L. M. sur Oran, nous ont déclaré : « Nous manquons de locomotives pour tirer les convois ». Ceux-ci restent donc chargés, encombrent les voies de garage et immobilisent un matériel considérable. Telle est la résultante obligatoire de l'inconcevable conception d'avoir doté l'Algérie d'un réseau de chemin de fer comportant des voies normales et des voies étroites. (*Très bien !*)

Il appartient donc aux Directions des Chemins de fer Algériens : Etat et P. L. M., d'étudier, de concert et dès à présent, les moyens de remédier à la future crise de transport, au moment de l'évacuation de la récolte, si nous ne voulons pas assister au spectacle désolant de céréales s'accumulant sur les quais aux abords des gares et exposées aux intempéries et aux vols. Seuls en tireraient profit les maraudeurs et les agents des compagnies de chemin de fer, qui ne manqueraient pas pour ne pas laisser perdre de grain, d'adjoindre des troupeaux de cochons à leurs poules et leurs dindons qui éventrent si consciencieusement nos sacs. (*Applaudissements*).

Achat en commun

Il existe et nous nous permettons de le rappeler ici, un organisme que chacun connaît, mais auquel peu de colons ont recours pour leurs achats. Nous avons nommé la Coopérative d'achats dont le siège est à Alger, boulevard de la République. Nous demandons simplement que personne n'achète ailleurs ce dont il a besoin, avant d'avoir demandé les prix de cette Société et que lui soit réservée la priorité à simple égalité de prix.

Main-d'œuvre marocaine

Trouverons-nous sur place la main-d'œuvre que nécessitera la moisson prochaine ? L'aide marocaine nous paraît plus que jamais nécessaire.

Nous prions la haute Administration de vouloir bien, dès à présent, demander à M. le Résident Général au Maroc, de prendre toutes dispositions pour que soit facilité l'envoi de nombreuses équipes de moissonneurs qui, toutes, auront du travail garanti.

Sécurité

La sécurité à laquelle, en payant d'aussi lourds impôts, nous sommes en droit de prétendre, nous est-elle assurée ?

Ne nous faut-il pas garder nous-mêmes nos maisons, nos blés, nos vignes, si nous ne voulons pas être pillés ?

Nos terres en repos, si nous ne voulons pas que d'innombrables troupeaux les piétinent au point de ne plus pouvoir les labourer ?

Surveiller nos récoltes en herbe, si nous ne voulons pas que les indigènes y fassent pacager leurs animaux la nuit ?

Mais, direz-vous, que font les juges de paix, les administrateurs de communes mixtes, les gendarmes, les garde-champêtres ?

Les juges de paix ! A mesure qu'on étend leur compétence, les pouvoirs diminuent. Ils n'ont même pas la faculté d'obliger un indigène à se rendre à leur convocation ! Et quels instants pourrait-il bien leur rester pour s'occuper de sécurité, quand il leur faut : tenir audience, rendre leurs jugements, instruire les informations, assurer un ou deux transports judiciaires par semaine !

Les administrateurs ! Un récent décret de M. le Gouverneur Général vient de leur retirer le peu d'autorité que leur donnait ce reste du code de l'indigénat ! Que peuvent-ils, en dehors de leurs fonctions d'officier de police judiciaire ou de ministère public ? Rien, ils sont totalement désarmés. Et, c'est à eux qu'incombe la responsabilité de la sécurité.

La gendarmerie ! Quand elle a assuré la police des marchés hebdomadaires, procédé à la recherche des insoumis, aux perquisitions qui lui sont ordonnées, au transfert des prisonniers, quel temps peut-il bien lui rester pour assurer la sécurité.

Les gardes-champêtres ! Tout le monde sait qu'ils sont avant tout les scribes de leur caïd, qu'ils sont chargés de l'état-civil, de la surveillance des nourrissons de leur douar commune, de porter et remettre aux intéressés des convocations qui restent sans effet, en un mot, qu'ils sont occupés à toutes autres choses qu'à garder.

Puisque nous n'avons personne sur qui compter, force nous est de veiller nous-mêmes.

C'est là, Messieurs, le résultat de notre politique de faiblesse ! Il est donc nécessaire, urgent, que le Gouvernement prenne, sans tarder, des mesures énergiques pour réfréner la mentalité actuelle, aussi le mouvement d'opinion qui font plus que se dessiner dans les milieux indigènes.

Il faut restituer, sous une forme nouvelle, à l'Administration, l'autorité qui lui est indispensable pour que soient sauvegardés, non seulement les intérêts, mais le prestige même de la France !

Il faut que soit préservée l'œuvre admirable accomplie par le colon dans notre chère Algérie !

Le temps presse, il n'y a plus un instant à perdre si nous ne voulons pas permettre qu'on arrache du sol algérien le drapeau français !

Et, pour terminer, Messieurs, permettez-moi d'adresser à mon cher compatriote et ami, le distingué Président des Associations Agricoles de Mascara, M. Vautherot, que la Légion d'Honneur vient de récompenser de son inlassable dévouement à la cause mutualiste, nos félicitations les plus sincères, les plus chaleureuses, les plus cordiales, et de lui dire la part de fierté que nous tous en ressentons. (*Applaudissements*).

Pour terminer, Messieurs, je vous demanderai de bien vouloir vous associer à un vœu émis par le Syndicat de Mongolfier, qui demande l'introduction de 25 % de blé dur dans les farines panifiables.

M. MARÉCHAL, *Président d'honneur de la Fédération*. — Cette mesure ne peut pas être obligatoire.

M. BRIÈRE, *Président de la Chambre d'Agriculture*. — Cette question de l'incorporation de la farine de blé dur à celle de blé tendre a été étudiée voici longtemps, notamment à la Commission des farines, qui siège fréquemment à la Préfecture. Au moment où les blés durs étaient délaissés, il y a deux ans, et où, au contraire, les blés tendres coûtaient très cher, j'avais moi-même, comme membre de cette commission, préconisé la mesure proposée aujourd'hui par M. Sauterey. J'avais invoqué l'exemple du département de Constantine où, de temps immémorial, on a toujours consommé du pain comportant une notable proportion de blé dur, et qui, de toutes manières, vaut celui que consomme le département d'Oran. La suggestion retenue, un essai fut tenté par la minoterie Derouineau, qui mit en dépôt chez les boulangers des farines comportant une certaine proportion de blé dur. Malheureusement, il est des gens sur lesquels on n'a aucun moyen d'action : ce sont les consommateurs, et du moment qu'on vendait et du pain de blé tendre, et du pain de blé dur, le public — et surtout les classes ouvrières, — disait : « Nous ne sommes pas des consommateurs de deuxième zone et nous ne voulons pas manger du pain fait pour les chiens ». C'est ce qu'a déclaré à la Commission des farines un boulanger dont je pourrais vous citer le nom.

Il faudrait donc que M. Sauterey voulût bien ajouter à son vœu qu'il ne s'agirait pas d'une latitude, mais d'une obligation. Sans quoi, nous n'aboutirons à rien...

UNE VOIX. — Le pain unique !

M. BRIÈRE, *Président de la Chambre d'Agriculture*. — Autrement, la domestique que vous enverrez acheter du pain dira : « J'ai la g... aussi fine que mon patron, et tout aussi bien que lui j'entends manger du pain de première qualité » ! En quoi d'ailleurs elle aurait raison. C'est la réponse textuelle qui a été donnée à la Commission des farines. (*Applaudissements*).

M. LE PRÉSIDENT. — Messieurs, je mets aux voix l'approbation du vœu que vient de vous indiquer M. Sauterey, avec l'adjonction proposée par M. Brière, Président de la Chambre d'Agriculture.

Adopté.

*
* *

M. LE PRÉSIDENT. — M. Sauterey vient de nous faire un tableau saisissant de la situation actuelle des céréaliculteurs. Cette situation est loin d'être brillante, comme vous le savez tous. Sa grande préoccupation a été précisément d'envisager les mesures à prendre en vue de la prochaine récolte. Cette question m'a également intéressé et, ignorant que M. Saulerey allait la traiter aujourd'hui, j'avais préparé un rapport sur la question. Je vais me permettre de vous en donner lecture. Le voici :

Rapport de M. BÉRANGER,
Président de la Fédération,

sur

LA VENTE DES CÉRÉALES

Nous entendons, chaque année, à la récolte des céréales, les mêmes plaintes des céréaliculteurs. Les prix offerts sont très bas, puis les cours se relèvent lorsqu'ils ont vendu, et ce n'est plus le producteur qui bénéficie de cette hausse, c'est le commerce.

C'est, en effet, ce qui se produit généralement, sauf, cependant, en 1927 où les prix au début de la campagne ont été plus élevés que par la suite. C'est ce qui se produira encore fatalement en 1928, si les producteurs ne veulent pas rompre avec les anciens.

On peut prévoir, en effet, grâce aux pluies abondantes tombées, que la récolte sera bonne si les conditions climatériques restent favorables. Il y aura donc, au moment des dépiquages, de grosses quantités qui seront proposées à la vente. Or, depuis quelques années, la situation s'est complètement modifiée en Algérie. Les petits et les moyens commerçants ont presque complètement disparu et il ne reste plus que 3 ou 4 grosses firmes procédant aux achats.

Malgré leur importance, elles ne disposeront ni des capitaux ni des magasins nécessaires pour acheter toute la production qui sera jetée d'un seul coup sur le marché. Qu'en résultera-t-il ? La loi de l'offre et de la demande jouera avec ses pleins effets, et ce sera encore une fois l'effondrement des cours.

Comment sortir de cette situation ? Il n'y a pas d'issue si les céréaliculteurs veulent se cantonner dans les errements du passé.

Les conditions économiques ne sont plus ce qu'elles étaient autrefois. Il faut regarder ce qui se passe autour de soi, pour se rendre compte des possibilités de tirer meilleur parti de notre production.

En Amérique, où les récoltes de céréales atteignent des chiffres insoupçonnés, on a compris qu'il fallait échelonner les ventes pour obtenir une moyenne des prix de vente et ne pas s'exposer à des variations trop défavorables aux producteurs. En France même, l'Association des Producteurs de blé, qui suit admirablement la situation du marché du blé, préconise les mêmes méthodes et ne cesse de recommander aussi cet échelonnement des ventes. Si les Algériens n'entrent pas résolument dans la même voie, ils seront sacrifiés.

Mais encore, comment réaliser ces ventes échelonnées ? J'ai dit et répété bien souvent, qu'isolés vous ne pouvez rien, mais que, groupés, vous pouvez beaucoup.

L'intérêt de la culture lui commande donc de s'organiser en coopérative pour la vente de sa production.

Tout le monde connaît les avantages de cette organisation. Le but est d'obtenir le prix le plus rémunérateur lorsque le producteur se décide à vendre. Si l'on voulait se décider à faire un essai dès cette année, il faudrait se hâter. Dans chaque région où il n'y a pas de docks coopératifs ou de magasins suffisants pour recevoir la plus grande partie de la production, les producteurs devraient se grouper autour de leur syndicat, s'il y en a un, ou constituer le groupement de vente en commun directement, puis se mettre en rapport avec un courtier ou un ancien négociant en céréales qui jouerait le rôle de simple commissionnaire et qui serait chargé de recevoir la marchandise sur les quais du port d'embarquement le plus voisin, de la vendre et de l'expédier.

Plusieurs groupements pourraient même se fédérer et créer un organe central dans ce même port avec le même commissionnaire. Celui-ci, par son expérience et par ses relations, serait qualifié pour traiter de toutes les opérations, depuis le départ du centre de production jusqu'au port de débarquement. Il s'adresserait pour la vente : au commerce nord-africain, à la minoterie, aux acheteurs de France et de l'Etranger.

Ces ventes seraient faites sous le contrôle du délégué du syndicat du groupement des producteurs intéressés. L'organe central se tiendrait en liaison étroite avec les groupements vendeurs et leur fournirait quotidiennement ou périodiquement tous renseignements utiles sur le marché des cours et sur la situation métropolitaine et même mondiale.

La sacherie serait fournie au président du groupement qui la répartirait sous sa responsabilité, aux adhérents, la location serait due dès la prise chez le loueur.

Les expéditions seraient faites à l'adresse du commissionnaire qui reconnaîtrait la marchandise à l'arrivée poids et qualité, et prélèverait deux échantillons assez copieux dont un serait cacheté et gardé par lui, ceci afin de pouvoir identifier les expéditions et appliquer à chaque lot le prix suivant sa qualité, à l'arrivée des marchandises à Oran ou dans les ports; les lots seraient unifiés par les soins de l'organisme central, il serait impossible de séparer chaque expédition, sauf cependant en ce qui concerne le blés charbonnés ou mouchetés qui feraient l'objet de lots séparés pour « être offerts » sur échantillons à la vente; le cachetage des échantillons donnera toute garantie à l'expéditeur et lui permettra à tout moment d'obtenir au cours du jour où il se déciderait à vendre la valeur de sa marchandise.

Les caisses agricoles feraient une première avance aux expéditeurs colons qui le demanderaient, avance qu'elles signaleraient à l'organisme nouveau lorsque le producteur donnera ordre de vendre par le canal du président de son syndicat, sa marchandise sera embarquée ou livrée dans les délais fixés par les contrats de vente, et le 75 % du montant sera mis à la disposition du syndicat des négociants du chèque documentaire si la marchandise est embarquée, et la solde des avis de paiement du chèque, ou la totalité si la marchandise est vendue quai, toujours sous défalcation des débours et frais de l'organisme nouveau. Cet organisme ne se mettant en rapport qu'avec des acheteurs de tout repos, la marchandise ne pouvant être retirée avant paiement, couvrant l'assurance à des compagnies de premier ordre, les risques du chèque documentaire sont nuls.

Les grandes lignes de ce projet ont été exposées à M. le Directeur de la Compagnie Algérienne, cette banque est toute disposée à accepter à l'escompte dans une très large mesure, le papier que lui remettraient les caisses régionales pour avances faites aux producteurs adhérents à l'organisme à créer pour la vente en commun.

D'autre part, cet établissement financier consentira, dans une forte proportion, des prêts sur warrants pour toutes marchandises reçues à quai Oran en possesssion de l'organisme.

Il est donc très heureux que nous puissions compter sur le concours de cette grande banque qui est disposée à suivre cet organisme dans toutes ses opérations quelque ampleur qu'elles puissent prendre. Par suite, les producteurs des régions dépourvues de magasins pourront jouir des mêmes facilités et avantages que les autres syndicats ayant des docks ou magasins généraux à leur disposition et au surplus ils auront cet autre avantage d'avoir leur marchandise à quai Oran prête à être livrée au moment propice et dans les meilleures conditions, car, ne l'oublions pas, la marchandise disponible dans les ports peut toujours bénéficier de cours exceptionnels parfois qui ne peuvent s'appliquer qu'à une marchandise pouvant être livrée immédiatement, les vapeurs ne pouvant pas toujours attendre le transport des différentes places de l'intérieur.

Les producteurs qui entreraient dans cette combinaison bénéficieraient encore du gain de la prime à la vente sur avances, qui, vous le savez, est souvent de 3 ou 4 francs par quintal.

Les syndicats ont donc tout intérêt à faire un essai cette campagne. Nous sommes convaincus que le résultat leur donnerait entière satisfaction.

Ce n'est qu'une suggestion. J'invite, par conséquent, les syndicats agricoles à étudier la question de très près, à s'organiser rapidement s'ils veulent faire l'essai que nous préconisons, à savoir la vente en commun et par échelonnements successifs.

La Production des Céréales en Afrique du Nord

Par Pierre BERTHAULT

Professeur à l'Institut Agricole d'Algérie,
Membre Correspondant de l'Académie d'Agriculture de France

I. — IMPORTANCE ET RÉPARTITION DES CULTURES

L'Afrique du Nord, qui, dans ses plaines sub-littorales, apparaît comme la zone de l'oranger, de la vigne et des primeurs, est dans son ensemble un pays au climat trop rude pour ces cultures exigeantes et d'ailleurs de débouchés limités.

Dès que sur ses plateaux l'altitude augmente, l'oranger et la vigne disparaissent ; l'olivier même en bien des points ne supporte plus les hivers. Mais les céréales sont à leur place.

Leur culture apparaît ainsi comme la spéculation essentielle de ce pays où l'ensemble du territoire est d'altitude moyenne ou élevée et elle est la base de la mise en valeur du sol de l'Afrique du Nord.

L'Algérie a cultivé comme superficie moyenne pour la demi décade 1920-1924 : 1.363.000 hectares en blé, 1.185.000 hectares en orge, 250.000 hectares en avoine ; la Tunisie a ensemencé 350.000 hectares en blé, 393.000 hectares en orge, 54.000 hectares en avoine ; le Maroc, 869.000 hectares en blé, 1.072.000 hectares en orge et 12.000 hectares en avoine.

L'Afrique du Nord ensemence donc, bon an mal an, sensiblement 2.800.000 hectares en blé, soit assez approximativement la moitié de la surface que la France métropolitaine consacre au froment.

Certes, la production qui, pour la demi décade 1920-1924, a été en moyenne pour la France de 74 millions de quintaux, est plus du double de celle de l'Afrique du Nord, puisque celle-ci, avec la moitié de la superficie cultivée par la métropole, n'a récolté en moyenne par an que 27 millions 1/2 de quintaux. Mais c'est, on en conviendra, un chiffre encore honorable pour un pays neuf dont le peuplement n'atteint pas le tiers de celui de la Métropole et lorsqu'il a fallu adapter en peu d'années les méthodes de culture aux nécessités économiques, aux exigences du climat, aux ressources des sols, aux possibilités de main-d'œuvre et aux ressources financières de colons qui s'installent.

En Algérie, ainsi que l'a montré récemment M. Stotz (1), les conditions les plus favorables à la culture du blé se trouvent réunies au delà de

(1) Congrès de l'Eau : STOTZ, *Essai d'une répartition des cultures en Algérie, d'après ses ressources en eau.*

l'isohyète de 450 mm. dans une zone d'une centaine de kilomètres de large, allant de la frontière marocaine à celle de la Tunisie, conditions qui se trouvent en Tunisie dans la zone de Mateur-Béja, au Maroc dans celle de Taza-Meknès-Fès, dans les Doukkala et les Abda. C'est dans ces zones assez arrosées et bénéficiant de pluies de printemps, où les terres s'égouttent bien, où la végétation n'est pas interrompue pendant la saison froide par excès d'eau ou refroidissement du sol que le blé trouve ses conditions de réussite optima. En deçà de l'isohyète de 450 mm. et jusqu'à celle de 350 s'étend une zone moins favorable au blé et où par contre l'orge donne encore des résultats assez sûrs ; céréale plus rustique utilisant les faibles pluviométries pendant la saison chaude, l'orge est, plus que le blé, la céréale des zones à pluviométrie moyenne et utilise mieux que lui l'eau de printemps au cours d'une végétation plus courte et plus rapide. L'une et l'autre céréales ont ainsi en Afrique du Nord leur place indiquée et sont chacune à leur place en des zones déterminées. Elles apparaissent donc comme des cultures adaptées à des conditions de milieu, des céréales se substituant l'une à l'autre plus que comme des cultures devant se succéder sur le même sol, dans l'assolement logique d'une ferme,

Quant à l'avoine, dont la culture a été introduite par les colons en Afrique du Nord, ce n'est encore qu'une céréale assez peu répandue quoique rustique et précoce et l'extension de sa production paraît possible. .

II. — Importance de la culture des céréales en Afrique du Nord
dans l'antiquité et avant la conquête

L'Afrique du Nord a eu de tous temps la réputation d'une région grosse productrice de céréales et les auteurs latins ont largement contribué à consacrer cette réputation. Dès le siècle d'Auguste, en effet, les blés d'Afrique servaient à la nourriture de la plèbe romaine et Salluste spécifie que le sol d'Afrique est « fertile en grains » (1), tandis que Tacite, indiquant que ses concitoyens ont besoin des blés africains pour se nourrir, note que « les meilleurs de ses contemporains gémissaient de voir que la subsistance du peuple romain était le jouet des vents et des tempêtes » (2).

La réputation de l'Afrique comme grenier de Rome est ainsi bien établie. Cette réputation est exacte, mais comme l'a noté récemment avec acuité M. Gautier, professeur à la Faculté des Lettres d'Alger, au point de vue économique et par rapport aux besoins métropolitains ou mondiaux actuels ou par rapport même à la production contemporaine des céréales algériennes, cette réputation ne signifie que peu de chose.

Les besoins de Rome en blé étaient, en effet, fort réduits par rapport aux besoins actuels de nos vieux pays européens. Gaston Boissier indique que l'Egypte et l'Afrique réunies envoyaient le tiers du blé qui se consommait à Rome ,soit 1.800.000 hectos (1), et M. Gautier (2) chiffre les

---

(1) *Guerre de Jugurtha*. XVII.
(2) *Annales*, XII, 43.
(1) *L'Afrique Romaine*, 6ᵉ édition. Hachette, p. 150.
(2) *Les siècles obscurs du Moghreb*, Payot. 1927, p. 14.

exportations africaines à la quantité nécessaire à la nourriture de 350.000 âmes ; c'est-à-dire que l'Afrique romaine, qui représentait les meilleurs territoires de l'Algérie et de la Tunisie réunies, exportait au maximum de 800.000 à 900.000 quintaux de blé.

Quelle était à côté de cette exportation la consommation locale ? Il est difficile de la chiffrer, mais il est vraisemblable que le monde des esclaves et des artisans n'était que peu nourri de pain blanc. Il semble donc que dans ces conditions la consommation locale pouvait être de l'ordre de 1 à 2 millions de quintaux de blé, pas davantage, et l'on se représente mal du reste comment aurait circulé, à l'intérieur du pays, à une époque où le chameau n'y était pas introduit, des quantités plus considérables quand on a vu les difficultés qu'ont eues des zones comme le Sersou à écouler en une seule campagne agricole, il y a huit ou dix ans, des quantités de l'ordre de 500.000 quintaux de blé à l'aide de camions et de chameaux, mais sans chemin de fer.

L'Afrique du Nord a donc été, il y a vingt siècles, un pays producteur de céréales, mais il convient de ramener à sa juste mesure la réputation surfaite que des souvenirs scolaires de chacun de nous ont pu lui faire comme grenier de Rome (1), puisque, au demeurant, l'Algérie ne produisait pas le volume des blés qu'elle peut actuellement loger dans les seuls docks à céréales existant dans la colonie et puisque en une seule année comme 1923 l'Algérie a exporté sensiblement cinq fois autant de céréales que l'Afrique romaine en envoyait en Italie il y a vingt siècles.

*
* *

Pendant les invasions vandales et arabes et tout le Moyen Age musulman, la culture des céréales a incontestablement regressé dans l'Afrique du Nord. L'apparition des chameliers et des pasteurs, la conquête arabe, la venue des bedouins, l'extension du nomadisme furent une série de phénomènes contraires à une culture logique et suivie du sol et les moissons s'y réduisirent en surface et en importance. Pourtant à certains moments, l'Algérie était encore expéditrice. Au XVIII° siècle, la garnison anglaise de Gibraltar se nourrissait de blés africains ; nous savons aussi que le port d'Arzew expédiait chaque année sur l'Europe des blés du beylik d'Oran et, quand le trésor des corsaires algérois se vidait, quand la course n'était plus fructueuse, les deys demandaient aux silos et aux magasins d'Alger remplis par les blés du Titteri de quoi faire argent liquide (2). C'est ainsi d'une fourniture de blé aux armées de la Révolution qu'est née la fameuse créance Bacri d'où devait sortir la scène du coup d'éventail de 1830 et l'expédition d'Alger.

C'est donc un peu au blé d'Algérie que la France doit son rayonnement actuel sur l'Afrique du Nord.

---

(1) P. BERTHAULT, *La légende de l'infériorité de la culture du blé en Afrique du Nord*, Acad. d'Agr. de France, octobre 1927.
(2) DÉMONTÈS, *L'Algérie économique*, t. III, p. 79.

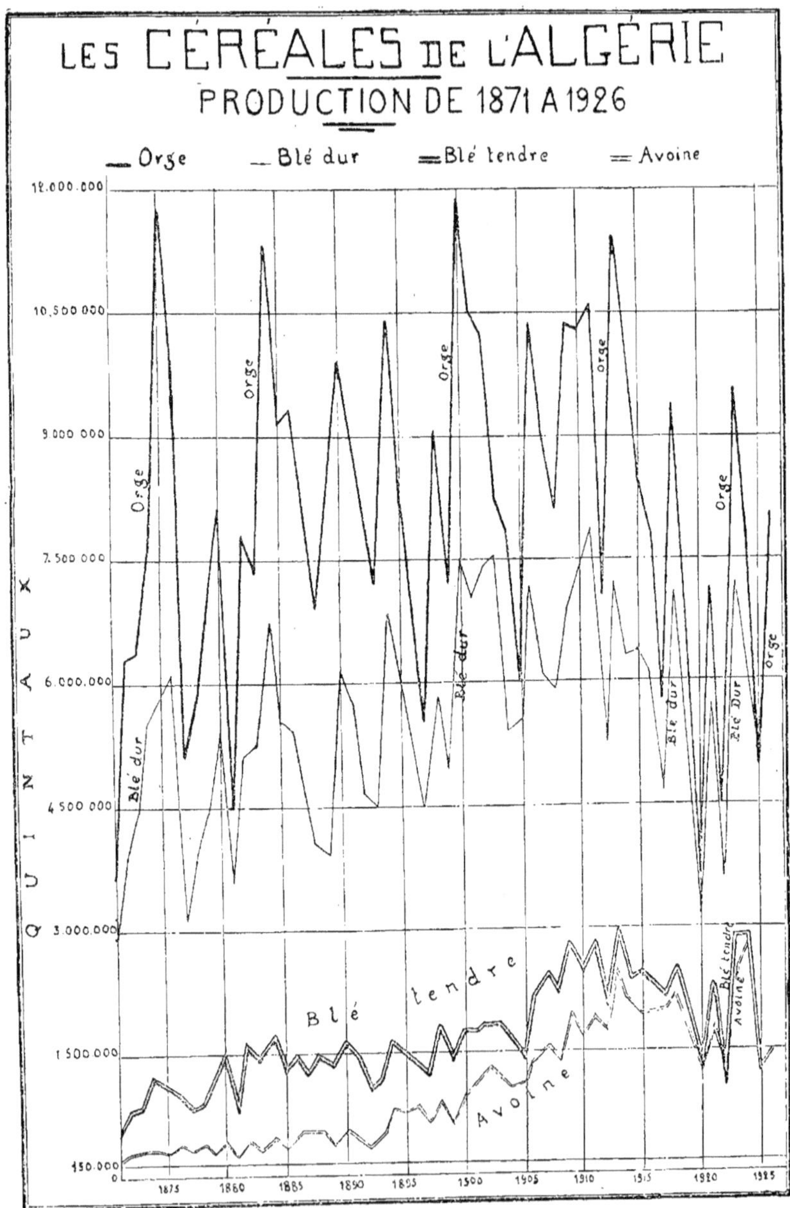

LES CÉRÉALES DE L'ALGÉRIE
PRODUCTION DE 1871 A 1926
Orge
Blé dur
Blé tendre
Avoine
QUINTAUX
12.000.000
10.500.000
9.000.000
7.500.000
6.000.000
4.500.000
3.000.000
1.500.000
450.000
Orge
Blé dur
Blé tendre
Avoine
1875
1880
1885
1890
1895
1900
1905
1910
1915
1920
1925

III. — Développement de la culture des céréales en Algérie de 1830 a 1900

Au début de la conquête, les cultivateurs métropolitains, insuffisamment protégés par le régime de l'Echelle mobile (1) et souffrant de la mévente de leurs blés qui de 1830 à 1851 ne se vendaient pas 20 francs l'hectolitre, furent nettement hostiles à l'extension des cultures de céréales en Algérie. Si Bugeaud en comprenait l'intérêt, le marquis de Sade et Leroy de Béthune (2) ne voyaient en elles que des concurrentes dangereuses pour les cultures de France et s'élevaient contre l'introduction des blés algériens, au même titre qu'aujourd'hui les viticulteurs du Midi s'effraient du succès du vignoble d'Algérie. Malgré tout, parallèlement à l'essor de la colonisation, les cultures s'étendirent.

Burdeau (3), dans son rapport du budget de 1892, peut ainsi noter que l'étendue consacrée aux céréales, qui ne dépassait pas dans la période quinquennale 1863-1867 2.200.000 hectares atteignait 2.730.000 hectares dans la période 1873-1877 et que la production moyenne annuelle, qui n'était que de 10.700.000 quintaux pendant la première période, s'élevait à 15.170.000 quintaux au cours de la seconde. Si depuis lors les surfaces cultivées augmentaient peu, les rendements continuaient par contre à croître, passant à 16.893.000 quintaux pour la troisième période quinquennale 1883-1887 sous l'influence de la colonisation européenne qui augmentait en surface et généralisait dans le pays les meilleurs labours et les cultures plus soignées, constatation à la suite de laquelle en 1891 Burdeau n'hésitait pas à déclarer que la prospérité agricole de l'Algérie possédait une première base solide dans la culture des céréales.

IV. — Situation de la culture des céréales depuis 1900

A partir de 1900, et coïncidence curieuse, à partir justement de l'époque où la crise agricole s'est atténuée, les superficies emblavées en céréales en Algérie ont cessé de croître (4). C'est ainsi que pendant la période décennale 1903-1913 la culture du blé a été à peu près constante : la moyenne décennale des superficies cultivées s'y est établie en effet à 1.392.871 hectares, avec un rendement moyen de 8.813.663 quintaux à l'hectare, mais pendant la décade suivante 1913-1923 cette moyenne est tombée à 1.327.000 hectares et la production à 7.748.392 quintaux, soit 5 quintaux 8 à l'hectare, remontant toutefois pour la campagne 1926-1927 à 1.381.034 hectares produisant 7.651.062 quintaux, soit 5 quintaux 5 à l'hectare.

Pour l'orge, les constatations sont analogues puisque nous trouvons entre les deux décades les différences suivantes : moyenne des superficies cultivées : 1.331.413 hectares pour la première décade et 1.202.907 pour la seconde ; moyenne des productions : 9.145.832 quintaux pour la première décade, 6.170.910 quintaux pour la seconde, les rendements moyens à l'hectare passant d'une décade à l'autre de 6 quintaux 86 à 5 quintaux 12.

---

(1) Daniel ZOLLA, *Le Blé et les Céréales*, Doin, 1919, p. 95.
(2) DÉMONTÉS, *loc. cit.*
(3) BURDEAU, *L'Algérie en 1891*, Hachette, 1892.
(4) ABEILHÉ, *Rapport général du budget 1924.*

Pour la dernière campagne agricole s'établissent en légère reprise à 1.353.323 hectares produisant 8.056.096 quintaux, soit 5 quintaux 90 par l'hectare.

Si nous en croyons la statistique, la culture des céréales serait donc, après un magnifique essor de 1860 à 1900, en régression depuis vingt-cinq ans en Algérie, régression que M. Abeilhé n'a pas hésité à dénoncer aux Délégations financières algériennes, mais la statistique, comme la qualifiait un ministre plein d'esprit, n'est-elle pas la moins inflexible des sciences exactes ou, selon la boutade de Disraeli, la forme la plus grave du mensonge et faut-il interpréter avec un tel pessimisme les chiffres qu'elle nous livre ?

C'est ce qu'il importe que nous examinions en voyant avec leur contexte humain et naturel, les chiffres que nous avons relevés.

V. — Répartition des cultures des céréales entre Européens et Indigènes

Voyons d'abord la question dans le cadre humain.

Un fait immédiatement s'impose et frappe l'esprit : en Afrique du Nord où côte à côte vivent les deux peuplements, indigène et européen, c'est l'indigène qui est le gros producteur de céréales et cela n'est pas pour surprendre, puisqu'il est le principal propriétaire du sol. En Algérie, sur onze millions et demi d'hectares occupés par la propriété privée, les indigènes en détiennent, en effet, sensiblement 9.227.000 et les Européens ne possèdent encore en Algérie que 2.317.000 hectares (1), réponse précise et nette aux diffamateurs de l'œuvre coloniale qui prétendent que la colonisation a dépossédé l'indigène. Or, aux 1.116.276 hectares ensemencés en blé dur au cours de la dernière campagne agricole, les indigènes participent pour 892.722 hectares. Seul le blé tendre, mais culture de faible étendue comparativement à celle du blé dur, est à dominante européenne, puisque les indigènes n'ont ensemencé que 74.510 hectares sur les 260.810 semés en 1927.

En ce qui concerne l'orge, la constatation est plus nette encore que pour le blé dur : sur les 1.368.907 hectares cultivés en 1927 les indigènes en ont cultivé 1.212.341 hectares.

La culture des céréales est donc bien entre les mains des indigènes.

VI. — Répartition territoriale des cultures de céréales

L'économiste Ricardo a soutenu éloquemment qu'à l'origine « les hommes, n'ayant besoin de mettre en culture qu'une petite quantité de terres, choisissent les meilleures » (2) et que ce n'est que lorsque l'accroissement de la population exige un accroissement de production que les terres moins fertiles sont mises en valeur. Il est assez piquant de constater que cette évolution des cultures, telle que la voyait Ricardo, se présente assez rigoureusement en Algérie, mais pour des raisons qui ne sont pas celles qu'avait dégagées l'éminent économiste. Il se trouve, en effet, que

---

(1) P. BERTHAULT, *La question de la propriété foncière en Algérie.* « Revue agricole de l'Afrique du Nord », 1925.
(2) Ch. GIDE, *Principes d'économie politique.* p. 500.

les plaines alluvionnaires sont voisines de la côte et c'est par elles, tout naturellement, mais pour des raisons de sécurité, beaucoup plus que pour des motifs d'ordre économique, instinctif ou raisonné, qu'a commencé la colonisation. Ce n'est que plus tard en effet que celle-ci s'est étendue sur les plateaux et dans les zones éloignées qui se trouvent être, comme qualités de sols et de climat, inférieures aux plaines sublittorales.

Or, comme la colonisation qui débute doit produire pour vivre et que, comme le comprenait Bugeaud, en parlant de grains, en restreindre la culture, c'eût été en fait supprimer la colonisation, ce furent d'abord les meilleures terres d'Algérie qui servirent à cultiver les céréales. Depuis lors, l'évolution s'est faite. Avec la richesse de la colonisation, les cultures arbustives, les agrumes et la vigne ont pris en bien des points des plaines alluvionnaires la place des céréales, tandis que celles-ci gagnaient sur les zones autrefois pastorales ce qu'elles cédaient à la vigne, à l'oranger ou au tabac dans les zones sublittorales. Au fur et à mesure que depuis vingt-cinq ans la vigne refoule le blé, le blé repousse ainsi le mouton vers le Sud. Mais au fur et à mesure que ce refoulement se produit, les conditions de production se font plus âpres et plus difficiles. A chaque étape de ce refoulement, les difficultés de la culture augmentent.

Il résultait des chiffres que nous citions plus haut que la culture du blé s'étendait sur sensiblement 60.000 hectares de moins en Algérie, en moyenne à dix années d'intervalle, quand on la considérait pendant les deux décades 1903-1913 et 1913-1923 et c'est pourtant pendant cette période que la colonisation a transformé en cultures de blé les zones pastorales des Flittas et celles du Sersou. S'il n'y a pas eu extension de la culture, c'est donc qu'il y a eu déplacement de celle-ci et, comme le déplacement s'est fait de zones fertiles à zones moins fertiles, les difficultés du problème agricole se sont accrues et il est logique que les rendements aient fléchi.

Si l'on veut bien retenir, d'autre part, qu'en bien des points du département de Constantine, qui est une des régions grosses productrices de blé, la colonisation européenne rétrograde, que le mouvement du rachat des terres par les indigènes y a été depuis dix ans considérable, on verra que bien des terres cultivées il y a vingt ans par des Européens sont de nouveau labourées à la charrue arabe. Dans ces conditions, malgré la mise au point chaque année plus poussée des cultures européennes, on s'explique que le rendement moyen global de la colonie ait fléchi et les chiffres que nous citions plus haut s'éclairent singulièrement et s'expliquent : la culture des céréales en Algérie ne rétrograde pas ou sens agronomique du mot, mais elle se localise chez les Européens sur des terres moins fertiles, phénomène au demeurant économiquement heureux puisqu'il se traduit par une production de richesses plus considérable pour l'ensemble de la colonie.

En Tunisie et au Maroc, la situation, en ce qui concerne la répartition des cultures entre les deux peuplements, n'est pas différente de celle que nous venons de constater en Algérie. Comme en Algérie la terre est dans son ensemble possédée par les indigènes. En 1922, à côté de 79.000 hectares ensemencés par les Européens en blé, les indigènes avaient semé 346.000 hectares et à côté de 13.307 hectares semés en orge par les colons, les indigènes avaient ensemencé 282.000 hectares.

Au Maroc, au cours de la même année, alors que les Européens n'avaient semé que 25.000 hectares de blé, les indigènes avaient emblavé sur plus de 811.000 hectares et pour l'orge les chiffres respectifs sont de 8.200 hectares, d'une part, contre 1.022.000 hectares, d'autre part.

L'amélioration de la culture des céréales en Afrique du Nord apparaît ainsi comme un problème à double solution, l'une à l'usage des fermes européennes, l'autre devant être susceptible d'être acceptée par la masse indigène, au demeurant productrice principale des grains nord-africains.

Quels sont ces problèmes agricoles et comment sont-ils ou peuvent-ils être résolus, c'est ce qu'il importe d'examiner maintenant.

VII. — LA TECHNIQUE AGRICOLE

Les premiers colons arrivés en Algérie, y trouvant chez les indigènes une culture cristallisée depuis plus d'un millénaire, des instruments non évolués depuis vingt siècles et des méthodes empreintes du fatalisme musulman, ne pouvaient qu'être portés à transporter sur le sol africain leurs méthodes métropolitaines, leurs machines, leurs variétés. Or, ce fut dans la plupart des cas un contresens économique et cultural, dans ce pays dont on ne soupçonnait ni le climat ni la pluviométrie. On ne saurait cultiver le blé dans la région des plateaux où la pluviométrie est faible au printemps, comme on la cultive en Beauce, dans le Santerre ou même la plaine de Toulouse. Mais c'est ce qu'il a fallu qu'un demi siècle d'insuccès démontre en dégageant pour la culture des céréales en Afrique du Nord les méthodes cultures qui s'y adaptent, en sélectionnant récemment parmi les blés locaux « des lignées » résistant au climat et ce fut l'œuvre de deux générations. D'ailleurs, c'est un travail aujourd'hui seulement ébauché, mais nous avons maintenant des données sûres ; nous voyons le but à atteindre et nous n'avons plus à tâtonner pour aboutir.

*
* *

Quelles sont donc ces méthodes culturales ?

A. *Les labours préparatoires*

On peut déclarer qu'aujourd'hui en Afrique du Nord chacun sait que le succès des céréales est conditionné par la mise au point des « préparés ». Or, c'est là quelque chose d'assez neuf, quelque chose que jusqu'aux environs de 1900 nous avons ignoré, bien que Virgile ait chanté l'assolement biennal et les labours préparatoires, que Magon ait décrit les procédés culturaux qu'on désigne aujourd'hui sous le nom de *Dry farming* et que Columelle ait signalé qu'il était indispensable de rendre pulvérulentes les terres nord-africaines pour leur faire produire du blé (1).

Quoiqu'il en soit, de 1830 aux environs de 1900, l'agriculture algérienne avait oublié ces conseils. Comment ces méthodes ont-elles été retrouvées, comment en Oranie, dans la zone Bel-Abbésienne, ont-elles été, par un instinct cultural sûr, par intuition, retrouvées par des colons demeurés inconnus, c'est ce que nous ne savons pas (2) ? Toujours est-il qu'à l'heure actuelle ces méthodes s'imposent.

---

(1) WITSOE, *Le Dry farming*. traduction de Mlle A. Bernard. Lib. agricole, 1912.
(2) GAUTIER, *L'Algérie et la Métropole*, p. 81.

L'Afrique du Nord a ainsi les labours préparatoires à la base de ses cultures de céréales et la formule qui conditionne la réussite des blés sur le sol nord-africain et celle maintenant classique d'une année de jachère avec une série de façons culturales entretenant le sol sans mottes, sans croûte, ni herbe, emmagasinant l'eau pour l'année suivante au cours de laquelle la terre portera le blé.

Les labours préparatoires se développent ainsi régulièrement en Algérie. En Tunisie, ils sont depuis quinze ans déjà la règle scrupuleusement observée par les colons du nord et du centre tunisien qui n'ont pas peu contribué à mettre au point les assolements et les façons culturales nécessaires à la culture du blé en pays secs et au Maroc l'administration de l'Agriculture, bien convaincue de l'efficacité du procédé, n'a pas hésité à instituer des primes pour l'encourager.

C'est en Tunisie surtout, pays de faible pluviométrie, où la perfection des opérations culturales doit être très poussée pour obtenir des rendements suffisants, que la mise au point des « préparés » est la plus complète. On peut même dire que dans certaines exploitations de la région de Souk-el-Khemis ou de Saint-Cyprien elle atteint la perfection. Pendant toute une année le sol est maintenu, grâce à des labours successifs et des façons superficielles appropriées, sans croûte ni herbe, avec des mottes réduites, et il emmagasine ainsi toute l'humidité et toute l'eau qu'il reçoit pour en faire bénéficier le blé qu'il portera l'année suivante.

En Algérie les mêmes méthodes se généralisent, encore que leur mise au point semble, sauf en certaines régions comme le Sersou, moins poussée qu'en Tunisie. C'est qu'en Algérie la pluviométrie est, dans la plupart de ses zones à blé, meilleure que dans les régions céréalifères de Tunisien et pour assurer sa récolte le colon algérien n'a pas eu à faire un effort d'adaptation au milieu aussi complet qu'en Tunisie. Il a pu se contenter, parce qu'il bénéficie de 20 ou de 30 % de pluie de plus que dans la Régence, de solutions moyennes, d'une demi préparation du sol qui en Tunisie n'eût donné qu'une récolte déficitaire et, vivant ainsi avec un travail imparfait, s'en tenant à ce demi effort, à ces préparés incomplets, il a vécu seulement, mais n'a pas dans l'ensemble, sauf d'heureuses exceptions, obtenu les résultats des colons tunisiens et n'a pas eu encore les rendements qu'on peut attendre des sols et de la pluviométrie d'Algérie.

Le problème des labours préparatoires n'est pas du reste une équation simple et facile à résoudre. Il comporte, en effet, des composants d'ordre technique et d'autres d'ordre économique et humain et ce qui est vrai pour un sol déterminé, sous une pluviométrie donnée, ne l'est plus si ces facteurs varient. Le type des appareils à employer, le poids et la nature des charrues, les façons culturales complémentaires des labours varient avec l'état physique des sols, leur profondeur, leur degré hygrométrique et, si en France il a fallu les observations de plusieurs générations paysannes pour en arriver à cette intuition du sol et de la façon dont on doit prendre sa terre, on ne saurait s'étonner que l'Afrique du Nord n'ait pas encore dégagé d'une façon complète pour ses principales régions, les règles locales de ses façons culturales. Vaut-il mieux, par exemple, dans les préparés, donner d'abord le labour le plus profond et ne faut-il plus ensuite que pulvériser superficiellement le sol comme on le fait dans le Sersou ? Convient-il au contraire, de donner d'abord un labour moyen et plus tard celui qui fournira à la plante son cube complet de terre remuée et rendre ainsi progressif l'effort de traction des attelages, mais risquer de ramener au soleil d'été une tranche de terre déjà un peu profonde et qui risquera de ce chef de perdre l'humidité qu'elle renferme ? Ce sont là des questions auxquelles l'agronomie nord-africaine ne peut encore répondre et qui comportent vraisemblablement, suivant les régions, des réponses différentes, mais des réponses qu'il faudrait connaître, car elles se traduisent dans leur application par des différences de rendement à l'hectare de l'ordre de 2, 3 ou 5 quintaux, de quoi transformer une agriculture qui végète en agriculture riche et prospère.

Cette question des préparés, question technique, pose en outre tout un problème d'ordre économique et financier. Pour bien donner les labours préparatoires, il faut un outillage aratoire moderne, complet et cher. Cet outillage étant lourd, il faut pour le remorquer des attelages puissants ou des tracteurs et c'est tout l'économie rurale des fermes algériennes que touche ce problème. Chez le colon européen, la question est presque exclusivement d'ordre financier. C'est un problème de crédit agricole simple, de crédit à court ou à moyen terme, et la solution est aisée. En fait, elle est presque partout trouvée. Mais la culture des céréales étant, on l'a vu, presque entièrement entre les mains des indigènes, c'est sur la masse indigène qu'il faut agir et c'est elle qu'il faut convaincre de la nécessité des labours préparatoires.

Or, l'indigène n'emploie que peu la charrue française. C'est un instrument trop coûteux pour son budget, c'est un instrument trop lourd pour ses animaux de trait, c'est un outil qui exige des animaux moteurs un autre harnachement que la bricole ou le joug primitif des animaux arabes. Adopter la charrue française, c'est pour l'indigène toute une révolution dans son économie rurale, c'est modifier d'un coup le rapport entre son capital foncier et son capital d'exploitation, c'est quelque chose d'analogue à ce qui se passerait si nous demandions à tous nos paysans du Morvan de supprimer d'un coup leurs araires et leurs bœufs pour prendre des tracteurs. Certes, l'évolution est possible, mais elle ne peut être que lente, car, si la question comporte un problème technique (et nous voyons qu'il est complexe), elle pose ainsi tout un problème humain et nous avons là à manœuvrer un masse illettrée, psychologiquement cristallisée par l'Islam et son fatalisme, et c'est surtout par l'exemple du colon français qui l'emploiera et qui un jour lui en fera en bon voisin sur un demi hectare de son champ un bon préparé, que l'indigène comprendra qu'il a intérêt à évoluer et à imiter l'exemple qui lui assurera des blés meilleurs et une moisson plus productive.

Dès à présent, l'indigène évolue dans ce sens et alors que les labours préparatoires s'étendent chaque année sur un peu plus de 500.000 hectares en Algérie, sur sensiblement 125.000 hectares en Tunisie, les indigènes, dans la seule Algérie font environ 150.000 hectares de préparés et ont cette année labouré leurs jachères dans le département d'Oran sur 2.000 hectares de plus que l'année précédente.

B. *La sélection des semences*

La sélection des semences semble avec les labours préparatoires la question capitale dans la mise au point de la culture des céréales et surtout

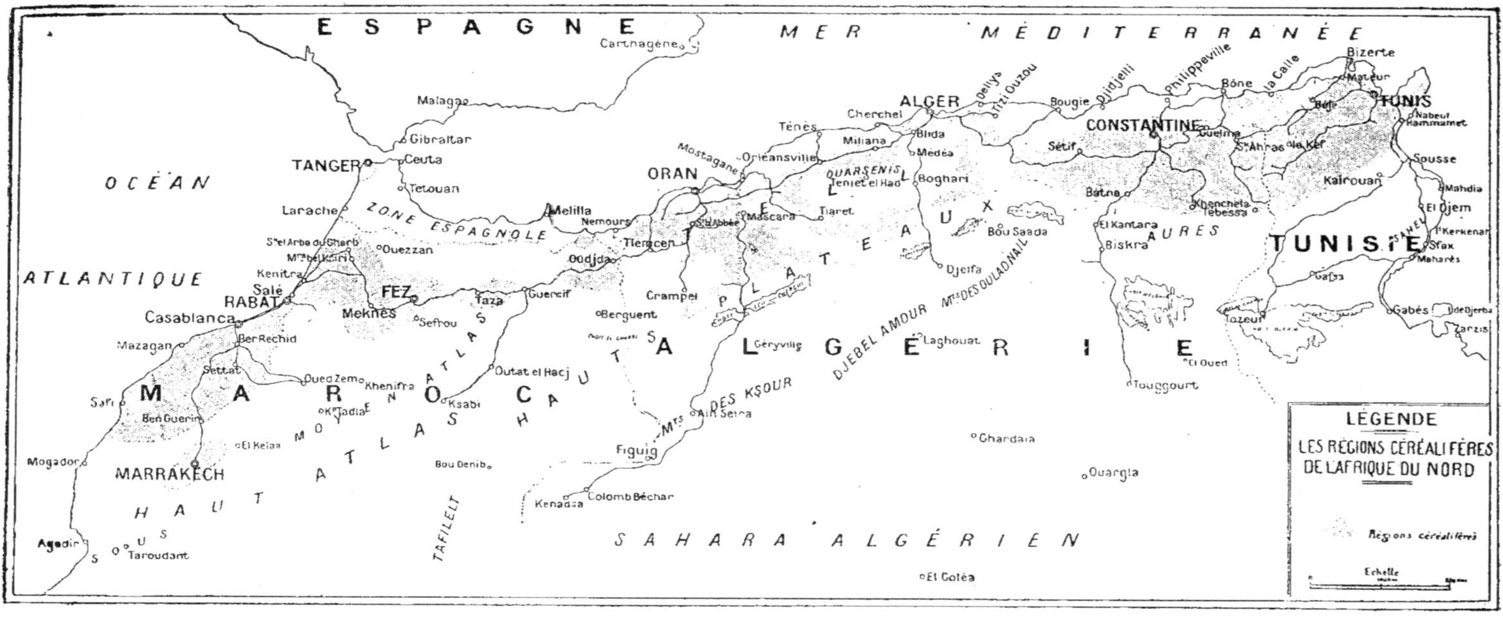

ESPAGNE
MER MÉDITERRANÉE
OCÉAN ATLANTIQUE
Cartnagène
Malaga
Gibraltar
TANGER
Ceuta
Tetouan
Larache
ZONE ESPAGNOLE
S't el Arbe du Gharb
Ouezzan
M'rabel Kcirl
Kenitra
Salé
RABAT
Casablanca
Mazagan
Ber Rechid
Settat
MAROC
Safi
Ben Guerir
Oued Zem
Khenifra
Ksabi
O'Kladiaf
El Kelaa
Mogador
MARRAKECH
HAUT ATLAS
MOYEN ATLAS
S
U
S
Taroudant
Agadir
TAFILELT
Bou Denib
Figuig
Kenadza
Colomb Béchar
MEKNÈS
FEZ
Sefrou
Taza
Guercif
Outat el Hacj
Oudjda
Tlemcen
Nemours
Melilla
Mascara
S't Abbé
Crampel
Berguent
Mts des Ksour
Ain Sefra
DES KSOUR
ORAN
Mostagane
Orleansville
Ténès
Cherchel
Miliana
QUARSENIS
Teniet el Had
Tiaret
Boghari
Blida
Medéa
ALGER
Dellys
Tizi Ouzou
Bougie
PLATEAUX
Bou Saada
Djelfa
Djeifa
Géryville
DJEBEL AMOUR
Mts DES OULAD NAIL
Laghouat
El Oued
Ghardaia
Ouargla
El Goléa
SAHARA ALGÉRIEN
HAUTS PLATEAUX
ALGÉRIE
Sétif
Djidjelli
Philippeville
Bône
la Calle
CONSTANTINE
Guelma
St Ahras du Kef
Batna
Khenchela
Tebessa
El Kantara
Biskra
AURES
Touggourt
Bizerte
Mateur
Béja
TUNIS
Nabeul
Hammamet
Sousse
Kairouan
Mahdia
El Djem
Kerkenah
Sfax
Maharés
Gafsa
Gabés
I. de Djerba
Zarzis
Tozeur
TUNISIE
SAHEL
LÉGENDE
LES RÉGIONS CÉRÉALIFÈRES
DE L'AFRIQUE DU NORD
Régions céréalifères
Echelle

des blés en Afrique du Nord, car elle permet de donner à chaque centre les variétés les mieux adaptées à son sol et à son climat.

Aux vieux blés locaux cultivés par les indigènes, les premiers colons eurent tendance à substituer les variétés qu'ils connaissaient dans la métropole. Ainsi de nombreuses variétés furent introduites de France, mais presque toutes échouèrent sous les attaques de la rouille ou de l'échaudage ; puis les colons d'Espagne, les Mahonnais, les Italiens, les Maltais apportèrent de multiples variétés méditerranéennes, celles-là mieux préparées à évoluer dans les conditions souvent dures de l'Afrique du Nord : *Tuzelles de Provence, Bladette de Besplas, Saissette d'Arles, Blé de Mahon,* se mélangèrent ainsi aux blés tendres locaux *Zeloum* ou *Hachadi,* tandis que les *blés de Sicile* venaient voisiner avec les *Rouges de Tlemcen* ou de *Médéa,* les *Mahmoudi,* les *Hedba,* les *Hadjini.*

Au Maroc, longtemps fermé à la colonisation, les blés indigènes locaux sont nombreux, encore que, comme la remarqué M. Miège (1), il ne semble pas, malgré la diversité du milieu, y avoir de variétés de blé bien spécialisées particulièrement adaptées à un milieu déterminé et représentatives de ce milieu. Ces blés marocains ont d'ailleurs avec les blés indigènes algéro-tunisiens des affinités nombreuses et des similitudes allant jusqu'à une identité presque complète.

Bref, nous trouvons dans l'Afrique du Nord une gamme très étendue de variétés.

Il y a vingt-cinq ans seulement, tous les constituants de cette gamme se trouvaient mélangés et mal connus. Or c'était justement l'époque à laquelle les travaux des botanistes scandinaves, appliquant aux céréales et aux plantes cultivées les observations d'un vieux botaniste français oublié, Jordan, commençaient à se répandre en France. Les résultats obtenus par la station de sélection de Svalof avaient frappé les agronomes français et l'un des premiers, M. Bœuf, au service botanique de Tunis, fit pour les céréales de Tunisie ce que Svalof avait fait pour celles de la Suède et du Danemark. Il chercha suivant la méthode de Jordan quels étaient les caractères stables de génération à génération qui différencient au sein d'une variété les petites espèces, les « sortes » botaniques, mélangées dans une même variété culturale, caractères souvent d'observation difficile tels que poils, dents, épines sur le rachis des grains ou des glumes, et il réussit à isoler ainsi dans les blés et les orges de Tunisie des lignées pures, les maintient pures de génération en génération par une culture généalogique et il parvint en quelques années à avoir toute une série de blés génétiquement purs et dont chaque famille, à caractères botaniques rigoureusement stables, correspondent à des caractéristiques culturales différentes, à des aptitudes dissemblables, les uns étant adaptés aux sols profonds et riches, d'autres supportant les froids de l'hiver, d'autres d'évolution plus rapide résistant aux échaudages de printemps.

En Algérie, le docteur Trabut au Service Botanique, M. Ducellier à l'Institut agricole de Maison-Carrée. s'attelaient à la même tâche et depuis la guerre au Maroc M. Miège s'attachait de son côté à la sélection des blés marocains.

---

(1) MIÈGE, *Les blés au Maroc,* C. R. de la Semaine Nationale du blé, 1923, p. 473.

A l'heure actuelle, le nombre des sélections est considérable. En 1922, après avoir suivi plusieurs centaines de sortes, le Service Botanique de Tunis (1) avait déjà dans les variétés *Mahmoudi, Sbéi, Adjini, Souri, Hamira, Mekki, Médéa, Jenah-Rhetifah*, livré à la vente et fait cultiver dans de nombreuses exploitations européennes dix « sortes » pures sélectionnées de blés durs et des sélections de *Blé de Mahon*, de *Richelle hâtive* et de *Barletta* parmi les blés tendres.

En Algérie, aux sélections anciennes et faites en masse et comportant par suite des mélanges de sortes à aptitudes diverses, sélections dont étaient issus quelques blés méritants (blé *Chahrin* dans la région de Miliana, *Tuzelle barbue* dans la zone de Bel-Abbès, *blé dur de Montgolfier*) se substituent peu à peu les sélections généalogiques de M. Ducellier, provenant de plus de 2.000 sortes recueillies dans les principales régions d'Algérie, sortes dont une dizaine seulement paraissent vraiment supérieures. Parmi elles deux sélections de blé durs se présentent comme d'un grand intérêt : le Langlais n° 1527, qui se répand un peu dans toute la colonie où il est déjà cultivé pur sur plusieurs milliers d'hectares et s'étend même en Tunisie dans la vallée de la Médjerda, et le Hedba n° 34. A côté d'eux, les blés tendres Mahon II et le Hindi 25, ce dernier d'une précocité exceptionnelle mûrissant dans les zones chaudes avant que les sirocos qui provoquent l'échaudage soient à craindre, semblent devoir doter la production algérienne de plantes nouvelles du plus haut intérêt susceptibles d'accroître de 25 à 30 % les rendements.

Au Maroc, le même travail se poursuit et les sélections de M. Miège se répandent chez les colons. Des sélections de blés d'une précocité exceptionnelle résistant à la rouille et à l'échaudage permettent ainsi à la région de Marrakech de récolter fin avril des blés productifs.

On ovit que tout ce travail récent de sélection, mis en œuvre d'une façon méthodique depuis la fin de la guerre seulement, a déjà donné des résultats remarquables. Il doit se traduire logiquement d'ici à quelques années par une augmentation de production de 5 à 10 millions de quintaux de blé pour l'Afrique du Nord, richesse nouvelle considérable qui sera le produit du travail de quelques modestes chercheurs étayés par l'administration des trois pays nord-africains. Là ne se borne pas toutefois le rôle des établissements de sélection. Depuis quelques années, ils s'orientent, après avoir isolé les sortes pures, dans le travail de l'hybridation de ces sortes et de la sélection des hybrides obtenus, ceci afin d'allier dans une même céréale les qualités différentes et recherchées de deux blés ou de deux orges distincts : par exemple précocité et résistance à la rouille, ou maturité précoce et rendement plus élevé. Mais c'est là une œuvre de longue haleine et ses résultats ne se feront sentir qu'après plusieurs années.

Toujours est-il que l'agriculture nord-africaine voit clair maintenant dans le problème du choix et de la sélection de ses variétés de céréales et la façon dont elle est outillée avec ses beaux laboratoires et stations de sélection de Maison-Carrée, de Tunis et de Rabat, ne laisse aucun doute sur l'essor que doit prendre à brève échéance la production des céréales en Afrique du Nord, car dans ce domaine du choix des variétés

---

(1) BŒUF, *Les blés de Tunisie*, Semaine Nationale du Blé, 1923.

la question indigène ne joue plus comme dans la question des labours préparatoires et il n'y a aucun doute que les indigènes n'emploient les semences de variétés mieux adaptées avec autant de facilité qu'ils sèment celles de blés mélangés et peu productifs. De ce fait, la sélection des semences doit se traduire vite par une augmentation importante de la production.

C. *La fertilisation des terres*

La culture des céréales en Afrique du Nord en est encore, en beaucoup de points et sur la presque totalité des cultures indigènes, à la période de culture barbare qui consiste à demander au sol des récoltes et à ne rien lui restituer en contrepartie, formule épuisante qui est celle du fils de famille qui vit sur son capital, mais ne sait pas entretenir et reconstituer celui-ci.

Jusqu'ici l'inculture millénaire de la plupart des sols nord-africains a permis ce système de culture, mais elle ne saurait se continuer indéfiniment. La richesse phosphatée de nombreux sols, le stock d'azote surtout, s'épuisent et déjà il faut songer à substituer à la culture épuisante et économique une culture plus équilibrée, mais plus coûteuse.

Certes, le problème est complexe et plus que pour les façons culturales nous devons aller à tâtons pendant quelques années encore. La fertilisation des sols en pays de faible pluviométrie est, en effet, un problème terriblement difficile. Ce n'est pas, comme dans les vieux pays d'Europe à printemps humides et longs, une équation simple dans laquelle le nombre de kilogrammes de principes fertilisants à apporter doit être égal au nombre de ceux qu'exportent les récoltes. Ici le problème est plus vaste et se complique d'un problème d'hygrométrie. Souvent des apports d'engrais en Afrique du Nord donnent des résultats nuls ou contraires à ceux qu'on escompte. C'est qu'en l'absence de pluies l'engrais n'est plus assimilable ou l'est partiellement ; c'est que, mélangé à la couche superficielle du sol, il fait, comme l'avait bien observé Dehérain, se développer trop haut les racines des céréales et que celle-ci sont alors desséchées par les chaleurs du printemps et que les blés échaudent (1), série d'écueils autour desquels doit manœuvrer avec habileté le colon nord-africain qui, trop souvent ne raisonnant pas ses échecs, en conclut trop vite que l'emploi des engrais n'est pas une pratique qui s'applique à ses sols. Heureusement pourtant, en certaines régions à pluviométrie suffisante, l'emploi des superphosphates tend à devenir chez les colons européens la règle et à Bel-Abbès, à Descartes, à Sétif, dans la Tunisie du Nord, il entre dans les traditions culturales ; ailleurs et d'une façon générale dans les cultures indigènes cet emploi est exceptionnel.

On voit ainsi quelle marge d'augmentation on peut encore atteindre dans les rendements du blé, à la suite de la mise au point de l'emploi des engrais et de la généralisation de cet emploi.

D. *Un assolement logique*

Sur tous les plateaux algériens, dans les zones de faible pluviométrie, l'assolement biennal est la règle. En Tunisie, c'est à lui également que

---

(1) F. et P. BERTHAULT, *Le Blé*, p. 92.

s'arrêtent la plupart des colons, conséquence logique de la faible pluviométrie de la plus grande partie de la Régence. C'est du reste l'assolement type de la culture comportant des labours préparatoires et les colons tunisiens estiment que lui seul permet les céréales propres, sans végétation parasite. Il a toutefois l'inconvénient de laisser une année sur deux le sol sans revenu et l'on conviendra que c'est là une question assez grave pour des pays dans lesquels la hausse foncière actuelle fait payer 2 à 4.000 francs des terres à blé dans des zones à pluviométrie moyenne. D'autre part, cet assolement dans lequel n'intervient pas une culture de légumineuse rétablissant l'équilibre azoté du sol est quelque peu épuisant. Aussi en bien des points en Algérie, la sole de jachère est maintenant utilisée dans les zones à climat doux, à Témouchent ou à Bel-Abbès, notamment, par une culture dérobée de pois et de fèves, culture faite en bandes espacées, récoltées de bonne heure en mars ou en avril et permettant entre les bandes, au cours de la végétation et après l'enlèvement de la légumineuse, les labours préparatoires.

En Tunisie, dans la zone du Cap Bon et celle de Tunis, la culture des fèves utilise de plus en plus, surtout dans les cultures italiennes disposant d'abondante main-d'œuvre familiale, la sole de préparés des terres à blé et elle augmente ainsi le revenu du sol.

Peu à peu un assolement logique et productif se fixe donc et se dégage.

Mais dans les zones sublittorales d'Algérie, là où la vigne et les agrumes font la grosse production des domaines, l'équilibre des cultures des terres à céréales n'a pas été encore bien dégagé et pourtant dans bien des terres non plantées de la Mitidja et de la plaine de Bône le blé pourrait donner des produits très supérieurs à ceux que l'on obtient. Mais il faudrait arriver à dégager pour ces sols riches, représentant un gros capital foncier, toute une rotation de cultures donnant un gros produit. Pour ce faire, il faut trouver pour ces régions une plante industrielle tête d'assolement, comme le Nord de la France a la betterave à sucre. Tant que cette culture riche, payant suffisamment, n'aura pas été trouvée dans l'Afrique du Nord, tant qu'elle ne permettra pas des façons culturale soignées, mais coûteuses, des labours profonds, des apports sérieux d'engrais, la culture du blé ne sera pour ces zones à sols riches qu'une culture secondaire. Au contraire, le jour où une plante industrielle aura sa place dans ces plantureuses régions, des rotations bien étudiées dans lesquelles le blé jouera un rôle important pourront se généraliser et il n'est pas utopique d'envisager pour l'avenir, quand l'outillage économique du pays en routes et voies ferrées sera suffisant, quand la main-d'œuvre sera suffisamment façonnée au travail soigné du sol, l'implantation de la culture de la betterave sucrière en Afrique du Nord et ce sera alors l'augmentation de la production des céréales.

Certes on pourrait déjà, dans ces zones sublittorales, faire des blés productifs, M. Saliba a montré autrefois à Reghaïa ce qu'on pouvait à ce point de vue obtenir en préparant les cultures de blé par celle de la betterave fourragère que les animaux moteurs utilisent et payent bien, mais nous n'avons là encore qu'une exemple isolé et malheureusement non suivi.

Le tabac, dont la culture est en plein essor et couvre plus de 32.000 hectares, devrait logiquement préparer chaque année une trentaine de milliers d'hectares de bons blés, mais les colons, à vue trop courte, n'ont encore fait le tabac que pour lui-même sans avoir comme objectif un assolement complet dans lequel blé et tabac seraient deux plantes complémentaires. Sur ce point leur éducation reste à faire et ce doit être l'œuvre de la Direction de l'Agriculture de les orienter ainsi à l'aide d'une plante industriellement productive vers des cultures de blé de meilleur rendement.

E. *L'amélioration de la culture indigène*

Mais, quoi qu'il arrive, la grosse augmentation de production des céréales et notamment du blé en Afrique du Nord doit venir de la mise au point des cultures indigènes puisqu'en gros dans la seule Algérie 250.00 Européens sèment 500.000 hectares, tandis que 4 millions d'indigènes emblavent en blé 1 millions d'hectares.

Or, c'est là, on l'a vu à propos des labours préparatoires, un problème d'une complexité considérable : problème technique, problème économique et financier, problème psychologique et humain.

Problème certes complexe, mais pas insoluble. En effet, si l'indigène est, comme le disent deux colons qui le connaissent bien, mais l'aiment aussi (1), MM. Lévy et Chollet, « paresseux, imprévoyant, partisan du moindre effort, s'en remettant simplement à la nature, il est aussi très sobre, de besoins limités et surtout cultivateur par atavisme » et notre rôle colonisateur et social nous fait le devoir « d'annihiler dans la mesure du possible ses défauts, d'utiliser ses qualités et de l'éduquer professionnellement ».

Déjà en Tunisie la ferme école indigène de Smidja montre ce que l'on peut obtenir en ce sens et sur les plateaux du centre tunisien il existe maintenant quelques cultivateurs indigènes issus de cette école dont les cultures de blé et d'orge sont aussi bonnes que celles d'excellents colons.

En outre, partout, dans toute l'Afrique du Nord, comme l'a dit un délégué financier algérien, Ourabah Abderahman, chaque ferme européenne constitue une école professionnelle pour les indigènes et les bonnes méthodes peuvent aussi faire tache d'huile.

L'Algérie a créé en outre dans quelques communes mixtes des centres d'éducation professionnelle où les indigènes peuvent venir puiser les bonnes méthodes.

Celles-ci peuvent ainsi peu à peu se répandre et progressivement les labours préparatoires entreront dans les mœurs et les habitudes indigènes.

Quoi qu'il en soit, comme on l'a noté au début de cette étude, la culture de l'orge occupe chez les indigènes une place considérable. En bien des points la qualité du sol et la pluviométrie du lieu permettraient d'étendre, au lieu et place de l'orge, des cultures de blé et ailleurs les étendues indigènes incultes pourraient être réduites. Mais nous touchons là à un problème financier et économique indigène. La terre, sous forme de terres privées, collectives ou domaniales, ne manque pas en Algérie, la main-d'œuvre reste abondante, mais elle est somnolente. Ce qu'il faut,

---

(1) Lévy et Chollet, *L'intensification de la culture du blé en Algérie au point de vue européen et indigène*, Semaine du Blé, 1923.

c'est canaliser ces forces au profit du développement économique et M. Lévy indique une solution dans l'emploi des Djemaat el Fellahine, coopératives de cultivateurs indigènes :

« Le principe de ces associations est de grouper un certain nombre de sociétaires de façon à réunir une cinquantaine d'hectares, surface moyenne qui justifie et permet de supporter les frais généraux d'une charrue française.

« On associe, autant que possible, des indigènes voisins les uns des autres, auxquels, par l'intermédiaire des Sociétés de prévoyance on fournit les sommes nécessaires pour compléter leurs cheptels vif et mort, la semence et, quelquefois même, la nourriture des animaux.

« A l'aide d'une charrue bien attelée, ils labourent à tour de rôle leurs lopins de terre suivant la méthode des colons et en pratiquant l'assolement biennal. Chaque fellah récolte le produit de sa propriété et le partage se fait entre l'Administration et les sociétaires d'une part et entre les sociétaires eux-mêmes, suivant des règles ancestrales que l'on nomme « Cherika », « Berdjel » ou « Maacher », suivant les régions.

« Trois quintaux de blé à l'hectare, sur une moyenne de dix hectares, suffisent à une famille indigène pour sa nourriture, celle de ses animaux et sa semence et tous ses besoins. On comprend donc combien il serait facile de créer un paysanat indigène aisé, par le travail, et, partant, une source de sécurité et de richesse économique.

« Une telle perspective n'a pas manqué de séduire et de retenir l'attention de la haute administration. C'est dans ces conditions que quelques essais ont été tentés.

« Trois catégories de sociétaires ont été créées.

« La première comprend les indigènes n'ayant ni terre ni cheptel. Elles est destinée à servir d'exemple et mettre en valeur les communaux. On peut les assimiler à des khammès qui ont, outre leur cinquième, une part des bénéfices.

« La deuxième catégorie est formée de sociétaires auxquels on loue des terres communales ou domaniales, complétant, avec leurs propriétés, une superficie suffisante pour justifier l'achat d'une charrue française.

« La troisième catégorie est celle qui est représentée par l'ensemble des fellahs indigènes. Ces derniers, aidés par l'Administration, se forment en petits groupes, unissent leurs moyens d'action et leurs efforts pour cultiver suivant les méthodes des colons.

« A la Djemaat el Fallahine des Eulmas, dont l'action s'exerce sur environ 700 hectares, six sociétaires de la première catégorie, après trois années déficitaires, ont amorti leur cheptel vif et mort, payé régulièrement l'impôt et constitué une petite réserve.

« Quelques sociétaires de la deuxième catégorie ont payé leur cheptel et ont également constitué des réserves.

« L'ensemble de l'opération a été bénéficiaire malgré les années catastrophiques de 1920 et 1922. A Zemmorah, les résultats ont été aussi réconfortants.

Les administrateurs de communes mixtes ont ainsi un rôle de premier plan à jouer. Ces fonctionnaires d'élite, dirigés, encouragés par la haute Administration, doivent, en créant des centres d'éducation, des Djemaat el Fellahine, poursuivre avec méthode et persévérance cette œuvre de régénération économique et, pour ne donner qu'une exemple fécond de cette action administrative, nous citerons la commune de Zemmorah où, à l'aide de prêts en nature, judicieusement consentis et surveillés, la moyenne des ensemencements qui était d'environ 25.000 hectares en 1920 est passée à 40.000 hectares en 1921.

« Sur un cheptel de 1.000 bœufs environ prêté aux populations indigènes d'Ammi-Moussa, de Renault et de Zemmorah, les pertes furent presque nulles.

« La constatation de tels résultats nous amène naturellement à souhaiter la multiplication de ces institutions. *Primum vivere, deinde philosophari*, vivre d'abord, philosopher ensuite : c'est ce que disaient les Romains et ce que pourraient répéter les indigènes, qui se soucient moins de leurs droits politiques que de l'amélioration de leur situation matérielle.

« L'amélioration de cette situation, le relèvement économique de la France, voilà la résultante qui doit sortir de cette œuvre à laquelle le colon africain aura largement collaboré. »

F. *Le magasinage et la vente des céréales*

Dans toute l'Afrique du Nord, la question de l'écoulement des grains d'une façon progressive et celle du logement des céréales se pose avec acuité.

La récolte des céréales à la faucille chez l'indigène, à l'Espicadora en beaucoup de régions de grande culture européenne, à la moissonneuse batteuse dans les exploitations modernes, ne permet pas la mise en meules facile et l'égrenage progressif au cours de l'été, de l'automne et de l'hiver, ainsi que cela a lieu dans les régions céréalifères françaises.

Plus qu'en France, à cause du caractère extrême du climat, l'agriculture nord-africaine présente, dans l'organisation de son travail, des périodes aiguës, des époques de « pointes » accentuées.

Brusquement les grains affluent et le problème de leur logement et de leur écoulement se pose. Ce n'est pas du reste pour le voyageur peu habitué à de tels spectacles une vision banale que celle qu'il peut avoir en arrivant au lever du jour, au début de juillet, par le train de nuit, sur les hauts plateaux de Constantine, lorsque dans les gares de Sétif, de Saint-Arnaud, de Tassera des milliers de chameaux et de nombreux camions apparaissent chargés d'orges du Sud ou de blés primeurs venant s'embarquer aux gares ou stationnant, attendant patiemment leur tour le long des voies conduisant aux docks ou aux silos des gros négociants ou des sociétés de crédit comme le Crédit Foncier d'Algérie et de Tunisie, ou la Compagnie Algérienne.

Les fermes nord-africaines n'ont pas en effet comme celles de la métropole des locaux abondants où le grain peut demeurer de longs mois. Lorsqu'un colon s'installe, il ne saurait immobiliser en bâtiments des capitaux importants : il a mieux à faire à défricher son sol à s'équiper en cheptel et en matériel et ses bâtiments sont toujours succincts. C'est là un fait qui frappe les métropolitains et nous en retrouvons un écho averti dans les belles observations que M. Henri Hitier, secrétaire perpétuel de l'Académie d'Agriculture, a rapportées d'un voyage d'études au Maroc (1). D'autre part, bien des fermes sont à 80, 100 kilomètres et parfois plus d'une voie ferrée ou d'un grand centre, elles n'y sont souvent reliées que par des pistes et, quand les pluies d'automne arriveront, ces pistes ne seront plus praticables. Il faut donc évacuer les céréales vite et avant les pluies. En outre, une agriculture jeune, une agriculture qui crée, a besoin de crédit. Il faut donc monnayer vite les récoltes et souvent le colon nord-africain ne saurait attendre, comme le cultivateur de Beauce ou de Brie, comme le riche agriculteur du Soisonnais, l'époque qui lui conviendra pour faire argent de ses orges et de ses blés. S'il ne peut vendre immédiatement deux problèmes se posent : loger ses grains et les monnayer. Pour ce faire « l'endockage », suivant l'expression algérienne, est devenu la règle et, dans ces pays où le crédit est lié à l'agriculture, depuis longtemps les établissements bancaires ont compris le problème, édifié des magasins ou des silos, constitué une sacherie importante et colons, indigènes ou négociants endockent leurs grains dans les silos ou les magasins, les warrantent et trouvent ainsi logement et crédit.

Mais ces magasins sont encore insuffisants en année de récolte supérieure à la moyenne. Il en résulte alors que la production de toute une région est jetée sur le marché en peu de temps, que les gares s'embouteillent, que les ports même ne suffisent plus à évacuer le tonnage que leur déversent trains et camions, et la plupart du temps le commerce, jouant de cette situation, fait baisser localement les prix et le colon européen ou indigène vend son produit dans des conditions mauvaises.

Aussi, pour compléter les organisations privées, l'agriculture algérienne, devançant sur ce point celle des autres pays nord-africains et celle de la métropole, est entrée depuis la fin de la guerre dans une orientation très nette de construction de magasins à blé coopératifs ; à Burdeau dans le Sersou ; à Relizane à l'extrémité du Chéliff et au débouché des Flittas ; à Constantine, à Saïda, à Brazza s'élèvent des docks considérables de 100.000, 200.000 quintaux et parfois plus, formés de vastes silos emmagasinant les récoltes des coopérateurs, et n'ayant rien à envier aux kornhausers allemands ou aux elevators d'Amérique.

La Tunisie à Souk-el-Khemis et à Médjez-El-Bab, le Maroc avec le concours de la Compagnie des Chemins de fer, envisagent des organisations semblables et il y a là en Afrique du Nord un ensemble tout à fait remarquable.

Les céréales, réunies en masses importantes, homogènes, sont ainsi de vente plus facile. Des lots de plusieurs milliers de quintaux de type bien défini se forment et par une telle organisation, des prix meilleurs peuvent être obtenus.

VIII. — Avenir des céréales en Afrique du Nord

Après avoir passé en revue, comme nous venons de le faire, les divers aspects sous lesquels se présente le problème de la culture des créales dans l'Afrique du Nord, nous devons nous demander, ayant vu les côtés favorables, mais aussi les points faibles de cette culture, quel est son avenir dans l'ensemble des pays nord-africains.

---

(1) M. HITIER, *Journal d'Agriculture Pratique*, 1925.

Malgré la rigueur du climat et la rudesse des printemps trop courts, il est incontestable que la culture du blé et celle de l'orge apparaissent en Afrique du Nord comme bien à leur place et se perfectionnant tous les jours.

La mise au point des labours préparatoires qui peu à peu se fait et la sélection de variétés résistantes et précoces doit permettre à brève échéance d'assurer dans le sol une réserve d'humidité suffisante pour la vie de la plante et de trouver des céréales à cycle végétatif assez rapide pour mûrir avant les sirocos pouvant déterminer leur échaudage.

Cela seulement peut doubler la production nord-africaine. Et ce n'est que le côté technique de la question.

A côté tout le problème économique demeure et là aussi les perspectives sont encourageantes. Que la mise au point des méthodes culturales chez les indigènes soit un problème ardu, nous avons essayé de le montrer, mais nous pensons avoir montré aussi que le problème n'était pas insoluble. C'est d'une collaboration confiante entre indigènes et colons que la solution doit sortir et cette collaboration nous la constatons tous les jours plus étroite.

Enfin pour les cultures européennes on peut envisager l'avenir avec confiance. L'étendue des exploitations, les méthodes modernes des colons, leur esprit d'association leur permet, malgré des aléas et des rendements qui ne sont encore que moyens, d'obtenir le quintal de blé à un prix moindre que celui auquel il revient aux agriculteurs de la Métropole. Les frais de culture à l'hectare, si nous en croyons les chiffres que M. Bretignière, M. Brunehant, M. Henry Girard produisaient il y a un an à l'Académie d'Agriculture pour la culture du blé dans la région parisienne, sont de trois à quatre fois plus élevés dans la Métropole que dans l'Afrique du Nord. Celle-ci peut donc malgré ses faibles rendements produire aisément des blés, des orges et des avoines rémunératrices. Et n'est-ce pas du reste l'avis des colons, qui en Tunisie, en Algérie, dans la région de Constantine, dans celle de Montgolfier ou de Bel-Abbès, au Maroc, à Meknès et à Fès, n'hésitent pas à payer de gros prix les terres à blé ?

L'Afrique du Nord, autrefois grenier de Rome, s'affirme ainsi chaque jour davantage, abritée sous les couleurs françaises et vivifiée par les paysans de France toujours amoureux d'un labour bien fait et d'un épi lourd, comme un pays nourricier par excellence et sur lequel peut compter la France pour assurer l'alimentation nationale.

Alger, février 1928.

La Destruction des Insectes Nuisibles

aux Approvisionnements de Grains

PAR E. A. BACK ET R. T. COTTON

du Département de l'Agriculture des Etats-Unis

*(Extrait du n° 1483 du Bulletin du Fermier
publié par la Direction de l'Agriculture des Etats-Unis)*

*Au cours du Congrès (quatrième séance) la question de la destruction
des insectes dans les silos a été examinée. Nous croyons utile de compléter
les indications qui ont été données à ce sujet en reproduisant la traduction
d'une étude du Département de l'Agriculture des Etats-Unis sur ce sujet,
publiée dans le Bulletin de la Direction Générale de l'Agriculture, du
Commerce et de la Colonisation de la Tunisie (deuxième trimestre 1928).*

INTRODUCTION

Une opération avantageuse pour le fermier est de rentrer au plus
tôt ses récoltes, puis de les traiter immédiatement aux vapeurs toxiques,
afin de tuer les insectes qui pourraient s'y développer.

Le traitement donne un meilleur résultat lorsqu'il est fait dans des
récipients ou coffres hermétiquement clos, mais à défaut de ceux-ci, il
ne faut pas cependant négliger le grain.

Pour réprimer l'invasion des insectes dans le grain on emploie surtout
trois liquides qui donnent en s'évaporant des vapeurs plus lourdes que
l'air, ce sont dans l'ordre de leur efficacité :

1° Sulfure de carbone ;

2° Mélange d'acétate d'éthyle et tétrachlorure de carbone ;

3° Tétrachlorure de carbone.

Cette publication met le fermier au courant des caractéristiques de
chacun de ces produits afin qu'il puisse choisir celui qui répond le mieux
à ses besoins.

Elle montre aussi comment on arrive à résoudre le problème de la
fumigation dans les granges, silos ou greniers, dans les wagons, les cales
des vaisseaux et les élévateurs.

LE PROBLÈME EST SÉRIEUX, MAIS PEUT ÊTRE RÉSOLU

La protection du grain contre les insectes, dans les réserves et greniers, est un problème très sérieux pour l'agriculteur, le marchand de
grains et le propriétaire d'élevateur.

Les pertes causées par ces insectes sont énormes : dans un compte-rendu de l'année 1924 sur les problèmes concernant l'approvisionnement du grain de Pensylvanie, on estime que pendant la récente invasion du « Papillon de l'Angoumois » *(Sitotroga cerealella)*, l'Etat de Pensylvanie subit une perte annuelle d'un à trois millions de dollars causée par les ravages de ce seul insecte.

En 1912, la récolte de Alabama, s'élevait à 54 millions de boisseaux (19.627.380 hectolitres) : une inspection de cette récolte estima que les charançons coûtèrent aux fermiers de cet Etat environ 4 millions de dollars, ce qui est, paraît-il, la moyenne. Les pertes causées par les insectes dans les grains du Sud portent sur 2 à 75 %. Il est impossible de garder d'une année à l'autre les grains du Sud sans employer un moyen de préservation quelconque : ils perdraient sans cela presque toute leur valeur.

Le grain arrivant dans nos ports et venant de l'Amérique du Sud est souvent bien abîmé.

Les inspecteurs de la Fédération des grains de tous les centres comme Chicago, Kansas-City, La Nouvelle-Orléans, Minnéapolis, Baltimore et New-York sont à même de certifier l'étendue des pertes supportées par les fermiers sous forme de réfactions dues aux charançons qui infestaient le grain arrivant de leurs fermes.

Bien des fermiers, ignorant le mode de préservation du grain par l'emploi des vayeurs toxiques, se voient contraints de vendre leur récolte dès la moisson, de peur que leur grain ne soit déprécié par la présence des insectes, alors qu'avec une petite dépense ils pourraient eux-mêmes appliquer un traitement efficace leur permettant de conserver leur grain et d'en tirer un bon bénéfice au moment de la vente.

Bien des personnes, craignant l'invasion des insectes, vendent leurs récoltes à bas prix pour racheter beaucoup plus cher du grain importé.

L'intérêt des fermiers est de protéger leurs récoltes, car on sait que les insectes peuvent être évités une fois que la récolte est moissonnée et entreposée. Le traitement n'est pas difficile, les résultats sont immédiats et visibles.

Ce que l'agriculteur ou l'association peuvent faire avec de puissants moyens financiers peut être réalisé avec profit par le fermier avec de ressources limitées.

Beaucoup d'argent pourra être épargné si l'on veut bien prendre connaissance des faits, exercer son ingéniosité, viser à l'économie et coopérer à l'effort commun.

LA GÉNÉRATION SPONTANÉE DES INSECTES DU GRAIN EST UN MYTHE

L'idée que les insectes proviennent d'un « germe » du grain a été rejetée depuis longtemps, mais elle persiste encore parfois chez certains marchands de grains et producteurs. Cette idée est née du fait que lorsque le grain est très froid les insectes qui s'y développaient sont en léthargie.

Il est exact que pendant les grandes périodes d'invasion, les très jeunes insectes pénètrent dans le grain, et y grandissent à mesure qu'ils l'évident. Un expert même ne pourrait déterminer le mal sans l'aide d'un microscope. Cette sorte d'insecte reste en léthargie pendant la période de froid, mais dès que la température s'adoucit il se met à manger grossissant en même temps et se ménageant une sortie. C'est à ce moment-là que le fermier découvre le dégât, et c'est pourquoi beaucoup de gens pensent que la génération est spontanée dans le grain et provient d'un germe, alors qu'au contraire ces charançons sont le premier indice visible de dégâts terminés et irréparables, retardés seulement par la période de froid.

L'ATTAQUE INITIALE SE PRODUIT DANS LES CHAMPS

On ne sait généralement pas que nos pires invasions d'insectes dans les grains se propagent par l'air et ne sont pas seulement confinées dans les grains récoltés des greniers et des élévateurs.

Tous les fermiers savent que les restes de la récolte de l'année précédente sont les plus atteints par les insectes, mais ce qu'ils ne veulent pas admettre ou ignorent, c'est que le charançon du riz ou le papillon de l'Angoumois survivent à l'hiver et n'attendent qu'une saison plus clémente pour s'envoler dans les champs en maturité et y pondre les œufs sur les épis. Cette première attaque a lieu quand le grain est encore à l'état laiteux et ne compromet habituellement qu'un faible pourcentage de la récolte.

En 1924, une étude de Perez Simonss et G. W. Ellington sur les récoltes au moment de la moisson dans la région de Maryland montra qu'une moyenne de 0,26 % des grains étaient infestés par le papillon de l'Angoumois et que dans certaines fermes 2,06 % étaient atteints.

Une expertise fut faite en 1922 par les mêmes auteurs dans les moissons du comté de Montgomery ; celle-ci démontre qu'environ 2 % de la récolte était attaquée par le papillon de l'Angoumois. Dans d'autres fermes, où l'on avait retardé les battages jusqu'en septembre, les dégâts atteignaient jusqu'à 90 %.

Dans le Sud de la Géorgie, dans la première semaine de septembre 1923, un examen effectué par S A. Mac Clendon sur 8.850 épis de blé pris dans 21 fermes a montré que 42,9 % des épis étaient infestés de charançons dans les champs prêts à être moissonnés.

Un examen très minutieux d'un lot de 25 épis montra que 13 épis portaient respectivement des charançons (charançons du riz) au nombre de 54, 34, 8, 11, 23, 13, 12, 8, 2, 4, 34, 113 et 5. Un examen fait par Mac Clendon dans un champ, fin septembre 1925, démontre que 95 % des épis étaient infestés par le charançon du riz.

A Sanfords, Fla., la ponte du charançon du riz s'est faite dès le mois de mai, pendant la période où le grain était encore à l'état laiteux.

En réunissant toutes les expertises faites dans l'Oklahoma, sur les grains arrivant au marché, depuis le 3 septembre 1919 jusqu'au 31 décembre 1920, le pourcentage de grains infestés par le charançon du riz et le papillon de l'Angoumois atteignait par semaine 17, 30, 55, 44, 69, 78, 88, 75, 90, 82, 66, 67, 63, 80, 75 et 58 %.

Pour les chargements de grain sur wagons reçus à Sherman (Texas), pendant les mois de juillet à décembre 1920, 88,7 % du blé et 79,5 % du grain étaient infestés de charançons du riz et de papillons de l'Angoumois.

Les certificats d'inspection du blé d'hiver embarqué sur les marchés de Baltimore depuis le 1er juillet 1922 jusqu'au 30 juin 1924 ont montré que 13 % des 7.892 wagons étaient classés en dernière qualité à cause de la présence d'insectes, et 20 % sur 2.860 pendant la saison 1923-1924.

Le grain arrivant sur les marchés de Baltimore provient de Pensylvanie, Maryland, Delaware, Virginie, et Virginie-Ouest. Les arrivages du grain d'hiver en 1922-23 s'élevaient au tiers de la récolte marchande, ou au cinquième des estimations sur pied faites dans les cinq Etats. Le pourcentage plutôt élevé des wagons infestés était dû au développement intensif du papillon de l'Angoumois, qui se produisit dans cette région pendant les années 1921, 1922, 1923.

L'invasion diminua, en 1924, comme il résulte des certificats d'inspection des grains d'hiver arrivant à Baltimore de juillet à novembre 1924 : quatre pour cent seulement des 2.008 wagons inspectés contenaient des insectes. Ceci provient sans doute de l'état favorable du grain marchand de cette année-là, où il n'y eut qu'une faible attaque des insectes, car d'après les experts du Bureau Economique de l'Agriculture (Direction de l'Agriculture des Etats-Unis) un examen des rapports effectués pendant les quatre années, du 1er juillet 1917 au 30 juin 1921, démontre que 5 % de tous les grains transportés entre Etats étaient classés en dernière qualité.

Ces constatations bien établies sur l'infection du grain depuis la période précédant la moisson jusqu'à l'époque de son arrivée au marché central, accentuent le fait que presque toutes les récoltes, sauf celles du Nord, sont déjà infestées au moment de leur maturité et que les retards qui suivent pour mettre le grain à l'abri dans les silos ou les endroits où il peut être traité avec efficacité, donnent largement le temps au charançon de se développer et de se multiplier sur de nouveaux grains.

Le nombre d'insectes contenus dans des moissons soigneusement faites est proportionnellement peu élevé, comparé à ceux qui se développent ensuite ; chaque jour de retard augmente leur nombre considérablement.

Puisque les vapeurs toxiques sont assez efficaces contre tous les insectes du grain, le fermier obtiendra de bien meilleurs résultats en traitant la récolte dès la moisson, lorsque les insectes sont en plus petit nombre. En définitive, il sera largement récompensé, au point de vue des dégâts commis par les insectes, s'il moissonne aussitôt que possible et s'il applique un traitement de suite, afin de préserver son grain et de tuer les insectes déjà présents dans la récolte.

AVANTAGES D'UN TRAITEMENT PRÉCOCE PAR LES VAPEURS TOXIQUES

Les dommages causés par les insectes ne sont pas visibles avant la fin du développement des parasites dans le grain, au moment où ils creusent un trou de sortie.

Lorsqu'un fermier s'aperçoit de ces dégâts il doit faire sa moisson le plus vite possible, c'est autant de gagné, et traiter la récolte de suite. Il est plus aisé d'arrêter les insectes lorsqu'ils sont peu nombreux. Si la larve située dans le grain est tuée avant son développement, de grandes pertes sont évitées, c'est pourquoi les fumigations doivent être faites le plus tôt possible, au lieu d'attendre et de chercher à se débarrasser du grain en l'expédiant sur les marchés où il est déprécié.

QUAND ET OÙ L'ON DOIT USER DES FUMIGANTS

Il n'est pas recommandé de traiter le grain lorsque la température est au-dessous de 60° ou 65° Fa. : (15° à 18° C.). Les meilleures fumigations se font entre 75° à 95° F. (24° à 35° C.).

La façon idéale de traiter est de mettre le grain dans des silos hermétiques ou autres contenants du même genre. Les meilleurs sont en métal ou en béton. On construit des chambres à fumigations pour les chargements par wagons : elles sont faites en briques, tuiles creuses, béton, tôle galvanisée, acier et bois. Une caisse même peut être imperméabilisée en la doublant de plusieurs épaisseurs de gros papier. Le grain entassé peut être traité avec de bons résultats s'il est soigneusement recouvert de toile goudronnée.

Avec de l'ingéniosité, de l'initiative et très peu de moyens financiers vous arriverez à transformer votre grenier à grain mal clos en chambre à fumigations des plus efficaces.

Votre agent régional pourra vous aider à résoudre le problème.

MOYENS USUELS POUR COMBATTRE LES INSECTES DU GRAIN

En dehors des moissons et battages faits aussitôt que possible, ce qui diminue les risques d'invasion d'insectes, le moyen le plus simple ordinairement employé pour tuer les insectes en masse est la fumigation.

Cette méthode est ordinairement la seule praticable dans les fermes. Dans les « élévateurs » une grande partie des insectes sont supprimés par les diverses manutentions que subit le grain. Toutefois le vannage n'enlève pas les grains dans lesquels une larve se développe. Passer le grain d'un silo dans l'autre par temps froid, en laissant ce grain traverser une couche d'air à 0° refroidira le grain, et si ce dernier est refroidi à une température suffisamment basse, les insectes cesseront leur activité pendant une période plus ou moins longue, en attendant que le grain se réchauffe.

Si l'on chauffe le grain à une température de 125° à 140° Far. (51° à 60° C.) dans des séchoirs à grain, tous les insectes seront tués, si l'on veille à ce que tous les grains soient bien atteints par la chaleur.

La chaleur est employée avec succès pour stériliser le grain dans les ports où l'on désire se préserver des fléaux étrangers. Tous les élévateurs importants sont équipés avec des appareils de chauffage et de séchage. Ces agencements servaient précédemment à contrôler l'humidité du grain. Depuis que le grain aux Etats-Unis est vendu et acheté au poids, et depuis que le procédé de chauffage du grain diminue son poids, puisqu'il supprime une partie de l'humidité, la chaleur n'est pas un moyen de lutte favorable à l'encontre des insectes dans les élévateurs à grain.

Si l'on met à part l'emploi du froid, de la chaleur et d'autres procédés des élévateurs, tous ceux qui s'intéressent à la questoin de la suppression des insectes du grain sont forcés de reconnaître l'efficacité de la fumigation dans des contenants hermétiquement clos.

Les seuls fumigants donnant à l'heure actuelle des résultats satisfaisants sont ceux qui pénètrent sûrement dans la masse du grain emmagasiné d'une façon ordinaire.

Ces fumigants sont des gaz plus lourds que l'air.

Les fumigants plus légers que l'air tel que le gaz hydrocyanicacid, sont rarement employés comme fumigants, car ils ne pénètrent pas très profondément la masse du grain. Ceci peut être également dit des gaz plus lourds que l'air, comme l'anhydride sulfureux qui, de plus, détruit la germination, et nuit aux qualité de cuisson de la farine. (L'anhydride sulfureux était très employé pour la fumigation du grain dans les bateaux. Par un procédé patenté les gaz étaient envoyés dans le grain. Il n'est plus employé actuellement aux Etats-Unis comme fumigant du grain.

FUMIGANTS USUELS PLUS LOURDS QUE L'AIR

L'expression « fumigants plus lourds que l'air » veut dire que ces gaz, étant plus lourds que l'air, pénètrent dans le grain en descendant (ceci se produit dans un silo bien fermé), en comprimant l'air plus léger, et en asphyxiant tous les insectes situés à l'intérieur du silo. Dans les silos parfaitement hermétiques, ces gaz peuvent tuer tous les insectes aux différents stades de leur développement : les insectes adultes circulant entre les grains, les œufs, déjà pondus dans le grain, les larves, les pupes et les adultes à l'intérieur du grain.

Dans les silos fermant mal, l'efficacité du fumigant est proportionnelle à la facilité donnée au gaz de s'échapper par les joints ou autres ouvertures du fond ou des côtés.

A l'heure actuelle, il y a trois fumigants plus lourds que l'air donnant de bons résultats dans les conditions ordinaires d'emmagasinage du grain. Ce sont, dans l'ordre de leur efficacité :

1° Sulfure de carbone ;

2° Acétate d'éthyle et tétrachlorure de carbone mélangés ;

3° Tétrachlorure de carbone seul.

Le fermier ou le grainetier devront se familiariser avec les caractéristiques de chacun de ces fumigants et choisir celui qui répondra le mieux aux conditions particulières qui se présentent.

La chloropicrine, employée pendant la guerre, promet d'être un fumigant pratique, mais commence à peine à être répandue dans le commerce. Elle est désagréable à manipuler ; employée par quelqu'un qui ne connaîtrait pas bien ses propriétés et ne serait pas en garde contre ses effets, elle pourrait donner un résultat désastreux.

SULFURE DE CARBONE

Le sulfure de carbone est depuis des années le type du fumigant pour les grains employés avec le plus de succès. C'est un liquide très inflammable, qui brûle encore à une température de 4° Farenheit (20° C.).Le plus grand danger réside dans ses vapeurs inflammables qui forment un mélange explosif avec l'air, et ses tendances à s'enflammer spontanément lorsqu'il est placé à une température de 300° F. environ (149° C.) ou même s'il est au contact du fer et d'autres métaux, plus particulièrement le cuivre. En présence du cuivre il s'enflamme à une température de 205° F. (96° C.). Six pour cent de vapeur de sulfure de carbone dans l'air suffisent à former un mélange explosif et la présence de poussières ou de surfaces métalliques (comme il s'en présente dans les moulins et les élévateurs), favorise l'explosion des vapeurs. En considération des risques d'incendie causés par l'emploi du sulfure de carbone, la plupart des compagnies d'assurances interdisent son emploi dans les locaux assurés par elles, ou ne le permettent que dans certaines conditions.

En dépit de la nature inflammable et explosive du gaz, il faut reconnaître que malgré la quantité de sulfure de carbone employé l'année dernière, le nombre d'incendies et d'explosions causés par son emploi est très peu élevé, encore ont-ils été causés par négligence.

Un grand nombre de propriétaires et de petits cultivateurs disséminés dans l'Etat du Centre-Ouest disent qu'ils se servent d'une façon si satisfaisante du sulfure de carbone depuis des années qu'ils vont en continuer l'emploi, malgré l'usage plus fréquent de nos jours des mélanges incombustibles et inexplosibles d'acétate d'éthyle et de tétrachlorure de carbone mélangés.

Les directeurs de plantations et les fermiers des Etats des Côtes du Golfe trouvent dans le sulfure de carbone un fumigant presque parfait pour protéger le grain contre les charançons.

De grands élévateurs, à Baltimore, se servent encore de grandes quantités de sulfure de carbone pour traiter le grain dans les wagons, bien qu'il leur soit plus facile qu'à d'autres d'obtenir le mélange d'acétate d'éthyle et de tétrachlorure. Nous donnons ces détails afin que l'on ne s'effraie pas de l'emploi, à meilleur compte, d'un fumigant efficace, mais qui doit être manipulé avec précaution.

Les écrivains ne recommandent pas beaucoup l'emploi du sulfure de carbone dans les grandes constructions, mais pour les greniers ou silos moyens et les petits élévateurs où les conditions environnantes peuvent être contrôlées, ce gaz est sans rival à l'heure acuelle.

Lorsque l'on veut traiter de grands élévateurs ou lorsqu'il y a le moindre danger d'incendie, l'on doit employer le mélange acétate d'éthyle et tétrachlorure ou bien le tétrachlorure de carbone seul.

Souvenez-vous que des lanternes allumées, des étincelles provenant d'appareils électriques, des étincelles provenant de coups de marteau sur du métal, des cigares allumés, un feu de cuisine sur un vaisseau, même des tuyaux de vapeur chauds et de l'électricité sous n'importe quelle forme peuvent provoquer une explosion des vapeurs de sulfure de carbone, par conséquent le feu sous toutes ses formes, la chaleur excessive, les frottements ou l'électricité doivent être évités dans le voisinage d'un silo ou d'une construction en train d'être traités au sulfure de carbone.

Le sulfure de carbone liquide bout à 115° F. (46° C.), ce qui est à peu près la température la plus élevée dans laquelle on puisse tremper sa main.

Les réserves de ce fumigant doivent être conservées à l'abri, et protégées des risques d'incendie ou du trop grand soleil.

Le liquide pèse environ 1.272 grammes le litre à la température ordinaire. Comme de nombreuses réclamation ont été faites sur la mauvaise qualité de certains lots de sulfure de carbone mis sur le marché, il est préférable de s'adresser directement aux marchands en gros.

Un volume de sulfure de carbone en s'évaporant donne 375 volumes de vapeurs ou de gaz. Ce gaz est 2,63 fois plus lourd que l'air, par conséquent il descend dans le grain, où il pénètre, déplaçant l'air, et si le silo est suffisamment étanche il se concentre assez pour tuer les insectes à leurs divers stades d'évolution.

Dose à employer. — Dans un contenant hermétiquement clos, 4 livres de sulfure de carbone (1.814 g. 4) pour 1.000 pieds cubes (28 m3), soit 64 grammes par mètre cube, sans tenir compte de l'espace occupé par le grain, tueront tous les insectes.

Dans un silo à grain ordinaire, spécialement construit pour la fumigation, 8 livres pour 1.000 pieds cubes, soit 128 grammes par mètre cube, est une dose courante. Dans des silos ordinaires on peut aller jusqu'à 20 livres pour 1.000 pieds cubes (320 grammes par mètre cube).

En raison de la valeur du grain et du bon marché du fumigant, il est préférable de forcer la dose de sulfure pour tuer ainsi tous les insectes, plutôt que de trop compter sur l'étanchéité du silo.

Inconvénient de respirer le gaz. — Le fait de respirer trop de vapeur de sulfure de carbone provoque des vertiges, des vomissements même, et engourdit les sens. L'effet de cette vapeur est en quelque sorte toxique aussi bien qu'asphyxiant, et il est dangereux pour des personnes ayant le cœur faible de s'occuper de fumigations.

Il faut absorber aussi peu que possible de cette vapeur, et sortir au grand air dès que l'on commence à en ressentir les mauvais effets.

Dépense. — Le prix du sulfure de carbone varie suivant la région. En général on l'achète en boîtes d'une livre (453 gr. 60) ; le prix est de 25 à 45 cents. Lorsqu'on l'achète en tonneaux de 500 livres 226 k. 800, il ne coûte pas plus de 6 cents la livre, prix actuel en fabrique.

MÉLANGE D'ACÉTATE D'ÉTHYLE ET DE TÉTRACHLORURE DE CARBONE

Le mélange d'acétate d'éthyle et de tétrachlorure de carbone fut recommandé pour la première fois par la Direction de l'Agriculture des Etats-Unis en 1924, comme fumigant destiné à désinfecter les wagons de grains. Des essais furent faits au Laboratoire de Washington et dans des wagons de grains à Baltimore. D'autres expériences faites dans de grands silos, aux élévateurs en ciment armé de Kansas-City en avril 1925, prouvèrent d'une façon concluante que ce fumigant peut être employé avec succès dans des élevateurs de 90 pieds. Les insectes se trouvant dans le haut et le bas de ces silos furent exterminés, ce qui démontre que le gaz avait pénétré efficacement partout.

Le mélange d'acétate d'éthyle et de tétrachlorure de carbone n'est pas aussi pratique comme fumigant du grain, dans les silos ordinaires des Etats du Sud pendant la période de froid, que ne l'est le sulfure de carbone qui donne toujours de bons résultats. Dans des silos construits spécialement et très étanches, avec une température de 85° à 90° F. (29° à 32° C.), 60 livres de mélange par 1.000 pieds cubes (27 k. 216 pour 28 m3), soit 961 grammes au mètre cube, ont donné d'excellents résultats pour le traitement du grain.

Pendant l'été de 1925, les marchands ont trouvé que les traitements effectués avec le mélange indiqué ci-dessus, même en employant des produits chimiques purs, donnent une odeur au grain. Cette odeur ressemble à celle du grain rance bien qu'un expert puisse les distinguer l'un de l'autre.

On recommande de ne pas se servir de ce fumigant pour le grain à livrer au commerce sans s'assurer au préalable qu'il n'y a pas d'objections à l'odeur du grain. On conseille de mélanger ce grain avec d'autre grain n'ayant pas subi cette opération, afin qu'il perde un peu de son odeur et que la farine s'en ressente moins.

Au dire des experts du Bureau Economique de l'Agriculture, il y a quelque danger à employer la farine provenant du grain traité au mélange d'acétate d'éthyle et tétrachlorure de carbone, bien que l'odeur ne soit pas perceptible dans le grain.

Bien que l'on sache que le mélange acétate d'éthyle et tétrachlorure de carbone donne une odeur au grain et n'est pas aussi efficace que le sulfure de carbone dans des circonstances moins favorables, on doit admettre que ce fumigant est d'une réelle utilité pour le commerce des semences. Il donne un gaz ininflammable et inexplosible et n'altère pas la faculté germinative. Il fournit un fumigant facile à employer et sans risques d'incendie. L'emploi de ce gaz est avantageux surtout pour les marchands de semences, car l'odeur n'est d'aucune importance pour eux, de même que pour les grands minotiers ou propriétaires d'élévateurs à cause de la facilité qu'ils ont de mélanger ce grain avec du grain inodore.

Les minotiers et fermiers n'ayant pas de grandes quantités de grains à manipuler devront s'abstenir de l'emploi de ce mélange en raison de son odeur.

Ce nouveau fumigant est composé d'un mélange de 4 volumes d'acétate d'éthyle à 99 %, capable d'évaporation sans laisser d'odeur, avec 6 volumes de tétrachlorure de carbone le plus pur. Ce mélange doit être versé en pluie sur le grain, à raison de 40 à 50 livres par 1.000 pieds cubes, sans tenir compte de la place occupée par le grain. En d'autres termes, le mélange acétate d'éthyle et tétrachlorure de carbone est employé de la même façon que le sulfure de carbone. Le liquide s'évapore, produisant une vapeur qui pénère dans le grain. La fumigation doit durer 24 heures si possible. Le grain garde une odeur caractéristique.

Le mélange d'acétate d'éthyle et de tétrachlorure de carbone peut s'acheter tout préparé ou non. Comme les vapeurs d'acétate d'éthyle sont inflammables dans l'air et explosent au contact du feu, il est plus prudent d'acheter le mélange tout fait.

Au printemps de 1925, ce mélange s'achetait dans des fûts de 50 gallons (550 livres net) pour 1 dollar 25 le gallon (soit 11 cents 36 la livre de 453 grammes). Dans des fûts de 5 gallons (55 livres net) il coûtait 7 dollars 50 le fût ou environ 13 cents 1/2 la livre.

Puisque ce mélange n'est pas plus efficace que le sulfure de carbone, qu'il laisse une odeur, qu'il n'est pas tout à fait satisfaisant au point de vue sanitaire, c'est au consommateur à juger si le prix d'achat plus élevé compense la sécurité qu'il offre par son inflammabilité.

TÉTRACHLORURE DE CARBONE

Le tétrachlorure de carbone est un liquide incolore, transparent, semblable à l'eau. La vapeur qu'il dégage a une odeur âcre. Il ne faut jamais s'en servir à une température inférieure à 70° F. (21° C.), car les fumigants sont rarement efficaces si les insectes ne sont pas en activité.

Le tétrachlorure de carbone n'est pas aussi efficace que le sulfure de carbone ou le mélange d'acétate d'éthyle et de tétrachlorure de carbone. Il a un gros avantage sur le sulfure de carbone en ce que le gaz provenant de son évaporation n'est ni inflammable ni explosible à l'approche du feu. C'est au contraire un extincteur.

Le tétrachlorure de carbone était le seul fumigant ordinairement employé lorsqu'on ne pouvait se servir du sulfure de carbone à cause de son inflammabilité. Malgré cela, les céréalistes sont arrivés à croire que le tétrachlorure de carbone seul n'est pas un fumigant sur lequel on puisse compter, à moins qu'on ne l'emploie dans des silos hermétiquement clos. Il s'évapore lentement et son effet est médiocre par temps frais.

En général, le tétrachlorure de carbone, pour être efficace, doit être employé à une dose d'un tiers ou de moitié plus forte que le sulfure de carbone. Puisqu'il doit être employé à une dose relativement élevée pour produire les mêmes effets, et qu'il coûte le même prix, son emploi est plus coûteux que celui du sulfure de carbone.

Le tétrachlorure de carbone est efficace et sans danger, mais ne doit être employé que si l'on ne peut se procurer d'autres fumigants.

COMMENT TRAITER LE GRAIN AVEC DES GAZ PLUS LOURDS QUE L'AIR

Le sulfure de carbone, le tétrachlorure de carbone et le mélange d'acétate d'éthyle et de tétrachlorure de carbone sont des liquides qui s'achètent contenus dans des fûts en métal.

Pour traiter d'une façon efficace :

1° Le silo doit être hermétique. Un contenant l'est rarement à moins que les joints soient très soigneusement faits ou qu'entre des doubles parois on place du gros papier.

2° Le grain doit être suffisamment chaud. Ne jamais traiter lorsque la température du grain est au-dessous de 60° à 65° F. (15 à 18° C.).

Il est préférable de traiter à 70° ou 75° F. (21 à 24° C.), cependant les résultats sont meilleurs entre 80° et 95° F. (26° et 35 C.).

3° La porte du silo doit être scellée.

Veillez à la porte du silo, du coffre, du grenier. C'est par là que la majeure partie du gaz s'échappe. Une porte dans le genre de celle des glacières est la meilleure. Après avoir disposé le fumigant sur le grain, fermez la porte hermétiquement en collant du papier tout autour et en remplissant les fentes avec du mastic ou de l'argile.

4° Le fumigant doit être employé en l'enlevant du bidon ou du fût : au moment de fermer la porte et de la sceller, versez la quantité voulue de liquide. Si le silo est hermétique, la quantité approximative importe peu. On peut verser le liquide dans des plats, puis les poser sur le grain. Bien souvent, on verse le liquide à même le grain, à l'aide de seaux. D'autres se donnent la peine d'asperger le grain à l'aide d'arrosoirs.

On a traité avec de bons résultats des élévateurs de 50 pieds cubes avec du sulfure de carbone en le versant tout simplement sur le grain. Mais ne croyez pas mieux réussir en employant ce procédé et en répandant en outre le liquide dans el milieu du grain ou en plaçant un bidon débouché dans le grain. On croit souvent qu'une évaporation très lente du gaz donne de meilleurs résultats ; il n'en est pas ainsi. Tâchez au contraire d'avoir une évaporation rapide afin de produire une concentration très forte du gaz.

5° Il est toujours préférable de recouvrir la surface du grain avec des bâches, ce qui aide à retenir le gaz assez longtemps pour asphyxier les insectes.

6° Il faut éviter de respirer les gaz, les personnes ayant le cœur faible ou malade doivent s'abstenir de manipuler le sulfure de carbone.

ODEURS CONSÉCUTIVES A LA FUMIGATION

Il est préférable que les fumigants ne laissent aucune odeur au grain. Certains sont inutilisables à cause des odeurs laissées. Le tétrachlorure de carbone et le sulfure de carbone de bonne qualité ne laissent aucune odeur après leur évaporation. L'emploi répété de gaz de mauvaise qualité déprécie tellement le grain que les minotiers arrivent à le refuser. Le grain qui est imbibé de sulfure de carbone peut garder une mauvaise odeur, mais dans les conditions ordinaires, il arrive rarement qu'il soit aussi saturé. La présence d'autres sulfures composés est fâcheuse, car ils laissent une odeur au grain.

Pour l'emploi du mélange acétate d'éthyle et tétrachlorure de carbone, on ne doit employer que des produits chimiques de très bonne qualité, sinon ce mélange laisse une odeur plus forte que lorsqu'on emploie le sulfure de carbonne, et cette odeur persiste jusque dans la farine, le son et même le pain. Comme il a déjà été dit, les meilleurs mélanges d'acétate d'éthyle et de tétrachlorure de carbone laissent une odeur dans le blé et même dans la farine, mais cette odeur disparaît dans le pain.

On ne peut jamais assez recommander de ne se servir que d'un mélange d'acétate d'éthyle et de tétrachlorure de carbone très pur, en raison de l'odeur.

Les directeurs d'élévateurs ont soin de ne se servir de ce mélange que pour le grain « entrant » et d'employer le sulfure de carbone pour le grain « sortant » à destination des minoteries.

Le grain qui rentre peut être vanné et mélangé, ses odeurs diminuent beaucoup par ce procédé, mais le grain sortant ne peut subir ces améliorations avant d'arriver à la minoterie.

Un grand élévateur, après différents essais avec les deux fumigants dont nous avons parlé, est arrivé à préférer le sulfure de carbone non seulement parce qu'il est plus économique, mais parce que les risques d'amoindrir la qualité du grain sont moins grands.

EFFETS DU TRAITEMENT SUR LA GERMINATION DU GRAIN

Des expériences très soigneusement faites ont démontré que le traitement du grain avec les trois fumigants courants n'a aucun effet nuisible sur la germination, lorsqu'il est fait suivant les procédés déjà indiqués et aux doses recommandées. Il est évident que le grain doit être absolument mûr et sec.

ÉCHAUFFEMENT DU GRAIN ET TRAITEMENT AUX VAPEURS TOXIQUES

L'échauffement du grain peut être causé par un excès d'humidité ou la présence d'insectes. Des pois secs infestés de charançons (Bruchus quadrimiculatus-Fab) ont atteint 103° F. (39° C.) quand la température ambiante était de 58° F. (14°4 C.).

Il est arrivé, dans des silos de ferme, que du blé très attaqué par le charançon du riz (Sitophilus oryza L.) et le scarabée plat (Cryptolestes pusillus Schôn) a atteint une température de 109° F. (43° C.) quand la température ambiante était de 27° F. (2°7 C.). Du blé contenu dans des coffres peu profonds ou sur le plancher du grenier, entassé à une hauteur d'un mètre environ, s'échauffera beaucoup s'il est atteint par les insectes. Du blé mouillé, emmagasiné dans les silos d'un élévateur, a atteint 300° F. (148° C.).

Dans le grain échauffé les insectes sont détruits ou chassés lorsque la température atteint au moins 120° F. (48°8 C.).

Les comptes rendus de l'inspection des grains dans la région de Baltimore indiquent qu'en 1923, entre septembre et décembre, plus de 50 %

des 1.109 wagons fermés et bateaux durent être traités à cause de la présence d'insectes qui avaient provoqué l'échauffement du grain que l'on transportait.

Tous les exemples sont donnés pour attirer l'attention sur les deux points importants du traitement à donner au grain échauffé :

1° Si le grain s'est échauffé jusqu'à la température pouvant causer l'inflammation ou l'explosion du gaz employé, il y aura un grand danger à employer ce gaz.

On ne relate qu'un seul cas où l'explosion fut provoquée par l'emploi du sulfure de carbone sur du grain échauffé. Ce cas était compliqué par la présence du grain mouillé que l'on savait être en train de s'échauffer et non pas par la présence d'insectes. Il avait atteint 300° F. (148° C.). Il faut, lorsque l'on traite du grain échauffé, se rendre parfaitement compte s'il est bien à une température au-dessous de laquelle prend feu un gaz inflammable.

Les expériences faites un peu partout démontrent que le grain infesté par le charançon est rarement échauffé à une température dangereuse.

2° Le grain échauffé par la présence d'insectes peut être ramené à sa température normale par un traitement au sulfure de carbone ou aux autres fumigants. Si la saison est assez froide pour arrêter l'activité des insectes, le grain échauffé devra être traité pour abaisser la température. Ce procédé empêchera les insectes de continuer leurs dégâts pendant une assez longue période, cela vaut mieux que de laisser simplement le froid protéger le grain.

Coopérative des Céréales du Canada

Convention passée entre l'Alberta Cooperative Wheat producers (Ltd) et ses Membres [1]

Convention du.................... A. D.................... passée
entre « l'Alberta Cooperative wheat producteurs » (Ltd), société constituée
conformément au « Cooperative associations act » de la Province d'Alberta, ayant son siège à Calgary (Province d'Alberta) et ci-après désignée
sous le terme de « l'Association », d'une part;

Et le soussigné, personne intéressée à la culture du blé, la province
d'Alberta, et au commerce de ce produit, désignée ci-après sous le terme
de « le producteur », d'autre part.

Attendu que le producteur soussigné désire coopérer avec d'autres
personnes qu'intéressent la production du blé dans la Province d'Alberta
et le commerce de ce même produit — personnes ci-après désignées sous
le nom de « producteurs » — dans le but de promouvoir, de favoriser et
d'encourager la culture et le commerce du blé par le moyen de la coopération, de supprimer la spéculation sur le blé, de stabiliser les prix du
marché du blé, d'étudier les problèmes de la production collectivement et
en coopération, d'améliorer par tous les moyens légitimes la situation des
producteurs de la province d'Alberta, et de réaliser d'autres projets
convenables.

Attendu que l'Association a été formée conformément au « Cooperative associations act » de la province d'Alberta avec pleins pouvoirs de
diriger, d'exercer les fonctions techniques et commerciales, d'agir en
toutes circonstances comme mandataires du producteur, de manutentionner le blé produit et à elle livré par ses membres et d'exercer tels
pouvoirs plus étendus qui lui sont conférés par les statuts.
blé dans la province d'Alberta, il ne doit constituer qu'un seul et unique
acte entre la pluralité des producteurs de blé de la province d'Alberta

Attendu que le producteur désire devenir membre de l'Association
et d'être compris en même temps que les autres producteurs dans les
termes de ce contrat.

---

(1) Traduction de l'*Institut Colonial de Marseille* d'après « Cooperative Marketing
of Grain in Western Canada ». United States Department of Agriculture, Washington
D. C. Technical Bulletin n° 63, janvier 1928.

Attendu que ce contrat, bien qu'il n'exprime qu'une situation particulière, n'est que la suite d'une série de contrats de termes identiques ou généralement analogues, passés entre l'Association et les producteurs de blé dans la province d'Alberta, il ne doit constituer qu'un seul et unique acte entre la pluralité des producteurs de blé de la province d'Alberta envoyés par la même signature et cette Association.

Que cette convention témoigne désormais que, considérant l'exposé ci-dessus, les pactes et conventions ci-inclus, passés par l'Association; l'exécuteur de cette convention ou d'une convention conçue en termes analogues par d'autres producteurs de blé de la province d'Alberta; et les obligations réciproques mentionnées dans cet acte, les parties, par les présentes, arrêtent d'un commun accord les clauses suivantes :

1° Il est expressément stipulé et entendu que si le 5 septembre A. D. 1923, les signatures des producteurs de blé des propriétaires, des acquéreurs de la récolte en tout ou en partie, des tenanciers, des bailleurs et preneurs de terre, dont la superficie totale cultivée en blé est égale à 50 % de la superficie en blé dans la province d'Alberta en 1922 n'ont pas été apposées au bas de cet acte ou d'un autre conçu en termes analogues, l'Association informera du fait chacun des contractants mentionnés à l'acte avant le 8 septembre A. D. 1923 par une lettre qui lui sera expédiée à l'adresse ci-dessous mentionnée. Le producteur aura le droit de retirer sa signature par lettre qu'il adressera aux administrateurs, au siège social à Calgary (province d'Alberta) dans un délai courant du 8 septembre 1923 au 22 septembre A. D. de la même année. Au reçu de cette lettre par les dits administrateurs, cette convention sera réputée et sera en effet annulée, rapportée, sans force exécutoire ni effet pour tout ce qui a trait à l'auteur de la lettre de démission. Si toutes les signatures ne sont pas ainsi retirées, l'Association pourra, si elle le juge à propos, continuer à promouvoir et réaliser les clauses de cet accord sans avoir de modification à adresser aux producteurs. Ce contrat liera ainsi pour tout ce qui y est stipulé, chacun des co-contractants qui n'aura pas notifié ses intentions de démission suivant la procédure prévue plus haut. L'Association pourra encore, après notification adressée aux producteurs parties au contrat prononcer la résiliation de ce contrat. Après une nouvelle notification adressée à cet effet aux producteurs à leurs diverses adresses mentionnées dans l'acte, ou dans un acte conçu en termes analogues, la convention sera   et sera en effet annulée, rapportée, dénuée de toute forme exécutoire et de tout effet. Dans ce cas, les comptes de l'Association seront arrêtés par un comptable diplômé, dont les rapports seront déposés au siège social de l'Association et mis, sur simple réquisition, à la pleine disposition de tout producteur ayant exécuté les clauses de l'acte.

Les fonds disponibles de l'Association, déduction faite des dépenses accessoires et non nécessitées par la formation et l'organisation de la Société et de tout passif jusqu'à la date de la liquidation, seront répartis au prorata (des mises) entre les producteurs qui auront exécuté les termes de cette convention et contribué financièrement au fontionnement de la Société, conformément aux clauses ci-après énumérées. Si les signatures nécessaires à la validité du présent acte, comme il a été spécifié ci-dessus, ont été apposées avant le 5 septembre A. D. 1923 ou à cette date, le dit acte liera pour tout ce qui y est stipulé, la présente Association et tous ceux des producteurs exécutant les clauses qui y sont portées.

2° Il est expressément stipulé et convenu que pour tout ce qui concerne la mensuration des terres, l'évaluation en boisseaux, les pourcentages ou les signatures, pour tous les relevés qui se rapportent a ces opérations, pour régler le point de savoir si oui ou non le 5 septembre A. D. 1923 les signatures des producteurs de blé et des propriétaires acheteurs de la récolte en totalité ou en partie, des tenanciers, des tailleurs et preneurs de terre, dont la superficie totale cultivée en blé dans la province d'Alberta en 1922, ont été apposées à cet acte ou à un acte conçu en termes analogues, les administrateurs de l'Association seront les seuls juges. Un rapport écrit, signé par le président nommé par les administrateurs de l'Association sera censé être et sera de fait la loi des parties sur ce point avec ou sans notification au producteur.

3° L'Association entend exercer les fonctions de direction générale, de direction technique et commerciale ; elle se réserve le droit d'agir comme mandataire du producteur, à en prendre livraison, à le manutentionner, à l'emmagasiner, à le transporter, d'en faire le commerce, le vendre et en disposer de tout autre manière à la seule exception des grains étalonnés.

4° Le producteur s'engage et s'oblige à remettre et délivrer à l'Association ou à son ordre aux termes et lieu fixés par l'Association, la totalité du blé produit sur son fond et les récépissés d'entrepôt ou d'emmagasinage qui représentent le dit blé (produit par lui ou pour son compte par un autre dans la province d'Alberta, exception faite des grains étalonnés en 1923-1924-1925-1926 et 1927).

5° Il est convenu que l'Association, si elle le juge à propos, prendra livraison, quand et où il sera possible, du blé du producteur au lieu de délivrance le plus commode.

6° Le producteur, par les présentes, désigne l'Association comme son unique et exclusif mandataire dans les fonctions de direction générale, de direction technique et commerciale, conformément à « the factors act » en vigueur dans la province d'Alberta. Il en fait son mandataire dans les matières ci-après énumérées et lui donne pleins pouvoirs d'agir au nom des deux parties et de faire toutes affaires et actes qui pourront être nécessaires d'une utilité secondaire, ou simplement convenables à la réalisation du présent contrat. Il accorde, en outre, à l'Association, un intérêt financier dans l'affaire du fait du rôle et de la direction qu'elle assume. Ce mandat et cet intérêt sont consentis sans pouvoir de révocation pour toute la durée de l'acte :

a) Pour recevoir le blé produit et livré à la Société par le producteur de quelque façon que ce soit, et au lieu et à l'époque fixés librement par l'Association, en prendre livraison, le manutentionner, l'emmagasiner, le transporter, en faire le commerce, le vendre et en disposer de toutes manières, conformément à l'intérêt des producteurs ayant exécuté les clauses de ce contrat ou d'un contrat conçu en termes analogues;

b) Pour mêler et mélanger le blé reçu par l'Association de chaque producteur, avec du blé d'espèce et de qualité analogues, livré à l'Association par d'autres producteurs et si elle le juge à propos, le nettoyer, le conditionner et lui faire subir toutes opérations analogues, conformément aux lois alors en vigueur;

c) Pour emprunter de l'argent au nom de la collectivité et pour son compte en gageant le blé qui lui a été délivré, les récépissés d'entrepôt ou de magasin et sur toutes traites, connaissements, lettres de change, billets d'acceptation, billets à ordre et de toute sorte de papier de commerce tiré dans ce but : exercer tous les droits de propriété sans restriction; engager en son nom et pour son propre compte les dites récoltes ou récépissés, connaissements, traites, billets, billets à ordre et tout papier de commerce comme garantie accessoire. La Société aura le droit de répartir les fonds ainsi obtenus, au prorata (de mises), entre les producteurs qui auront exécuté les clauses de ce contrat et qui lui auront livré du blé; ou d'utiliser les dits fonds dans un but commun au mieux des intérêts de la collectivité;

d) Pour payer, retenir ou déduire des fonds provenant de la vente du blé à elle livré par les producteurs, les sommes nécessaires à régler tous frais de courtage et de publicité; à acquitter tous droits, impôts, toutes dépenses de fret et de mise en silo; à solder tous frais d'actes (juridiques) ainsi que tous autres frais particuliers tels que salaires, frais généraux à la charge de la collectivité. L'Association pourra, en outre, retenir sur ces fonds un pourcentage qui ne dépassera pas 1 % et servira à constituer un fonds de réserve mis éventuellement à contribution dans l'intérêt social.

e) Pour répondre à toutes réclamations pour dommages qui peuvent se produire au cours du transport, autrement par suite d'une erreur de manutention ou qui pourraient se produire à propos de l'exercice par la Société des pleins pouvoirs qui lui ont été consentis.

f) Pour déduire de la totalité des fonds provenant de la vente du blé manutentionné par la Société pour le compte des producteurs qui ont exécuté les clauses de ce contrat, ou après avoir obtenu le consentement écrit d'un groupe de producteurs pour déduire de la part proportionnelle de chaque producteur une somme qui n'excèdera pas 2 % par boisseau. Cette somme sera investie au gré des administrateurs en actions de capital d'une société déjà formée ou qui se formera; que cette Société soit ou non la propriété de l'Association, qu'elle soit ou non placée sous sa direction ou son contrôle, pourvu que son objet soit l'installation ou l'acquisition par vente louage ou tout autre contrat, de silos à grains; et que la dite Société passe un ou plusieurs contrats avec l'Association dans le but de placer la manutention du blé de ses membres sous le contrôle et la direction de l'Association. Dans le but de se procurer ces actions de capital, l'Association devra conclure et mettre en œuvre tous contrats nécessaires ou simplement utiles dans l'intérêt du producteur et en son nom.

g) Pour prendre possession de la récolte de blé du producteur et exercer sur elle son droit de contrôle; pour moissonner le dit blé et en faire le commerce conformément aux termes de cet acte; elle pourra encore, à son choix, ou intenter toute action en justice en vue d'obtenir possession de la dite récolte ou encore habiliter un préposé à prendre possession de ce blé, à exercer son contrôle sur la récolte; à lui délivrer la dite récolte comme cela a été déjà prévu ou enfin en disposer de toute autre manière et comme elle l'entendra à cette occasion, au cas où le producteur n'observerait pas les clauses de cet acte, ou l'une de ces clauses, on ne délivrerait pas sa récolte de blé comme il a été prévu. Si l'Association doit prendre possession de la récolte dans de telles circonstances, elle est autorisée à retenir, en plus des sommes ci-dessus mentionnées, sur le produit de la vente du blé, de quoi couvrir toutes dépenses supplémentaires nécessitées par cette prise de possession.

7° Tous soldes créditeurs en fin d'exercice et autres excédents non utilisés seront portés au nom de l'Association. Ils seront la propriété des membres de l'Association et pourront, au gré des administrateurs, être distribués entre les actionnaires sans attendre la dissolution de la Société, au prorata des intérêts de chacun.

8° Contrairement à la règle générale portée ci-dessus, le producteur pourra retenir du blé pour ses semences et besoins alimentaires. Il peut également, s'il y est autorisé par écrit par l'Association, disposer de son blé pour les semences et besoins alimentaires d'un fermier voisin qui est aussi membre de l'Association. Tous autres grains, à l'exception des grains étalonnés, ne pourront être vendus que par l'intermédiaire de l'Association.

9° Le producteur s'engage (sauf exceptions prévues à l'acte) à ne vendre ou céder de quelque façon que ce soit, toute fraction de la récolte par lui produite ou acquise dans la province d'Alberta, pour toute la durée du contrat, à toute personne, firme ou groupement autre que cette Association.

10° Le producteur certifie expressément qu'il n'a pas jusqu'à présent grevé le dit blé d'hypothèque, de gage ou de toute autre charge; qu'il ne s'est pas engagé pour vente, cession quelconque, promesse de livraison ou d'entrepôt ayant la récolte pour objet et cela au profit d'une personne, firme ou groupement autres que ceux prévus à la fin de cet acte. Les quantités de blés visées par ces actes seraient, après accord entre les parties intéressées, exclues des termes du présent contrat jusqu'à l'expiration de l'engagement antérieurement contracté.

11° Il est entendu que le producteur pourra, conformément aux termes du présent acte et aux lois en vigueur, grever de toutes charges les droits qu'il possède dans la Société, du fait de ses livraisons. Dans ce cas, le producteur devra informer l'Association qui pourra, si elle le juge bon, assumer la charge du prix non payé en raison des dites garanties, prendre livraison de la récolte du producteur et déduire des échéances qu'elle doit payer au producteur une somme égale au montant des dépenses qu'elle a effectuées ou qu'elle s'est engagée à effectuer conformément aux contrats de gage et d'hypothèque.

12° L'Association devra, aussitôt que possible après la délivrance de la récolte qui lui aura été faite par le producteur, faire une avance de fonds au dit producteur. Le taux par boisseau de cette avance variera avec l'espèce et la qualité du blé et le lieu de délivrance, conformément à la libre appréciation de l'Association. En outre, l'Association s'engage, conformément aux lois en vigueur, à verser au producteur aux dates qu'elle jugera convenables et tout autant qu'elle pourra disposer des fonds provenant de la récolte saisonnière, sa part dans le produit de la dite vente saisonnière de tout le blé de qualité et espèce semblables effectuée au profit des producteurs qui ont exécuté les clauses de ce contrat. L'Association déduira de la somme versée tout ce qu'elle est autorisée à retenir aux termes de ce contrat et toutes avances qu'elle aura faites au producteur, ainsi que tous frais de manutention et autres, quels qu'ils soient, y compris les frais courants d'administration, les frais de transport, de manutention, de triage, d'emmagasinage, de vente et autres frais.

13° Le producteur s'engage à souscrire et par les présentes souscrit une action de numéraire du capital social de l'Association et s'engage à en payer la valeur au pair, c'est-à-dire le prix de $ 1. L'Association reconnaît cette façon de procéder et alloue au producteur une des actions de numéraire du capital social.

14° Le producteur s'engage à payer la somme supplémentaire de $ 2 pour défrayer l'Association des dépenses qu'elle aura effectuées pour le service agricole et son œuvre d'éducation, ainsi que pour toutes autres entreprises qu'elle aura réalisées.

15° Le producteur s'engage comme et quand il en sera requis par l'Association ou par l'un de ses préposés, agents ou employés à recourir de temps à autre au chemin de fer pour le chargement de son blé, conformément aux termes de « the Canada grain act » et à passer tels autres actes à exécuter, tels autres contrats que l'Association pourra exiger de lui pour ce qui est de la manutention de son blé.

16° L'Association pourra vendre le dit blé aux minotiers, courtiers et autres personnes de cette province ou d'une autre aux temps et conditions qui lui paraîtront raisonnables et sages.

17° L'Association pourra vendre tout ou partie du blé à elle livré par ses membres, conformément aux termes de ce contrat, par l'intermédiaire de toute agence ou en union avec toute agence pour le commerce coopératif du blé de la province d'Alberta, de Sasttatchevan et de Manitoba ou de toutes autres provinces ou groupes de provinces, soit du Dominion, soit d'autres pays, à terme ou autrement et à telles conditions qui paraîtront satisfaire l'intérêt collectif des producteurs.

L'Association est, de plus, autorisée et habilitée à déléguer et transférer à ces agences (déjà formées ou qui se forment), la totalité des pouvoirs, droits et privilèges qu'elle possède d'après ce contrat. Les dépenses qui seront faites à cette occasion seront censées être frais de mise en vente. Mais il reste toujours entendu que rien dans cet acte n'autorise l'Association à vendre par l'intermédiaire de quelqu'une de ces agences ou en union avec elle, ni à exercer l'autorité et les pouvoirs ci-dessus mentionnés; ni à prendre contact avec quelqu'une de ces agences; s'il devait y avoir lieu d'accroître pour si peu que ce soit le montant de quelqu'une des déductions et remises autorisées par ce contrat.

18° Le producteur autorise l'Association à prendre contact avec quiconque, pour les motifs qu'elle trouvera légitimes dans les termes et aux conditions qui lui paraîtront profitables et intéressants, pour toutes opérations d'inspection de triage, de manutention, de mise en silo, d'emmagasinage, de mise en entrepôt, de chargement du blé dont s'agit, en tout ou en partie et pour assurer la sûreté de ces opérations, conformément aux buts poursuivis par l'Association, mentionnés à l'acte.

19° Cette convention liera le producteur, ses représentants personnels, successeurs et ayant cause, pendant toute la période ci-avant mentionnée, tant qu'il cultivera du blé directement ou non, ou qu'il aura de par la loi, le droit d'exercer quelque pouvoir de jouissance ou de surveillance sur le dit blé, ou qu'il restera intéressé à l'exploitation de sa terre ou de toute terre où le blé sera cultivé pendant la période prévue au contrat.

20° Chaque année, de temps à autre, le producteur enverra à l'Association, après réquisition, un relevé de la superficie qu'il compte cultiver en blé cette année-là; il indiquera en même temps la qualité du blé dont il attend la récolte; le tout dans les formes fixées dans ce but par l'Association.

21° Pour autant que les dommages-intérêts fixés par les juges paraîtront insuffisants à l'Association et s'il est ou devient impossible ou extrêmement difficile de déterminer le dommage qu'éprouve l'Association au cas où le producteur ne livrerait pas tout son blé, le dit producteur s'engage par les présentes à payer à l'Association pour tout le blé livré, vendu, consigné, mis en vente ou acheté par lui ou pour son compte par un autre, ou retenu d'une façon non conforme aux termes du présent acte, la somme de 25 cents par boisseau, évaluation forfaitaire du dommage causé par la rupture de ce contrat. Toutes les parties reconnaissent, en effet, que ce contrat n'est qu'un élément d'une série de contrats dont la valeur dépend de l'adhésion de chacun et de tous à chaque contrat et à tous les contrats.

22° Le producteur reconnaît que dans le cas où il violerait une clause importante du contrat, particulièrement toute clause ayant trait à la délivrance et au commerce de tout blé autrement que par l'intermédiaire de l'Association, ladite Association sera autorisée suivant une procédure qu'elle instituera à prendre toutes mesures convenables en vue d'empêcher une violation plus grande dudit contrat, conformément aux termes de cet acte. De plus, l'Association et le producteur reconnaissent expressément que cet acte n'est pas conclu en vue de services personnels et n'exige pas des parties des capacités ou des talents exceptionnels. Ils s'accordent à dire que ce contrat est un contrat d'entremise, avec participation financière dans des circonstances et à des conditions déterminées. Ainsi, l'Association ne peut s'adresser aux non coopérateurs et remplacer par voie d'achat ou autrement le blé qu'elle attendait du producteur et qui ne lui a pas été livré. Ils reconnaissent qu'il ne faut pas chercher en dehors du présent contrat le moyen de remédier à son inexécution, aux cas de violation prévue ci-dessus.

23° Toutes réductions remises ou pertes que l'Association pourra faire ou qu'elle souffrira du fait de l'infériorité de la récolte, quant à la quantité, qualité, espèce, ou du fait de mauvaises conditions de livraison seront mises à la charge du producteur et déduites de son revenu net annuel.

24° L'Association peut faire des règlements et nommer des inspecteurs en vue de déterminer la qualité du grain, de fixer une méthode de manutention, de mise en sac et de chargement du blé. Le producteur s'engage à observer ces règlements rendus par l'Association et d'accepter la classification reconnue ou établie par l'Association. Cette classification faite conformément à la loi ne pourra être contredite.

25° Le producteur désigne l'Association, les administrateurs collectivement et individuellement les préposés, agents et employés de l'Association, comme ses mandataires et délégués pour passer, exécuter et recevoir pour son compte et en ses nom, lieu et place, tous contrats qu'il pourrait être nécessaire de passer conformément aux clauses de « the Canadian grain act ». L'Association prendra charge de ces contrats et de toutes les sommes à payer conformément à la loi susdite. Le producteur donne également pouvoir à l'Association de recevoir les comptes, de recevoir le paiement de toutes sommes à lui payables conformément au contrat en application dudit contrat ou autrement, le tout en ses nom, lieu et place. Il lui donne également pouvoir de régler, toute somme ainsi reçue, en le créditant sur ses livres de la dite somme. Les dites sommes toutes déductions faites, comme il a été prévu ci-dessus, seront distribuées conformément aux clauses de cet acte. Ces rentrées effectuées pour le compte du producteur et ces ouvertures de crédit consenties par l'Association, comme il a été dit ci-dessus, seront considérées comme règlements de compte adéquats et complets aux termes de tous les dits contrats.

26° L'Association pourra fonder dans le monde entier des bureaux de vente, de statistique et autres. Elle pourra, dans chacune de ses affaires, agir par l'intermédiaire d'agents, de courtiers, de sous-traitants ou d'autres personnes.

27° Le producteur déclare que, en dépit des dispositions ci-dessus formulées, si, pour une raison quelconque, l'Association estimait impossible et impraticable d'exécuter les clauses de cet acte relatives à la récolte du blé de 1923, telles qu'elles ont été portées ci-dessus, la dite Association sera par les présentes autorisée et habilitée à conclure tout arrangement qu'elle trouvera avantageux au commerce sous la forme coopérative de la dite récolte du blé.

28° En dépit des dispositions ci-dessus énumérées, l'Association fixera par insertion dans les journaux des principales villes d'Alberta qu'elle désignera, la date à laquelle les opérations seront commencées et jusqu'à cette date le ou les producteurs pourront vendre leurs récoltes ou en disposer autrement. S'il y a en même temps livraison réelle du dit blé, l'Association ne sera pas obligée d'en recevoir livraison et ne pourra être déclarée responsable à cette occasion. Cet acte produira tous ses effets, bien que l'Association ne puisse commencer à temps les opérations de manutention de toutes parties de la récolte de 1923.

29° Les parties reconnaissent qu'il n'existe pas d'autres conditions, promesses, conventions, textes ni sanctions, en plus de ou différent de quelqu'un des termes du présent contrat et que cet acte exprime pleinement l'entente volontaire et claire des parties.

En foi de quoi, le producteur ci-dessous a apposé sa signature et son sceau et l'Association a apposé son sceau sous la signature de son représentant spécialement habilité, les jour et an ayant été mentionnés ci-dessus en tête de l'acte.

        Scellé, remis aux parties et contresigné par le Président.
        en présence de :
        Alberta Cooperative Wheat Producers (Ltd).

Signé, scellé et remis aux parties
    en présence de :

    . . . .

Le rédacteur signe ici comme témoin.

        Par. . . . .
        Le Président.
        (Le producteur signe ici).

Nom (complet) du producteur.

        Adresse du bureau de poste.

    (Nom du producteur imprimé)

Description légale des terres.

. . . .
. . . . N° du cadastre (?).
. . . . Superficie totale en blé 1925.
. . . . Estimation de cette superficie en 1926.

Indiquer nettement la section. Ex. : W 1/2 ou S. E. 1/4, etc...
Détail des contrats, hypothèques et autres charges.

Convention passée entre l'Alberta Cooperative Wheat producers (Ltd) et les Compagnies de Silos

PROJET DE CONVENTION

Entre : « The Blank Grain C° » Ltd, d'une part,

ci-après appelée « La Compagnie » et « The Alberta Cooperative Wheat Producers » (Ltd), ci-après appelée « le pool », d'autre part.

Il est convenu entre les parties ce qui suit :

1° La Compagnie recevra livraison à tout silo lui appartenant ou placé sous son contrôle en Alberta du blé de toute personne liée au pool, ci-après désignée sous le nom de « le producteur » aux termes et conditions ci-après énumérées. Elle livrera le dit blé au pool aux joints extrêmes du territoire, dont Prince Rupert, la colonie britannique et les silos du Gouvernement de l'intérieur situés aux dits points extrêmes et relevant de la division de l'inspection de l'Ouest. Il peut cependant en être convenu autrement. La livraison se fera sur demande provenant du pool. La livraison s'effectuera également aux moulins de l'intérieur. Ces livraisons ne pourront être limitées que par le nombre des wagons mis à sa disposition pour le chargement.

2° Quatre procédés de manutention sont employés par les silos qui permettent de diviser le blé en quatre catégories :

Catégorie A. — Blé mis en magasin spécial.
    — B. — Street Wheat.
    — C. — Blé mis en magasin et trié.
    — D. — Blé mis en magasin avant classification.

D'après ces catégories, la Compagnie s'engage à manutentionner le blé du producteur pour le compte du pool et suivant le choix de ce dernier, ainsi qu'il suit :

Catégorie A. — Les quantités manutentionnées d'une ou plusieurs wagonnées seront dirigées vers le magasin spécial. La Compagnie s'engage à en garantir l'identité jusqu'à la livraison du blé au point terminal au moulin relevant de la division de l'inspection de l'Ouest. Elle se conformera à la classification d'après les qualités et impuretés fixée par le Gouvernement. La Compagnie expédiera le dit blé au point terminal et sur son ordre dès que le producteur aura mis à sa disposition une ou plusieurs voitures.

Catégorie B. — La Compagnie s'engage à manutentionner les quantités de blés inférieures à une wagonnée, désignées communément sous le nom de street wheat; à en faire le triage, à faire au producteur le paiement initial pour le compte du pool, en remettant au producteur un billet de paiement qui ne témoignera pas qu'un achat ou une vente du dit blé ait été faite à des prix devant être fixés ultérieurement par la Compagnie et le pool.

La Compagnie s'engage également, tout autant qu'elle le jugera possible, à manutentionner le blé de chaque producteur, conformément aux dispositions valables pour les classes C et D.

Catégorie C. — Quantités d'une ou de plusieurs wagonnées. L'emmagasinage se fera conformément à un mode de classification fixé d'un commun accord entre l'Agent de la Compagnie et le producteur. La Compagnie dirigera le blé vers un point terminal dès que le producteur aura mis à sa disposition une ou plusieurs voitures.

Catégorie D. — Quantités d'une ou plusieurs wagonnées pour un producteur. Le blé soumis à la classification sera emmagasiné et dirigé vers un point terminal dès que le producteur aura mis à la disposition de la Compagnie une ou plusieurs voitures, pourvu toutefois que ce contrat n'enlève pas au producteur quelqu'un des droits qu'il peut tenir de « the canada grain act » ou des règlements des commissaires du bureau des grains.

3° Au cours de la manutention du blé faite conformément aux catégories ci-dessus énumérées, la Compagnie se servira de son crédit, de son argent, des arrangements qu'elle a conclu avec les trésoriers régionaux, pour fournir des avances aux producteurs après que le blé aura été livré au silo et que des tickets de silo auront été délivrés. En ce qui concerne les catégories A. C. et D., la Compagnie satisfera les demandes de fonds immédiates du producteur en lui faisant des avances sur une base raisonnable jusqu'à ce que le blé ait été livré au pool, aux points terminaux. En ce qui concerne la catégorie B., la Compagnie fera pour le compte du pool le paiement initial dont il est question ci-après pour le street wheat et transportera ce blé au prix fixé ci-après jusqu'à la livraison au pool aux points terminaux.

3° a) Le pool reconnaît que la Compagnie peut donner en garantie le blé des catégories A. B. C. et D. à sa banque ou aux banques qui se conforment pour l'organisation à la section 88 du « bank act », mais seulement pour les avances actuellement consenties sur ledit blé, si une telle garantie est exigée par la banque comme condition du prêt à la Compagnie de l'argent qui lui est nécessaire à la dite Compagnie pour venir en aide au pool.

4° En manutentionnant le blé des catégories A., C. et D., la Compagnie exigera du producteur le paiement des charges normales de mise en silo, de manutention et d'emmagasinage.

Le producteur acquittera également une charge de service de 3/4 % par boisseau, plus d'avance une année d'intérêt si l'on fixe le taux de 7 %. En retour, la Compagnie fournira au producteur le service régulier de l'élévateur régional. Le grain qu'elle détiendra sera en totalité assuré sur la base des valeurs de Fort William. Elle mettra des voitures à la disposition du producteur, soumettra le blé à l'inspection du gouvernement, paiera pour le compte du producteur les frais de transport par chemin de fer, les frais d'inspection par le gouvernement et de pesée et tous autres frais. La Compagnie assumera la charge d'agir contre la Compagnie de Chemins de fer si le mauvais état des wagons ou leur destruction entraîne une perte pour le producteur. Elle fournira de même au point terminal un reçu d'entrepôt pour le dit blé et délivrera au pool ces documents dans le plus bref délai exigeant du pool le paiement comptant initial et complet, que le pool doit au producteur. Elle remettra promptement ces espèces au producteur, compte tenu des avances qui pourront lui avoir été faites ou des charges qui auront été payées pour son compte. La Compagnie délivrera également au producteur sur « growers'certificate ». En fait, la Compagnie rendra au producteur tous les services dont il aura besoin pour la livraison au pool de son blé, à tout point ou moulin situé à un point terminal, ressortissant de la division de l'inspection de l'Ouest; et mettra le blé à la disposition du pool aux dits lieux, de la façon que le pool estimera la plus avantageuse pour la vente directe ou l'exportation.

5° En manutentionnant le blé de la catégorie B, la Compagnie s'engage à faire au producteur, pour le compte du pool, le paiement initial par billet de caisse (qui peut être immédiatement acquitté par les Trésoriers de la Compagnie). Ce paiement s'effectuera au chiffre déterminé par le pool et sur la base des valeurs de Vancouver, déduction faite des frais spéciaux de transport et d'une somme qui ne doit pas excéder, pour les numéros 1, 2, 3 Nord-Manitoba, 5 cents par boisseau et pour toutes les autres catégories 6 cents par boisseau, plus pour toutes les catégories une fraction de cent inférieure à un demi-cent par boisseau qui pourra être prélevée au moment de retrancher du paiement initial les frais de transports par boisseau, comme il a été dit. (La déduction de cette fraction de cent se fera comme il est dit à l'annexe « E ». On se base sur le paiement initial de $ 1 par boisseau, en magasin Vancouver). Il est convenu que, si l'état de la récolte le requiert, une déduction supplémentaire sera faite après entente sur la valeur brute ou commerciale.

6° Le pool s'engage à faire à la Compagnie le paiement initial complet, moins certaines charges pour quelques-unes des catégories ci-dessus énumérées, dès que les récépissés d'entrepôt, ou en cas d'expédition dans l'Ouest, dès que les accusés de réception lui seront parvenus des points terminaux, après délivrance qui lui aura été faite par la Compagnie des lettres de voiture. Il est de plus entendu et convenu que la différence entre le paiement initial fait par le pool à la Compagnie et le paiement effectué aux diverses stations régionales pour le Street wheat sera retenue par la Compagnie comme paiement des services rendus.

7° Le pool reconnaît que si, au cours de l'année, des modifications sont apportées dans la classification des grains telle qu'elle a été déterminée lors du paiement initial, il acceptera de la Compagnie livraison de tout le « street wheat » reçu par elle, comme il a été dit au sujet de la classification ci-dessus fixée, d'après les bases qui ont permis à la Compagnie d'effectuer sur paiement initial.

8° La Compagnie s'engage, en outre, à faire au pool un rapport quotidien sur le blé de catégorie B reçu à chacun de ses silos, à fournir les voitures nécessaires à diriger ce blé vers les points terminaux indiqués par le pool dans le ressort de l'inspection de l'Ouest aussi souvent que pour son propre blé suivant la date de réception au silo. La Compagnie s'engage également à livrer au pool, aux points terminaux, toute la quantité de blé de catégories évaluée en boisseaux pour laquelle des billets de paiement ont été émis et à payer les frais de chargement d'après le volume et ceux de nettoiement à l'arrivée qui pèsent sur ledit blé de catégorie B. La Compagnie s'engage à procurer au pool aussitôt que possible après le chargement une liste des voitures de blé de catégorie B et de catégorie A Fort William ou Port Arthur.

9° La Compagnie s'engage de plus à assumer les risques de triage en ce qui concerne ce blé de catégorie B et de faire livraison au pool aux points terminaux, conformément à la classification et au volume établis par le Gouvernement. Le paiement doit être effectué au siège du pool; la somme à payer comptant ayant été fixée pour chaque catégorie de blé livré. La Compagnie s'engage à expédier de chaque silo régional, aussitôt que possible, les mêmes quantités et qualités de blé qui ont été reçues des producteurs à chacun des silos régionaux et s'engage à ne pas substituer du blé provenant d'autre lieux d'expédition sans le consentement du pool. Le pool s'engage à accepter le blé provenant de ces autres lieux quand il en sera requis et quand cela pourra se faire sans dommage.

10° Les deux parties conviennent que le règlement comptant de la quantité livrée ou à livrer de blé de catégorie B, de toutes espèces, par la Compagnie de silos au pool, s'effectuera à la fin de la saison au chiffre moyen qui a été fixé à Fort William pour les récoltes locales pendant l'année de la récolte finissant au 31 août. La Compagnie de silos s'engage à livrer au pool aussitôt que possible les quantités pour lesquelles elles ont écrit des « reçus de producteur » et rien dans le contrat ne doit être interprété comme obligeant la Compagnie à accepter du blé d'une qualité à la place de blé d'une qualité différente si ce n'est en quantités raisonnables telles que leur introduction pourrait s'expliquer par perte fortuite de qualité. Toute livraison occasionnée par une telle substitution de qualités sera soumise au règlement comptant dont il est question à cet article.

11° La Compagnie s'engage, en outre, à assurer ou à continuer d'assurer à ses frais le dit blé de catégorie B suivant les valeurs de base de Fort William.

12° Le pool s'engage à payer à la Compagnie les frais de transport du dit blé à concurrence du trentième pour cent par boisseau et par jour; le paiement des dits frais commençant à la date d'expédition au pool du rapport journalier établissant que ce blé a été pris en charge au silo de la Compagnie. L'acquittement de ces frais s'effectuera jusqu'à la date de paiement du dit blé par le pool à la Compagnie inclusivement. Dans le cas où la Compagnie n'expédierait pas ce blé de catégorie B à l'époque voulue (à son tour) et dès que des voitures seront disponibles, le dit pool, à moins de décision contraire de sa part, ne sera pas exposé au paiement des frais de transport qui n'ont pas été acquittés et qui grèvent, soit ce blé de catégorie B, soit tout autre blé de la même catégorie que la Compagnie peut avoir dans ses silos et dont elle n'a pas assuré l'expédition en temps voulu. Si le prix des billets de paiement du taux de 25 cents Fort William que le pool doit verser pour le paiement comptant initial est porté à 70 cents ou plus, le dit pool s'engage à acquitter ces charges de transport à des échéances échelonnées, comme l'indique l'annexe « D ».

13° Les deux parties conviennent que dans l'hypothèse d'une modification apportée dans le taux du fret pour Vancouver, le pool paiera à la Compagnie les excédents qui se trouvent dûs de ce fait; la Compagnie paiera au pool les réductions qui résultent du nouveau taux pour le blé de catégorie B non encore expédié.

14° Le pool accorde que si la Compagnie, à un moment donné, a besoin de place dans ses silos, la dite Compagnie aura le droit de diriger vers les points terminaux le blé de catégories A B C et D et de demander que le producteur fournisse une ou plusieurs voitures. Chaque producteur pourra être ainsi contraint dans l'ordre fixé par la Compagnie sur son livre d'ordre de voiture (a ordre-book), après notification au pool de son intention d'agir ainsi. Le pool reconnaît, en outre, que pendant les trois premiers mois de la saison des récoltes, à compter du 1er septembre de chaque année, tout le blé sera dirigé vers les points terminaux aux silos de moulins situés dans le ressort de l'inspection de l'Ouest, aussitôt que possible après livraison aux silos de la Compagnie.

15° Le pool reconnaît que tout blé de pool de quelque catégorie que ce soit, dirigé vers les points terminaux où la Compagnie utilise un ou plusieurs silos, sera manutentionné au silo désigné par la Compagnie.

16° La Compagnie promet, toutes les fois que cela sera possible et ne sera pas préjudiciable à ses propres affaires, de manutentionner et transporter tout blé des catégories A B C et D dans ses silos si le pool le désire.

17° Le pool s'engage à payer à la Compagnie, au reçu des états de grains qui s'y rapportent, les charges de transport existant à ce jour et dûes à la Compagnie le quinzième et le dernier jour de chaque mois.

18° Le pool s'engage à effectuer à la Compagnie le paiement comptant initial immédiatement après remise qui lui aura été faite par la Compagnie des documents créés aux points terminaux pour tout le blé qui lui a été expédié par l'intermédiaire de la Compagnie.

19° La Compagnie déclare qu'au moment d'émettre des billets de paiement, le producteur recevra un « reçu de producteur », dans les formes fixées par le pool.

20° Le pool reconnaît que dans le cas où il demanderait à la Compagnie de lui fournir des services non mentionnés dans cet acte, une rémunération spéciale sera fixée à ce propos d'un commun accord que le pool paiera à la Compagnie. La Compagnie s'engage à fournir ses services quand il lui sera raisonnablement possible de le faire.

21° Le pool s'engage à informer chaque producteur des formalités que ce dernier doit remplir au moment où il livre son blé à un silo de la Compagnie : à savoir, avis adressé à l'agent de la Compagnie que les blés livrés sont du blé de pool; aucune indication ne doit être fournie par le producteur sur le procédé de manutention qu'il désire voir appliquer à son blé. Le pool reconnaît, en outre, que tout manquement de la Compagnie à son obligation de manutentionner le blé du producteur, conformément aux termes généraux de l'acte, résultant du défaut de notification par le producteur à l'agent de la Compagnie, dégagera la Compagnie de toute responsabilité pour la violation que, de ce fait, elle aura apporté par inadvertance aux termes de ce contrat.

22° Le pool s'engage à fournir toutes feuilles et formules spéciales dont il n'est pas fait un usage courant par la Compagnie dans ses affaires pour faciliter à la Compagnie l'observation des termes de cet acte.

23° Il est convenu par les deux parties que tout manquement de la part de chacune aux termes de cet acte résultant d'une inadvertance occasionnelle de la part de leurs employés ne sera pas considéré comme une violation d'une clause de ce contrat par le pool ou la Compagnie.

24° Il est convenu par les deux parties que le prix marqué aux annexes « A » et « B » sont les prix du paiement initial comptant que le pool doit effectuer aux points terminaux et aux silos régionaux, respectivement, comme il a été dit à l'acte.

25° La Compagnie s'engage à remplir ses engagements aussi bien que possible, notamment pour assister le pool et l'aider de toutes manières dans la recherche des résultats effectifs et satisfaisants qu'il désire pour le producteur et s'engage par les présentes à ne faire dans la conduite de ses affaires aucune différence entre les producteurs membres du pool et ceux qui n'en font point partie.

26° Le pool s'engage à maintenir toujours une marge raisonnable entre le montant des avances initiales qui ont été payées sur le blé de catégorie B disponible aux silos ou en transit et la valeur du marché. Il s'engage, si cette marge est inférieure à 10 cents par boisseau, à renvoyer à la Compagnie une part du paiement initial comptant effectué auparavant de façon à maintenir une marge nette de 10 cents par boisseau au plus.

27° Il est, par les présentes, entendu que la Compagnie peut à tout moment, si elle le juge propre, à satisfaire l'intérêt de ses affaires, moyennant notification écrite adressée au pool deux semaines à l'avance, fermer quelqu'un de ses silos. La Compagnie, dans ce cas, ne pourra être forcée d'observer les termes de cet acte pour ce qui a trait audit silo pour tout le temps où il restera fermé.

28° Le contrat passé entre le pool et le producteur est annexé à l'acte sous le signe « C ».

29° Le pool s'oblige à fournir à la Compagnie tout renseignement qu'il reçoit ayant trait aux sûretés qui grèvent le blé ou aux réclamations qui peuvent avoir pour objet le blé des membres du pool domiciliés dans le voisinage des stations où la Compagnie a un silo.

30° Dans l'hypothèse d'un nouvel accord entre le pool et une autre partie exploitant des silos, pendant toute la durée du présent contrat, d'où la Compagnie pourrait retirer de plus grands avantages, la Compagnie, dans ce cas, aura le droit d'accepter cet acte, de l'incorporer au présent accord et de le considérer comme en faisant partie intégrante.

31° Le pool s'engage dans l'hypothèse de déchargement de blé pour emmagasinage aux silos du Gouvernement de l'intérieur loués à Edmonton, Culgary, Saskatown, ou Roose Saw et de réexpédition à une date ultérieure dudit blé à Fort William ou Port Arthur, à consigner de tels chargements aux dits points terminaux conformément à leur destination primitive comme s'il n'y avait eu aucun déchargement en cours de route.

32° Cet acte est réputé entrer en vigueur et lier les parties jusqu'au 1ᵉʳ septembre 1927.

33° Il est entendu que les présentes et toutes les clauses de cet acte obligeront les parties contractantes, leurs successeurs et représentants et leur profiteront respectivement.

En témoignage de quoi, « l'Alberta Cooperative wheat Producers (Ltd) » a fait apposer ci-dessous sur sceau, contresigné par ses représentants spécialement mandatés, et le « Blank Grain Cᵒ (Ltd) » a fait apposer ci-dessous sur sceau, contresigné par ses représentants spécialement mandatés.

A.. .. .. .. Province de.. .. .. .. le jour.. .. .. .
mois.. .. .. .. A. D. 1926.

« The Alberta Cooperative Wheat Producers » (Ltd).
Signé, scellé et remis aux parties en présence.

De ....
Sceau ....
Sceau ....

(Compagnie de silos)

Contrat passé entre les producteurs et les Manitoba pool Elevator Association

CONTRAT

Ce contrat, fait le............. jour............... mois, an. 1925, entre « Cooperative Elevator Association (Ltd) », groupement ayant son siège à la station de chargement ci-après désignée, appelé dans l'acte « l'Association » d'une part, et les soussignés résidant dans le voisinage de la dite station de chargement, ci-après désignés sous le nom de « le producteur », d'autre part.

Attendu que le producteur fait partie de la « Manitoba Cooperative Wheat Producers (Ltd) (ci-après désigné sous le nom de « le pool ») et désire coopérer avec les autres membres du pool résidant eux aussi dans le même voisinage, en acquérant par louage et en usant d'un silo à grain situé à la station de chargement, pour la manutention du grain du pool;

Attendu que l'Association a été formée dans le but susdit et se propose de passer un acte avec la « Manitoba Pool Elevatore (Ltd) (ci-après désigné sous le nom de « silos du pool ») pour le louage et l'usage d'un silo destiné au grain du pool, situé à la station de chargement;

Attendu que, le producteur est ou désire devenir membre de l'Association et souhaite, de concert avec les autres producteurs, passer cet acte avec l'Association;

Attendu que cet acte, bien qu'il n'exprime qu'une situation particulière, fait partie d'une série d'actes conçus en termes identiques ou généralement similaires, passés entre l'Association et un certain nombre de membres du pool résidant à la station de chargement ou dans le voisinage et ne constituera qu'un contrat entre les diverses personnes signataires de cet acte et l'Association.

Attendu que le producteur soussigné et chacune des autres personnes signataires de cet acte ou d'un acte semblable passé avec l'Association, ont déjà passé un ou plusieurs contrats avec le pool pour la livraison audit pool du grain produit ou acquis par eux, dans les termes et aux conditions portés audit ou auxdits contrats :

Que désormais cet acte témoigne que, considérant les motifs qui viennent d'être énumérés, considérant les accords et contrats contenus dans le présent acte et l'exécution de cet acte ou d'un acte conçu en termes semblables, par un certain nombre des autres membres du pool résidant à la station de chargement ou dans le voisinage, les parties, par les présentes, s'accordent dans les termes suivants :

1° Toutes les fois que le mot « grain » sera utilisé dans cet acte, il signifiera et comprendra tout le grain mentionné au ou aux contrats passés déjà comme il a été dit, entre le producteur soussigné et le pool. Toutes les fois que l'expression « station de chargement » sera utilisée dans cet acte, elle signifiera dans la province de Manitoba.

2° Le producteur s'engage, pour la ou les périodes portées au ou aux contrats déjà passés comme il a été dit entre le producteur et le pool et toutes les fois qu'il en sera repris par l'Association, à livrer à l'Association, au silo dont elle a fait ou doit faire l'acquisition à la station de chargement, comme il a été dit, tout le grain que, aux termes dudit ou desdits contrats, il s'est engagé à consigner et à livrer au pool. Le producteur s'engage, de plus (sauf exceptions prévues au présent acte), à ne pas livrer pendant lesdites périodes toute quantité dudit grain à toute personne, firme ou groupement autre que l'Association. Il est déclaré et entendu que les clauses de cette section constituent une disposition essentielle de cet acte et que, dans l'hypothèse d'une violation de ces clauses ou de l'une d'entre elles par le producteur, la sous-section 3 de la section 26 de « the coopérative association act » s'appliquera.

3° Le grain sera réputé livré à l'Association aux termes de cet acte, lorsque seulement le dit grain sera actuellement en la possession de l'Association en son silo de la susdite station de chargement.

4° L'Association s'engage à prendre livraison dudit grain, de le consigner et de le livrer au pool, conformément aux obligations qui lui sont imposées par le ou les contrats passés, comme il a été dit, entre le producteur et le pool.

5° Le producteur s'engage à payer à l'Association, comme et quand elle l'en requerra, sa part proportionnelle, imputée sur un chiffre de base annuel et par boisseau, du coût total qui résulte pour l'Association de l'acquisition, conservation et usage dudit silo. Il est entendu qu'en imputant un tel coût total l'Association sera autorisée à comprendre dans ce coût :

a) Une somme annuelle destinée à l'amortissement, égale à 10 % du coût du silo;

b) Une vente annuelle égale à 7 % du coût dudit silo, duquel coût on déduira 10 % d'année en année, en raison de la dépréciation du silo;

c) Les impôts, assurances contre l'incendie (à la fois sur les bâtiments, le grain et autres objets ou matières contenues), frais du loyer, dépenses nécessitées par la réparation et conservation dudit silo en bon état, avantages accordés au personnel ouvrier et toutes autres charges imposées par la loi;

d) Salaires, gages et indemnités accordés aux agents, employés et directeurs;

e) Les dépenses légales nécessitées par la formation, l'organisation. etc..., de l'Association;

f) La part proportionnelle de l'Association dans les frais de surveillance générale et de contrôle supportés par les silos du pool;

g) Le coût de toutes autorisations officielles et de toutes charges imposées par « the Canadian grain act »;

h) Tous autres frais et dépenses qui peuvent incomber à l'Association aux termes du contrat qu'elle a passé avec les silos du pool.

Tous autres frais et dépenses que les directeurs peuvent juger nécessaires à l'intérêt de l'Association et de ses membres.

Il est entendu que le producteur participera aux frais qui incombent à l'Association aux termes de cet article, dans la mesure où l'Association aura manutentionné au cours de la même année, le blé du pool qu'il aura produit ou acquis.

6° Il est entendu que l'obligation du producteur de payer à l'Association les sommes mentionnées à l'acte est absolue et que le producteur ne sera, pour si peu que ce soit, relevé de cette obligation. S'il néglige ou manque de livrer son grain à l'Association, conformément aux clauses du présent acte.

7° Les affaires de l'Association ne sont pas orientées vers le profit et le producteur ne supportera aucune charge en raison de bénéfices éventuels.

8° Si l'Association, dans l'exercice de son pouvoir discrétionnaire, ne requiète pas le paiement de tout ou partie des sommes qui lui sont payables par le producteur, conformément aux termes du présent acte, avant ou à la date du reçu par le producteur du paiement initial que lui a fait le pool, ledit producteur transfèrera à l'Association les sommes qui lui sont dûes par le pool du fait de son paiement définitif ou provisoire que ledit pool lui doit pour assurer à l'Association le paiement des sommes qu'elle est en droit de demander au producteur.

9° Le producteur s'engage, comme et quand il en sera requis par l'Association ou l'un de ses directeurs, agents ou employé, à fournir de temps à autre les wagons nécessaires à l'expédition de son grain, conformément aux clauses de « the Canadian grain act » ou tout autre loi analogue qui peut devenir exécutive dans la suite, jusqu'à l'expiration du présent acte et se conformer à tels autres règlements et textes dont l'Association peut exiger l'application en ce qui concerne la manutention ou grain de son grain (le pain du producteur).

10° Le producteur s'engage à souscrire et par les présentes souscrit une action dans le capital de l'Association et s'engage à payer à l'Association la valeur au pair de la dite action, c'est-à-dire le prix de $ 1. L'Association déclare accepter la dite souscription et allouer au producteur une action de son capital.

11° Ce contrat liera le producteur, ses représentants personnels, successeurs et ayant droit, pendant la ou les périodes ci-dessus mentionnées, aussi longtemps qu'un membre de sa famille résidant avec lui cultivera le blé, directement ou non, dans le voisinage de la station de chargement; on tiendra de la loi le droit d'exercer sur ce blé propriété et contrôle ou de faire valoir ses intérêts sur ce blé ou sur le blé de toute terre où le grain du pool a poussé pendant les dites périodes.

12° Si le producteur qui a fait venir son grain à la station de chargement et qui est en mesure de livrer le dit grain à l'Association, ne peut effectuer cette livraison parce que l'Association ne peut en prendre charge, il pourra, dans ce cas, après avoir informé l'Association de son intention, livrer le dit grain du pool à un silo autre que celui utilisé par l'Association. Dans ce cas, le producteur devra immédiatement cesser le transfert du grain à la station de chargement jusqu'à ce que l'Association puisse le recevoir, à moins que l'Association ne l'autorise à agir différemment.

Il est expressément entendu que ni ce contrat, ni quelqu'une des clauses qui y sont contenues n'affectera le ou les contrats déjà passés par le producteur avec le pool et ne relèvera en rien le producteur de l'obligation qu'il a de réaliser et d'exécuter tous les accords et conventions contenus dans ledit ou lesdits contrats, et que le producteur s'est engagé à exécuter. Il est de plus entendu que cette convention ne doit porter en rien préjudice à l'exécution du ou desdits contrats qui lient le producteur et le pool ainsi qu'aux droits des parties à ces contrats.

Il est, en outre, convenu que s'il s'élevait quelque incompatibilité entre les clauses du présent acte et celles de ou des actes passés entre le producteur et le pool, le producteur devra se conformer aux clauses du ou des actes qu'il a passés avec le pool.

14° Les parties déclarent qu'il n'existe ni conditions orales ou autres, ni promesses, accords, engagements ou obligations autres en plus ou différant des clauses du présent acte et que le dit acte exprime pleinement........................... l'accord est libre des deux parties.

En témoignage de quoi, le producteur a ci-dessous apposé sa signature et son sceau, et l'Association a ci-dessous fixé son sceau sous la signature de son représentant spécial en la cause, le jour et l'année étant ci-dessous indiqués.

Scellé, livré et contresigné par le président, en présence de :

....

....

Par ...., Président.

Signé, scellé et remis par le producteur en présence de............

....

....

....

(signature du producteur).

Bureau de poste........................

Superficie. Blé................ Grains vulgaires................

Convention constituant l'Agence principale de Vente

CONTRAT PASSÉ LE 20 AOUT 1924

Entre :

« The Alberta Cooperative wheat Producers (Ltd) », « Sashatchewan Cooperative wheat Producers (Ltd) » et « Manitoba Cooperative wheat Producers (Ltd) », ci-après comprises sous le nom de « les Associations », d'une part,

et « Canadian Cooperative wheat Producers (Ltd) » ci-après désignée sous le nom de « la Compagnie », d'autre part.

Que cet acte témoigne que :

Attendu que les Associations sont des associations pour le commerce du blé non orientées vers le profit et qu'elles font leurs opérations avec leurs membres producteurs dans les provinces respectives d'Alberta, de Sashatchewan et de Manitoba, conformément aux termes de contrats-types, dans le but de faire le commerce de blé de leurs dits membres dans la forme coopérative et dans le but de promouvoir, de favoriser et d'encourager la production et le commerce du blé sous la forme cooperative, d'éliminer la spéculation sur le blé et de stabiliser le marché du blé.

Attendu que, il est prévu dans les dits contrats de commerce que les Associations peuvent vendre tout ou partie de blé à elles livré par leurs membres respectifs par l'intermédiaire de toute agence ou en union avec toute agence dans le but de faire le commerce du blé des dites provinces, sous forme de contrat à terme ou autrement, et aux conditions propres à servir l'intérêt commun des producteurs et que les Associations sont autorisées par les présentes à transférer à toute agence les droits, pouvoirs et privilèges des Associations conformément aux termes desdits contrats de commerce.

Attendu que les Associations sont d'avis que les intérêts de leurs membres seront servis au mieux, que le but qu'elles visent pourra être mieux atteint en utilisant pour la vente du blé de leurs membres les dites agences; et que c'est en raison de cette opinion que les Associations ont voulu que la Compagnie soit constituée.

Donc, considérant ces motifs, considérant l'exécution de ce contrat par chacune des Associations, considérant les obligations communes et particulières ci-énumérées et la confiance de chaque Association dans les autres pour l'exécution intégrale de toutes les clauses du présent acte; considérant enfin les accords et conventions ci-inclus passés par la Compagnie, il est convenu entre toutes les parties et la Compagnie ce qui suit :

1° Jusqu'à ce qu'il en soit convenu autrement, le nombre des actionnaires de la Compagnie sera limité à 12. L'assemblée des actionnaires comprendra les trois associations portées à l'acte, d'une part; et neuf personnes dont trois seront désignées pour chacune des dites Associations, chacune des personnes ainsi désignées devra être membre de l'Association par laquelle elle est désignée et devra détenir une action seulement du capital social de la Compagnie. Chacune des dites Associations s'engage à souscrire, et par les présentes souscrit, 497 actions du capital social de la Compagnie et convient de payer la somme de $ 49.700 ainsi qu'il suit : 10 % au moment de la souscription et le reste sur appel de (fonds) par les directeurs de la Compagnie.

a) A toutes les assemblées de la Compagnie, chaque Association sera représentée par les actionnaires individuels désignés par elle comme il a été dit et chacun desdits actionnaires individuels sera autorisé conformément aux statuts de la Compagnie à n'émettre qu'un vote.

Si quelqu'un desdits actionnaires individuels se trouvait absent de l'assemblée des actionnaires ou directeurs de la Compagnie, tout vote qu'il devrait émettre serait présenté par un actionnaire présent à la dite assemblée et désigné par l'Association qui a nommé le ou les actionnaires absents.

b) Les neuf actionnaires individuels constitueraient le bureau de, direction de la Compagnie.

c) Un Comité exécutif sera constitué. Il comprendra trois membres dudit bureau de direction, dont l'un sera désigné par chacune des Associations en qualité de membre du dit comité exécutif, lequel comité aura et exercera pour le temps porté à l'acte, et comme il est prévu dans le procès-verbal de désignation ou dans les statuts, tous pouvoirs que possèdent les directeurs dans la conduite des affaires de la Compagnie.

d) Chaque association, par les présentes, approuve les statuts de la Compagnie et déclare s'y soumettre.

2° Chaque association, par les présentes, transfère et confère à la Compagnie tous les pouvoirs, droits et privilèges qu'elle tient de son contrat avec les producteurs et par les présentes constitue et désigne la Compagnie son seul et exclusif agent et mandataire dans la poursuite des buts ci-après fixés, avec pleins pouvoirs et autorité pour agir en son nom propre et au nom de l'Association pour traiter telles affaires et agir de telle façon qu'elle jugera nécessaire, d'une utilité accessoire ou simplement convenables à la réalisation de ses projets; lui accordant, en outre d'une telle investiture, un intérêt financier direct (dans l'affaire) en tant qu'agent et mandataire de toutes les Associations soussignées et sans pourvoi de révocation pour toute la durée du présent acte.

a) Pour recevoir et prendre livraison, manutentionner, transporter, emmagasiner, commercer, vendre et disposer autrement du blé qui lui est livré par l'Association ou à l'ordre de l'Association, de quelque manière et en temps et lieu que la Compagnie jugera comme les plus avantageux à l'intérêt des membres de l'Association.

b) Pour mélanger le blé reçu de l'Association avec du blé de même qualité ou espèce livré à la Compagnie par une autre Association.

c) Pour emprunter de l'argent au nom de la Compagnie et pour son compte, sur le blé à elle livré ou sur les récépissés d'entrepôt ou de magasin ou sur les accusés de réception du grain, ou sur
ou sur toutes traites, connaissements, lettres de voiture, lettres de change, billets d'acceptation, billets à ordre ou sur tout papier de commerce émis à cette occasion ou tous documents et titres de preuve relatifs au commerce du dit blé, d'exercer tous droits de propriété sans limitation et de

donner en garantie en son propre nom et pour son compte les dits blés,
récépissés, crédits ou traites, connaissements, billets, acceptations, billets
à ordre ou tout autre papier de commerce, ainsi que tous documents et
titres probatoires, de signer, endosser, déléguer, négocier, décharger,
livrer, vendre, disposer en quelque manière d'utiliser autrement tous
documents et instruments ainsi que les recettes réalisées.

d) De payer ou retenir et déduire de la somme totale provenant de la
vente de tout le blé reçu par la Compagnie, toutes sommes empruntées
conformément aux clauses de cet acte, y compris l'intérêt et toutes autres
charges et dépenses particulières, ainsi que la somme nécessaire à couvrir les frais de courtage, d'annonces, d'impôts de péages, frais de transport et d'entrepôt, dépenses légales et toutes autres charges particulières
telles que salaires, frais fixes et dépenses générales de la Compagnie.

3° Les Associations s'engagent à avancer à la Compagnie, par voie de
prêt et de temps à autre sur réquisition du Bureau de direction de la
Compagnie, telles sommes qui pourront, d'après le dit bureau de direction, être nécessaires à la poursuite des opérations de la Compagnie. Ces
avances seront fournies par les Associations en égales proportions ou en
telles autres proportions qui, de temps à autre, pourront être fixées d'un
commun accord par les parties.

4° Conformément aux termes ci-dessus, les Associations conviennent
avec la Compagnie et avec chacune d'entre elles, de livrer à la Compagnie
ou à ordre tout le blé et récépissés d'entrepôt ou de magasin livré à chacune d'elle ou à son ordre conformément aux dits contrats de commerce
passés avec leurs membres respectifs à compter du 16 juillet 1924. La
Compagnie, s'engage à se comporter comme agent et mandataire des
Associations, à recevoir le blé à elle livré par les Associations, d'en prendre livraison, le manutentionner, l'emmagasiner, d'en faire le commerce,
le vendre et d'en disposer de toute autre manière aux prix les plus avantageux du marché. La Compagnie, dès que cela lui sera possible après
chaque livraison de blé qui lui sera faite par une Association, avancera
des fonds à l'Association, à un taux par boisseau variable avec l'espèce,
la qualité et le lieu de délivrance que la Compagnie fixera. La Compagnie
convient, en outre, de payer aux Associations, comme elle l'entendra et de
temps à autre, sur les fonds qui résulteront de la vente de la récolte de
chaque saison, leurs parts respectives et particulières dans le produit de
la vente du blé effectué chaque saison par la Compagnie pour le compte
des Associations; elle déduira de ce paiement toutes sommes que la Compagnie est autorisée à retrancher par les clauses de ce contrat; toutes
avances faites aux Associations et toutes autres déductions autorisées.

5° Le blé sera réputé livré à la Compagnie conformément aux termes
de cet acte, avec transfert des risques à la Compagnie, seulement quand
les lettres de voiture, reçus d'entrepôts, certificats de prise en charge ou
tous autres documents ou titres probatoires s'y rapportant auront été
transférés, convenablement endossés au profit de l'Association par la
Compagnie.

6° La Compagnie s'engage à apporter tout son soin au développement
de la route de l'Ouest pour l'expédition du blé et à l'extension des marchés de l'Est dans le même but. Elle s'engage à tenir un compte exact de
toutes les ventes faites sur la base Vancouver, y compris les ventes faites
aux moulins sur cette base; et de temps à autre à créditer l'Association
qui livrera le grain vendu par la Compagnie sur la base de Vancouver

au bénéfice de tous les membres, de tout excédent de prix ou prime qui pourront résulter de la comparaison des prix Vancouver avec les prix fixés à la même date sur la base Fort William et à lui payer ces excédents et primes.

7° *a*) Les Associations, par les présentes, confèrent collectivement à la Compagnie tous pouvoirs, droits et privilèges qui leur sont garantis par leurs contrats respectifs de commerce, comprenant le droit de manutentionner le blé à elle livré par l'Association, de l'emmagasiner, l'entreposer, le transporter, d'y consacrer des capitaux et d'en faire le commerce.

b) Les droits, pouvoirs et autorités conférés par les Associations à la Compagnie, conformément aux termes de ce contrat, seront exercés conformément aux clauses des contrats-types de commerce passés entre chaque Association et ses membres producteurs, dont les copies sont annexées au présent acte et en font partie intégrante.

8° *a*) Dans le but de définir d'une façon générale le champ d'activité de la Compagnie, il est entendu que les diverses sortes de services ci-dessous mentionnés et décrits pourront être établis maintenus et administrés par la Compagnie, à savoir :

1. Ventes locales (pour la livraison et la consommation du blé à l'intérieur de la Province).

2. Ventes pour la consommation intérieure et l'exportation.

3. Services financiers.

4. Transports aux points terminaux.

5. Statistique et information.

6. Field service surveillant le field service provincial et la publicité.

7. Silos des points terminaux et entrepôts (recherche des moyens de réception du grain en dehors de la Province).

8. Triage.

9. Contentieux général.

10. Administration (création d'organismes dans chaque province en vue des redditions de comptes).

b) Dans le but de définir d'une façon générale le champ d'activité des Associations, il est entendu que les divers services mentionnnés et décrits ci-dessus pourront être établis, maintenus et administrés par les Associations :

1. Field service (publicité locale des membres des Associations).

2. Silos et entrepôts (à l'intérieur de la Province).

3. Contentieux local (exécution des contrats qui lient les membres aux Associations).

4. Rapport avec les silos.

5. Organisation administration (administration réelle).

6. Transport aux points terminaux.

c) En dépit de ce qui est convenu dans cet acte, et pour écarter toute possibilité de doute, il est, par les présentes, déclaré et convenu que les Associations garderont le contrôle de toutes les livraisons de grain effectué par leurs membres producteurs, recevront directement tout le grain consigné et délivré par leurs membres producteurs respectifs et en prendront livraison. Ledit grain livré par les membres producteurs à leur association respective sera livré par les dites Associations à la Compagnie.

9° Il est expressément entendu et convenu que les parties en présence que, conformément aux clauses des contrats passés entre les Associations et leurs membres producteurs respectifs et pour tout autant que les Associations ont pourvoi, conformément aux clauses des dits contrats, de transférer de droit à la Compagnie un droit absolu au blé visé dans cet acte, passera et appartiendra à la Compagnie.

Ce transfert de droit s'opérera moyennant livraison du blé à la Compagnie ou à tout entrepôt, silo ou transporteur à l'ordre de la Compagnie ou sur remise à la Compagnie des récépissés d'entrepôt représentant le dit blé. Il est également entendu que tous documents établissant la propriété, y compris les lettres de voiture, ayant trait au dit blé, seront faits au nom de la Compagnie ou à son ordre à la date fixée pour la livraison à la Compagnie ou à l'ordre de la Compagnie.

Il est stipulé que rien dans le présent acte n'est destiné à empêcher chacune des dites Associations de mettre en gage son blé avant livraison à la Compagnie, en raison des sommes empruntées par la dite Association.

10° Il est expressément entendu que la Compagnie peut donner à à toute Association l'autorisation de vendre le blé sur le marché local de leur propre territoire, pourvu qu'un rapport en double de ces ventes soit envoyé à la Compagnie.

11° Les Associations déclarent que les décisions de la Compagnie pour tout ce qui a trait au commerce, à la manutention, au triage, aux pourcentages, déductions et distributions, dans la limite des pourvois qui lui sont conférés par cet acte, seront décisives.

12° Chaque Association convient que dans le cas où elle violerait une clause essentielle de cet acte, spécialement les clauses ayant droit à la délivrance du blé autrement qu'à la Compagnie ou par l'intermédiaire de la Compagnie, la Compagnie sera autorisée, sur son initiative, à adresser telles représentations propres à empêcher une violation plus profonde du contrat, et telles autres concessions équitables que les tribunaux jugeront convenables.

De plus, la Compagnie et chaque Association conviennent expressément que ce contrat n'est pas un contrat conclu en vue de services personnels ou exigent des parties un talent ou des capacités exceptionnels, mais qu'il s'agit d'un contrat pour la manutention du blé dans certaines circonstances et à des conditions spéciales et destiné à engager les Associations à constituer un important groupement d'experts et à se doter d'une organisation étendue dans le but de mettre à exécution les clauses de cet acte. Elles conviennent enfin que le but premier d'adopter l'offre de blé à la demande réelle de blé, ainsi que celui de répondre aux demandes de négociations commerciales et de manutention ne pourra être atteint que moyennant la pleine exécution de ce contrat et la livraison totale du blé par les dites Associations.

13° a) Pour autant que le recours en justice serait un remède inadéquat et pour autant qu'il est actuellement et qu'il sera toujours impraticable et extrêmement difficile de déterminer le dommage actuel qui atteindrait la Compagnie si une Association manquait à délivrer la totalité de son blé comme il est prévu dans cet acte, chaque Association s'engage par les présentes à payer à la Compagnie, au profit des Associations remplissant actuellement leurs obligations ci-dessous mentionnées et pour tout le blé livré, vendu, consigné, ayant fait l'objet d'un engagement commercial ou détenu par elle ou pour son compte en violation des termes du présent contrat, la somme de 10 cents par boisseau comme dommages-intérêts compensant la violation de ce contrat. Toutes sommes reçues par la Compagnie de toute Association, comme dommages-intérêts, conformément aux clauses de ce contrat, seront payables et payées aux Associations autres que celle dont les dommages-intérêts ont été reçus. Ce paiement sera fait aux dites Associations en proportion des quantités de blé respectivement délivrées par elles à la Compagnie au cours de l'année où les dits dommages-intérêts auront été reçus et payés. Toutes sommes reçues par une Association de la Compagnie, comme dommages-intérêts recouvrés conformément aux clauses de cet acte, seront considérées comme bénéfices de la dite Association.

b) Il est entendu et convenu que si les Associations en tant que groupement, ni la Compagnie ne considèrent le paiement de la somme ci-dessus mentionnée de 10 cents par boisseau à titre de dommages-intérêts comme un profit ou une peine. Leur seule préoccupation est d'assurer la livraison du blé ci-dessus désignée, point qu'elles considèrent comme essentiel à la réalisation du but de la Compagnie. En conséquence, la fixation de dommages-intérêts, représente l'estimation la meilleure que l'on puisse fournir pour un temps donné et pour un stock de blé de composition variable. Si l'on veut compenser la perte actuelle des Associations restées fidèles au contrat; perte qui doit, en quelque sorte, être supportée par elles du fait de l'impossibilité où se trouve la Compagnie de manutentionner la quantité de blé prévue et d'empêcher, de ce fait, toute sur-offre ou sous-offre injustifiée sur les marchés nationaux.

14° Une reddition de compte et la représentation des livres de la Compagnie seront faites par des comptables diplômés, au moins une fois par an. Des redditions de comptes supplémentaires seront en outre faits sur requête écrite, attestés par les sceaux corporatifs de deux des Associations. Des copies de ces comptes et rapports seront présentés à chaque Association et chaque Association par ses représentants spécialement accrédités aura le droit d'examiner les livres de la Compagnie à tout moment où cela pourra être raisonnablement fait.

15° Cette convention entrera en vigueur à la date ci-dessus fixée et produira ses pleins effets pour une période de temps assez longue pour permettre l'achèvement des opérations de manutention des récoltes de blé de 1924-1925-1926 et 1927 qui pourront être livrées à chaque Association et ne s'appliquera pas à toutes les récoltes postérieures. Mais, cependant, chaque Association pourra se retirer de cet acte par signification écrite envoyée trois mois à l'avance au bureau de la Compagnie avant le 1er juillet de chaque année. A l'envoi de cette signification, la dite Association cessera d'être liée par les clauses de cet acte à compter du 5 juillet de la dite année.

En témoignage de quoi, les parties ont apposé à l'acte leurs sceaux corporatifs dûment attestés par les signatures de leurs représentants spécialement mandatés les jours et an ci-dessus indiqués en tête de l'acte.

Signé, scellé et remis aux parties en présence de...................
....

TABLE DES MATIÈRES

Compte-Rendu des Séances du Congrès

PREMIERE SEANCE

Historique de la création des Silos en Algérie, Tunisie, Maroc

Banquet offert aux Congressistes par l'Institut Colonial

DEUXIEME SEANCE

Classification des Blés dans les Silos

PAGES

TROISIEME SEANCE

Classification des Blés dans les Silos (Suite)

Conditions de vente

QUATRIEME SEANCE

Silos des Banques

Construction des Silos

SEANCE DE CLOTURE DU CONGRES

LA CONFÉRENCE MÉDITERRANÉENNE

Rapports et Documents

Les premiers résultats du Congrès

La réglementation de la vente des Céréales de l'Algérie

Pièces Annexes

TOULOUSE. — IMPRIMERIE DU CENTRE, 28, allée Jean-Jaurès. — W. 491

LISTE DES PRINCIPALES MAISONS DE SURVEILLANCE
REPRÉSENTANT LA
SOCIÉTÉ GÉNÉRALE DE SURVEILLANCE S. A.
(GENERAL SUPERINTENDENCE COMPANY LTD)

28, RUE MONTGRAND MARSEILLE **28, RUE MONTGRAND**

Capital Frs : 1.900.000 (entièrement versé)

--- FRANCE ---

SOCIÉTÉ GÉNÉRALE DE SURVEILLANCE S. A.
28, r. Montgrand, Boîte post. Colbert 873, **Marseille**
avec sous-agences à :
15, quai de la Citadelle; B. post. 128 — **Sète, Port-Saint-Louis-du-Rhône** — **Dunkerque**
4 et 6, rue Jules-Lecesne; B. p. Cent. 131 **Le Havre**
3, rue de Buffon; Boîte post. 207 **Rouen**
6, quai Brancas; Boîte post. 96 **Nantes**
19, rue Thiers; Boîte post. 47 **Saint-Nazaire**
2, rue Henri-Rodel **Bordeaux**
8, rue de Richelieu
Boîte postale 8, Hôtel des Postes **Paris**

--- ALGÉRIE ---

SOCIÉTÉ GÉNÉRALE DE SURVEILLANCE S. A.
29, boulevard Carnot **Alger**
9, place de la République **Oran**
Quai; Boîte postale 21 **Philippeville**
avec agences dans tous les ports de l'Algérie

--- TUNISIE ---

SOCIÉTÉ GÉNÉRALE DE SURVEILLANCE S. A.
15, rue Es-Sadikia **Tunis**
avec agences dans tous les ports de la Tunisie

--- MAROC ---

SOCIÉTÉ GÉNÉRALE DE SURVEILLANCE S. A.
126, bd de la Gare, Boîte postale 531 **Casablanca**
avec agences dans tous les ports du Maroc

--- INDOCHINE ---

SOCIÉTÉ GÉNÉRALE DE SURVEILLANCE S. A.
Boîte Postale 85 **Saigon**

--- BELGIQUE ---

F. VAN BRÉE, S. A.
47, Longue Rue Neuve **Anvers**
245, rue des Prêtres **Gand**

--- HOLLANDE ---

INTERNATIONALE CONTROLE MATSCHAPPIJ
Boompjes 70 Post Box 564 **Rotterdam**
Kloveniersburgwal 47 Post Box 1109 **Amsterdam**

--- SUISSE ---

SOCIÉTÉ GÉNÉRALE DE SURVEILLANCE S. A.
1, place des Alpes B. P. Mont-Blanc **Genève**

--- DANEMARK ---

SKANDINAVISK KONTROL A/S.
Amaliegade 35. Boîte postale 98 **Copenhague-K**
Kystvej 41 **Aarhus**
Danmarksgade 94 **Aalborg**
Noerrebero 91 **Odense**

--- NORVÈGE ---

SKANDINAVISK KONTROL A/S.
Kongens Gate 2 **Oslo**

--- SUÈDE ---

SKANDINAVISKA KONTROLL A/B.
Skeppsbron 5; Boîte postale 220 **Malmœ**
Skeppsbron 4 **Gœteborg**
Herkulesgatan 8 **Stockholm**

--- ITALIE ---

« SORVEGLIANZA » SOCIETA ANONIMA ITALIANA
Via Carlo Alberto, 3, Int. 7-8 **Gênes**
Via Piliero 29, 2° piano **Naples**
Scala Belvedere 2 1° piano Cas. Post. 434 **Trieste**
Villa Prioglio, Casella Postale 24 **Postumia**
Campo S. Bartolomeo 5307 **Venise**
Piazza Vittorio-Emmanuele 7 **Livourne**
Via Vittorio-Emmanuele 34 **Catane**
Via Vittorio-Emmanuele 57/59 **Palerme**
Via dei Verdi, Isolato 281 **Messine**

--- ESPAGNE ---

SOCIEDAD GENERAL de SUPERVIGILANCIA S. A.
Via Layetana 20-2 **Barcelone**

--- PORTUGAL ---

SOCIEDADE GERAL de SUPERINTENDENCIA Ltda
Avenida 5 de Outubro 201, 3° **Lisbonne N**
Rua Infante D. Henrique 131 **Oporto**

--- ALLEMAGNE ---

CONTROLL Co, m. b. H
Schopenstehl 1-3 « Thomashaus » **Hambourg**
Langenstrasse 104-106 **Brême**
Alter Markt 4 **Emden**
Unterwick 17 **Stettin**
Sattlergasse 7-11 **Kœnigsberg i/Pr.**
Hopfengasse 34 **Dantzig**

--- ROYAUME-UNI ---

CARGO SUPERINTENDENTS (London) LTD.
48, Fenchurch Street, E. C. 3 **Londres**
61, Queen Square **Bristol**
The Avenue, High Street **Hull**
17, Brunswick Street **Liverpool**
20, Salisbury Buildings, Salford **Manchester**
93, Hope Street **Glasgow**
21, Timber Bush **Leith**
10, Burgh Quay **Dublin**
43, Waring Street **Belfast**
1, Connell Street **Cork**
Custom House Chambers,
35, Quay-Side **Newcastle-on-Tyne**

--- ROUMANIE ---

JACQUES SALMANOWITZ, S. A. R.
de Surveillance **Braila**
Agences à Galatz, Sulina, Tulcea,
Reni, Kilia, Ismail, Constantza.

--- BULGARIE ---

JACQUES SALMANOWITZ
Cité 27 **Varna**
Ulitza Bogoridi 20 **Bourgas**

--- FINLANDE ---

FINSKA KONTROLL AKTIEBOLAGET
(Finnish Superintending Co Ltd)
Alexandersgatan 19 **Helsingfors**
avec succursales dans les principaux ports.

--- LETTONIE ---

SKANDINAVISK KONTROLL A/S.
Skunu iela, 13 **Riga**

--- ESTHONIE ---

SKANDINAVISK KONTROLL A/S.
Narva mantee, 49 **Reval**

--- TURQUIE ---

SOCIÉTÉ GÉNÉRALE DE SURVEILLANCE S. A.
Haviar Han 27/5, b. post. 437 **Galata-Constantinople**

--- EGYPTE ---

SOCIÉTÉ GÉNÉRALE DE SURVEILLANCE S. A.
Boîte postale 1115 **Alexandrie**
" " 190 **Le Caire**
" " 186 **Port-Saïd**

--- ETATS-UNIS ---

SUPERINTENDENCE COMPANY INC.
R. 301. Produce Exchange Bldgs **New-York**
Station P

--- BRESIL ---

GENERAL SUPERINTENDENCE Co. Ltd.
Praça Azevedo Junior 23
Post Box 296 **Santos**
Rua da Quitada 188 Loja, Fundos **Rio-de-Janeiro**

--- JAPON ---

FAR EAST SUPERINTENDENCE COMPANY Ltd.
Shintaku Building **Kobé**
55, Sannomiya-cho, 1 Chome

--- CHINE ---

FAR EAST SUPERINTENDENCE COMPANY Ltd.
Post Box 423 **Shanghaï**
4 A, Des Vœux Road Central **Hongkong**

AGENCES : Autriche, Hongrie, Tchéco-Slovaquie, Serbie,, Grèce, Malte, Madère, Las Palmas, Ténériffe, Palestine, Asie Mineure, Syrie, Soudan, Tripol;. Afrique du Sud, Argentine, Chili, Haïti, Indes néerlandaises, Indes anglaises.

Adresse télégraphique : " SUPERVISE " pour tous les pays, excepté " ESIVREPUS " pour le Royaume-Uni

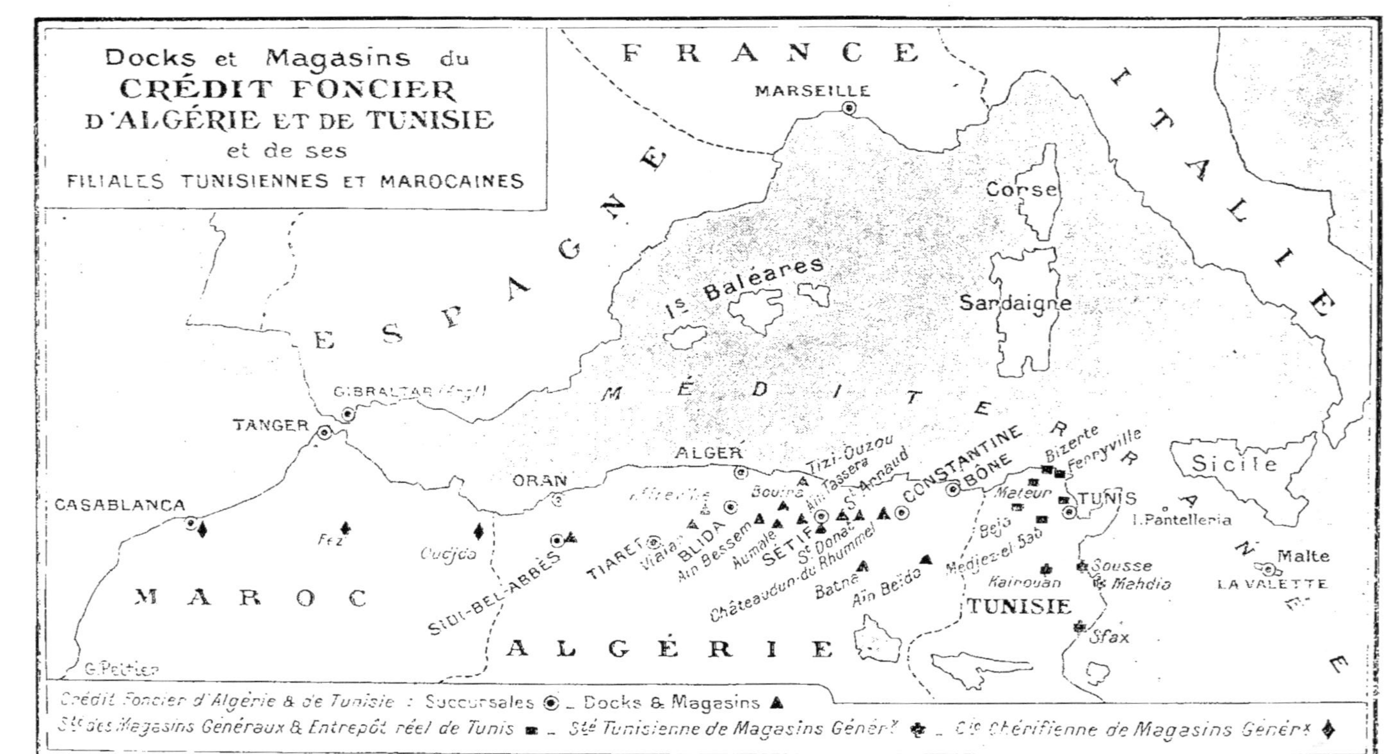

Docks et Magasins du
CRÉDIT FONCIER
D'ALGÉRIE ET DE TUNISIE
et de ses
FILIALES TUNISIENNES ET MAROCAINES
FRANCE
MARSEILLE
ITALIE
ESPAGNE
Is Baléares
Corse
Sardaigne
MÉDITERRANÉE
GIBRALTAR
TANGER
ALGER
Tizi-Ouzou
Bizerte
Ferryville
Sicile
ORAN
Ain Tassera
Bouira
S‍t Arnaud
CONSTANTINE
BÔNE
Meteur
TUNIS
CASABLANCA
Miliana
Tiaret
Maiaia
BLIDA
Aumale
SÉTIF
S‍t Donat
Béja
Medjez-el-Sab
I. Pantelleria
Fez
Oudjda
Ain Bessem
Châteaudun-du-Rhummel
Batna
Ain Beïda
Kairouan
Sousse
Mahdia
Malte
LA VALETTE
MAROC
SIDI-BEL-ABBÈS
TUNISIE
ALGÉRIE
Sfax
G. Peltier
Crédit Foncier d'Algérie & de Tunisie : Succursales ◉ _ Docks & Magasins ▲
Sté des Magasins Généraux & Entrepôt réel de Tunis ■ _ Sté Tunisienne de Magasins Génx ✿ _ Cie Chérifienne de Magasins Génx ◆

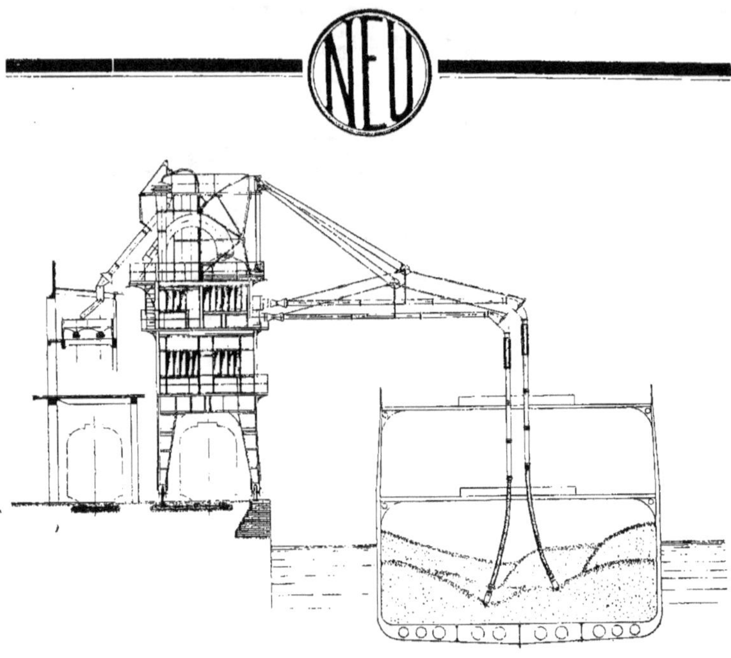

ELEVATEUR PNEUMATIQUE sur portique. Débit horaire 150 tonnes de blé

LE

TRANSPORT PNEUMATIQUE

Economie très importante de main-d'œuvre

ETABLISSEMENTS NEU

Société Anonyme au Capital de 4.500.000 Fcs

Siège Social à LILLE

Bureaux et Ateliers : 47-49, rue Fourier, 47-49 — LILLE (Nord)

Téléph. : 60.31 - 60.32 - 60.33

CAMILLI ET FOURNIÉ
IMPRIMERIE DU CENTRE
28, Allée Jean-Jaurès
TOULOUSE